电网企业专业技能考核题库

电能表修校工

国网宁夏电力有限公司　编

中国电力出版社
CHINA ELECTRIC POWER PRESS

内 容 提 要

本书编写依据国家职业技能鉴定、电力行业职业技能鉴定与国家电网有限公司技能等级评价（认定）相关制度、规范、标准，立足宁夏电网生产实际，融合新型电力系统构建及新时代技能人才发展目标要求。本书主要内容为电网企业技能人员技能等级认定与评价实操试题，包含技能笔答及技能操作两大部分，其中技能笔答主要以问答题形式命题，技能操作以任务书形式命题，均明确了各个环节的考核知识点、标准答案和评分标准。

本书为电网企业生产技能人员的培训教学用书，可供从事相应职业（工种）技能人员学习参考，也可作为电力职业院校教学参考书。

图书在版编目（CIP）数据

电能表修校工/国网宁夏电力有限公司编. —北京：中国电力出版社，2022.7
电网企业专业技能考核题库
ISBN 978-7-5198-6672-3

Ⅰ. ①电⋯　Ⅱ. ①国⋯　Ⅲ. ①电度表–维修–职业技能–鉴定–习题集②电度表–校验–职业技能–鉴定–习题集
Ⅳ. ①TM933.407-44

中国版本图书馆 CIP 数据核字（2022）第 058821 号

出版发行：中国电力出版社
地　　址：北京市东城区北京站西街 19 号（邮政编码 100005）
网　　址：http://www.cepp.sgcc.com.cn
责任编辑：周天琦（010-63412243）
责任校对：黄　蓓　李　楠　郝军燕
装帧设计：郝晓燕
责任印制：钱兴根

印　　刷：北京天宇星印刷厂
版　　次：2022 年 7 月第一版
印　　次：2022 年 7 月北京第一次印刷
开　　本：889 毫米×1194 毫米　16 开本
印　　张：22.75
字　　数：651 千字
定　　价：85.00 元

《电网企业专业技能考核题库 电能表修校工》

编 委 会

《电网企业专业技能考核题库 电能表修校工》

编写组

主　编　王　沛

副主编　李云鹏　韩永峰

编写人员　黄吉涛　刘洁筱　岳　梅　陈　旭　张鑫瑞　胡婷婷

　　　　　严绍奎　金旭荣　田皓冰　沈萌群　马晓昉　王登峰

　　　　　唐　克　张　羽　徐文涛　杨　超　祁亮亮

审稿人员　高伟国　李　伟

前　言

国网宁夏电力有限公司以国家职业技能鉴定、电力行业职业技能鉴定与国家电网有限公司技能等级评价（认定）相关制度、规范、标准为依据，主要针对电网企业各类技能工种的初级工、中级工、高级工、技师、高级技师等人员，以专业操作技能为主线，立足宁夏电网生产实际，结合新型电力系统构建要求，编写了《电网企业专业技能考核题库》丛书。丛书在编写原则上，以职业能力建设为核心；在内容定位上，突出针对性和实用性，涵盖了国家电网有限公司相关政策、标准、规程、规定及现代电力系统新设备、新技术、新知识、新工艺等内容。

丛书的深度、广度遵循了"适应发展需求、立足实践应用"的工作思路，全面涵盖了国家电网有限公司技能等级评价（认定）内容，能够为国网宁夏电力有限公司实施技能等级评价（认定）专业技能考核命题提供依据，也可服务于同类电网企业技能人员能力水平的考核与认定。本套丛书可供电网企业技能人员学习参考，可作为电网企业生产技能人员的培训教学用书，也可作为电力职业院校教学参考用书。

由于时间和水平有限，难免存在疏漏之处，恳请各位专家和读者提出宝贵意见。

目 录

前言

第一部分

初级工

第一章　电能表修校工初级工技能笔答

Jb0001533001　营销现场作业有哪些工作？（5分）

考核知识点：营销现场作业内容

难易度：难

标准答案：

由营销服务人员进行的业扩报装、电能计量、用电信息采集、用电检查、分布式电源作业、智能用电以及综合能源等现场工作。

（1）电网侧营销现场作业，在公司产权场所、设备范围或公共区域内进行的营销现场作业。

（2）客户侧营销现场作业，在客户产权配电室、变电站等场所、设备范围内进行的营销现场作业。

Jb0001532002　营销现场作业关键风险点指的是什么？（5分）

考核知识点：营销现场作业关键风险点

难易度：中

标准答案：

指现场作业过程中，一旦某个环节的安全措施未做或标准达不到要求，则极有可能造成人身伤亡、电网故障、设备损坏，这个环节即为现场作业的关键风险点。

Jb0001531003　营销现场作业保证安全的组织措施有哪些？（5分）

考核知识点：营销现场作业安全措施

难易度：易

标准答案：

（1）现场勘察制度。

（2）工作票制度。

（3）工作许可制度。

（4）工作监护制度。

（5）工作间断、转移制度。

（6）工作终结制度。

Jb0001532004　工作班成员的安全责任有哪些？（5分）

考核知识点：营销现场安全责任

难易度：中

标准答案：

（1）熟悉工作内容、工作流程，掌握安全措施，明确工作中的危险点，并在工作票上履行交底签名确认手续。

（2）服从工作负责人、专责监护人的指挥，严格遵守工作规程和劳动纪律，在指定的作业范围内工作，对自己在工作中的行为负责，互相关心工作安全。

（3）正确使用施工机具、安全工器具和劳动防护用品。

Jb0001531005 营销现场作业安全技术措施有哪些？（5分）

考核知识点： 营销现场安全技术措施

难易度： 易

标准答案：

（1）停电。

（2）验电。

（3）接地。

（4）悬挂标示牌和装设遮栏（围栏）。

Jb0001532006 在高压配电室、箱式变电站、配电变压器台架上进行工作应注意什么？（5分）

考核知识点： 营销现场作业注意事项

难易度： 中

标准答案：

在高压配电室、箱式变电站、配电变压器台架上进行工作，不论线路是否停电，应先拉开低压侧开关，后拉开低压侧刀闸，再拉开高压侧跌落式熔断器或隔离开关（刀闸）。

Jb0001532007 低压配电线路和设备上的停电作业应注意什么？（5分）

考核知识点： 营销现场停电注意事项

难易度： 中

标准答案：

低压配电线路和设备上的停电作业，应先拉开低压侧开关，后拉开低压侧刀闸；作业前检查双电源、多电源和自备电源、分布式电源的客户已采取机械或电气联锁等防止反送电的强制性技术措施。

Jb0001531008 当验明检修的低压线路、设备确已无电压后，应采取什么措施防止反送电？（5分）

考核知识点： 营销现场反送电措施

难易度： 易

标准答案：

（1）所有相线和零线接地并短路。

（2）绝缘遮蔽。

（3）在断开点加锁，悬挂"禁止合闸，有人工作！"或"禁止合闸，线路有人工作！"的标示牌。

Jb0001532009 什么情况下填用变电第一种工作票？（5分）

考核知识点： 变电第一种工作票使用情况

难易度： 中

标准答案：

（1）在高压室遮栏内或与导电部分小于规定的安全距离进行互感器、电能表、采集终端等及其二次回路的检查试验时，需将高压设备停电者。

（2）在高压设备电能表、采集终端等及其二次回路上工作，需将高压设备停电或做安全措施者。

Jb0001532010 什么情况下填用变电第二种工作票？（5分）

考核知识点： 变电第二种工作票使用情况

难易度：中

标准答案：

（1）电能计量装置、采集终端在运用中进行装拆、校验、调试操作时不影响一次设备正常运行的工作。

（2）对于连接电流互感器或电压互感器二次绕组并装在屏柜上的电能计量装置上的工作，可以不停用一次高压设备或不需做安全措施者。

（3）在采集终端及其通信回路，以及在通信设备上安装及调试工作，可以不停用高压设备或不需做安全措施者。

Jb0001533011　如何正确使用低压带电作业的工具？（5分）

考核知识点： 低压带电作业工具使用方法

难易度： 难

标准答案：

低压带电作业使用的工具，在作业前必须仔细检查，合格后方能使用，对于有缺陷的带电作业工具禁止继续使用。所有带电作业工具必须绝缘良好，连接牢固，转动灵活。其外裸露的导电部位应采取绝缘包裹措施，防止操作时相间或相对地短路；禁止使用锉刀、金属尺和带有金属物的毛刷、毛掸等工具。

Jb0001531012　分布式电源现场勘察安全应注意什么？（5分）

考核知识点： 分布式电源现场勘察安全注意事项

难易度： 易

标准答案：

现场查勘时须核实设备运行状态，严禁工作人员擅自开启计量箱（柜）门或操作客户电气设备。

Jb0001532013　如何正确使用安全工器具？（5分）

考核知识点： 安全工器具使用方法

难易度： 中

标准答案：

安全工器具使用前，应检查确认绝缘部分无裂纹、无老化、无绝缘层脱落、无严重伤痕等现象，以及固定连接部分无松动、无锈蚀、无断裂等现象。对其绝缘部分的外观有疑问时应经绝缘试验合格后方可使用。

Jb0001533014　应试验的安全工器具有哪些？（5分）

考核知识点： 试验安全工器具种类

难易度： 难

标准答案：

（1）规程要求试验的安全工器具。

（2）新购置和自制的安全工器具。

（3）检修后或关键零部件已更换的安全工器具。

（4）对机械、绝缘性能产生疑问或发现缺陷的安全工器具。

（5）出了问题的同批次安全工器具。

Jb0001533015 使用梯子时的注意事项有哪些?(5分)

考核知识点:使用梯子注意事项

难易度:难

标准答案:

(1)梯子应坚固完整,有防滑措施,并定期送检。梯子的支柱应能承受攀登时作业人员及所携带的工具、材料的总重量。

(2)硬质梯子的横档应嵌在支柱上,梯阶的距离不应大于40cm,并在距梯顶1m处设限高标志。

(3)使用梯子前,应先进行试登,确认可靠后方可使用。有人员在梯子上工作时,梯子应有人扶持和监护。

(4)使用单梯工作时,梯与地面的斜角度约为60°。

(5)梯子不宜绑接使用。人字梯应有限制开度的措施。

(6)人在梯子上时,禁止移动梯子。

Jb0001531016 紧急救护的基本原则是什么?(5分)

考核知识点:紧急救护基本原则

难易度:易

标准答案:

紧急救护的基本原则是在现场采取积极措施,保护伤员的生命,减轻伤情,减少痛苦,并根据伤情需要,迅速与医疗急救中心(医疗部门)联系救治。

Jb0001532017 触电伤员如意识丧失,应在开放气道后10秒内用哪些方法判定伤员有无呼吸?(5分)

考核知识点:触电急救

难易度:中

标准答案:

触电伤员如意识丧失,应在开放气道后10秒内用看、听、试的方法判定伤员有无呼吸。

(1)看:看伤员的胸、腹壁有无呼吸起伏动作。

(2)听:用耳贴近伤员的口鼻处,听有无呼气声音。

(3)试:用颜面部的感觉测试口鼻部有无呼气气流。

Jb0001532018 创伤急救的基本要求是什么?(5分)

考核知识点:创伤急救

难易度:中

标准答案:

创伤急救原则上是先抢救、后固定、再搬运,并注意采取措施,防止伤情加重或污染。需要送医院救治的,应立即做好保护伤员措施后送医院救治。

Jb0001531019 在高压设备上工作时,为什么要挂接地线?(5分)

考核知识点:高压设备接地

难易度:易

标准答案:

(1)悬挂接地线是为了放尽高压设备上的剩余电荷。

（2）防止高压设备的工作地点突然来电时，保护工作人员的安全。

Jb0001531020　在带电的电压互感器二次回路上工作时，要采取哪些安全措施？（5分）

考核知识点： 带电电压互感器二次回路工作安全措施

难易度： 易

标准答案：

（1）使用绝缘工具，戴手套，必要时工作前停用有关保护装置。

（2）接临时负载时，必须装有专用的刀闸和可熔保险，或其他降低冲击电流对电压互感器的影响。

Jb0001532021　装、拆接地线顺序是什么？操作时有何要求？（5分）

考核知识点： 装、拆接地线顺序及要求

难易度： 中

标准答案：

装设接地线应先接接地端，后接导体端，接地线应接触良好，连接应可靠。拆接地线的顺序与此相反。装、拆接地线导体端均应使用绝缘棒，戴绝缘手套。人体不得碰触接地线或未接地的导线，以防止触电。带接地线拆设备接头时，应采取防止接地线脱落的措施。

Jb0002531022　实行强制检定的对象有哪些？（5分）

考核知识点： 强制检定的对象

难易度： 易

标准答案：

社会公用计量标准器具，部门和企业、事业单位使用的最高计量标准器具，以及用于贸易结算、安全防护、医疗卫生、环境监测方面的列入强制检定目录的工作计量器具均应实行强制检定。

Jb0002531023　什么是计量器具？（5分）

考核知识点： 计量器具的概念

难易度： 易

标准答案：

计量器具是指能用以直接或间接测出被测对象量值的装置、仪器仪表、量具和用于统一量值的标准物质，包括计量基准、计量标准、工作计量器具。

Jb0002531024　什么是仲裁检定？（5分）

考核知识点： 仲裁检定的定义

难易度： 易

标准答案：

仲裁检定指用计量基准或社会公用计量标准所进行的以裁决为目的的计量检定、测试活动。

Jb0002533025　计量检定人员的哪些行为属违法行为？（5分）

考核知识点： 计量检定人员违法行为

难易度： 难

标准答案：

（1）伪造检定数据。

（2）出具错误数据，给送检一方造成损失。

（3）违反计量检定规程进行计量检定。

（4）使用未经考核合格的计量标准开展检定。

（5）未取得计量检定证件就执行计量检定。

Jb0002532026　什么是法定计量检定机构？（5分）

考核知识点： 法定计量检定机构的概念

难易度： 中

标准答案：

质量技术监督部门依法设置或者授权建立，并经质量技术监督部门组织考核合格的计量检定机构称为法定计量检定机构。

Jb0002531027　计量的目的是什么？（5分）

考核知识点： 法定计量检定的目的

难易度： 易

标准答案：

实现单位统一、量值准确可靠的活动，为国民经济和科学技术的发展服务。

Jb0003531028　什么是检定？（5分）

考核知识点： 检定的定义

难易度： 易

标准答案：

检定是指查明和确认测量仪器符合法定要求的活动，包括检查、加标记和/或出具检定证书。

Jb0003531029　什么是检定结果通知书？（5分）

考核知识点： 检定结果通知书的定义

难易度： 易

标准答案：

检定结果通知书是指说明计量器具被发现不符合或不再符合相关法定要求的文件。

Jb0003531030　什么是检定证书？（5分）

考核知识点： 检定证书的定义

难易度： 易

标准答案：

检定证书是指证明计量器具已经检定并符合相关法定要求的文件。

Jb0003531031　什么是测量结果？（5分）

考核知识点： 测量结果的定义

难易度： 易

标准答案：

测量结果是指由与其他有用的相关信息一起赋予被测量的一组量值。

Jb0003531032　什么是量值？（5分）

考核知识点：量值的定义

难易度：易

标准答案：

量值一般由一个数乘以测量单位所表示的特定量的大小。

Jb0003531033　什么是相对误差？（5分）

考核知识点：相对误差的定义

难易度：易

标准答案：

相对误差是指测量的绝对误差与被测量真值之比。

Jb0003531034　什么是量的真值？（5分）

考核知识点：量的真值的定义

难易度：易

标准答案：

量的真值是与给定的特定量定义一致的值。

Jb0003512035　测量某一功率6次结果为100.0、100.1、100.2、100.3、100.4、100.5W，试求其平均值及均方根误差。（5分）

考核知识点：平均值及均方根误差的计算

难易度：中

标准答案：

解：平均值
$$\overline{A} = \frac{100.0 + 100.1 + 100.2 + 100.3 + 100.4 + 100.5}{6} = 100.25 \text{（W）}$$
$$U_1 = 100.0 - 100.25 = -0.25 \text{（W）}$$
$$U_2 = 100.1 - 100.25 = -0.15 \text{（W）}$$
$$U_3 = 100.2 - 100.25 = -0.05 \text{（W）}$$
$$U_4 = 100.3 - 100.25 = 0.05 \text{（W）}$$
$$U_5 = 100.4 - 100.25 = 0.15 \text{（W）}$$
$$U_6 = 100.5 - 100.25 = 0.25 \text{（W）}$$

则
$$s = \sqrt{\frac{(-0.25)^2 + (-0.15)^2 + (-0.05)^2 + 0.05^2 + 0.15^2 + 0.25^2}{6-1}} = 0.01\sqrt{350} = 0.187 \text{（W）}$$

答：平均值为100.25W，均方根误差为0.187W。

Jb0003512036　标称值为100Ω的标准电阻器，绝对误差为-0.02Ω，其相对误差如何计算？（5分）

考核知识点：相对误差的计算

难易度：中

标准答案：

解：
$$\partial = (-0.02 / 100) \times 100\% = -0.02\% = -2 \times 10^{-4}$$

答：相对误差为-2×10^{-4}。

Jb0003512037 同一条件下，7次测得某点温度为 23.4℃、23.5℃、23.7℃、23.4℃、23.1℃、23.0℃、23.6℃，求测量值（平均值）$\overline{X}$ 和标准差 s。（5分）

考核知识点：平均值及标准差的计算

难易度：中

标准答案：

解：测量值为

$$\overline{X} = \frac{1}{7}（23.4 + 23.5 + 23.7 + 23.4 + 23.1 + 23.0 + 23.6）= 23.4（℃）$$

标准差＝标准偏差，即

$$s = \sqrt{\sum_{1}^{n}(X_i - \overline{X})^2 / (7-1)} \approx 0.25（℃）$$

答：平均值 $\overline{X}$ 为 23.4℃，标准差 s 为 0.25℃。

Jb0004531038 什么是电压降？（5分）

考核知识点：电压降的概念

难易度：易

标准答案：

电压降是电流流过阻抗产生的电压降落。

Jb0004531039 什么是过电压？（5分）

考核知识点：过电压的定义

难易度：易

标准答案：

在电力系统运行中，由于电击、操作、短路等原因，导致危及设备绝缘的电压升高，称为过电压。

Jb0004532040 什么是正相序？正相序有哪几种形式？（5分）

考核知识点：正相序的定义及形式

难易度：中

标准答案：

在三相交流电相位的先后顺序中，其瞬间值按时间先后从负值向正值变化，经零值的依次顺序称正相序。正相序有三种形式：ABC、BCA、CAB。

Jb0004512041 日常生活中照明电压为 220V，试求它的最大值。若有一个直流耐压为 250V 的电容器，能否接到 220V 的工频交流电源上？（5分）

考核知识点：电压有效值、最大值计算

难易度：中

标准答案：

解：（1）因为电源电压的有效值为 220V，则电源电压的最大值为

$$U_\mathrm{m} = \sqrt{2}U = \sqrt{2} \times 220 = 310（V）$$

（2）若把该电容器接到 220V 的交流电源上，它所承受的最高电压为

$$U_\mathrm{m} = \sqrt{2}U = \sqrt{2} \times 220 = 310（\mathrm{V}）$$

$$310\mathrm{V} > 250\mathrm{V}$$

答：不能将该电容器接到 220V 的工频交流电源上，否则可能被击穿。

Jb0004511042　一会议室有 60W 电灯 8 只，1kW 电热器 2 台，均在 220V 电压下使用。试求：（1）总电流；（2）每天使用 6 小时，10 天用了多少电能？（5 分）

考核知识点：电流及电能的计算

难易度：易

标准答案：

解：（1）总功率

$$P = 60 \times 8 + 1 \times 10^3 \times 2 = 2480（\mathrm{W}）= 2.48（\mathrm{kW}）$$

总电流

$$I = \frac{P}{U} = \frac{2480}{220} = 11.27（\mathrm{A}）$$

（2）所用电能

$$W = Pt = 2.48 \times 6 \times 10 = 148.8（\mathrm{kWh}）$$

答：总电流为 11.27A，10 天用了 148.8kWh 电能。

Jb0004511043　测量电阻 1 上电压为 110.11V，消耗功率为 15.2W，电阻 2 上电压为 100.02V，消耗功率为 30W，则两电阻串联后的阻值为多少？（5 分）

考核知识点：欧姆定律公式计算应用

难易度：易

标准答案：

解：

$$R_1 = (110.11)^2/15.2 = 797（\Omega）$$
$$R_2 = (100.02)^2/30 = 330（\Omega）$$
$$R = R_1 + R_2 = 797 + 330 = 1127 = 1.1 \times 10^3（\Omega）$$

答：两电阻串联后的阻值为 $1.1 \times 10^3\Omega$。

Jb0005531044　电流互感器的误差是如何定义的？（5 分）

考核知识点：电流互感器误差的定义

难易度：易

标准答案：

电流互感器的误差分为电流误差和相位差：

电流误差是通过二次回路间接测量到的电流值 $K_\mathrm{e}I$ 减去一次电流实际值与一次电流实际值的百分比，即

$$\Delta I = \frac{K_\mathrm{e}I_2 - I_1}{I_1} \times 100\%$$

相位差是指二次电流相量旋转 180° 后，与一次电流相量间的夹角，又称角差，并规定二次电流相量超前一次电流相量时，误差为正，反之为负。

Jb0005532045　电流互感器的运行变差应满足哪些要求？（5分）

考核知识点： 电流互感器的运行变差的要求

难易度： 中

标准答案：

（1）等安匝误差不超过基本误差限值的 1/10。

（2）剩磁误差不超过基本误差限值的 1/3。

（3）温度附加误差不超过基本误差限值的 1/4。

（4）邻近一次导体磁场影响不超过基本误差限值的 1/4。

（5）高压漏电流不超过基本误差限值的 1/10。

（6）工作接线影响不超过基本误差限值的 1/10。

Jb0005532046　电流互感器的基本工作原理是什么？（5分）

考核知识点： 电流互感器的基本工作原理

难易度： 中

标准答案：

电流互感器主要由一次绕组、二次绕组及铁芯所组成。当一次绕组中通过电流 I_1 时，在铁芯上就会存在一个磁动势 I_1W_1。根据电磁感应和磁动势平衡的原理，在二次绕组中就会产生感应电流 I_2，并以二次磁动势 I_2W_2 去抵消一次磁动势 I_1W_1，在理想情况下，就存在下面的磁动势平衡方程式。

$$I_1W_1 + I_2W_2 = 0$$

式中：I_1——一次绕组中的电流；

I_2——二次绕组中的电流；

W_1——一次绕组的匝数；

W_2——二次绕组的匝数。

此时的电流互感器不存在误差，所以称之为理想的电流互感器。以上所述，就是电流器互感器的基本工作原理。

Jb0005532047　分析电流互感器产生误差的主要原因。（5分）

考核知识点： 电流互感器产生误差原因

难易度： 中

标准答案：

在实际中，理想的电流互感器是不存在的。因为，要使电磁感应这一能量转换形式持续存在，就必须持续供给铁芯一个励磁磁动势 I_0W_1。所以实际的电流互感器中，其磁动势平衡方程式应该是

$$I_1W_1 + I_2W_2 = I_0W_1$$

式中：I_1——一次绕组中的电流；

I_2——二次绕组中的电流；

I_0——励磁电流；

W_1——一次绕组的匝数；

W_2——二次绕组的匝数。

可见，励磁磁动势的存在是电流互感器产生误差的原因。

Jb0005531048　什么是互感器的比差？（5分）

考核知识点： 互感器的比差定义

难易度：易

标准答案：

互感器的比差即为比值误差，是指互感器的一次电流（电压）按额定变比计算到二次后与二次电流（电压）的大小之差，一般用与后者的百分比表示。

Jb0005531049　什么是互感器的角差？（5分）

考核知识点： 互感器的角差定义

难易度：易

标准答案：

互感器的角差即为相角误差，是指互感器的二次电流（电压）相量逆时针转 180° 后与一次电流（电压）相量之间的相位差。

Jb0005533050　如何进行电流互感器的仪表保安系数试验？（5分）

考核知识点： 电流互感器的仪表保安系数试验方法

难易度：难

标准答案：

（1）在一次绕组开路的情况下，对二次绕组施加额定频率的实际正弦电压。

（2）当其方均根值等于二次极限感应电势时，测量励磁电流。

（3）用所得励磁电流为分子，额定二次电流与仪表保安系数的乘积为分母，其值应等于或大于10%。

（4）试验使用的电流表和电压表应为交流真有效值表，示值误差不超过±3%。

Jb0005531051　电流互感器在进行误差测试之前进行退磁的目的是什么？（5分）

考核知识点： 退磁的目的

难易度：易

标准答案：

由于铁磁材料的磁滞效应，电流互感器铁芯不可避免地存在一定的剩磁，将使互感器增加附加误差，所以在误差试验前，先消除或减少铁芯的剩磁影响而进行退磁。

Jb0005532052　请填写 0.5 级电流互感器与普通互感器的允许误差。（5分）

考核知识点： 电流互感器允许误差

难易度：中

标准答案：

0.5 级电流互感器与普通电流互感器允许误差对照见表 Jb0005532052。

表 Jb0005532052

准确等级	比差（%）					角差（′）				
	1	5	20	100	120	1	5	20	100	120
0.5		1.5	0.75	0.5	0.5		90	45	30	30
0.5S	1.5	0.75	0.5	0.5	0.5	90	45	30	30	30

Jb0005531053　什么是互感器的减极性？（5分）

考核知识点： 互感器的减极性定义

难易度：易

标准答案：

当互感器一次电流从首端流入，从尾端流出时，二次电流从首端流出，经二次负载从尾端流入，这样的极性标志为减极性。

Jb0005531054　什么是电流互感器的同极性端？（5分）

考核知识点：电流互感器的同极性端定义

难易度：易

标准答案：

电流互感器的极性标志有加极性和减极性，常用的电流互感器是减极性。既当使一次电流自 L1 端流向 L2 端时，二次电流自 K1 流出经外部回路到 K2。L1 和 K1、L2 和 K2 分别为同名端；反之，则为加极性。

Jb0005531055　根据 JJG 313—2010《测量用电流互感器》，电流互感器首次检定项目有哪些？（5分）

考核知识点：电流互感器首次检定项目

难易度：易

标准答案：

（1）外观检查。

（2）绝缘电阻的测定。

（3）工频电压试验。

（4）绕阻极性的检查。

（5）退磁。

（6）基本误差测量。

Jb0005531056　根据 JJG 313—2010《测量用电流互感器》，电流互感器外观检查内容有哪些？（5分）

考核知识点：电流互感器外观检查内容

难易度：易

标准答案：

如有下列缺陷之一者，需修复后方予检定。

（1）无铭牌或铭牌中缺少必要的标志。

（2）接线端子缺少、损坏或无标志。

（3）有多个电流比互感器没有标示出相应的接线方式。

（4）绝缘表面破损或受潮。

（5）内部结构件松动。

（6）其他严重影响检定工作进行的缺陷。

Jb0005531057　如何进行电流互感器绝缘电阻的测定？（5分）

考核知识点：电流互感器绝缘电阻测试方法

难易度：易

标准答案：

用 500V 绝缘电阻表测量各绕组之间和各绕组对地的绝缘电阻，应符合 JB/T 5472—1991《仪用电流互感器》第 6.7 款要求：额定电压 3kV 及以上的电流互感器是 2.5kV 绝缘电阻表测量一次绕组与二次绕组之间以及一次绕组对地的绝缘电阻，应不小于 500MΩ。

Jb0005532058　为什么检定电流互感器时要把没有接入测量回路的互感器二次短路？（5 分）

考核知识点： 电流互感器绝缘电阻测试方法

难易度： 中

标准答案：

（1）电力用电流互感器往往是多台互感器共用一次导体，如果不把未接入测量回路的电流互感器二次短路，会产生很高的感应电压，危害设备及人身安全。

（2）增加了一次回路的阻抗，加重了升流器的负荷，甚至不能升到要求的电流检定点。因此应把未接入测量回路的二次端子短路接地。

Jb0005531059　自动化检定时，现场巡视有哪些主要内容？（5 分）

考核知识点： 自动化检定现场巡视内容

难易度： 易

标准答案：

仓储系统供料情况，机器人上、下料情况，检定输送支线运行情况，各功能单元运行情况，箱表入库情况，主输送线运行情况。

Jb0005531060　室内检定时，有哪几类危险点？（5 分）

考核知识点： 自动化检定现场巡视内容

难易度： 易

标准答案：

（1）人身触电与伤害。

（2）机械伤害。

（3）设备损坏。

（4）火灾。

（5）检定差错。

Jb0005532061　试述对被检电流互感器的下限负荷，JJG 313—2010《测量用电流互感器》和 JJG 1021—2007《电力互感器》都是如何规定的？（5 分）

考核知识点： 电流互感器的下限负荷的规定

难易度： 中

标准答案：

（1）JJG 313—2010《测量用电流互感器》的规定：额定二次电流为 5A、额定负荷为 10VA 或 5VA 的电流互感器，其下限负荷允许为 3.75VA，但在铭牌上必须标注。

（2）JJG 1021—2007《电力互感器》的规定：二次额定电流为 5A 的电流互感器，下限负荷按 3.75VA 选取；二次额定电流为 1A 的电流互感器，下限负荷按 1VA 选取。

Jb0005531062　JJG 1021—2007《电力互感器》在误差测量一般要求中，对角、比差读取有何规定？（5分）

考核知识点： 角、比差读取规定

难易度： 易

标准答案：

（1）检定准确级为 0.1 和 0.2 的互感器读取的比值差保留到 0.001%，相位差保留到 0.01′。

（2）检定准确级为 0.5 和 1 的互感器读取的比值差保留到 0.01%，相位差保留到 0.1′。

Jb0005531063　什么是电压互感器升降变差？（5分）

考核知识点： 电压互感器升降变差的定义

难易度： 易

标准答案：

电压互感器升降变差指电压互感器在电压上升与电压下降过程中，相同电压百分点误差测量结果之差。

Jb0005531064　规程 JJG 314—2010《测量用电力互感器》对于测量用电压互感器的外观技术要求是什么？（5分）

考核知识点： 测量用电压互感器的外观技术要求

难易度： 易

标准答案：

电压互感器的外观应完好，接线端子标志清晰完整。油绝缘互感器油位正确，气体绝缘互感器充气压力正常，高压套管无绝缘缺陷，高低压绝缘表面无放电痕迹。

Jb0005511065　一台额定二次电流为5A的电流互感器，一次绕组为5匝，二次绕组为150匝，其电流比为多少？要将上述互感器改为50/5，其一次绕组要改为多少匝？（5分）

考核知识点： 互感器匝数计算

难易度： 易

标准答案：

解： 这台互感器的电流比

$$K_{TA} = N_2/N_1 = 150/5 = 30/1$$
$$I_1 N_1 = I_2 N_2$$
$$N_1 = I_2 N_2/I_1 = (5 \times 150)/50 = 750/50 = 15（匝）$$

答： 改为 50/5 时，一次绕组匝数应改为 15 匝。

Jb0005532066　电能表的基本误差指的是什么？它就是电能表在允许的工作条件下的相对误差吗？为什么？（5分）

考核知识点： 电能表的基本误差定义

难易度： 中

标准答案：

电能表的基本误差是指在规定的试验条件下（包括影响量的范围、环境条件、试验接线等）电能表的相对误差值，它反映了电能表测量的基本准确度。它并非电能表在使用时的真实误差。因为电能表规定的使用条件要比测定基本误差时的条件宽。

Jb0005532067　根据规程，交流电压试验的试验电压和电压施加点是什么？（5分）

考核知识点：交流电压试验的方法

难易度：中

标准答案：

交流电压试验的试验电压和电压施加点见表 Jb0005532067。

表 Jb0005532067

试验电压（方均根）		试验电压施加点
Ⅰ类防护电能表（kV）	Ⅱ类防护电能表（kV）	
2	4	所有的电流线路和电压线路以及参比电压超过40V的辅助线路连接在一起为一点，另一点是地，试验电压施加于该两点之间
2	2	在工作中不连接的线路之间

Jb0005533068　根据规程，交流电压试验在什么条件下进行？（5分）

考核知识点：交流电压试验的条件

难易度：难

标准答案：

环境温度：15℃～25℃；相对湿度：45%～75%；大气压力：80kPa～106kPa；试验电压波形：近似正弦波（波形畸变因数不大于5%）；频率：45Hz～65Hz；试验装置容量：不小于500VA（如果试验装置为多表位，则每一表位均应满足试验要求）；试验时间：1分钟。

Jb0005532069　根据规程，测量电能表基本误差时的预热是如何规定的？（5分）

考核知识点：测量电能表基本误差时的预热方法

难易度：中

标准答案：

在 $\cos\varphi=1$（对有功电能表）或 $\sin\varphi=1$（对无功电能表）的条件下，电压线路加参比电压，电流线路通参比电流 I_b 或 I_n 预热30分钟（对0.2S级、0.5S级电能表）或15分钟（对1级以下的电能表）。

Jb0005531070　根据JJG 596—2012《电子式交流电能表》，安装式电子式交流电能表首次检定项目有哪些？（5分）

考核知识点：安装式电子式交流电能表首次检定项目

难易度：易

标准答案：

外观检查；交流电压试验；潜动试验；起动试验；基本误差；仪表常数试验；时钟日计时误差试验。

Jb0005532071　标准表法检定电能表基本误差的方法是什么？（5分）

考核知识点：标准表法检定电能表基本误差的方法

难易度：中

标准答案：

标准电能表与被检电能表都在连续工作的情况下，用被检电能表输出的脉冲控制标准电能表计数来确定被检电能表的相对误差。

被检电能表的相对误差 γ 按下式计算：

$$\gamma = \frac{m_0 - m}{m} \times 100 \, (\%)$$

式中：m ——实测脉冲数；

$\quad\quad m_0$ ——算定（或预置）的脉冲数。

Jb0005532072　瓦秒法检定电能表基本误差的方法是什么？（5分）

考核知识点： 瓦秒法检定电能表基本误差的方法

难易度： 中

标准答案：

用标准功率表测定调定的恒定功率，或用标准功率源确定功率，同时用标准测试器测量电能表在恒定功率下输出若干脉冲所需时间，该时间与恒定功率的乘积所得实际电能，与电能表测定的电能相比较来确定电能表的相对误差。

Jb0005532073　根据 JJG 596—2012《电子式交流电能表》，电能表日计时误差的测定方法是什么？（5分）

考核知识点： 电能表日计时误差的测定方法

难易度： 中

标准答案：

电压线路（或辅助电源线路）施加参比电压 1 小时后，用标准时钟测试仪测电能表时基频率输出，连续测量 5 次，每次测量时间为 1 分钟，取其算术平均值，试验结果的限值为±0.5 秒/天。

Jb0005532074　根据 JJG 1099—2014《预付费交流电能表》，剩余电能量递减准确度试验的检定方法是什么？（5分）

考核知识点： 剩余电能量递减准确度试验的检定方法

难易度： 中

标准答案：

试验前预付费表中应有足够的剩余电能量使得试验中不跳闸。使预付费表运行至剩余电能量减少 E_0，计算运行期间仪表计度器显示的电能增加量 ΔE 与 E_0 的差值 $|E_0 - \Delta E|$，结果不大于计度器的一个最小分辨力值的计量单位。E_0 为相当于该表所示脉冲常数整数倍（$n = 2 \sim 4$）的脉冲数的电能量。

Jb0005531075　什么是电能表潜动？（5分）

考核知识点： 电能表潜动试验

难易度： 易

标准答案：

电能表电压回路通以 $115\%U_n$，电流回路无电流，在规定时间内电能表不应产生多于一个的脉冲输出。

Jb0005531076　什么是电能表起动电流值？（5分）

考核知识点： 电能表起动电流定义

难易度： 易

标准答案：

在参比电压、参比频率，$\cos\varphi = 1.0$ 的条件下，使电能表能起动并连续记录的最小电流值为起动电流值，其数值不应超过规程规定。

Jb0005531077 如何对安装电子式电能进行起动试验？（5分）

考核知识点： 电能表起动试验方法

难易度： 易

标准答案：

在参比频率、参比电压和 $\cos\varphi = 1$（对有功电能表）或 $\sin\varphi = 1$（对无功电能表）的条件下，电流线路通以规定的起动电流（三相电能表各相同时加电压和通起动电流），在规定的时限内电能表应能起动并连续记录。如果该电能表为用于双向电能测量仪表，则该试验应用于每一个方向的电能测量。

Jb0005531078 请说出 JJG 596—2012《电子式交流电能表》适用范围是什么？（5分）

考核知识点： JJG 596—2012《电子式交流电能表》检定规程适用范围

难易度： 易

标准答案：

JJG 596—2012《电子式交流电能表》适用于参比频率为 50Hz 或 60Hz 单相、三相电子式（静止式）交流电能表的首次检定、后续检定。对于具有其他功能的电子式电能表，其相同的检定项目执行 JJG 596—2012《电子式交流电能表》。

Jb0005511079 2级单相智能电能表，电压为 220V，电流为 10（100）A，常数为 800imp/kWh，试按照 JJG 596—2012《电子式交流电能表》计算潜动规定的时限。（5分）

考核知识点： 潜动试验时限计算

难易度： 易

标准答案：

解：
$$C = 800\text{imp/kWh}, \quad m = 1, \quad U_n = 220\text{V}, \quad I_{max} = 100\text{A}$$

$$\Delta t \geq \frac{480 \times 10^6}{Cm U_n I_{max}}$$

$$\Delta t \geq \frac{480 \times 10^6}{800 \times 1 \times 220 \times 100} = 27.27 \text{（分钟）}$$

答： 潜动规定的时限为 27.27 分钟。

Jb0005511080 1级三相智能电能表，电压为 3×220/380V，电流为 3×5（60）A，常数为 400imp/kWh，试按照 JJG 596—2012《电子式交流电能表》计算潜动规定的时限。（5分）

考核知识点： 潜动试验时限计算

难易度： 易

标准答案：

解：
$$C = 400\text{imp/kWh}, \quad m = 3, \quad U_n = 220\text{V}, \quad I_{max} = 60\text{A}$$

$$\Delta t \geq \frac{600 \times 10^6}{Cm U_n I_{max}}$$

$$\Delta t \geq \frac{600 \times 10^6}{400 \times 3 \times 220 \times 60} = 38.88 \text{（分钟）}$$

答： 潜动规定的时限为 38.88 分钟。

Jb0005511081 0.5S 级三相智能电能表，电压为 3×100V，电流为 3×1.5（6）A，常数为 20 000imp/kWh，试按照 JJG 596—2012《电子式交流电能表》计算潜动规定的时限。（5 分）

考核知识点：潜动试验时限计算

难易度：易

标准答案：

解：$C = 20\ 000\text{imp/kWh}$，$m = \sqrt{3}$，$U_{\text{n}} = 100\text{V}$，$I_{\max} = 6\text{A}$

$$\Delta t \geqslant \frac{600 \times 10^6}{CmU_{\text{n}}I_{\max}}$$

$$\Delta t \geqslant \frac{600 \times 10^6}{20\ 000 \times \sqrt{3} \times 100 \times 6} = 28.87（分钟）$$

答：潜动规定的时限为 28.87 分钟。

Jb0005511082 0.2S 级三相智能电能表，电压为 3×57.7/100V，电流为 3×0.3（1.2）A，常数为 100 000imp/kWh，试按照 JJG 596—2012《电子式交流电能表》计算潜动规定的时限。（5 分）

考核知识点：潜动试验时限计算

难易度：易

标准答案：

解：$C = 100\ 000\text{imp/kWh}$，$m = 3$，$U_{\text{n}} = 57.7\text{V}$，$I_{\max} = 1.2\text{A}$

$$\Delta t \geqslant \frac{900 \times 10^6}{CmU_{\text{n}}I_{\max}}$$

$$\Delta t \geqslant \frac{900 \times 10^6}{100\ 000 \times 3 \times 57.7 \times 1.2} = 43.33（分钟）$$

答：潜动规定的时限为 43.33 分钟。

Jb0005511083 0.5S 级三相智能电能表，电压为 3×100V，电流为 3×1.5（6）A，常数为 20 000imp/kWh，试按照 JJG 596—2012《电子式交流电能表》计算起动时限。（5 分）

考核知识点：启动试验时限计算

难易度：易

标准答案：

解：$C = 20\ 000\text{imp/kWh}$，$m = \sqrt{3}$，$U_{\text{n}} = 100\text{V}$，$I_{\text{Q}} = 1.5\text{A} \times 0.001$

$$t_{\text{Q}} \leqslant 1.2 \times \frac{60 \times 1000}{CmU_{\text{n}}I_{\text{Q}}}$$

$$t_{\text{Q}} \leqslant 1.2 \times \frac{60 \times 1000}{20\ 000 \times \sqrt{3} \times 100 \times 1.5 \times 0.001} = 13.86（分钟）$$

答：启动时限为 13.86 分钟。

Jb0005511084 0.2S 级三相智能电能表，电压为 3×57.7/100V，电流为 3×0.3（1.2）A，常数为 100 000imp/kWh，试按照 JJG 596—2012《电子式交流电能表》计算起动时限。（5 分）

考核知识点：启动试验时限计算

难易度：易

标准答案：

解：$C = 100\ 000\text{imp/kWh}$，$m = 3$，$U_n = 57.7\text{V}$，$I_Q = 0.3\text{A} \times 0.001$

$$t_Q \leqslant 1.2 \times \frac{60 \times 1000}{Cm U_n I_Q}$$

$$t_Q \leqslant 1.2 \times \frac{60 \times 1000}{100\ 000 \times 3 \times 57.7 \times 0.3 \times 0.001} = 13.86（分钟）$$

答：起动时限为 13.86 分钟。

Jb0005511085 1 级三相智能电能表，电压为 $3 \times 220/380\text{V}$，电流为 $3 \times 5（60）\text{A}$，常数为 400imp/kWh，试按照 JJG 596—2012《电子式交流电能表》计算起动时限。（5 分）

考核知识点：起动试验时限计算

难易度：易

标准答案：

解：$C = 400\text{imp/kWh}$，$m = 3$，$U_n = 220\text{V}$，$I_Q = 5\text{A} \times 0.004$

$$t_Q \leqslant 1.2 \times \frac{60 \times 1000}{Cm U_n I_Q}$$

$$t_Q \leqslant 1.2 \times \frac{60 \times 1000}{400 \times 3 \times 220 \times 5 \times 0.004} = 13.64（分钟）$$

答：起动时限为 13.64 分钟。

Jb0005511086 2 级单相智能电能表，电压为 220V，电流为 10（100）A，常数为 800imp/kWh，试按照 JJG 596—2012《电子式交流电能表》计算起动时限。（5 分）

考核知识点：起动试验时限计算

难易度：易

标准答案：

解：$C = 800\text{imp/kWh}$，$m = 1$，$U_n = 220\text{V}$，$I_Q = 10\text{A} \times 0.005$

$$t_Q \leqslant 1.2 \times \frac{60 \times 1000}{Cm U_n I_Q}$$

$$t_Q \leqslant 1.2 \times \frac{60 \times 1000}{800 \times 1 \times 220 \times 10 \times 0.005} = 8.18（分钟）$$

答：起动时限为 8.18 分钟。

Jb0006531087 什么是智能电能表？（5 分）

考核知识点：智能电能表的定义

难易度：易

标准答案：

智能电能表是指由测量单元、数据处理单元、通信单元等组成，具有电能量计量、信息存储及处理、实时监测、自动控制、信息交互等功能的电能表。

Jb0006532088 Q/GDW 1364—2013《单相智能电能表技术规范》中对电能量脉冲输出的要求是什么？（5 分）

考核知识点：电能量脉冲输出的要求

难易度：中

标准答案：

电能表电能量脉冲输出宽度为 80 毫秒±16 毫秒。电脉冲输出在有脉冲输出时，通过 5mA 电流时脉冲输出口的压降不得高于 0.8V；在没有脉冲输出时，脉冲输出口直流阻抗应不小于 100kΩ。

Jb0006532089　智能电能表是怎样进行分类的？（5 分）

考核知识点：智能电能表的分类

难易度：中

标准答案：

（1）按有功电能计量准确度等级划分：包含 0.2S、0.5S、1、2 四个等级。

（2）按照负荷开关划分：有内置和外置负荷开关之分。

（3）按照通信方式划分：有 RS485 通信、载波通信、公网通信、微功率无线通信之分。

（4）按照费控方式划分：有本地费控与远程费控之分。

Jb0006531090　三相智能电能表按电压规格分为哪几种？（5 分）

考核知识点：三相智能电能表电压规格分类

难易度：易

标准答案：

$3\times220/380$V，$3\times57.7/100$V，3×100V。

Jb0006532091　请简述智能电能表费控功能的实现方式及方法。（5 分）

考核知识点：智能电能表费控功能的实现方式及方法

难易度：中

标准答案：

费控功能的实现分为本地和远程两种方式；本地方式通过 CPU 卡、射频卡等固态介质实现，远程方式通过公网、载波等虚拟介质和远程售电系统实现。

Jb0006531092　电能表故障分为哪几大类型？（5 分）

考核知识点：电能表故障类型

难易度：易

标准答案：

电能表故障分为工作质量、外部因素、不可抗力、设备质量故障四大类型。

Jb0006523093　图 Jb0006523093 为单相智能电能表液晶昂示部分内容示意图，请从左到右、从上到下依次说明各部分符号的含义。（5 分）

图 Jb0006523093

考核知识点：单相智能电能表液晶显示内容识读

难易度：难

标准答案：

（1）红外、485 通信中。

（2）实验室状态，⌂显示为测试密钥状态，不显示为正式密钥状态。

（3）电能表挂起指示。

（4）模块通信中。

（5）功率反向指示。

（6）电池欠压指示。

（7）红外认证有效指示。

（8）相线、零线。

Jb0007533094 根据《国家电网公司电能计量封印管理办法》，计量封印分为卡扣式封印、穿线式封印、电子式封印，请简述各类封印安装位置有哪些？（5分）

考核知识点：各类封印安装位置

难易度：难

标准答案：

（1）卡扣式封印的安装位置。安装位置应包括电能表、用电信息采集终端的出厂封印、检定封印及现场封印，计量箱（柜）门的现场封印。

（2）穿线式封印的安装位置。安装位置应包括电能表、用电信息采集终端的端子盖、互感器二次端子盒、联合试验接线盒、计量箱（柜）等设备的现场封印。

（3）电子式封印的安装位置。安装位置应包括Ⅰ、Ⅱ、Ⅲ类电能计量装置及重点关注客户；Ⅳ、Ⅴ类电能计量装置由各级供电企业根据自身购置能力和需要自行确定。

Jb0007531095 《国家电网电能计量封印管理办法》中对封印的定义是什么？（5分）

考核知识点：封印的定义

难易度：易

标准答案：

电能计量封印，是指具有唯一编码、自锁、防撬、防伪等功能，用来防止未授权的人员非法开启电能计量装置或确保电能计量装置不被无意开启，且具有法定效力的一次性使用的专用标识物体。

Jb0007531096 简述卡扣式封印的安装位置应包含哪些内容。（5分）

考核知识点：卡扣式封印的安装位置

难易度：易

标准答案：

安装位置应包括电能表、用电信息采集终端的出厂封印、检定封印及现场封印，计量箱（柜）门的现场封印。

Jb0007532097 国家电网公司用电信息采集系统运行维护管理办法第二十一条规定，主站系统日常巡视、检查主要包括哪些内容？（5分）

考核知识点：主站系统日常巡视、检查内容

难易度：中

标准答案：

主要包括检查采集系统软硬件设备、采集系统相关加密设备的运行状况，查看操作系统、数据库、中间件、备份日志，定时任务的执行情况。对异常情况在值班记录中填写，并采取相应的措施。

Jb0008531098　什么是电磁式电压互感器？（5分）

考核知识点： 电磁式电压互感器的定义

难易度： 易

标准答案：

电磁式电压互感器是一种通过电磁感应将一次电压按比例变换成二次电压的电压互感器。这种互感器不附加其他改变一次电压的电气元件（如电容器）。

Jb0008531099　什么是电容式电压互感器？（5分）

考核知识点： 电容式电压互感器的定义

难易度： 易

标准答案：

电容式电压互感器是一种利用电容分压器和电磁单元相互联结为整体，将一次电压按比例变换成二次电压的电压互感器。

Jb0008532100　电流互感器运行时有哪些误差？（5分）

考核知识点： 电流互感器运行误差

难易度： 中

标准答案：

（1）电流误差的比值差 f 是指电流互感器测出的实际二次电流值 I_2 乘上变比 K_i 与一次测实际电流 I_1 的差，对一次实际电流 I_1 比的百分数，即

$$f = \frac{K_i I_2 - I_1}{I_1} \times 100\%$$

（2）相位差 δ 是指二次电流相量 $\dot{I}_2$ 旋转 180° 与一次测电流相量 $\dot{I}_1$ 之间的夹角。当 $-\dot{I}_2$ 相量超前 I_1 时角差为正，反之为负。

Jb0008511101　某低压电力用户，采用低压 3×380/220V 计量，在运行中电流互感器 A 相二次断线，后经检查发现，抄见电能为 $1×10^6$ kWh，试求应向该用户追补多少用电量？（5分）

考核知识点： 错误接线追补电量计算

难易度： 易

标准答案：

解： 先求更正率：

因三相电度表的正确接线计量功率值为

$$P_U = 3U_{相} I_{相} \cos\varphi$$

因 A 相电流互感器二次断线，则

$$U_A I_A \cos\varphi = 0$$

误接表计量功率值为

$$P = 2U_{相} I_{相} \cos\varphi$$

$$更正率 = \frac{3U_相 I_相 \cos\varphi - 2U_相 I_相 \cos\varphi}{2U_相 I_相 \cos\varphi} \times 100\% = 50\%$$

追补用电量 = 更正率 × 抄见用电量 = 50% × 1 000 000 = 500 000（kWh）

答：应向用户追补用电量 500 000kWh。

Jb0008512102 某电力用户装有一只三相电能表，其铭牌说明与 300A/5A 的电流互感器配套使用，在装设时由于工作失误而装设了一组 400A/5A 的电流互感器。月底电度表的抄见用电量为 1000kWh，试计算该用户的实际用电量为多少？若电价为 0.532 元/kWh，试问该户当月应交纳的电费为多少元？（5分）

考核知识点：错误变比追补电量、电费计算

难易度：中

标准答案：

解：实际用电量为

$$抄见用电量 \times \frac{换装互感器变化}{表标注互感器变化} = 1000 \times \frac{400/5}{300/5} = 1333.3 （kWh）$$

应交纳电费为

$$0.532 \times 1333.3 = 709.32 （元）$$

答：该用户的实际用电量为 1333.3kWh，该用户当月应交纳电费 709.32 元。

Jb0008513103 电流互感器额定容量为 15VA，接三相有功、无功电能表各一只，每只电流线圈 2VA，电流互感器至电能表距离为 40m，四线连接。忽略导线接头电阻，试确定二次电流线截面积（$\rho = 57\text{m}/\Omega\text{mm}^2$）。（5分）

考核知识点：二次电流线截面积计算

难易度：难

标准答案：

解：已知 $S_n = 15\text{VA}$，二次接仪表负载 $\sum S_2 = 2 \times 2 = 4 （VA）$。

在不超出电流互感器额定负载情况下，在允许接的接线电阻为

$$R = (S_n - \Sigma S_2)/I^2 = (15 - 4)/5^2 = 0.44 （\Omega）$$

计算导线截面积：

$$S = L/(\rho R) = (2 \times 40)/(57 \times 0.44) = 3.19 （\text{mm}^2）$$

答：可选标称截面积为 4mm² 的铜芯线。

Jb0008511104 有一只电流互感器，其铭牌上标注的额定变比为 100A/5A，在试验时，当一次电流 I_1 为 100A 时，测得二次电流为 4.95A，试求该互感器电流误差的百分数是多少？（5分）

考核知识点：电流互感器比差计算

难易度：易

标准答案：

解：该互感器的比差的百分数

$$f_1(\%) = \frac{K_{NI} - K_I}{K_I} = \frac{100/5 - 100/4.95}{100/4.95} \times 100 = -1\%$$

或

$$f_1(\%) = \frac{K_{NI}I_2 - I_1}{I_1} = \frac{100/5 \times 4.95 - 100}{100} \times 100 = -1\%$$

第二章　电能表修校工初级工技能操作

Jc0005541001　审核 0.2S 级三相智能电能表检定证书。（100 分）

考核知识点：审核 0.2S 级三相智能电能表检定证书

难易度：易

技能等级评价专业技能考核操作工作任务书

一、任务名称

审核 0.2S 级三相智能电能表检定证书。

二、适用工种

电能表修校工初级工。

三、具体任务

审核给出的 0.2S 级三相智能电能表检定证书，将证书中存在的错误及更正要求填写在答题卡上。

四、工作规范及要求

按照相应的检定规程规范填写。

五、现场提供材料及工器具

无。

六、考核及时间要求

本考核时间为 60 分钟，请按照任务要求完成操作和答题卡。

（1）检定证书。

国网宁夏电力有限公司计量中心
检定证书

证书编号：____×××××－×××××____ 号

送　检　单　位：____×××××××××____

计量器具名称：____三相四线智能电能表____

型　号／规　格：____DTZ188 3×57.7V/100V 3×1.5(6)A____

准　确　度　等　级：____有功 0.2S 级　无功 2.0 级____

出　厂　编　号：____×××××××××____

制　造　单　位：____×××××××××____

检　定　结　论：　　　　合　格

批准人　____×××____

（检定专用章）

核验员　____×××____

检定员　____×××____

检定日期　2021 年　1 月　6 日

有效期至　2029 年　1 月　5 日

计量检定机构授权证书号：×××××××××	电话：（计量检定/校准机构电话）
地址：（计量检定/校准机构地址）	邮编：（计量检定/校准机构邮编）
传真：（计量检定/校准机构传真）	E-mail：（计量检定/校准机构电子邮箱）

第 1 页，共 5 页

检定使用的计量标准装置				
名称	测量范围	准确度等级	计量标准考核证书编号	证书有效期
三相标准电能表检定装置	3×（57.7~380）V 3×（0.01~100）A	0.05 级	××××－×××××	2021 年 11 月 16 日

检定使用的计量标准器及主要配套设备				
名称	测量范围	不确定度/准确度等级/ 最大允许误差	证书编号	证书有效期
三相标准电能表	3×（57.7~380）V 3×（0.003~100）A	0.02 级	××××－×××××	2020 年 8 月 18 日 — 2021 年 8 月 19 日
三相标准电能检定装置	3×（57.7~380）V 3×（0.01~100）A	0.05 级	××××－×××××	2020 年 12 月 17 日 — 2022 年 12 月 16 日
标准时钟器	500kHz	$2×10^{-7}$	××××－×××××	2021 年 1 月 25 日 — 2022 年 1 月 24 日

注：1. 本计量中心仅对加盖"宁夏回族自治区质量技术监督局计量授权检定专用章"的证书负责。
　　2. 本证书的检定结果仅对所检定的计量器具有效。
　　3. 本次检定使用的标准器均可溯源到国家基准。
　　4. 本证书如需复印必须全部复印，部分复印无效。

检定依据：JJG 596—2012
　　　　　JJG 691—2014
　　　　　JJG 569—2014

检定环境条件及地点

温度	21℃	地点	××××××××××
相对湿度	55%	其他	无

备注：无

证书编号　　×××××－×××××　号

检定结果

1. 外观检查：　　　　　　　　合格
2. 交流耐压试验：　　　　　　/
3. 潜动试验：　　　　　　　　合格
4. 起动试验：　　　　　　　　合格
5. 基本误差：　　　　　　　　合格

相线：　　　三相三线　　　　　　　接入方式：　　　经互感器接入

电压：$3 \times 57.7V/100V$　　　电流：$3 \times 1.5(6)A$　　常数：20 000imp/kWh（kvarh）　　频率：　50　Hz

a. 正向有功

平衡负载基本误差（%）		
负载电流	$\cos\varphi = 1$	$\cos\varphi = 0.5L$	$\cos\varphi = 0.8C$
I_{max}	+0.02	+0.02	+0.02
$0.5I_{max}$	/	/	/
I_n	+0.02	+0.02	+0.02
$0.2I_n$	/	/	/
$0.1I_n$	/	+0.06	+0.02
$0.05I_n$	+0.04	/	/
$0.02I_n$	/	+0.02	+0.04
$0.01I_n$	+0.06	/	/
负载电流	$\cos\varphi = 0.25L$		$\cos\varphi = 0.5C$
I_{max}	/		/
$0.2I_n$	/		/

不平衡负载基本误差（%）					
负载电流	A 相		B 相		C 相	
	$\cos\theta = 1$	$\cos\theta = 0.5L$	$\cos\theta = 1$	$\cos\theta = 0.5L$	$\cos\theta = 1$	$\cos\theta = 0.5L$
I_{max}	+0.02	+0.04	+0.02	+0.02	+0.02	+0.02
I_n	+0.02	+0.00	+0.00	+0.00	+0.02	+0.04
$0.2I_n$	/	/	/	/	/	/
$0.1I_n$	/	+0.06	/	+0.04	/	+0.06
$0.05I_n$	+0.04	/	+0.02	/	+0.06	/

负载电流 $I_n \cos\varphi / \cos\theta = 1$ 不平衡负载与平衡负载时误差之差/%					
A 相	/	B 相	/	C 相	/

b. 反向有功

平衡负载			
负载电流	$\cos\varphi=1$	$\cos\varphi=0.5L$	$\cos\varphi=0.8C$
I_{max}	+0.02	+0.02	+0.02
$0.5I_{max}$	/	/	/
I_n	+0.02	+0.02	+0.02
$0.2I_n$	/	/	/
$0.1I_n$	/	+0.06	+0.02
$0.05I_n$	+0.02		
$0.02I_n$	/	+0.02	+0.04
$0.01I_n$	+0.06	/	

负载电流	$\cos\varphi=0.25L$		$\cos\varphi=0.5C$	
I_{max}	/		/	
$0.1I_n$	/		/	

不平衡负载基本误差（%）						
负载电流	A 相		B 相		C 相	
	$\cos\theta=1$	$\cos\theta=0.5L$	$\cos\theta=1$	$\cos\theta=0.5L$	$\cos\theta=1$	$\cos\theta=0.5L$
I_{max}	+0.02	+0.02	+0.02	+0.02	+0.02	+0.02
I_n	+0.04	+0.04	+0.00	+0.00	+0.04	+0.02
$0.2I_n$	/	/	/	/	/	/
$0.1I_n$	/	+0.08	/	+0.06	/	+0.06
$0.05I_n$	+0.04	/	+0.02	/	+0.04	/

负载电流 $I_n\cos\varphi/\cos\theta=1$ 不平衡负载与平衡负载时误差之差（%）					
A 相	/	B 相	/	C 相	/

c. 正向无功

平衡负载					
负载电流	$\sin\varphi=1$	$\sin\varphi=0.5L$	$\sin\varphi=0.5C$	$\sin\varphi=0.25L$	$\sin\varphi=0.25C$
I_{max}	+0.0	+0.0	/	/	/
$0.5I_{max}$	/	/	/	/	/
I_n	−0.0	+0.0	/	+0.0	/
$0.2I_n$	/	/	/	/	/
$0.1I_n$	/	+0.0	/	/	/
$0.05I_n$	+0.0	+0.0	/	/	/
$0.02I_n$	−0.0	/	/	/	/
$0.01I_n$	/	/	/	/	/

不平衡负载基本误差（%）									
负载电流	A 相			B 相			C 相		
	$\sin\theta=1$	$\sin\theta=0.5L$	$\sin\theta=0.5C$	$\sin\theta=1$	$\sin\theta=0.5L$	$\sin\theta=0.5C$	$\sin\theta=1$	$\sin\theta=0.5L$	$\sin\theta=0.5C$
I_{max}	+0.0	+0.0	/	+0.0	+0.0	/	+0.0	+0.0	/
I_n	+0.0	+0.0	/	+0.0	+0.0	/	+0.0	+0.0	/
$0.2I_n$	/	/	/	/	/	/	/	/	/
$0.1I_n$	/	−0.0	/	/	−0.0	/	/	+0.0	/
$0.05I_n$	+0.0	/	/	+0.0	/	/	+0.0	/	/

负载电流 $I_n\sin\varphi/\sin\theta=1$ 不平衡负载与平衡负载时误差之差（%）					
A 相	/	B 相	/	C 相	/

d. 反向无功

平衡负载					
负载电流	$\sin\varphi=1$	$\sin\varphi=0.5L$	$\sin\varphi=0.5C$	$\sin\varphi=0.25L$	$\sin\varphi=0.25C$
I_{max}	+0.0	+0.0	/	/	/
$0.5I_{max}$	/	/	/	/	/
I_n	+0.0	+0.0	/	+0.0	/
$0.2I_n$	/	/	/	/	/
$0.1I_n$	/	+0.0	/	/	/
$0.05I_n$	+0.0	+0.2	/	/	/
$0.02I_n$	+0.0	/	/	/	/
$0.01I_n$	/	/	/	/	/

不平衡负载基本误差（%）									
负载电流	A 相			B 相			C 相		
	$\sin\theta=1$	$\sin\theta=0.5L$	$\sin\theta=0.5C$	$\sin\theta=1$	$\sin\theta=0.5L$	$\sin\theta=0.5C$	$\sin\theta=1$	$\sin\theta=0.5L$	$\sin\theta=0.5C$
I_{max}	+0.0	+0.0	/	+0.0	+0.0	/	+0.0	+0.0	/
I_n	+0.0	+0.0	/	+0.0	+0.0	/	+0.0	+0.0	/
$0.2I_n$	/	/	/	/	/	/	/	/	/
$0.1I_n$	/	+0.0	/	/	−0.0	/	/	+0.0	/
$0.05I_n$	+0.0	/	/	+0.0	/	/	+0.0	/	/

负载电流 $I_n\sin\varphi/\sin\theta=1$　不平衡负载与平衡负载时误差之差（%）					
A 相		/	B 相	/	C 相	/

6. 常数试验：　　　　　　　　　　合格

7. 时钟日计时误差：　　　　　　　+0.00　　秒/天

8. 时钟示值误差：　　　　　　　　+1　　秒

9. 电能示值的组合误差：　　　　　+0.00　　kWh

10. 需量示值误差：　　　　　　　+0.05

<u>　　　　　　　　　　以下空白　　　　　　　　　　</u>

（2）原始记录。

电能表检定原始记录

检定证书/检定结果通知书编号：＿＿＿×××××－×××××＿＿＿ 检定日期：＿2021 年 1 月 6 日＿

送检单位：＿＿＿＿＿＿＿＿＿＿＿＿＿×××××××××＿＿＿＿＿＿＿＿＿＿＿

仪器名称：＿＿三相四线智能电能表＿＿ 型号：＿＿＿DTZ188＿＿＿ 出厂编号：×××××××××

制造单位：＿××××××××××＿ 准确度等级：＿有功：0.2S 级 无功：2.0 级＿ 接入方式：经互感器接入

电压：＿＿3×57.7V/100V＿＿ 电流：＿＿3×1.5（6）A＿＿ 相线：三相四线 常数：20 000imp/kWh（kvarh）

技术依据：JJG 596—2012《电子式交流电能表》、JJG 569—2014《最大需量电能表》、JJG 691—2014《多费率交流电能表》

温度：＿＿21＿℃ 相对湿度：＿＿55＿% 频率：＿＿50＿Hz

检定使用的计量标准装置：

名称：三相电能表标准装置 型号：DZ603－20 出厂编号：×××××××××

准确度等级：0.05 级 计量标准考核证书编号：××××××××× 有效期至：2021 年 11 月 16 日

检定使用的计量标准器具：

名称：三相标准电能表 型号：M－8033 出厂编号：×××××××××

准确度等级：0.02 级 标准器具证书号：××××××××× 有效期至：2021 年 8 月 19 日

检定使用的主要配套设备：

名称：三相电能表检定装置 型号：DZ603－20 出厂编号：×××××××××

准确度等级：0.05 级 标准器具证书号：××××××××× 有效期至：2022 年 12 月 16 日

名称：标准时钟器 型号：DZ－T08 出厂编号：×××××××××

不确定度：$2×10^{-7}$ 标准器具证书号：××××××××× 有效期至：2022 年 1 月 24 日

1. 外观检查： 合格

外观破损	合格	封印缺失	合格	铭牌信息错误	合格
铭牌信息无法识别	合格	按键失灵	合格	表内有异物	合格
液晶缺笔	合格	液品无显示	合格	背光灯故障	合格
指示灯故障	合格	预置参数错误	合格	时钟电池欠压	合格
停抄电池欠压	合格	无脉冲输出	合格	通信接口故障	合格
死机	合格	液晶数据显示异常	合格	时钟失准	合格
错误报警	合格	其他	合格	是否质量问题	合格

2. 交流电压试验： /

3. 潜动试验 合格

4. 起动试验： 合格

5. 基本误差： 合格

a. 正向有功

平衡负载基本误差（%）								
负载电流	$\cos\varphi = 1$			$\cos\varphi = 0.5L$			$\cos = 0.8C$		
	误差 1	误差 2	平均值	误差 1	误差 2	平均值	误差 1	误差 2	平均值
I_{max}	＋0.022 9	＋0.022 9	＋0.022 9	＋0.025 0	＋0.025 0	＋0.025 0	＋0.021 9	＋0.028 1	＋0.025 0
$0.5I_{max}$	/	/	/	/	/	/	/	/	/
I_n	＋0.021 4	＋0.019 7	＋0.020 6	＋0.012 5	＋0.015 6	＋0.014 1	40.022 9	＋0.025 0	＋0.024 0
$0.2I_n$	/	/	/	/	/	/	/	/	/
$0.1I_n$	/	/	/	＋0.050 0	＋0.053 8	0.051 9	＋0.015 0	＋0.017 5	＋0.016 3
$0.05I_n$	0.039 4	＋0.034 4	＋0.036 9	/	/	/	/	/	/
$0.02I_n$	/	/	/	＋0.009 4	＋0.015 6	＋0.012 5	＋0.052 5	＋0.035 6	＋0.044 1
$0.01I_n$	＋0.065 9	＋0.048 5	＋0.057 2	/	/	/	/	/	/

负载电流	$\cos\varphi = 0.25L$			$\cos\varphi = 0.5C$		
	误差 1	误差 2	平均值	误差 1	误差 2	平均值
I_{max}	/	/	/	/	/	/
$0.2I_n$	/	/	/	/	/	/
$0.1I_n$	/	/	/	/	/	/

第 1 页，共 4 页

不平衡负载基本误差（%）								
负载电流	A 相			B 相			C 相		
	误差1	误差2	平均值	误差1	误差2	平均值	误差1	误差2	平均值
$\cos\theta=1$									
I_{max}	+0.012 5	+0.012 5	+0.012 5	+0.012 5	+0.012 5	+0.012 5	+0.025 0	+0.025 0	+0.025 0
I_n	+0.018 8	+0.012 5	+0.015 7	+0.006 3	+0.006 3	+0.006 3	+0.025 0	+0.025 0	+0.025 0
$0.1I_n$	/	/	/	/	/	/	/	/	/
$0.05I_n$	+0.035 0	+0.033 1	+0.034 1	+0.019 4	+0.016 9	+0.018 2	+0.051 3	+0.048 8	+0.050 1
$\cos\theta=0.5L$									
I_{max}	+0.037 5	+0.025 0	+0.031 3	+0.025 0	+0.025 0	+0.025 0	+0.012 5	+0.025 0	+0.018 8
I_n	+0.012 5	+0.000 0	+0.006 3	+0.000 0	−0.012 5	−0.006 3	+0.037 5	+0.037 5	+0.037 5
$0.2I_n$	/	/	/	/	/	/	/	/	/
$0.1I_n$	+0.060 0	+0.045 0	+0.052 5	+0.050 0	+0.041 3	+0.045 7	+0.062 5	+0.060 0	+0.061 3
负载电流 I_n $\cos\varphi/\cos\theta=1$ 不平衡负载与平衡负载时误差之差（%）									
A 相	/			B 相	/		C 相	/	

b. 反向有功

平衡负载基本误差（%）									
负载电流	$\cos\varphi=1$			$\cos\varphi=0.5L$			$\cos\varphi=0.8C$		
	误差1	误差2	平均值	误差1	误差2	平均值	误差1	误差2	平均值
I_{max}	+0.020 8	+0.022 9	+0.021 9	+0.025 0	+0.025 0	+0.025 0	+0.021 9	+0.025 0	0.023 5
$0.5I_{max}$									
I_n	+0.021 4	+0.017 9	+0.019 7	+0.012 5	+0.015 6	+0.014 1	+0.020 9	+0.022 9	+0.021 9
$0.2I_n$									
$0.1I_n$				+0.058 8	+0.043 8	+0.051 3	+0.016 3	+0.013 8	+0.015 1
$0.05I_n$	+0.028 8	+0.030 6	+0.029 7	/	/	/			
$0.02I_n$				+0.028 8	+0.017 5	+0.023 2	+0.043 1	+0.045 0	+0.044 1
$0.01I_n$	+0.065 8	+0.066 4	+0.066 1	/	/	/			

负载电流	$\cos\varphi=0.25L$			$\cos\varphi=0.5C$		
	误差1	误差2	平均值	误差1	误差2	平均值
I_{max}	/	/	/	/	/	/
$0.2I_n$	/	/	/	/	/	/
$0.1I_n$	/	/	/	/	/	/

不平衡负载基本误差（%）								
负载电流	A 相			B 相			C 相		
	误差1	误差2	平均值	误差1	误差2	平均值	误差1	误差2	平均值
$\cos\theta=1$									
I_{max}	+0.025 0	+0.025 0	+0.025 0	+0.012 5	+0.012 5	+0.012 5	+0.025 0	+0.025 0	+0.025 0
I_n	+0.031 3	+0.031 3	+0.031 3	+0.012 5	+0.006 3	+0.009 4	+0.031 3	+0.037 5	+0.034 4
$0.1I_n$	/	/	/	/	/	/	/	/	/
$0.05I_n$	+0.036 3	+0.038 1	+0.037 2	+0.020 0	+0.023 8	+0.021 9	+0.044 4	+0.041 3	+0.042 9
$\cos\theta=0.5L$									
I_{max}	+0.025 0	+0.025 0	+0.025 0	+0.025 0	+0.000 0	+0.012 5	+0.025 0	+0.025 0	+0.025 0
I_n	+0.037 5	+0.050 0	+0.043 8	+0.000 0	+0.000 0	+0.000 0	+0.012 5	+0.012 5	+0.012 5
$0.2I_n$	/	/	/	/	/	/	/	/	/
$0.1I_n$	+0.083 8	+0.076 3	+0.080 1	+0.060 0	+0.063 8	+0.061 9	+0.056 3	+0.057 5	+0.056 9
负载电流 I_n $\cos\varphi/\cos\theta=1$ 不平衡负载与平衡负载时误差之差（%）									
A 相	/			B 相	/		C 相	/	

c. 正向无功

平衡负载基本误差（%）									
负载电流	$\sin\varphi=1$			$\sin\varphi=0.5L$			$\sin\varphi=0.5C$		
	误差1	误差2	平均值	误差1	误差2	平均值	误差1	误差2	平均值
I_{max}	+0.025 0	+0.025 0	+0.025 0	+0.018 7	+0.018 7	+0.018 7	/	/	/

第 2 页，共 4 页

0.5I_{max}	/	/	/	/	/	/	/	/	/
I_n	+0.021 4	−0.026 8	−0.002 7	+0.028 1	+0.028 1	+0.028 1			
0.2I_n									
0.1I_n	/	/	/	+0.001 3	+0.000 0	+0.000 7			
0.05I_n	+0.029 4	+0.028 1	+0.028 7	+0.061 3	+0.068 2	+0.064 8			
0.02I_n	+0.034 4	−0.021 8	−0.092 0	/	/	/			
0.01I_n	/	/	/	/	/				

负载电流	sinφ=0.25L			sinφ=0.25C		
	误差1	误差2	平均值	误差1	误差2	平均值
I_n	+0.025 0	+0.037 5	+0.031 3	/	/	/
0.2I_n	/	/	/	/	/	/
0.1I_n	/	/	/	/	/	/

不平衡负载基本误差（%）									
负载电流	A 相			B 相			C 相		
	误差1	误差2	平均值	误差1	误差2	平均值	误差1	误差2	平均值
sinθ = 1									
I_{max}	+0.025 0	+0.018 7	+0.021 9	+0.006 2	+0.012 5	+0.009 4	+0.018 7	+0.025 0	+0.021 9
I_n	+0.018 8	+0.031 3	+0.025 1	+0.012 5	+0.012 5	+0.012 5	+0.043 8	+0.050 0	+0.046 9
0.1I_n	/	/	/	/	/	/	/	/	/
0.05I_n	+0.022 5	+0.023 1	+0.022 8	+0.031 9	+0.038 1	+0.035 0	+0.042 5	+0.058 2	+0.050 4
sinθ = 0.5L									
I_{max}	+0.012 5	+0.025 0	+0.018 8	+0.012 5	+0.012 5	+0.012 5	+0.037 5	+0.037 5	+0.037 5
I_n	+0.025 0	+0.025 0	+0.025 0	+0.000 0	+0.012 5	+0.006 3	+0.062 6	+0.037 5	+0.050 1
0.2I_n	/	/	/	/	/	/	/	/	/
0.1I_n	−0.012 5	+0.001 2	−0.006 9	−0.023 7	−0.026 2	−0.025 0	+0.025 0	+0.025 0	+0.025 0
sinθ = 0.5C									
I_{max}	/	/	/	/	/	/	/	/	/
I_n	/	/	/	/	/	/	/	/	/
0.2I_n	/	/	/	/	/	/	/	/	/
0.1I_n	/	/	/	/	/	/	/	/	/
负载电源 I_n sinφ/sinθ=1 不平衡负载与平衡负载时误差之差（%）									
A 相	/			B 相	/		C 相	/	

d. 反向无功

平载负载基本误差（%）									
负载电流	sinφ = 1			sinφ = 0.5L			sinφ = 0.5C		
	误差1	误差2	平均值	误差1	误差2	平均值	误差1	误差2	平均值
I_{max}	+0.029 2	+0.029 2	+0.029 2	+0.025 0	+0.050 0	+0.037 5	/	/	/
0.5I_{max}	/	/	/	/	/	/	/	/	/
I_n	+0.028 6	+0.028 6	+0.028 6	+0.031 3	+0.034 4	+0.032 9	/	/	/
0.2I_n	/	/	/	/	/	/	/	/	/
0.1I_n	/	/	/	+0.002 5	−0.002 5	+0.000 0	/	/	/
0.05I_n	+0.040 0	+0.035 0	+0.037 5	+0.062 5	+0.246 2	+0.154 4	/	/	/
0.02I_n	+0.044 4	+0.053 2	+0.048 8	/	/	/	/	/	/
0.01I_n	/	/	/	/	/	/	/	/	/

负载电流	sinφ = 0.25L			sinφ = 0.25C		
	误差1	误差2	平均值	误差1	误差2	平均值
I_n	+0.031 3	+0.050 0	+0.040 7	/	/	/
0.2I_n	/	/	/	/	/	/
0.1I_n	/	/	/	/	/	/

不平衡负载基本误差（%）								
负载电源	A 相			B 相			C 相		
	误差 1	误差 2	平均值	误差 1	误差 2	平均值	误差 1	误差 2	平均值
$\sin\theta = 1$									
I_{max}	+0.031 2	+0.025 0	+0.028 1	+0.018 7	+0.018 7	+0.018 7	+0.025 0	+0.025 0	+0.025 0
I_n	+0.025 0	+0.037 5	+0.031 3	+0.012 5	+0.006 3	+0.009 4	+0.050 0	+0.043 8	+0.046 9
$0.1I_n$	/	/	/	/	/	/	/	/	/
$0.05I_n$	+0.049 4	+0.056 3	+0.052 9	+0.042 5	+0.025 0	+0.033 8	+0.052 5	+0.054 4	0.053 5
$\sin\theta = 0.5L$									
I_{max}	+0.025 0	+0.012 5	+0.018 8	+0.000 0	+0.000 0	+0.000 0	+0.062 5	+0.050 0	+0.056 3
I_n	+0.025 0	+0.025 0	+0.025 0	+0.012 5	+0.012 5	+0.012 5	+0.025 0	+0.037 5	+0.031 3
$0.2I_n$	/	/	/	/	/	/	/	/	/
$0.1I_n$	+0.007 5	+0.022 5	+0.015 0	−0.027 5	−0.020 0	−0.023 8	+0.025 0	+0.020 0	+0.022 5
$\sin\theta = 0.5C$									
I_{max}	/	/	/	/	/	/	/	/	/
I_n	/	/	/	/	/	/	/	/	/
$0.2I_n$	/	/	/	/	/	/	/	/	/
$0.1I_n$	/	/	/	/	/	/	/	/	/
负载电流 I_n　$\sin\varphi/\sin\theta = 1$ 不平衡负载与平衡负载时误差之差（%）									
A 相	/			B 相	/		C 相	/	

6. 常数试验：　　　合格

7. 时钟日计时误差：　　　合格

测量结果/Hz					平均值（Hz）
1	2	3	4	5	
1.000 000 00	1.000 000 00	1.000 000 00	1.000 000 00	1.000 000 00	1.000 000 00
日计时误差（秒/天）：				+0.00	

8. 时钟示值误差：

电能表显示的时刻 T（秒）	标准时刻 T（秒）	示值误差ΔT（秒）
15:21:21	15:21:21	0
电能表显示日期	日历日期	结果
2021−01−06	2021−01−06	合格

9. 电能示值的组合误差：　　　合格

n＿＿＿3＿＿＿；a＿＿＿＿0.01＿＿＿＿。

费率示值	初始示值（kWh）	运行后示值（kWh）	电能增量（kWh）
$W1$	0.00	0.00	0.00
$W2$	0.36	0.49	0.13
$W3$	0.21	0.21	0.00
$W4$	0.00	0.00	0.00
W	0.57	0.70	0.13
组合误差/kWh	0.57	0.70	0.00

10. 需量示值误差：　　　合格

负载	标准表最大需量 P_o（kW）	被检表最大需量 P'（kW）	需量示值误差$\gamma P'$（%）
$0.1I_n$	0.026 0	0.026 0	+0.00
I_n	0.260 0	0.259 9	+0.05
I_{max}	1.039 9	1.039 4	+0.05

11. 检定结论及说明：　　　合格

检定员：　　　×××　　　　核验员：　　　/

＿＿＿＿＿＿＿以下空白＿＿＿＿＿＿＿

技能等级评价专业技能考核操作评分标准

工种	电能表修校工			评价等级	初级工
项目模块	计量检定		编号		Jc0005541001
单位		准考证号		姓名	
考试时限	60分钟	题型	简答题	题分	100分
成绩		考评员	考评组长	日期	
试题正文	审核0.2S级三相智能电能表检定证书				
需要说明的问题和要求	（1）要求1人完成。 （2）按照相应的检定规程规范填写				

序号	项目名称	质量要求	满分	扣分标准	扣分原因	得分
1	检定证书审核	按照相关规程要求找出给定检定证书中存在的错误，并更正	100	给定原始记录检定证书共存在5项错误，每少指出及更正一条，扣20分		
	合计		100			

标准答案：

此份检定证书及其原始记录存在如下缺陷。

（1）检定证书。

1）检定证书第1页中"有效期至__2029__年__1__月__5__日"应按照本次依据JJG 596—2012《电子式交流电能表》检定规程改为"有效期至__2027__年__1__月__5__日"。

2）检定证书第2页中"检定依据____JJG 596—2012、JJG 691—2014、JJG 569—2014____"应完整填写检定规程编号，应为"检定依据JJG 596—2012《电子式交流电能表》、JJG 691—2014《多费率交流电能表》、JJG 569—2014《最大需量电能表》"。

3）检定证书第3页中"频率__50 hz__"法定计量单位不符合规定的使用规则，应为"频率__50Hz__"。

4）检定证书中缺少本次检定的总结论。

（2）原始记录。

原始记录第4页中核验员"/"不符合要求，应由核验本次原始记录的核验人员签字。

Jc0005541002　出具0.2S级三相智能电能表检定证书。（100分）

考核知识点： 出具0.2S级三相智能电能表检定证书

难易度： 易

技能等级评价专业技能考核操作工作任务书

一、任务名称

出具0.2S级三相智能电能表检定证书。

二、适用工种

电能表修校工初级工。

三、具体任务

根据给出的0.2S级三相智能电能表检定原始记录，按照依据的检定规程在答题卡上将相应的检定证书补充完整。

四、工作规范及要求

按照相应的检定规程规范填写。

五、现场提供材料及工器具

无。

六、考核及时间要求

本考核时间为 60 分钟，请按照任务要求完成操作和答题卡。

（1）原始记录。

NDJ－ZLJL－64－2019－09

电能表检定原始记录

检定证书/检定结果通知书编号：　×××××－××××× 　　检定日期：　2021 年 1 月 6 日

送检单位：　××××××××××

仪器名称：　三相四线智能电能表 　　型号：　DTZ188 　　出厂编号：　×××××××××

制造单位：　×××××××× 　准确度等级：　有功：0.2S 级　无功：2.0 级　接入方式：经互感器接入

电压：　3×57.7V/100V 　电流：　3×1.5（6）A 　相线：　三相四线　常数：20 000imp/kWh（kvarh）

技术依据：JJG 596—2012《电子式交流电能表》、JJG 569—2014《最大需量电能表》、JJG 691—2014《多费率交流电能表》

温度：　21 　℃　相对湿度：　55 　%　频率：　50 　Hz

检定使用的计量标准装置：

名称：三相电能表标准装置　　型号：DZ603－20 　　　　出厂编号：××××××××××

准确度等级：0.05 级　　计量标准考核证书编号：××××××××××　有效期至：2021 年 11 月 16 日

检定使用的计量标准器具：

名称：三相标准电能表　　型号：M－8033 　　　　出厂编号：××××××××××

准确度等级：0.02 级　　标准器具证书号：××××××××××　有效期至：2021 年 8 月 19 日

检定使用的主要配套设备：

名称：三相电能表检定装置　型号：DZ603－20 　　　　出厂编号：××××××××××

准确度等级：0.05 级　　标准器具证书号：××××××××××　有效期至：2022 年 12 月 16 日

名称：标准时钟器　　　型号：DZ－T08 　　　　出厂编号：××××××××××

不确定度：$2×10^{-7}$ 　　标准器具证书号：××××××××××　有效期至：2022 年 1 月 24 日

1. 外观检查：合格

外观破损	合格	封印缺失	合格	铭牌信息错误	合格
铭牌信息无法识别	合格	按键失灵	合格	表内有异物	合格
液晶缺笔	合格	液晶无显示	合格	背光灯故障	合格
指示灯故障	合格	预置参数错误	合格	时钟电池欠压	合格
停抄电池欠压	合格	无脉冲输出	合格	通信接口故障	合格
死机	合格	液晶数据显示异常	合格	时钟失准	合格
错误报警	合格	其他	合格	是否质量问题	合格

2. 交流电压试验：　/
3. 潜动试验　　合格
4. 起动试验　　合格
5. 基本误差：　合格

a. 正向有功

平衡负载基本误差（%）								
负载电流	$\cos\varphi=1$			$\cos\varphi=0.5L$			$\cos\varphi=0.8C$		
	误差 1	误差 2	平均值	误差 1	误差 2	平均值	误差 1	误差 2	平均值
I_{max}	−0.012 5	−0.012 5	−0.012 5	−0.018 8	−0.012 5	−0.015 7	−0.015 6	−0.006 3	−0.011 0
$0.5I_{max}$	/	/	/	/	/	/	/	/	/
I_n	−0.019 6	−0.017 8	−0.018 7	−0.028 1	−0.028 1	−0.028 1	−0.012 5	−0.014 6	−0.013 6
$0.2I_n$	/	/	/	/	/	/	/	/	/
$0.1I_n$	/	/	/	+0.006 3	+0.003 8	+0.005 1	−0.026 2	−0.023 7	−0.026 0
$0.05I_n$	−0.010 0	−0.007 5	−0.008 8	/	/	/	/	/	/
$0.02I_n$	/	/	/	−0.035 0	−0.022 5	−0.028 8	−0.012 5	−0.019 4	−0.016 0
$0.01I_n$	−0.004 9	−0.020 6	−0.012 8	/	/	/	/	/	/

负载电流	$\cos\varphi=0.25L$			$\cos\varphi=0.5C$		
	误差 1	误差 2	平均值	误差 1	误差 2	平均值
I_{max}	/	/	/	/	/	/
$0.2I_n$	/	/	/	/	/	/
$0.1I_n$	/	/	/	/	/	/

第 1 页，共 4 页

负载电流	A相			B相			C相		
	误差1	误差2	平均值	误差1	误差2	平均值	误差1	误差2	平均值
$\cos\theta=1$									
I_{max}	−0.025 0	−0.025 0	−0.025 0	−0.031 3	−0.025 0	−0.028 2	−0.012 5	−0.006 3	−0.009 4
I_n	−0.025 0	−0.025 0	−0.025 0	−0.031 2	−0.031 2	−0.031 2	−0.012 5	−0.012 5	−0.012 5
$0.1I_n$	/	/	/	/	/	/	/	/	/
$0.05I_n$	−0.008 1	+0.000 0	−0.004 1	−0.021 2	−0.021 2	−0.021 2	+0.005 0	−0.006 2	−0.000 6
$\cos\theta=0.5L$									
I_{max}	+0.000 0	−0.012 5	−0.006 3	−0.037 5	−0.025 0	−0.031 3	−0.012 5	−0.012 5	−0.012 5
I_n	−0.025 0	−0.037 5	−0.031 3	−0.050 0	−0.062 4	−0.056 2	+0.000 0	+0.000 0	+0.000 0
$0.2I_n$	/	/	/	/	/	/	/	/	/
$0.1I_n$	+0.022 5	+0.006 3	+0.014 4	−0.016 2	−0.015 0	−0.015 6	+0.016 3	+0.022 5	+0.019 4
负载电流 I_n $\cos\varphi/\cos\theta=1$ 不平衡负载与平衡负载时误差之差（%）									
A相	/			B相	/		C相	/	

b. 反向有功

负载电流	$\cos\varphi=1$			$\cos\varphi=0.5L$			$\cos\varphi=0.8C$		
	误差1	误差2	平均值	误差1	误差2	平均值	误差1	误差2	平均值
I_{max}	−0.014 6	−0.014 6	−0.014 6	−0.012 5	−0.012 5	−0.012 5	−0.015 6	−0.012 5	−0.014 1
$0.5I_{max}$	/	/	/	/	/	/	/	/	/
I_n	−0.017 8	−0.019 6	−0.018 7	−0.025 0	−0.025 0	−0.025 0	−0.018 7	−0.016 6	−0.017 7
$0.2I_n$	/	/	/	/	/	/	/	/	/
$0.1I_n$	/	/	/	+0.021 3	+0.012 5	+0.016 9	−0.023 7	−0.021 2	−0.022 4
$0.05I_n$	−0.003 1	−0.004 4	−0.003 8						
$0.02I_n$				+0.032 5	+0.029 4	+0.031 0	+0.005 6	+0.020 6	+0.013 1
$0.01I_n$	+0.026 6	+0.046 3	+0.036 4						

负载电流	$\cos\varphi=0.25L$			$\cos\varphi=0.5C$		
	误差1	误差2	平均值	误差1	误差2	平均值
I_{max}	/	/	/	/	/	/
$0.2I_n$	/	/	/	/	/	/
$0.1I_n$	/	/	/	/	/	/

负载电流	A相			B相			C相		
	误差1	误差2	平均值	误差1	误差2	平均值	误差1	误差2	平均值
$\cos\theta=1$									
I_{max}	−0.006 3	−0.012 5	−0.009 4	−0.025 0	−0.018 8	−0.021 9	−0.012 5	−0.012 5	−0.012 5
I_n	−0.012 5	−0.012 5	−0.012 5	−0.025 0	−0.031 2	−0.028 1	−0.006 2	−0.006 2	−0.006 2
$0.1I_n$	/	/	/	/	/	/	/	/	/
$0.05I_n$	−0.003 1	−0.005 0	−0.004 1	−0.018 7	−0.012 5	−0.015 6	+0.020 6	+0.016 9	+0.018 8
$\cos\theta=0.5L$									
I_{max}	−0.012 5	−0.012 5	−0.012 5	−0.037 5	−0.037 5	−0.037 5	−0.012 5	+0.012 5	+0.000 0
I_n	+0.000 0	+0.000 0	+0.000 0	−0.050 0	−0.062 4	−0.056 2	−0.012 5	−0.037 5	−0.025 0
$0.2I_n$									
$0.1I_n$	+0.038 8	+0.032 5	+0.035 7	−0.008 7	−0.003 7	−0.006 2	+0.038 8	+0.043 8	+0.041 3
负载电流 I_n $\cos\varphi/\cos\theta=1$ 不平衡负载与平衡负载时误差之差（%）									
A相	/			B相	/		C相	/	

c. 正向无功

负载电流	$\sin\varphi=1$			$\sin\varphi=0.5L$			$\sin\varphi=0.5C$		
	误差1	误差2	平均值	误差1	误差2	平均值	误差	误差2	平均值
I_{max}	−0.012 5	−0.016 7	−0.014 6	−0.018 8	+0.018 7	+0.000 0	/	/	/

负载电流	sinφ=1			sinφ=0.5L			sinφ=0.5C		
	误差1	误差2	平均值	误差1	误差2	平均值	误差1	误差2	平均值
$0.5I_{max}$	/	/	/	/	/	/	/	/	/
I_n	−0.019 6	−0.244 0	−0.131 8	−0.012 5	−0.015 6	−0.014 1	/	/	/
$0.2I_n$	/	/	/	/	/	/	/	/	/
$0.1I_n$	/	/	/	−0.058 7	−0.045 0	−0.051 9	/	/	/
$0.05I_n$	−0.005 6	−0.018 7	−0.012 2	−0.019 4	+0.167 2	+0.073 9	/	/	/
$0.02I_n$	−0.015 0	−0.012 5	−0.013 8	/	/	/	/	/	/
$0.01I_n$	/	/	/	/	/	/	/	/	/

负载电流	sinφ=0.25L			sinφ=0.25C		
	误差1	误差2	平均值	误差1	误差2	平均值
I_n	−0.012 5	+0.000 0	−0.006 3	/	/	/
$0.2I_n$	/	/	/	/	/	/
$0.1I_n$	/	/	/	/	/	/

不平衡负载基本误差（%）									
负载电流	A 相			B 相			C 相		
	误差1	误差2	平均值	误差1	误差2	平均值	误差1	误差2	平均值
	sinθ=1								
I_{max}	−0.012 5	−0.018 8	−0.015 7	−0.025 0	−0.018 8	−0.021 9	−0.018 8	−0.018 8	−0.018 8
I_n	−0.031 2	−0.018 7	−0.025 0	−0.018 7	−0.025 0	−0.021 9	+0.006 3	+0.006 3	+0.006 3
$0.1I_n$	/	/	/	/	/	/	/	/	/
$0.05I_n$	−0.033 1	−0.017 5	−0.025 3	+0.003 8	+0.006 9	+0.005 4	−0.005 0	−0.006 9	−0.006 0
	sinθ=0.5L								
I_{max}	−0.025 0	−0.012 5	−0.018 8	+0.000 0	+0.000 0	+0.000 0	−0.012 5	−0.012 5	−0.012 5
I_n	−0.025 0	−0.037 5	−0.031 3	−0.012 5	−0.025 0	−0.018 8	+0.012 5	+0.000 0	+0.006 3
$0.2I_n$	/	/	/	/	/	/	/	/	/
$0.1I_n$	−0.056 2	−0.057 5	−0.056 9	−0.040 0	−0.025 0	−0.032 5	−0.040 0	−0.033 7	−0.036 9
	sinθ=0.5C								
I_{max}	/	/	/	/	/	/	/	/	/
I_n	/	/	/	/	/	/	/	/	/
$0.2I_n$	/	/	/	/	/	/	/	/	/
$0.1I_n$	/	/	/	/	/	/	/	/	/
负载电流 I_n　sinφ/sinθ=1 不平衡负载与平衡负载时误差之差（%）									
A 相	/		B 相		/		C 相		/

d. 反向无功

平衡负载基本误差（%）									
负载电流	sinφ=1			sinφ=0.5L			sinφ=0.5C		
	误差1	误差2	平均值	误差1	误差2	平均值	误差1	误差2	平均值
I_{max}	−0.008 3	−0.008 3	−0.008 3	−0.006 3	+0.025 0	+0.009 4	/	/	/
$0.5I_{max}$	/	/	/	/	/	/	/	/	/
I_n	−0.012 5	−0.012 5	−0.012 5	−0.009 4	−0.003 1	−0.006 3	/	/	/
$0.2I_n$	/	/	/	/	/	/	/	/	/
$0.1I_n$	/	/	/	−0.022 5	−0.026 2	−0.024 4	/	/	/
$0.05I_n$	+0.005 0	+0.006 9	+0.006 0	+0.008 8	+0.105 1	+0.057 0	/	/	/
$0.02I_n$	+0.027 5	−0.088 7	−0.030 6	/	/	/	/	/	/
$0.01I_n$	/	/	/	/	/	/	/	/	/

负载电流	sinφ=0.25L			sinφ=0.25C		
	误差1	误差2	平均值	误差1	误差2	平均值
I_n	−0.006 2	−0.012 5	−0.009 4	/	/	/
$0.2I_n$	/	/	/	/	/	/
$0.1I_n$	/	/	/	/	/	/

负载电流	A 相			B 相			C 相		
	误差1	误差2	平均值	误差1	误差2	平均值	误差1	误差2	平均值
$\sin\theta = 1$									
I_{max}	−0.012 5	−0.006 3	−0.009 4	−0.018 8	−0.018 8	−0.018 8	−0.012 5	−0.012 5	−0.012 5
I_n	−0.012 5	−0.012 5	−0.021 5	−0.025 0	−0.031 2	−0.028 1	+0.006 3	+0.012 5	+0.009 4
$0.1I_n$	/	/	/	/	/	/	/	/	/
$0.05I_n$	+0.002 5	−0.003 1	−0.000 3	−0.011 9	+0.013 1	+0.000 6	+0.035 0	+0.025 0	+0.030 0
$\sin\theta = 0.5L$									
I_{max}	−0.012 5	−0.037 5	−0.025 0	−0.012 5	−0.012 5	−0.012 5	+0.012 5	+0.012 5	+0.012 5
I_n	−0.025 0	−0.025 0	−0.025 0	+0.000 0	−0.137 3	−0.068 7	−0.012 5	−0.012 5	−0.012 5
$0.2I_n$	/	/	/	/	/	/	/	/	/
$0.1I_n$	−0.038 7	−0.040 0	−0.039 3	−0.035 0	−0.028 7	−0.031 9	−0.015 0	−0.020 0	−0.017 5
$\sin\theta = 0.5C$									
I_{max}	/	/	/	/	/	/	/	/	/
I_n	/	/	/	/	/	/	/	/	/
$0.2I_n$	/	/	/	/	/	/	/	/	/
$0.1I_n$	/	/	/	/	/	/	/	/	/
负载电流 $I_n\sin\varphi/\sin\theta = 1$ 不平衡负载与平衡负载时误差之差（%）									
A 相	/			B 相	/			C 相	/	

6. 常数试验：　　　合格

7. 时钟日计时误差：　　　合格

测量结果/Hz					平均值（Hz）
1	2	3	4	5	
1.000 000 00	1.000 000 00	1.000 000 00	1.000 000 00	1.000 000 00	1.000 000 00
日计时误差（秒/天）：	+0.00				

8. 时钟示值误差：

电能表显示的时刻 T（秒）	标准时刻 T（秒）	示值误差 ΔT（秒）
15:21:21	15:21:21	0
电能表显示日期	日历日期	结果
2021−01−06	2021−01−06	合格

9. 电能示值的组合误差：　　　合格

n　　　3　　　；a　　　0.01　　　。

费率示值	初始示值（kWh）	运行后示值（kWh）	电能增量（kWh）
$W1$	0.00	0.00	0.00
$W2$	0.36	0.49	0.13
$W3$	0.21	0.21	0.00
$W4$	0.00	0.00	0.00
W	0.57	0.70	0.13
组合误差/kWh	0.57	0.70	0.00

10. 需显示值误差：　　　合格

负载	标准表最大需量 P_o（kW）	被检表最大需量 P'（kW）	需量示值误差 $\gamma P'$（%）
$0.1I_n$	0.026 0	0.026 0	+0.00
I_n	0.260 0	0.259 9	+0.05
I_{max}	1.039 9	1.039 4	+0.05

11. 检定结论及说明：　　　合格

检定员：　　×××　　　　核验员：　　×××

以下空白

（2）检定证书。

国网宁夏电力有限公司计量中心
检定证书

证书编号：＿＿×××××－×××××＿＿号

送　检　单　位：＿＿＿＿×××××××××＿＿＿＿

计量器具名称：＿＿＿＿三相四线智能电能表＿＿＿＿

型　号／规　格：＿＿＿＿＿＿＿＿＿＿＿＿＿＿＿＿

准　确　度　等　级：＿＿＿＿＿＿＿＿＿＿＿＿＿＿＿＿

出　厂　编　号：＿＿＿＿×××××××××＿＿＿＿

制　造　单　位：＿＿＿＿×××××××××＿＿＿＿

检　定　结　论：＿＿＿＿＿＿＿＿＿＿＿＿＿＿＿＿

批准人　＿＿＿×××＿＿＿

（检定专用章）

核验员　＿＿＿×××＿＿＿

检定员　＿＿＿×××＿＿＿

检定日期　　　年　　　月　　　日

有效期至　　　年　　　月　　　日

计量检定机构授权证书号：××××××××××　　　电话：（计量检定/校准机构电话）

地址：（计量检定/校准机构地址）　　　　　　　　邮编：（计量检定/校准机构邮编）

传真：（计量检定/校准机构传真）　　　　　　　　E－mail：（计量检定/校准机构电子邮箱）

第1页，共5页

检定使用的计量标准装置

名称	测量范围	准确度等级	计量标准考核证书编号	证书有效期
			××××－×××××	

检定使用的计量标准器及主要配套设备

名称	测量范围	不确定度/准确度等级/ 最大允许误差	证书编号	证书有效期
			××××－×××××	
			××××－×××××	
			××××－×××××	

注：1. 本计量中心仅对加盖"宁夏回族自治区质量技术监督局计量授权检定专用章"的证书负责。
    2. 本证书的检定结果仅对所检定的计量器具有效。
    3. 本次检定使用的标准器均可溯源到国家基准。
    4. 本证书如需复印必须全部复印，部分复印无效。

检定依据：

检定环境条件及地点

温度		℃	地点	××××××××××
相对湿度		%	其他	无

备注：无

证书编号　＿＿×××××-××××××＿＿号

检定结果

1. 外观检查：

2. 交流耐压试验：　　　　　　　　　　　　／

3. 潜动试验：

4. 起动试验：

5. 基本误差：

相线：＿＿＿＿＿＿＿＿＿＿＿＿＿＿＿＿＿＿　　　　接入方式：＿＿＿＿＿＿＿＿＿＿

电压：$3\times$＿＿＿＿＿＿　　电流：$3\times$＿＿＿＿＿＿　　常数：＿＿＿＿＿＿＿＿＿＿　　频率：＿＿＿hz

a. 正向有功

平衡负载基本误差（%）		
负载电流	$\cos\varphi=1$	$\cos\varphi=0.5L$	$\cos\varphi=0.8C$
I_{max}			
$0.5I_{max}$			
I_n			
$0.2I_n$			
$0.1I_n$			
$0.05I_n$			
$0.02I_n$			
$0.01I_n$			
负载电流	$\cos\varphi=0.25L$		$\cos\varphi=0.5C$
I_{max}			
$0.2I_n$			

不平衡负载基本误差（%）					
负载电流	A 相		B 相		C 相	
	$\cos\theta=1$	$\cos\theta=0.5L$	$\cos\theta=1$	$\cos\theta=0.5L$	$\cos\theta=1$	$\cos\theta=0.5L$
I_{max}						
I_n						
$0.2I_n$						
$0.1I_n$						
$0.05I_n$						

负载电流 I_n　$\cos\varphi/\cos\theta=1$ 不平衡负载与平衡负载时误差之差（%）					
A 相	／	B 相	／	C 相	／

b. 反向有功

	平衡负载		
负载电流	$\cos\varphi=1$	$\cos\varphi=0.5L$	$\cos\varphi=0.8C$
I_{max}			
$0.5I_{max}$			
I_n			
$0.2I_n$			
$0.1I_n$			
$0.05I_n$			
$0.02I_n$			
$0.01I_n$			
负载电流	$\cos\varphi=0.25L$		$\cos\varphi=0.5C$
I_{max}			
$0.1/$			

	不平衡负载基本误差（%）					
负载电流	A 相		B 相		C 相	
	$\cos\theta=1$	$\cos\theta=0.5L$	$\cos\theta=1$	$\cos\theta=0.5L$	$\cos\theta=1$	$\cos\theta=0.5L$
I_{max}						
I_n						
$0.2I_n$						
$0.1I_n$						
$0.05I_n$						

负载电流 $I_n \cos\varphi/\cos\theta=1$ 不平衡负载与平衡负载时误差之差（%）					
A 相	/	B 相	/	C 相	/

c. 正向无功

	平衡负载				
负载电流	$\sin\varphi=1$	$\sin\varphi=0.5L$	$\sin\varphi=0.5C$	$\sin\varphi=0.25L$	$\sin\varphi=0.25C$
I_{max}					
$0.5I_{max}$					
I_n					
$0.2I_n$					
$0.1I_n$					
$0.05I_n$					
$0.02I_n$					
$0.01I_n$					

	不平衡负载基本误差（%）								
负载电流	A 相			B 相			C 相		
	$\sin\theta=1$	$\sin\theta=0.5L$	$\sin\theta=0.5C$	$\sin\theta=1$	$\sin\theta=0.5L$	$\sin\theta=0.5C$	$\sin\theta=1$	$\sin\theta=0.5L$	$\sin\theta=0.5C$
I_{max}									
I_n									
$0.2I_n$									
$0.1I_n$									
$0.05I_n$									

负载电流 $I_n \quad \sin\varphi/\sin\theta=1$ 不平衡负载与平衡负载时误差之差（%）					
A 相	/	B 相	/	C 相	/

d. 反向无功

平衡负载					
负载电流	$\sin\varphi=1$	$\sin\varphi=0.5L$	$\sin\varphi=0.5C$	$\sin\varphi=0.25L$	$\sin\varphi=0.25C$
I_{max}					
$0.5I_{max}$					
I_n					
$0.2I_n$					
$0.1I_n$					
$0.05I_n$					
$0.02I_n$					
$0.01I_n$					

不平衡负载基本误差（%）									
负载电流	A 相			B 相			C 相		
	$\sin\theta=1$	$\sin\theta=0.5L$	$\sin\theta=0.5C$	$\sin\theta=1$	$\sin\theta=0.5L$	$\sin\theta=0.5C$	$\sin\theta=1$	$\sin\theta=0.5L$	$\sin\theta=0.5C$
I_{max}									
I_n									
$0.2I_n$									
$0.1I_n$									
$0.05I_n$									

负载电流 $I_n \sin\varphi/\sin\theta=1$ 不平衡负载与平衡负载时误差之差（%）					
A 相	/	B 相	/	C 相	/

6. 常数试验：

7. 时钟日计时误差： 秒/天

8. 时钟示值误差： 秒

9. 电能示值的组合误差： kWh

10. 需量示值误差：

11. 检定结论：

<u>以下空白</u>

技能等级评价专业技能考核操作评分标准

工种	电能表修校工			评价等级	初级工
项目模块	计量检定		编号		Jc0005541002
单位		准考证号		姓名	
考试时限	60分钟	题型	简答题	题分	100分
成绩		考评员	考评组长	日期	
试题正文	出具0.2S级三相智能电能表检定证书				
需要说明的问题和要求	（1）要求1人完成。 （2）按照相应的检定规程规范填写				

序号	项目名称	质量要求	满分	扣分标准	扣分原因	得分
1	检定证书出具	根据给定的检定原始记录，按照相关规程要求，将相应的检定证书补充完整	100	每少补充一条，扣2分，分数扣完为止		
	合计		100			

标准答案：

国网宁夏电力有限公司计量中心
检定证书

证书编号：＿＿＿×××××-×××××＿＿＿号

送 检 单 位：＿＿＿×××××××××＿＿＿
计量器具名称：＿＿＿三相四线智能电能表＿＿＿
型 号／规 格：＿＿＿DTZ188 3×57.7V/100V 3×1.5(6)A＿＿＿
准确度等级：＿＿＿有功0.2S级　无功2.0级＿＿＿
出 厂 编 号：＿＿＿×××××××××＿＿＿
制 造 单 位：＿＿＿×××××××××＿＿＿
检 定 结 论：＿＿＿合　格＿＿＿

批准人＿＿＿×××＿＿＿

（检定专用章）

核验员＿＿＿×××＿＿＿

检定员＿＿＿×××＿＿＿

检定日期　2021　年　4　月　22　日
有效期至　2027　年　4　月　21　日

计量检定机构授权证书号：×××××××××　　电话：（计量检定/校准机构电话）
地址：（计量检定/校准机构地址）　　　　　　邮编：（计量检定/校准机构邮编）
传真：（计量检定/校准机构传真）　　　　　　E-mail：（计量检定/校准机构电子邮箱）

第1页，共5页

检定使用的计量标准装置				
名称	测量范围	准确度等级	计量标准考核证书编号	证书有效期
三相标准电能表检定装置	$3\times（57.7\sim380）$ V $3\times（0.01\sim100）$ A	0.05 级	×××××-×××××	2021 年 11 月 16 日

检定使用的计量标准器及主要配套设备				
名称	测量范围	不确定度/准确度等级/最大允许误差	证书编号	证书有效期
三相标准电能表	$3\times（57.7\sim380）$ V $3\times（0.003\sim100）$ A	0.02 级	×××××-×××××	2020 年 8 月 18 日 — 2021 年 8 月 19 日
三相标准电能检定装置	$3\times（57.7\sim380）$ V $3\times（0.01\sim100）$ A	0.05 级	×××××-×××××	2020 年 12 月 17 日 — 2022 年 12 月 16 日
标准时钟器	500kHz	2×10^{-7}	×××××-×××××	2021 年 1 月 25 日 — 2022 年 1 月 24 日

注：1. 本计量中心仅对加盖"宁夏回族自治区质量技术监督局计量授权检定专用章"的证书负责。
　　2. 本证书的检定结果仅对所检定的计量器具有效。
　　3. 本次检定使用的标准器均可溯源到国家基准。
　　4. 本证书如需复印必须全部复印，部分复印无效。

检定依据：JJG 596—2012《电子式交流电能表》
　　　　　JJG 691—2014《多费率交流电能表》
　　　　　JJG 569—2014《最大需量电能表》

检定环境条件及地点			
温度	21℃	地点	××××××××××
相对湿度	55%	其他	/

备注：/

证书编号 ＿＿×××××-×××××＿＿号

检定结果

1. 外观检查： 合格
2. 交流耐压试验： /
3. 潜动试验： 合格
4. 起动试验： 合格
5. 基本误差： 合格

相线： 三相四线 接入方式： 经互感器接入

电压：3×100V 电流：3×1.5(6)A 常数：20 000imp/kWh（kvarh） 频率： 50 hz

a. 正向有功

平衡负载基本误差（%）			
负载电流	$\cos\varphi=1$	$\cos\varphi=0.5L$	$\cos\varphi=0.8C$
I_{max}	−0.02	−0.02	−0.02
$0.5I_{max}$	/	/	/
I_n	−0.02	−0.02	−0.02
$0.2I_n$	/	/	/
$0.1I_n$	/	+0.00	−0.02
$0.05I_n$	−0.00	/	/
$0.02I_n$	/	−0.02	−0.02
$0.01I_n$	−0.02	/	/
负载电流	$\cos\varphi=0.25L$		$\cos\varphi=0.5C$
I_{max}	/		/
$0.2I_n$	/		/

不平衡负载基本误差（%）						
负载电流	A 相		B 相		C 相	
	$\cos\theta=1$	$\cos\theta=0.5L$	$\cos\theta=1$	$\cos\theta=0.5L$	$\cos\theta=1$	$\cos\theta=0.5L$
I_{max}	−0.02	−0.00	−0.02	−0.04	−0.00	−0.02
I_n	−0.02	−0.04	−0.04	−0.06	−0.02	+0.00
$0.2I_n$	/	/	/	/	/	/
$0.1I_n$	/	+0.02	/	−0.02	/	+0.02
$0.05I_n$	−0.00	/	−0.02	/	−0.00	/

负载电流 I_n $\cos\varphi/\cos\theta=1$ 不平衡负载与平衡负载时误差之差（%）					
A 相	/	B 相	/	C 相	/

b. 反向有功

平衡负载			
负载电流	$\cos\varphi=1$	$\cos\varphi=0.5L$	$\cos\varphi=0.8C$
I_{max}	−0.02	−0.02	−0.02
$0.5I_{max}$	/	/	/
I_n	−0.02	−0.02	−0.02
$0.2I_n$	/	/	/
$0.1I_n$	/	+0.02	−0.02
$0.05I_n$	−0.00	/	/
$0.02I_n$	/	+0.04	+0.02
$0.01I_n$	+0.04	/	/
负载电流	$\cos\varphi=0.25L$		$\cos\varphi=0.5C$
I_{max}	/		/
$0.1I$	/		/

不平衡负载基本误差（%）						
负载电流	A 相		B 相		C 相	
	$\cos\theta=1$	$\cos\theta=0.5L$	$\cos\theta=1$	$\cos\theta=0.5L$	$\cos\theta=1$	$\cos\theta=0.5L$
I_{max}	−0.00	−0.02	−0.02	−0.04	−0.02	+0.00
I_n	−0.02	+0.00	−0.02	−0.06	−0.00	−0.02
$0.2I_n$	/	/	/	/	/	/
$0.1I_n$	/	+0.04	/	−0.00	/	+0.04
$0.05I_n$	−0.00	/	−0.02	/	+0.02	/

负载电流 I_n　$\cos\varphi/\cos\theta=1$ 不平衡负载与平衡负载时误差之差（%）					
A 相	/	B 相	/	C 相	/

c. 正向无功

平衡负载					
负载电流	$\sin\varphi=1$	$\sin\varphi=0.5L$	$\sin\varphi=0.5C$	$\sin\varphi=0.25L$	$\sin\varphi=0.25C$
I_{max}	−0.0	−0.0	/	/	/
$0.5I_{max}$	/	/	/	/	/
I_n	−0.2	−0.0	/	−0.0	/
$0.2I_n$	/	/	/	/	/
$0.1I_n$	/	−0.0	/	/	/
$0.05I_n$	−0.0	｜0.0	/	/	/
$0.02I_n$	−0.0	/	/	/	/
$0.01I_n$	/	/	/	/	/

不平衡负载基本误差（%）									
负载电流	A 相			B 相			C 相		
	$\sin\theta=1$	$\sin\theta=0.5L$	$\sin\theta=0.5C$	$\sin\theta=1$	$\sin\theta=0.5L$	$\sin\theta=0.5C$	$\sin\theta=1$	$\sin\theta=0.5L$	$\sin\theta=0.5C$
I_{max}	−0.0	−0.0	/	−0.0	+0.0	/	−0.0	−0.0	/
I_n	−0.0	−0.0	/	−0.0	−0.0	/	+0.0	+0.0	/
$0.2I_n$	/	/	/	/	/	/	/	/	/
$0.1I_n$	/	−0.0	/	/	−0.0	/	/	−0.0	/
$0.05I_n$	−0.0	/	/	+0.0	/	/	−0.0	/	/

负载电流 I_n　$\sin\varphi/\sin\theta=1$　不平衡负载与平衡负载时误差之差（%）					
A 相	/	B 相	/	C 相	/

d. 反向无功

平衡负载					
负载电流	$\sin\varphi=1$	$\sin\varphi=0.5L$	$\sin\varphi=0.5C$	$\sin\varphi=0.25L$	$\sin\varphi=0.25C$
I_{max}	−0.0	+0.0	/	/	/
$0.5I_{max}$	/	/	/	/	/
I_n	−0.0	−0.0	/	−0.0	/
$0.2I_n$	/	/	/	/	/
$0.1I_n$	/	−0.0	/	/	/
$0.05I_n$	+0.0	+0.0	/	/	/
$0.02I_n$	−0.0	/	/	/	/
$0.01I_n$	/	/	/	/	/

不平衡负载基本误差（%）								
负载电流	A 相			B 相			C 相		
	$\sin\theta=1$	$\sin\theta=0.5L$	$\sin\theta=0.5C$	$\sin\theta=1$	$\sin\theta=0.5L$	$\sin\theta=0.5C$	$\sin\theta=1$	$\sin\theta=0.5L$	$\sin\theta=0.5C$
I_{max}	−0.0	−0.0	/	−0.0	−0.0	/	−0.0	+0.0	/
I_n	−0.0	−0.0	/	−0.0	−0.0	/	+0.0	−0.0	/
$0.2I_n$	/	/	/	/	/	/	/	/	/
$0.1I_n$	/	−0.0	/	/	−0.0	/	/	−0.0	/
$0.05I_n$	−0.0	/	/	+0.0	/	/	+0.0	/	/

负载电流 I_n　$\sin\varphi/\sin\theta=1$　不平衡负载与平衡负载时误差之差（%）					
A 相	/	B 相	/	C 相	/

6. 常数试验：　　　　　　　　　　合格

7. 时钟日计时误差：　　　　　　　+0.00　　秒/天

8. 时钟示值误差：　　　　　　　　+1　　秒

9. 电能示值的组合误差：　　　　　+0.00　　kWh

10. 需量示值误差：　　　　　　　+0.05

11. 检定结论：　　　　　　　　　合格

_____以下空白_____

Jc0005551003　2.0 级单相费控智能电能表（非卡表）的实验室检定。（100 分）

考核知识点：2.0 级单相费控智能电能表（非卡表）的实验室检定

难易度：易

技能等级评价专业技能考核操作工作任务书

一、任务名称

2.0 级单相费控智能电能表（非卡表）的实验室检定。

二、适用工种

电能表修校工初级工。

三、具体任务

实验室检定 2.0 级单相费控智能电能表（非卡表），给出检定需要依据的规程，并依据相关规程给出需要进行的检定试验项目、检定的负载点，填写在答题卡上。

答题卡：
1. 本次检定需要依据的规程
2. 本次检定需要进行的实验项目
3. 本次检定需要检定的负载点

四、工作规范及要求

（1）在提供的电能表检定装置上操作并遵守安全规定。

（2）依据相应的检定规程完成检定试验。

五、现场提供材料及工器具

（1）2.0 级单相费控智能电能表（卡表）1 只［220V、5（60）A、$C = 1200\text{imp/kWh}$］。

（2）具备相应检定能力的人工电能表检定装置 1 台。

（3）不同规格螺丝刀。

（4）检定电能表所需电流、电压接线、脉冲线及 485 通信线。

六、考核及时间要求

本考核时间为 60 分钟，请按照任务要求完成操作和答题卡。

技能等级评价专业技能考核操作评分标准

工种	电能表修校工			评价等级	初级工
项目模块	计量检定		编号		Jc0005551003
单位		准考证号		姓名	
考试时限	60 分钟	题型	单项操作	题分	100 分
成绩		考评员		考评组长	日期
试题正文	2.0 级单相费控智能电能表（非卡表）的实验室检定				

续表

需要说明的问题和要求	（1）要求 1 人完成。 （2）在提供的电能表检定装置上操作并遵守安全规定。 （3）针对给定类型电能表，利用给定电能表人工检定装置进行检定，检定过程符合相关规程技术要求					
序号	项目名称	质量要求	满分	扣分标准	扣分原因	得分
1	给出规程	针对给定类型的电能表给出的规程符合要求	20	未正确给出，每项扣 10 分，分数扣完为止		
2	给出实验项目	设置的参数符合相应检定规程该项试验项目技术要求	30	未正确给出，每个实验项目扣 4 分，分数扣完为止		
3	给出负载点	设置的参数符合相应检定规程该项试验项目技术要求	50	未正确给出，每个负载点扣 5 分，分数扣完为止		
	合计		100			

标准答案：

答题卡见表 Jc0005551003。

表 Jc0005551003

1. 本次检定需要依据的规程

由给出的类型电能表，可依据 JJG 596—2012《电子式交流电能表》、JJG 691—2014《多费率交流电能表》进行实验室检定。

2. 本次检定需要进行的实验项目

由 JJG 596—2012 中 6.3 表 9、JJG 691—2014 中 6.3 表 3，可以确定需要进行检定的试验项目包括外观检查、交流电压试验、潜动试验、起动试验、基本误差、仪表常数试验、时钟日计时误差、时钟示值误差、电能表示值组合误差（9 项）。

3. 本次检定需要检定的负载点

由给出的 2.0 级单相智能电能表 [220V、5（60）A、$C = 1200 \text{imp/kWh}$]，应检定的负载点包括：

正向有功：I_{max}，$\cos\varphi = [1.0, 0.5L]$；$0.5I_{max}$，$\cos\varphi = [1.0, 0.5L]$；$I_b$，$\cos\varphi = [1.0, 0.5L]$；$0.2I_b$，$\cos\varphi = 0.5L$；$0.1I_b$，$\cos\varphi = [1.0, 0.5L]$；$0.05I_b$，$\cos\varphi = 1.0$。

Jc0005561004　直流法判断电流互感器的极性。（100 分）

考核知识点： 电能计量装置接线

难易度： 易

技能等级评价专业技能考核操作工作任务书

一、任务名称

直流法判断电流互感器的极性。

二、适用工种

电能表修校工初级工。

三、具体任务

（1）画出直流法测电流互感器极性原理图。

（2）完成判断电流互感器的极性。

四、工作规范及要求

（1）带电操作应遵守安全规定，制定危险点预防和控制措施。

（2）着装符合要求，穿全棉长袖工作服、绝缘鞋，戴安全帽、棉线手套。

（3）测试时出现测量回路短路或接地、伪造测试数据、仪器仪表操作不当或跌落损坏情况，该操作项目不合格。

五、现场提供材料及工器具

（1）1.5V～3V 干电池、毫安表。

（2）电流互感器。

（3）一次导线、二次导线、接地线、扳手、螺丝刀若干。

（4）放电器、安全围栏。

六、考核及时间要求

本考核时间为 30 分钟，请按照任务要求完成操作和答题卡。

技能等级评价专业技能考核操作评分标准

工种	电能表修校工			评价等级	初级工
项目模块	计量检定		编号		Jc0005561004
单位		准考证号		姓名	
考试时限	30 分钟	题型	综合操作题	题分	100 分
成绩		考评员	考评组长	日期	
试题正文	直流法判断电流互感器的极性				
需要说明的问题和要求	（1）要求 1 人完成。 （2）操作时应注意安全，按照标准化作业指导书的技术安全说明做好安全措施。 （3）考评员应注意人员、设备情况，必要时制止违规行为				

序号	项目名称	质量要求	满分	扣分标准	扣分原因	得分
1	准备工作					
1.1	着装	穿工作服、绝缘鞋，戴安全帽、棉线手套	2	工作服、绝缘鞋、安全帽穿戴不符合要求，每项扣 1 分； 带电作业时未戴棉线手套，扣 2 分； 该项最多扣 2 分，分数扣完为止		
1.2	仪器工具选用	（1）1.5V～3V 干电池。 （2）不同规格螺丝刀。 （3）高压放电器。 （4）毫安表。 （5）不同规格一、二次导线	3	由于未检查设备状况和功能而更换设备，扣 3 分； 借用工器具，每件扣 1 分，最多扣 2 分； 未检查放电器试验有效期，扣 2 分； 该项最多扣 3 分，分数扣完为止		
2	操作过程					
2.1	安全准备工作	（1）工作前先将放电器接地线一端牢固地接到接地端子。 （2）使用放电器对电流互感器的一次侧接触放电。 （3）设置安全围栏，警示语朝外	5	放电器接地线一端未接到接地端子，扣 2 分； 未对一次侧接触放电，扣 3 分； 未规范装设安全围栏，扣 3 分； 该项最多扣 5 分，分数扣完为止		
2.2	试验接线	（1）用直流电源［如（1.5～3）V 干电池］将其正极接于互感器的一次线圈 L_1、L_2 接负极。 （2）互感器的二次侧 K_1 接毫安表正极，负极接 K_2	25	接线不正确，扣 25 分		

续表

序号	项目名称	质量要求	满分	扣分标准	扣分原因	得分
2.3	判断极性	接好线后，将开关 K 合上瞬间，观察毫安表指针的偏向。 口述观察现象： 若指针正偏，互感器接在电池正极上的端头与接在毫安表正端的端头为同极性，即 L_1、K_1 为同极性，互感器为减极性。 否则为加极性	25	未操作，扣 10 分； 根据现象判断极性错误，扣 15 分		
3	质量评价					
3.1	原理图	画图规范、正确	40	未画电源或画成交流电源，扣 10 分； 未画开关，扣 10 分； 未画毫安表，扣 10 分； 画图、标识不规范，每处扣 5 分		
	合计		100			

标准答案：

直流法测电流互感器极性原理图如图 Jc0005561004 所示。

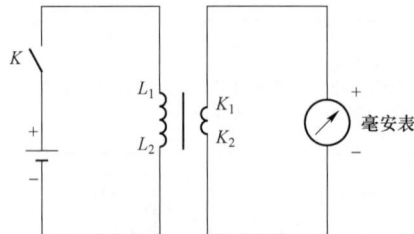

图 Jc0005561004

Jc0005561005 电流互感器开路退磁试验。（100 分）

考核知识点： 电能计量装置接线

难易度： 易

技能等级评价专业技能考核操作工作任务书

一、任务名称

电流互感器开路退磁试验。

二、适用工种

电能表修校工初级工。

三、具体任务

（1）完成电流互感器开路退磁试验。

（2）回答电流互感器在什么情况下会产生剩磁，剩磁对互感器产生的影响有哪些。

四、工作规范及要求

（1）带电操作应遵守安全规定，制定危险点预防和控制措施。

（2）着装符合要求，穿全棉长袖工作服、绝缘鞋，戴安全帽、棉线手套。

（3）测试时出现测量回路短路或接地、伪造测试数据、仪器仪表操作不当或跌落损坏情况，该操作项目不合格。

（4）检定时出现设备异常报警，参考人员可以提出设备检查申请。若判断为人员误操作原因，异常处理时间列入检定时间；若是设备故障，异常处理时间不列入检定时间。

五、现场提供材料及工器具

（1）0.1 级电流互感器检定装置（调压器、升流器、标准互感器、负载箱、互感器校验仪）。

（2）0.5S 级电流互感器、峰值电压表。

（3）一次导线、二次导线、接地线、扳手、螺丝刀若干。

（4）放电器、万用表、安全围栏。

六、考核及时间要求

本考核时间为 60 分钟，请按照任务要求完成操作。

技能等级评价专业技能考核操作评分标准

工种	电能表修校工			评价等级	初级工	
项目模块	计量检定		编号		Jc0005561005	
单位		准考证号			姓名	
考试时限	60 分钟	题型	综合操作题		题分	100 分
成绩		考评员	考评组长		日期	
试题正文	电流互感器开路退磁试验					
需要说明的问题和要求	（1）要求 1 人完成。 （2）操作时应注意安全，按照标准化作业指导书的技术安全说明做好安全措施。 （3）考评员应注意人员、设备情况，必要时制止违规行为					

序号	项目名称	质量要求	满分	扣分标准	扣分原因	得分
1	准备工作					
1.1	着装	穿工作服、绝缘鞋，戴安全帽、棉线手套	2	工作服、绝缘鞋、安全帽穿戴不符合要求，每项扣 1 分； 带电作业时未戴棉线手套，扣 2 分		
1.2	仪器工具选用	（1）电磁式电压互感器检定装置、相关一次及二次导线。 （2）不同规格螺丝刀。 （3）放电器	3	由于未检查设备状况和功能而更换设备，扣 3 分； 借用工器具，每件扣 1 分，最多扣 2 分； 未检查放电器，扣 2 分； 未正确选择一次及二次导线，每处扣 1 分； 该项最多扣 3 分，分数扣完为止		
2	操作过程					
2.1	安全准备工作	（1）工作前先将放电器接地线一端牢固地接到接地端子。 （2）使用放电器对电流互感器、试验变压器的一次侧接触放电。 （3）设置安全围栏，警示语朝外	5	放电器接地线一端未接到接地端子，扣 2 分； 未对一次侧接触放电，扣 5 分； 未规范装设安全围栏，扣 3 分； 该项最多扣 5 分，分数扣完为止		
2.2	接线	将升流器接到在一次（或二次）绕组中，选择其匝数较少的一个绕组，其他绕组开路	20	未选择匝数少的一个绕组，扣 10 分； 其他绕组未开路，扣 10 分		
2.3	退磁试验	通以 10%～15% 的额定一次（或二次）电流，平稳、缓慢地将电流降至 0。 退磁过程中应监视接于匝数最多绕组两端的峰值电压表，当指示值达到 2.6kV 时，应在此电流值下退磁	25	通电流值不正确，扣 10 分； 未平稳、缓慢地将电流降至 0，扣 10 分； 未用电压表监视，扣 10 分； 在规定电流范围内超过 2.6kV，未在 2.6kV 退磁，扣 10 分； 该项最多，扣 25 分，分数扣完为止		

续表

序号	项目名称	质量要求	满分	扣分标准	扣分原因	得分
2.4	拆除接线	（1）切断试验电源。 （2）放电操作。 （3）拆除一次接线	10	未切断试验电源，扣5分； 未实施放电，扣5分； 拆除一次、二次接线方法不对，扣3分； 该项最多扣10分，分数扣完为止		
2.5	清理现场	（1）拆除临时电源，检查现场是否有遗留物品。 （2）清点设备和工具，并清理现场，做到工完料净场地清	5	以检定人员报告工作完毕作为现场清理结束依据； 现场未清理，扣5分； 现场清理不彻底，扣1分		
2.6	动作失误	拿稳轻放，不得损坏仪器仪表、工器具	/	设备有摔跌，扣10分； 工具有摔跌，扣5分		
3	质量评价					
3.1	剩磁原因及影响	（1）电流互感器在电流突然下降的情况下，如在大电流情况下突然切断电源、二次绕组突然开路等，互感器铁芯中就可能剩磁。 （2）互感器铁芯有剩磁，使铁芯磁导率下降，影响互感器的性能	30	未说电流突然下降，扣15分； 未举例，每处扣3分； 未说铁芯磁导率下降，扣9分； 该项最多扣30分，分数扣完为止		
	合计		100			

Jc0005542006　标准电流互感器使用检查。（100分）

考核知识点： 标准电流互感器使用检查

难易度： 中

技能等级评价专业技能考核操作工作任务书

一、任务名称

标准电流互感器使用检查。

二、适用工种

电能表修校工初级工。

三、具体任务

标准电流互感器使用检查。

四、工作规范及要求

（1）着装符合要求，穿全棉长袖工作服、绝缘鞋，戴安全帽、棉线手套。

（2）每检查一项，向监考员报告检查内容及结果。

五、现场提供材料及工器具

（1）标准电流互感器。

（2）被检电流互感器。

（3）绝缘电阻测试仪。

（4）不同规格螺丝刀。

六、考核及时间要求

本考核时间为60分钟，请按照任务要求完成操作。

技能等级评价专业技能考核操作评分标准

工种		电能表修校工				评价等级		初级工
项目模块		计量检定			编号		Jc0005542006	
单位				准考证号			姓名	
考试时限	60分钟		题型		综合操作题		题分	100分
成绩		考评员		考评组长			日期	
试题正文	标准电流互感器使用检查							
需要说明的问题和要求	（1）要求单人完成。 （2）标准电流互感器使用检查							

序号	项目名称	质量要求	满分	扣分标准	扣分原因	得分
1	准备工作					
1.1	着装	穿工作服、绝缘胶鞋，戴安全帽、棉线手套	5	工作服、绝缘胶鞋、安全帽穿戴不符合要求，每项扣1分； 带电作业时未戴棉线手套，扣2分		
1.2	仪器工具选用	（1）标准电流互感器。 （2）被检电流互感器。 （3）绝缘电阻测试仪。 （4）不同规格螺丝刀	10	未检查绝缘电阻测试仪有效期内的合格证，扣5分； 由于未检查设备状况和功能而更换设备，扣3分； 借用工器具，每件扣1分，最多扣2分		
2	标准电流互感器的技术检查					
2.1	检定资质	标准电流互感器必须具有有效期内的合格证	15	未检查标准电流互感器有效期内的合格证，扣15分		
2.2	准确度等级	标准电流互感器准确度至少比被检电流互感器高两个级别	15	未检查标准电流互感器等级，扣15分		
2.3	挡位	在接标准电流互感器时，要选择与被检电流互感器一次电流相同的挡位	10	电流挡位选错，扣10分		
2.4	绝缘电阻检查	额定电压3kV及以上的电流互感器使用2.5kV绝缘电阻表测量一次绕组对二次绕组及一次绕组对地之间的绝缘电阻值不小于500MΩ	15	检查错误，扣15分		
3	其他检查					
3.1	接线	（1）接线应牢靠，电流回路不能开路。 （2）不允许带电接线和转换量程	20	每错一项，扣10分		
3.2	接地	金属外壳应可靠接地，以保证使用精度和人身安全	10	未检查，扣5分； 未报告或报告缺失，扣5分		
	合计		100			

Jc0005521007 绘制10kV中性点绝缘系统电能计量装置接线图。（100分）

考核知识点： 电能计量装置接线

难易度： 易

技能等级评价专业技能考核操作工作任务书

一、任务名称

绘制10kV中性点绝缘系统电能计量装置接线图。

二、适用工种

电能表修校工初级工。

三、具体任务

将图按接线盒的连接状态进行接线，其中电压互感器采用 V/v 接线。

四、工作规范及要求

（1）接线错误造成电能表计量不正确为否决项。

（2）画图规范。

五、现场提供材料及工器具

无。

六、考核及时间要求

本考核时间为 30 分钟，请按照任务要求完成操作和答题卡。

答题卡：

将下图按接线盒的连接状态进行接线，其中电压互感器采用 V/v 接线

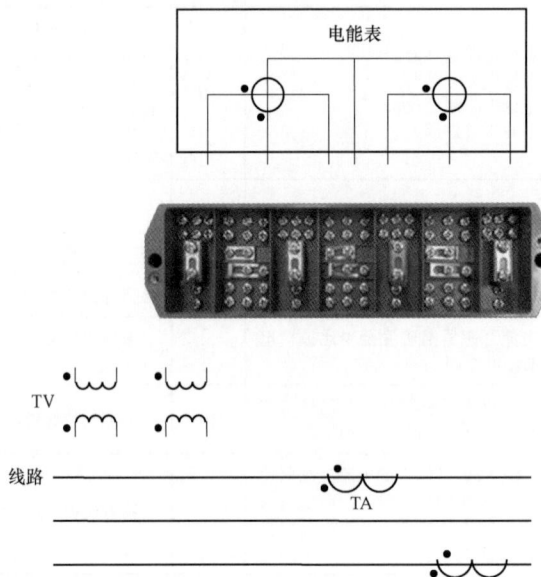

技能等级评价专业技能考核操作评分标准

工种	电能表修校工			评价等级	初级工
项目模块	计量检定		编号		Jc0005521007
单位		准考证号		姓名	
考试时限	30 分钟	题型	识图题	题分	100 分
成绩		考评员	考评组长	日期	
试题正文	绘制 10kV 中性点绝缘系统电能计量装置接线图				
需要说明的问题和要求	（1）要求 1 人完成。 （2）自备直尺、铅笔、中性笔				

续表

序号	项目名称	质量要求	满分	扣分标准	扣分原因	得分
1	电压互感器	连接成 V/v 接线，连接相别正确	40	没有连接成 V/v 接线，扣 20 分；连接相别不正确，扣 20 分		
2	接地	标注 TA、TV 接地端	20	标注不准确，一项扣 10 分		
3	接线错误	TA、TV 与接线盒连接正确，电能表与接线盒连接正确	40	接线错误，扣 40 分		
	合计		100			

标准答案：

电压互感器 V/v 接线如图 Jc0005521007 所示。

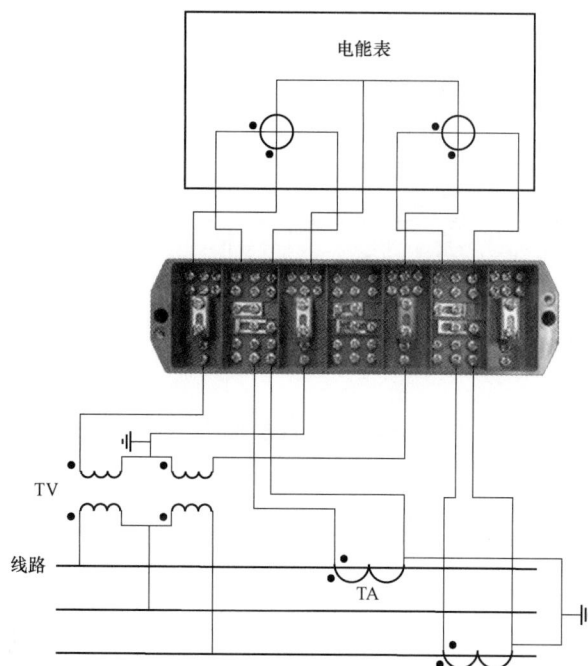

图 Jc0005521007

Jc0005561008 制定 0.05 级三相交流电能表检定装置的首次检定项目。（100 分）

考核知识点： 三相交流电能表检定装置的首次检定项目内容

难易度： 易

技能等级评价专业技能考核操作工作任务书

一、任务名称

制定 0.05 级三相交流电能表检定装置的首次检定项目。

二、适用工种

电能表修校工初级工。

三、具体任务

依据 JJG 597—2005《交流电能表检定装置》检定规程，写出 0.05 级三相交流电能表检定装置的首次检定项目。

四、工作规范及要求

按照 JJG 597—2005《交流电能表检定装置》检定规程制定 0.05 级三相交流电能表检定装置的首次检定项目。

五、现场提供材料及工器具

无。

六、考核及时间要求

本考核时间为 20 分钟，请按照任务要求完成操作和答题卡。

技能等级评价专业技能考核操作评分标准

工种	电能表修校工				评价等级	初级工
项目模块	电能计量检定			编号		Jc0005561008
单位			准考证号		姓名	
考试时限	20 分钟	题型		综合操作题	题分	100 分
成绩		考评员		考评组长		日期	
试题正文	制定 0.05 级三相交流电能表检定装置的首次检定项目					
需要说明的问题和要求	（1）要求 1 人完成。 （2）首次检定项目书写正确、完整					

序号	项目名称	质量要求	满分	扣分标准	扣分原因	得分
1	0.05 级三相交流电能表检定装置的首次检定项目	首次检定项目书写正确、完整	100	每答错或少答一个项目，扣 5 分		
	合计		100			

标准答案：

0.05 级三相交流电能表检定装置的首次检定项目如下：

（1）直观检查。

（2）确定绝缘电阻。

（3）工频耐压试验（可选）。

（4）通电检查。

（5）装置的磁场。

（6）确定监视示值误差。

（7）确定调节范围。

（8）确定调节细度。

（9）确定相互影响。

（10）确定相序。

（11）确定对称度。

（12）确定波形失真度。

（13）确定功率稳定度。

（14）确定基本误差。

（15）确定装置的测量重复性。

（16）确定多路输出的一致性。

（17）确定负载影响。

（18）确定同名端钮间电位差。

（19）确定相间交变磁场影响。

（20）确定短期稳定性变差。

Jc0006561009　对智能电能表结算日参数进行设置。（100 分）

考核知识点：智能电能表结算日参数设置方法

难易度：易

技能等级评价专业技能考核操作工作任务书

一、任务名称

对智能电能表结算日参数进行设置。

二、适用工种

电能表修校工初级工。

三、具体任务

按照 Q/GDW 1354—2013《智能电能表功能规范》，完成 13 版智能电能表结算日参数下发，并抄读参数进行比对。

智能电能表按年结算日下发，见表 Jc0006561009。

表 Jc0006561009

日期	时间
15 日	11:00:00

四、工作规范及要求

（1）在电能表检定装置上操作并遵守安全规定和功能规范。

（2）下发完毕后抄读电能表结算日，应与下发结算日一致。

五、现场提供材料及工器具

（1）三相电能表标准装置。

（2）三相本地费控智能电能表（DL/T 645—2007《多功能电能表通信协议》）。

（3）导线、螺丝刀若干。

六、考核及时间要求

本考核时间为 20 分钟，请按照任务要求完成操作和答题卡。

技能等级评价专业技能考核操作评分标准

工种	电能表修校工				评价等级	初级工
项目模块	智能电能表功能及应用			编号	Jc0006561009	
单位			准考证号		姓名	
考试时限	20 分钟	题型		综合操作题	题分	100 分
成绩		考评员		考评组长	日期	
试题正文	对智能电能表结算日参数进行设置					
需要说明的问题和要求	（1）要求 1 人完成。 （2）操作遵守安全规定和功能规范					

序号	项目名称	质量要求	满分	扣分标准	扣分原因	得分
1	遵守安全规定和检定规程	着装规范，实验过程符合安全规定，不发生电流开路、电压短路、带电拆接线、超量程、带电切换量程等操作	10	只要发生一项违反安全的操作，此项不得分		
2	完成电能表结算日参数下发	按要求完成电能表结算日下发	80	电能表结算日下发失败，此项不得分；每错一个参数，扣 40 分		
3	抄读电能表结算日参数	抄读电能表结算日参数，应与下发参数一致	10	抄读电能表结算日参数失败，此项不得分		
	合计		100			

Jc0006561010 识读三相智能电能表液晶显示符号的含义。（100分）

考核知识点：三相智能电能表液晶显示符号的含义

难易度：易

技能等级评价专业技能考核操作工作任务书

一、任务名称

识读三相智能电能表液晶显示符号的含义。

二、适用工种

电能表修校工初级工。

三、具体任务

根据以下三相智能电能表的液晶显示符号识读其含义。

8.8.8.8.8.

剩余 电

四、工作规范及要求

根据 Q/GDW 1356—2013《三相智能电能表型式规范》说明符号的含义。

五、现场提供材料及工器具

无。

六、考核及时间要求

本考核时间为 10 分钟，请按照任务要求完成操作和答题卡。

技能等级评价专业技能考核操作评分标准

工种	电能表修校工				评价等级	初级工	
项目模块	智能电能表功能及应用			编号		Jc0006561010	
单位			准考证号		姓名		
考试时限	10 分钟		题型	综合操作题		题分	100 分
成绩		考评员		考评组长		日期	
试题正文	识读三相智能电能表液晶显示符号的含义						
需要说明的问题和要求	（1）要求 1 人完成。 （2）操作遵守安全规定和检定规程						

序号	项目名称	质量要求	满分	扣分标准	扣分原因	得分
1	识读三相智能电能表液晶显示的含义	正确识读三相智能电能表的液晶显示符号的含义	100	识读错误，每项扣 50 分		
	合计		100			

标准答案：

当前电能表显示了表内的剩余电费金额值，电能表处于 485 通信状态中。

Jc0008542011 **电能表现场校验仪使用检查**。（100分）

考核知识点： 电能表现场校验仪使用检查

难易度： 中

技能等级评价专业技能考核操作工作任务书

一、任务名称

电能表现场校验仪使用检查。

二、适用工种

电能表修校工初级工。

三、具体任务

根据给出的电能表现场校验仪，按照技术、接线及操作方面进行检查，写出相关要求内容。

四、工作规范及要求

（1）着装符合要求，穿全棉长袖工作服、绝缘鞋，戴安全帽、棉线手套。

（2）每检查一项，向监考员报告检查内容及结果。

五、现场提供材料及工器具

（1）电能表现场校验仪。

（2）不同规格螺丝刀。

六、考核及时间要求

本考核时间为60分钟，请按照任务要求完成操作和答题卡。

技能等级评价专业技能考核操作评分标准

工种	电能表修校工				评价等级	初级工
项目模块	现场检验			编号		Jc0008542011
单位			准考证号		姓名	
考试时限	60分钟		题型	综合操作题	题分	100分
成绩		考评员		考评组长		日期	
试题正文	电能表现场校验仪使用检查					
需要说明的问题和要求	（1）要求1人完成。 （2）电能表现场校验仪使用检查					

序号	项目名称	质量要求	满分	扣分标准	扣分原因	得分
1	准备工作					
1.1	着装	穿工作服、绝缘鞋，戴安全帽、棉线手套	2	工作服、绝缘鞋、安全帽穿戴不符合要求，每项扣1分； 带电作业时未戴棉线手套，扣2分； 该项最多扣2分，分数扣完为止		
1.2	仪器工具选用	（1）电能表现场校验仪。 （2）不同规格螺丝刀	3	由于未检查设备状况和功能而更换设备，扣3分； 借用工器具，每件扣1分，最多扣2分； 该项最多扣3分，分数扣完为止		
2	电能表现场校验仪的技术检查					
2.1	检定资质	电能表现场校验仪必须具有有效期内的合格证	10	未检查电能表校验仪有效期内的合格证，扣10分		
2.2	准确度等级	电能表现场校验仪准确度至少比被检电能表高两个级别	10	未检查电能表现场校验仪等级，扣10分		

序号	项目名称	质量要求	满分	扣分标准	扣分原因	得分
2.3	相量图	对现场校验仪显示的相量图进行正确性检查	6	未写出此项，扣6分		
2.4	电流接入方式	应具有两种接入方式：直接接入式、钳形电流表接入方式	4	未写出此项，扣4分		
3	接线、操作检查					
3.1	接线	（1）测试前要根据现场不同的测试对象进行正确的接线。（2）连接脉冲线时注意脉冲输出极性，注意不要发生短路的现象	8	每少写一项，扣4分		
3.2	安全要求	测量过程中，确保电压测量回路不短路，电流测量回路不开路	10	未写，扣10分		
3.3	电流测量挡位选择	根据现场所测电流的大小来选择电流测量挡位	10	未写，扣10分		
3.4	钳形电流表	（1）使用钳形电流表时，注意钳形电流表的电流方向，每只电流钳上两侧分别标有标识，如：P 或 L，表示电流输入方向即钳形电流表"同名端"。（2）校验仪配用的钳形电流表在出厂前同校验仪已综合调试好，与各相电流相对应，因此不要互换，否则会带来一定的测量误差。（3）电能表现场校验仪开机前应插好钳形电流表插头，同校验仪一起预热 5 分钟以上方可使用。（4）现场校验 0.5S 级及以上电能表时，不宜使用钳形电流表	32	每少写一项，扣8分		
3.5	工作电源	开机前，要确认选择电源的供电方式，电源开关要切换在相应的位置上	5	未检查，扣5分；未报告或报告缺失，扣5分		
	合计		100			

Jc0008541012 三相三线制电能计量装置参数测量。（100分）

考核知识点： 正确使用相位伏安表测量相关参数

难易度： 易

技能等级评价专业技能考核操作工作任务书

一、任务名称

三相三线制电能计量装置参数测量。

二、适用工种

电能表修校工初级工。

三、具体任务

使用相位伏安表完成指定三相三线制电能表相关参数的测量并记录。

四、工作规范及要求

（1）着装符合要求，穿全棉长袖工作服、绝缘鞋，戴安全帽、棉线手套。

（2）携带自备工具（钢笔或中性笔、计算器、三角尺）进入现场，待考评员宣布许可工作命令后开始工作并计时。

（3）打开计量柜（箱）门之前必须对柜（箱）体验电，现场操作严格执行《国家电网有限公司营销现场作业安全工作规程（试行）》。

（4）正确使用相位伏安表。

（5）工作结束清理现场，并向监考员报告。

五、现场提供材料及工器具

验电笔、相位伏安表、螺丝刀、电能计量模拟装置（设置成：①相电压、相电流分别为 220V、1A；②功率因数角为 15°）。

六、考核及时间要求

本考核时间为 60 分钟，请按照任务要求完成操作和答题卡。

答题卡：

一、电能表基本信息（有功）					
型号		准确度等级		出厂编号	
规格		V；A	制造厂家		
二、实测数据					
线电压	$U_{12}=$		$U_{32}=$		$U_{13}=$
电流	$I_1=$			$I_3=$	
相位	$\dot{U}_{12}\hat{\ }\dot{U}_{32}=$		$\dot{U}_{12}\hat{\ }\dot{I}_1=$		$\dot{U}_{32}\hat{\ }\dot{I}_3=$

技能等级评价专业技能考核操作评分标准

工种	电能表修校工			评价等级	初级工
项目模块	现场检验		编号	Jc0008541012	
单位		准考证号		姓名	
考试时限	60 分钟	题型	单项操作	题分	100 分
成绩		考评员	考评组长	日期	
试题正文	三相三线制电能计量装置参数测量				
需要说明的问题和要求	（1）要求 1 人操作。 （2）操作应注意安全，按照标准化作业书的技术安全说明做好安全措施				

序号	项目名称	质量要求	满分	扣分标准	扣分原因	得分
1	安全文明生产	佩戴安全帽，穿全棉长袖工作服，穿绝缘鞋，操作时戴棉线手套，打开柜门前需先验电	20	未按要求进行，每项扣 5 分； 该项最多扣 20 分，分数扣完为止		
2	正确使用相位伏安表	（1）正确使用相位伏安表； （2）数据测量正确	60	相位伏安表使用不当，每项扣 10 分； 数据测量错误，每项扣 10 分； 该项最多扣 60 分，分数扣完为止		
3	正确记录	正确填写表格记录	10	填写错误，每项扣 2 分； 单位使用错误，每项扣 2 分； 该项最多扣 10 分，分数扣完为止		
4	现场恢复	操作结束后清理现场杂物，并将工器具归位，摆放整齐	10	现场留有杂物或工器具未归位，扣 10 分		
	合计		100			

标准答案：

答题卡见表 Jc0008541012。

表 Jc0008541012

一、电能表基本信息（有功）					
型号		准确度等级		出厂编号	
规格	V；A		制造厂家		
二、实测数据					
线电压	$U_{12}=100.0V$		$U_{32}=100.0V$		$U_{13}=100.0V$
电流	$I_1=1.0A$			$I_3=1.0A$	
相位	$\dot{U}_{12}\overset{\wedge}{}\dot{U}_{32}=300°$		$\dot{U}_{12}\overset{\wedge}{}\dot{I}_1=45°$		$\dot{U}_{32}\overset{\wedge}{}\dot{I}_3=345°$

Jc0008542013　直接接入式三相四线制电能计量装置接线分析。（100分）

考核知识点：直接接入式三相四线制电能计量装置接线分析

难易度：中

技能等级评价专业技能考核操作工作任务书

一、任务名称

直接接入式三相四线制电能计量装置接线分析。

二、适用工种

电能表修校工初级工。

三、具体任务

使用相位伏安表完成指定直接接入式三相四线制电能计量装置相关参数的测量并分析接线形式。

四、工作规范及要求

（1）着装符合要求，穿全棉长袖工作服、绝缘鞋，戴安全帽、棉线手套。

（2）携带自备文具（钢笔或中性笔、计算器、三角尺）进入现场，待考评员宣布许可工作命令后开始工作并计时。

（3）打开计量柜（箱）门之前必须对柜（箱）体验电，现场操作严格执行《国家电网有限公司营销现场作业安全工作规程（试行）》。

（4）正确使用相位伏安表。

（5）工作结束清理现场，并向监考员报告。

五、现场提供材料及工器具

验电笔、相位伏安表、螺丝刀、电能计量模拟装置（设置成：① 相电压、相电流分别为220V、1A；② B相与C相表尾电流进出反接，功率因数角为15°）。

六、考核及时间要求

本考核时间为60分钟，请按照任务要求完成操作和答题卡。

答题卡：

<table>
<tr><td colspan="6" align="center">一、电能表基本信息（有功）</td></tr>
<tr><td>型号</td><td></td><td>准确度等级</td><td></td><td>出厂编号</td><td></td></tr>
<tr><td>规格</td><td colspan="2" align="center">V；A</td><td>制造厂家</td><td colspan="2"></td></tr>
</table>

<table>
<tr><td colspan="4" align="center">二、实测数据</td></tr>
<tr><td>相电压</td><td>$U_1 =$</td><td>$U_2 =$</td><td>$U_3 =$</td></tr>
<tr><td>电流</td><td>$I_1 =$</td><td>$I_2 =$</td><td>$I_3 =$</td></tr>
<tr><td>相位</td><td>$\dot{U}_1 \hat{} \dot{U}_2 =$</td><td>$\dot{U}_1 \hat{} \dot{I}_1 =$</td><td>$\dot{U}_2 \hat{} \dot{I}_2 =$ $\dot{U}_3 \hat{} \dot{I}_3 =$</td></tr>
<tr><td>电压相序</td><td colspan="3"></td></tr>
</table>

三、错误接线相量图

四、错误接线形式（下标用 a、b、c 表示）

第一元件：

第二元件：

第三元件：

技能等级评价专业技能考核操作评分标准

<table>
<tr><td>工种</td><td colspan="3" align="center">电能表修校工</td><td>评价等级</td><td colspan="2">初级工</td></tr>
<tr><td>项目模块</td><td colspan="3" align="center">现场检验</td><td>编号</td><td colspan="2">Jc0008542013</td></tr>
<tr><td>单位</td><td colspan="2"></td><td>准考证号</td><td></td><td>姓名</td><td></td></tr>
<tr><td>考试时限</td><td>60分钟</td><td>题型</td><td colspan="2" align="center">单项操作</td><td>题分</td><td>100分</td></tr>
<tr><td>成绩</td><td></td><td>考评员</td><td></td><td>考评组长</td><td>日期</td><td></td></tr>
<tr><td>试题正文</td><td colspan="6">直接接入式三相四线制电能计量装置接线分析</td></tr>
<tr><td>需要说明的
问题和要求</td><td colspan="6">（1）要求1人操作。
（2）操作应注意安全，按照标准化作业书的技术安全说明做好安全措施</td></tr>
</table>

<table>
<tr><td>序号</td><td>项目名称</td><td>质量要求</td><td>满分</td><td>扣分标准</td><td>扣分
原因</td><td>得分</td></tr>
<tr><td>1</td><td>工具使用及安全措施</td><td></td><td></td><td></td><td></td><td></td></tr>
<tr><td>1.1</td><td>相关安全措施的准备</td><td>安全帽、工作服、绝缘鞋、手套、验电笔</td><td>5</td><td>准备不齐全或着装不规范，每项扣1分</td><td></td><td></td></tr>
</table>

续表

序号	项目名称	质量要求	满分	扣分标准	扣分原因	得分
1.2	各种工器具正确使用	正确使用验电笔。 熟练、正确使用相位伏安表	5	未验电，扣2分； 验电方法不当，扣1分； 工器具掉落，每次扣1分； 相位伏安表使用不当，每次扣1分； 测量过程摘手套，扣2分； 带电测量时相位伏安表挡位错误，每次扣2分； 测量完毕后再次申请测量，扣5分； 该项最多扣5分，分数扣完为止		
2	相关参数测量					
2.1	数据测量	正确填写电能表基本信息	5	电能表基本信息填写不正确，每处扣1分；		
		正确记录实测数据并判断电压相序	20	测量数据不正确，每项扣1分； 无单位，每处扣0.5分，最多扣2分； 相序判断不正确，扣4分； 该项最多扣25分，分数扣完为止		
3	绘制相量图					
3.1	错误接线相量图	正确绘制错误接线相量图	30	电压、电流相量标记错误，每项扣2分； 无相量符号，扣1分； 相量角度偏差超过15°，每项扣2分； 未标记功率因数角，每项扣2分； 该项最多扣30分，分数扣完为止		
3.2	错误接线形式	正确判断错误接线形式	25	错误接线形式判断不正确，每项扣2分； 该项最多扣25分，分数扣完为止		
4	现场恢复	恢复现场	10	未进行现场恢复，扣10分		
5	作业时限			30分钟内完成，不扣分； 30分钟~35分钟内完成，扣2分； 35分钟~40分钟内完成，扣5分； 超过40分钟，结束操作，收取记录表，扣10分		
	合计		100			

标准答案：

答题卡见表 Jc0008542013。

表 Jc0008542013

一、电能表基本信息（有功）					
型号		准确度等级		出厂编号	
规格		V；A	制造厂家		
二、实测数据					
相电压	$U_1 = 220.0V$		$U_2 = 220.0V$		$U_3 = 220.0V$
电流	$I_1 = 1.0A$		$I_2 = 1.0A$		$I_3 = 1.0A$
相位	$\dot{U}_1 \hat{} \dot{U}_2 = 120°$	$\dot{U}_1 \hat{} \dot{I}_1 = 15°$		$\dot{U}_2 \hat{} \dot{I}_2 = 195°$	$\dot{U}_3 \hat{} \dot{I}_3 = 195°$
电压相序	abc				

三、错误接线相量图

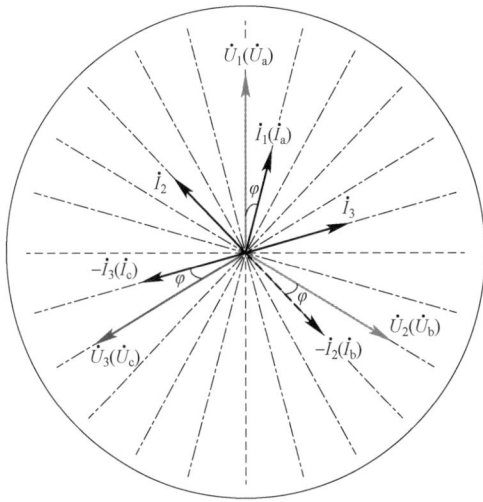

四、错误接线形式（下标用 a、b、c 表示）

第一元件：$\dot{U}_a$，$\dot{I}_a$

第二元件：$\dot{U}_b$，$-\dot{I}_b$

第三元件：$\dot{U}_c$，$-\dot{I}_c$

Jc0008542014 经电流互感器低压三相四线制电能计量装置接线分析。（100 分）

考核知识点：经电流互感器低压三相四线制电能计量装置接线分析

难易度：中

技能等级评价专业技能考核操作工作任务书

一、任务名称

经电流互感器低压三相四线制电能计量装置接线分析。

二、适用工种

电能表修校工初级工。

三、具体任务

使用相位伏安表完成指定经电流互感器低压三相四线制电能计量装置相关参数的测量并分析接线形式。

四、工作规范及要求

（1）着装符合要求，穿全棉长袖工作服、绝缘鞋，戴安全帽、棉线手套。

（2）携带自备工具（钢笔或中性笔、计算器、三角尺）进入现场，待考评员宣布许可工作命令后开始工作并计时。

（3）打开计量柜（箱）门之前必须对柜（箱）体验电，现场操作严格执行《国家电网有限公司营销现场作业安全工作规程（试行）》。

（4）正确使用相位伏安表。

（5）工作结束清理现场，并向监考员报告。

五、现场提供材料及工器具

验电笔、相位伏安表、螺丝刀、电能计量模拟装置（设置成：①相电压、相电流分别为 220V、1A；②表尾电压接线为 bca，电流接线为 cab，功率因数角为 15°）。

六、考核及时间要求

本考核时间为 60 分钟，请按照任务要求完成操作和答题卡。

答题卡：

<table>
<tr><td colspan="7" align="center">一、电能表基本信息（有功）</td></tr>
<tr><td>型号</td><td></td><td>准确度等级</td><td></td><td>出厂编号</td><td colspan="2"></td></tr>
<tr><td>规格</td><td></td><td>V；A</td><td colspan="2">制造厂家</td><td colspan="2"></td></tr>
<tr><td colspan="7" align="center">二、实测数据</td></tr>
<tr><td>相电压</td><td colspan="2">$U_1 =$</td><td colspan="2">$U_2 =$</td><td colspan="2">$U_3 =$</td></tr>
<tr><td>电流</td><td colspan="2">$I_1 =$</td><td colspan="2">$I_2 =$</td><td colspan="2">$I_3 =$</td></tr>
<tr><td>相位</td><td colspan="2">$\dot{U}_1 \hat{} \dot{U}_2 =$</td><td>$\dot{U}_1 \hat{} \dot{I}_1 =$</td><td>$\dot{U}_2 \hat{} \dot{I}_2 =$</td><td colspan="2">$\dot{U}_3 \hat{} \dot{I}_3 =$</td></tr>
<tr><td>电压相序</td><td colspan="6"></td></tr>
</table>

三、错误接线相量图

四、错误接线形式（下标用 a、b、c 表示）

第一元件：

第二元件：

第三元件：

技能等级评价专业技能考核操作评分标准

工种	电能表修校工		评价等级	初级工
项目模块	现场检验	编号		Jc0008542014
单位		准考证号	姓名	
考试时限	60 分钟	题型	单项操作	题分	100 分
成绩		考评员	考评组长	日期	

试题正文	经电流互感器低压三相四线制电能计量装置接线分析
需要说明的问题和要求	（1）要求 1 人操作。 （2）操作应注意安全，按照标准化作业书的技术安全说明做好安全措施

序号	项目名称	质量要求	满分	扣分标准	扣分原因	得分
1	工具使用及安全措施					
1.1	相关安全措施的准备	安全帽、工作服、绝缘鞋、手套、验电笔	5	准备不齐全或着装不规范，每项扣 1 分		
1.2	各种工器具正确使用	（1）正确使用验电笔。 （2）熟练正确使用相位伏安表	5	未验电，扣 2 分； 验电方法不当，扣 1 分； 工器具掉落，每次扣 1 分； 相位伏安表使用不当，每次扣 1 分； 测量过程摘手套，扣 2 分； 带电测量时相位伏安表挡位错误，每次扣 2 分； 测量完毕后再次申请测量，扣 5 分； 该项最多扣 5 分，分数扣完为止		

续表

序号	项目名称	质量要求	满分	扣分标准	扣分原因	得分
2	相关参数测量					
2.1	数据测量	正确填写电能表基本信息	5	电能表基本信息填写不正确,每处扣1分; 测量数据不正确,每项扣1分; 无单位,每处扣0.5分,最多扣2分; 相序判断不正确,扣4分; 该项最多扣25分,分数扣完为止		
		正确记录实测数据并判断电压相序	20			
3	绘制相量图					
3.1	错误接线相量图	正确绘制错误接线相量图	30	电压、电流相量标记错误,每项扣2分; 无相量符号,扣1分; 相量角度偏差超过15°,每项扣2分; 未标记功率因数角,每项扣2分; 该项最多扣30分,分数扣完为止		
3.2	错误接线形式	正确判断错误接线形式	25	错误接线形式判断不正确,每项扣2分		
4	现场恢复	恢复现场	10	未进行现场恢复,扣10分		
5	作业时限			30分钟内完成,不扣分; 30分钟～35分钟内完成,扣2分; 35分钟～40分钟内完成,扣5分; 超过40分钟,结束操作,收取记录表,扣10分		
	合计		100			

标准答案:

答题卡见表 Jc0008542014。

表 Jc0008542014

一、电能表基本信息(有功)						
型号		准确度等级		出厂编号		
规格		V;A		制造厂家		
二、实测数据						
相电压	$U_1 = 220.0\text{V}$		$U_2 = 220.0\text{V}$		$U_3 = 220.0\text{V}$	
电流	$I_1 = 1.0\text{A}$		$I_2 = 1.0\text{A}$		$I_3 = 1.0\text{A}$	
相位	$\dot{U}_1 {}^{\wedge} \dot{U}_2 = 120°$		$\dot{U}_1 {}^{\wedge} \dot{I}_1 = 135°$	$\dot{U}_2 {}^{\wedge} \dot{I}_2 = 135°$		$\dot{U}_3 {}^{\wedge} \dot{I}_3 = 135°$
电压相序	bca					

三、错误接线相量图

四、错误接线形式(下标用a、b、c表示)

第一元件: $\dot{U}_b, \dot{I}_c$

第二元件: $\dot{U}_c, \dot{I}_a$

第三元件: $\dot{U}_a, \dot{I}_b$

Jc0008541015　计量装置投运前检查验收。（100 分）

考核知识点：计量装置投运前检查验收

难易度：易

技能等级评价专业技能考核操作工作任务书

一、任务名称

计量装置投运前检查验收。

二、适用工种

电能表修校工初级工。

三、具体任务

抄录计量装置投运前检查验收所需的电能表和互感器相关信息。

四、工作规范及要求

（1）自备中性笔或钢笔，独立完成。

（2）时间到应立即停止答题。

（3）考生不得询问与考试内容无关的问题，考评员不得提示与考试有关的内容。

五、现场提供材料及工器具

2 只不同规格智能电能表；3 只不同规格电流互感器；3 只不同规格电压互感器。

六、考核及时间要求

本考核时间为 30 分钟，请按照任务要求完成操作和答题卡。

答题卡：

电能表安装信息							
序号	型号	厂家	参比电压	参比电流	准确度等级	条形码	
						主表	副表
1							

电压互感器安装信息						
序号	型号	厂家	出厂日期	准确度等级	变比	条形码
1						
2						
3						

电流互感器安装信息						
序号	型号	厂家	出厂日期	准确度等级	变比	条形码
1						
2						
3						

技能等级评价专业技能考核操作评分标准

工种	电能表修校工			评价等级	初级工
项目模块	电能计量		编号	Jc0008541015	
单位		准考证号		姓名	
考试时限	30分钟	题型	单项操作	题分	100分
成绩		考评员	考评组长		日期

试题正文	完成计量装置投运前检查验收信息记录
需要说明的问题和要求	（1）要求1人完成。 （2）内容完整准确

序号	项目名称	质量要求	满分	扣分标准	扣分原因	得分
1	记录电能表参数	内容完整准确	28	每项记录错误，扣4分		
2	记录电压互感器参数	内容完整准确	36	每项记录错误，扣2分		
3	记录电流互感器参数	内容完整准确	36	每项记录错误，扣2分		
	合计		100			

第二部分
中级工

第三章　电能表修校工中级工技能笔答

Jb0001432001　根据工作票制度，营销现场作业按哪些种类进行？（5分）

考核知识点：营销现场作业工作票种类

难易度：中

标准答案：

（1）填用变电第一种工作票。

（2）填用变电第二种工作票。

（3）填用配电第一种工作票。

（4）填用配电第二种工作票。

（5）填用低压工作票。

（6）填用现场作业工作卡。

（7）使用其他书面记录或按电话命令执行。

Jb0001432002　在客户设备上工作，许可工作前，应注意什么？（5分）

考核知识点：许可工作前注意事项

难易度：中

标准答案：

在客户设备上工作，许可工作前，工作负责人应检查确认客户设备的当前运行状态、安全措施符合作业的安全要求。作业前检查多电源和有自备电源的客户已采取机械或电气联锁等防反送电的强制性技术措施。

Jb0001432003　如何变更工作班成员？（5分）

考核知识点：变更工作班成员操作

难易度：中

标准答案：

工作班成员的变更，应经工作负责人的同意，并在工作票上做好变更记录；中途新加入的工作班成员，应由工作负责人、专责监护人对其进行安全交底并履行确认手续。

Jb0001432004　如何装设同杆（塔）架设的多层电力线路接地线？（5分）

考核知识点：多层电力线路接地线方法

难易度：中

标准答案：

装设同杆（塔）架设的多层电力线路接地线，应先装设低压、后装设高压，先装设下层、后装设上层，先装设近侧、后装设远侧。拆除接地线的顺序与此相反。

Jb0001431005　如何装设、拆除接地线？（5分）

考核知识点：装设、拆除接地线方法

难易度：易
标准答案：

装设、拆除接地线应有人监护。装设、拆除接地线均应使用绝缘棒并戴绝缘手套，人体不得碰触接地线或未接地的导线。装设的接地线应接触良好、连接可靠。装设接地线应先接接地端、后接导体端，拆除接地线的顺序与此相反。

Jb0001432006　在带电的电流互感器二次回路上工作时，应采取的安全措施有哪些？（5分）
考核知识点：带电的电流互感器二次回路工作安全措施
难易度：中
标准答案：

（1）禁止将电流互感器二次侧开路（光电流互感器除外）。
（2）短路电流互感器二次绕组，应使用短路片或短路线，禁止用导线缠绕。
（3）在电流互感器与短路端子之间导线上进行任何工作，应有严格的安全措施，并填用二次工作安全措施票。
（4）工作中禁止将回路的永久接地点断开。
（5）工作时，应有专人监护，使用绝缘工具，并站在绝缘垫上。

Jb0001432007　在带电的电压互感器二次回路上工作时，应采取的安全措施有哪些？（5分）
考核知识点：带电的电压互感器二次回路工作安全措施
难易度：中
标准答案：

（1）严格防止短路或接地。应使用绝缘工具，戴手套和护目镜，并保持对地绝缘。必要时，工作前申请停用有关保护装置、安全自动装置或自动化监控系统。
（2）接临时负载，应装有专用的刀闸和熔断器。
（3）工作时应有专人监护，禁止将回路的安全接地点断开。

Jb0001431008　在变电作业现场进行营销工作，在什么条件下填用变电第一种工作票？（5分）
考核知识点：变电第一种工作票使用条件
难易度：易
标准答案：

在变电作业现场进行营销工作，且符合以下条件之一时，应填用变电第一种工作票。
（1）高压线路、设备上工作，需要全部停电或部分停电者。
（2）二次系统上的工作，需要将高压设备停电或做安全措施者。
（3）其他工作需要将高压设备停电或做安全措施者。

Jb0001431009　在变电作业现场进行营销工作，在什么条件下填用变电第二种工作票？（5分）
考核知识点：变电第二种工作票使用条件
难易度：易
标准答案：

在变电作业现场进行营销工作，且符合以下条件之一时，应填用变电第二种工作票。
（1）控制盘和低压配电盘、配电箱、电源干线上的工作。
（2）二次系统上的工作，无须将高压设备停电者或做安全措施者。

（3）大于高压线路、设备不停电时的安全距离的相关场所和带电设备外壳上的工作，以及无可能触及带电设备导电部分的工作。

Jb0001431010　哪些现场作业应填写现场作业工作卡？（5分）

考核知识点： 现场工作卡的使用

难易度： 易

标准答案：

客户侧开展业扩报装、用电检查、分布式电源、充电设备检修（试验）、综合能源等相关工作，应填用现场作业工作卡。

Jb0001431011　什么情况下可使用一张变电第一种工作票？（5分）

考核知识点： 变电第一种工作票使用情况

难易度： 易

标准答案：

（1）同一变电站内，全部停电或属于同一电压等级、位于同一平面场所、同时停送电，工作中不会触及带电导体的几个电气连接部分上的工作。

（2）同一高压配电站、开闭所内，全部停电或属于同一电压等级、同时停送电、工作中不会触及带电导体的几个电气连接部分上的工作。

Jb0001431012　什么情况下可使用一张变电第二种工作票？（5分）

考核知识点： 变电第二种工作票使用情况

难易度： 易

标准答案：

同一变电站内在几个电气连接部分上依次进行不停电的同一类型的工作。

Jb0001431013　什么情况下可使用一张配电第一种工作票？（5分）

考核知识点： 配电第一种工作票使用情况

难易度： 易

标准答案：

（1）配电变压器及与其连接的高低压配电线路、设备上同时停送电的工作。

（2）同一天在几处同类型高压配电站、开闭所、箱式变电站、柱上变压器等配电设备上依次进行的同类型停电工作。同一张工作票多点工作，工作票上的工作地点、线路名称、设备双重名称、工作任务、安全措施应填写完整。不同工作地点的工作应分栏填写。

Jb0001431014　什么情况下可使用一张配电第二种工作票？（5分）

考核知识点： 配电第二种工作票使用情况

难易度： 易

标准答案：

（1）同一电压等级、同类型、相同安全措施且依次进行的不同配电工作地点上的不停电工作。

（2）同一高压配电站、开闭所内，在几个电气连接部分上依次进行的同类型不停电工作。

Jb0001433015　柱上变压器台架的工作应注意什么？（5分）

考核知识点：柱上变压器台架工作注意事项

难易度：难

标准答案：

（1）柱上变压器台架工作前，应检查确认台架与杆塔联结牢固、接地体完好。

（2）柱上变压器台架工作，应先断开低压侧断路器、隔离开关（刀闸），再断开变压器台架的高压线路的隔离开关（刀闸）或跌落式熔断器，高低压侧验电、接地后，方可工作。若变压器的低压侧无法装设接地线或装设过程无法保持与高压带电部分安全距离，应采用绝缘遮蔽措施。

（3）柱上变压器台架工作，人体与高压线路和跌落式熔断器上部带电部分应保持安全距离。

Jb0001432016　箱式变电站的工作应注意什么？（5分）

考核知识点：箱式变电站工作注意事项

难易度：中

标准答案：

（1）箱式变电站停电工作前，应断开所有可能送电到箱式变电站的线路的断路器（开关）、负荷开关、隔离开关（刀闸）和熔断器，验电、接地后，方可进行箱式变电站的高压设备工作。

（2）变压器高压侧短路接地、低压侧短路接地或采取绝缘遮蔽措施后，方可进入变压器室工作。

Jb0001433017　计量自动化检定设备应满足什么要求？（5分）

考核知识点：计量自动化检定设备安全要求

难易度：难

标准答案：

（1）自动化检定系统的可接触到的外部金属部分，均应可靠接地。

（2）在机器人、机械臂或机械抓手等伸展移动部位等危险区设置安全警示标识，并在可能触及人员位置设置安全遮栏。

（3）工频耐压试验单元应设置安全防护罩和门控开关、工作指示灯。检定系统在控制室、关键功能单元等位置，应设置急停开关，能够在紧急状态下通过断电方法立即停止设备运行。

（4）检定系统使用的非金属材料应具有阻燃性，使用的机械装置、电气装置等应符合国家相关标准要求。

Jb0001432018　智能运维定期巡检应注意什么？（5分）

考核知识点：智能运维定期巡检注意事项

难易度：中

标准答案：

（1）严禁随意动用设备闭锁万能钥匙。

（2）发现设备缺陷及异常时，应及时汇报并采取必要应急措施，不得擅自处置。

（3）汛期、雨雪、大风等恶劣天气或事故巡视应配备必要的防护用具、自救器具和药品；夜间巡视应保持足够的照明。

Jb0001432019　营销服务场所消防检查内容有哪些？（5分）

考核知识点：营销服务场所消防检查内容

难易度：中

标准答案：

（1）火灾隐患的整改情况以及防范措施的落实情况。

（2）安全疏散通道、疏散指示标志、应急照明和安全出口情况。

（3）灭火器材配置及有效情况。

（4）用火、用电违章情况，如计量箱、充换电设施周围堆放杂物等。

（5）消防安全重点部位的管理情况。

（6）消防安全标志的设置、完好情况及烟感报警系统的运行情况。

Jb0001431020　在电气设备上工作，保证安全的技术措施是什么？由什么人员执行？（5分）

考核知识点：保证安全的技术措施和人员

难易度：易

标准答案：

在电气设备上工作，保证安全的技术措施：停电；验电；接地；悬挂标示牌和装设遮栏（围栏）。上述措施由运维人员或有权执行操作的人员执行。

Jb0001433021　装设接地线有什么要求？（5分）

考核知识点：装设接地线要求

难易度：难

标准答案：

（1）工作地点在验明确实无电后，对于可能送电或反送电至工作地点的停电设备上或停电设备可能产生感应电压的各个方面均应装设接地线。

（2）装设接地线应注意与周围的安全距离。

（3）装设接地线必须由两人进行，先接接地端，后接导体端，拆地线时与此顺序相反。

（4）接地线应采用多股软裸铜线，其截面应符合短路电流的要求，但不得小于 $25mm^2$；不得用单根铜（铁）丝缠绕，并应压接牢固。

Jb0002431022　计量检定印证包括哪些内容？（5分）

考核知识点：计量检定印证内容

难易度：易

标准答案：

（1）检定证书。

（2）检定结果通知书。

（3）检定合格印。

（4）检定合格证。

（5）注销印。

Jb0002432023　不合格计量器具的含义是什么？破坏计量器具的含义又是什么？（5分）

考核知识点：不合格计量器具的含义和破坏计量器的含义

难易度：中

标准答案：

不合格计量器具是指经检定不合格的器具、超周期使用的器具，以及无合格印证的器具。

破坏计量器具是指为牟取非法利益，通过作弊使计量器具失准。

Jb0003431024　什么是测量准确度？（5分）

考核知识点：测量准确度的定义

难易度：易

标准答案：

测量准确度简称正确度，指无穷多次重复测量所得值的平均值与一个参考量值的一致程度。

Jb0003431025　什么是测量结果的复现性？（5分）

考核知识点：测量结果复现性的定义

难易度：易

标准答案：

测量结果的复现性是指在改变了的测量条件下，同一被测量的测量结果之间的一致性。

Jb0003431026　什么是测量结果的重复性？（5分）

考核知识点：测量结果重复性的定义

难易度：易

标准答案：

在相同测量条件下，对同一被测量进行连续多次测量所得结果之间的一致性。

Jb0003432027　什么是实验标准偏差？（5分）

考核知识点：实验标准偏差的定义及计算公式

难易度：中

标准答案：

实验标准偏差是指对同一被测量作 n 次测量，表征测量结果分散性的量 s。

可按下式算出，即

$$s(q_k) = \sqrt{\frac{\sum_{k=1}^{n}(q_k - \bar{q})^2}{n-1}}$$

式中：q_k 为 k 次测量结果；$\bar{q}$ 为 n 次测量的算术平均值。

Jb0003431028　什么是分辨力？（5分）

考核知识点：分辨力的定义

难易度：易

标准答案：

显示装置的分辨力是指显示装置能有效辨别的最小示值差。

Jb0003411029　有一块准确度 0.5 级、测量上限为 250V 的单向标度尺的电压表，试求该电压表的最大绝对误差是多少？（5分）

考核知识点：绝对误差的计算

难易度：易

标准答案：

解：$\Delta m = \pm K\% A_n = \pm 0.5\% \times 250 = \pm 1.25$（V）

答：该电压表的最大绝对误差是±1.25V。

Jb0003411030 测量上限为 2000℃的光学高温计，在示值 1500℃处的实际值为 1508℃，求该示值的绝对误差、相对误差、引用误差、修正值。（5 分）

考核知识点：绝对误差、相对误差、引用误差、修正值的计算

难易度：易

标准答案：

解：（1）$1500 - 1508 = -8$（℃）

（2）$-8/1508 = -0.53\% \approx -8/1500$

（3）$-8/2000 = -0.4\%$

（4）$1508 - 1500 = 8$（℃）

答：绝对误差为 -8℃，相对误差约为 -0.53%，引用误差为 -0.4%，修正值为 8℃。

Jb0003411031 某计量实验室对某量 X 的等精度测量 5 次的结果分别为：$x_1 = 29.18$，$x_2 = 29.24$，$x_3 = 29.27$，$x_4 = 29.25$ 和 $x_5 = 29.26$，请计算算术平均值及实验标准偏差。（5 分）

考核知识点：算术平均值及实验标准偏差的计算

难易度：易

标准答案：

解：算术平均值：$\bar{x} = (x_1 + x_2 + x_3 + x_4 + x_5)/5 = (29.18 + 29.24 + 29.27 + 29.25 + 29.26)/5 = 29.24$

计算出的 5 个残差 v_i 分别为：-0.06，0.00，0.03，0.01，0.02。

按贝塞尔公式计算出测量值 x_i 的实验标准偏差 $s(x_i)$：$s(x_i) = 0.035$。

答：算术平均值为 29.24，实验标准偏差为 0.035。

Jb0003411032 若用一块准确等级为 1.0 级，测量上限为 10A 的电流表去测量 4A 的电流，试问测量时该表可能出现的最大相对误差是多少？（5 分）

考核知识点：相对误差的计算

难易度：易

标准答案：

解：先求出该表的最大绝对误差

$$\Delta_m = \pm K\% A_n = \pm 1\% \times 10 = \pm 0.1 \text{（A）}$$

测 4A 电流时，可能出现的最大相对误差

$$\Delta_z = \frac{\Delta_m}{A_x} \times 100\% = \frac{\pm 0.1}{4} \times 100\% = \pm 2.5\%$$

Jb0003411033 对被测量进行了 4 次独立重复测量，得到以下测量值（单位略）：10.12，10.15，10.10，10.11，请用极差法估算实验标准偏差 $s(x)$（查表得 C = 2.06）。（5 分）

考核知识点：极差法计算实验标准偏差

难易度：易

标准答案：

解：$s(x) = (10.15 - 10.10)/2.06 = 0.024$

答：实验标准偏差为 0.0024。

Jb0003411034　使用格拉布斯准则检验以下 $n=6$ 个重复观测值中是否存在异常值：2.67，2.78，2.83，2.95，2.79，2.82。已知 $n=6$，取 $a=0.05$，查表得 G（a，n）＝1.822。求其 s 值。（5分）

考核知识点：贝塞尔公式计算实验标准偏差

难易度：易

标准答案：

解：（1）计算平均值：$\bar{x} = (2.67 + 2.78 + 2.83 + 2.95 + 2.79 + 2.82) / 6 = 2.81$

（2）计算得6个残差绝对值 0.14，0.03，0.02，0.14，0.02，0.01

（3）计算实验标准偏差：

$$s(x) = \sqrt{\frac{\sum_{i=1}^{n}(x_i - \bar{x})^2}{n-1}} = \sqrt{\frac{0.14^2 + 0.03^2 + 0.02^2 + 0.14^2 + 0.02^2 + 0.01^2}{6-1}} = 0.09$$

答：s 值为 0.09。

Jb0003412035　在重复性条件下，用温度计对某实验室的温度重复测量了16次，通过计算得到其分布的实验标准偏差 $s=0.44℃$，则其测量结果的标准不确定度是多少？（5分）

考核知识点：标准不确定度的计算

难易度：中

标准答案：

解：$u = s_{\bar{x}} = \dfrac{s}{\sqrt{n}} = \dfrac{0.44}{\sqrt{16}} = 0.11$（℃）

答：标准不确定度是 0.11℃。

Jb0004431036　电流方向是如何规定的？自由电子的方向是不是电流的方向？（5分）

考核知识点：电流方向和自由电子方向

难易度：易

标准答案：

（1）规定正电荷运动的方向为电流的方向。

（2）不是。因为，在金属导体中电流的方向和自由电子的运动方向相反。

Jb0004432037　什么是电能？什么是电功率？（5分）

考核知识点：电能和电功率的概念

难易度：中

标准答案：

在一段时间内，电源力（电场力）所做的功率称为电能，电能用符号 A 表示。其单位是 J（焦耳）。通常电能也以电量的形式表现，以 kWh（千瓦时）为单位。它们二者之间的换算关系为：$1kWh = 3.6 \times 10^6 J$。单位时间内电源力所做的功叫功率。功率反映了电场力移动电荷做功的速度，用符号 P 表示，常用的单位为 kW（千瓦），W（瓦）等。

Jb0004411038　有一直流电流表，表头满偏电流 $I_0=40\mu A$，$R_0=3.75k\Omega$。若改装成量程为 $50\mu A$ 的电流表，应并联多大阻值的分流电阻 R_s？（5分）

考核知识点：欧姆定律的应用

难易度：易

标准答案：

解：由图 Jb0004411038 及分流公式，可得

$$I_0 = \frac{R_s}{R_0 + R_s} I$$

则 $R_s = \dfrac{I_0}{I - I_0} R_0 = \dfrac{40}{50-40} \times 3.75 = 15\,(k\Omega)$

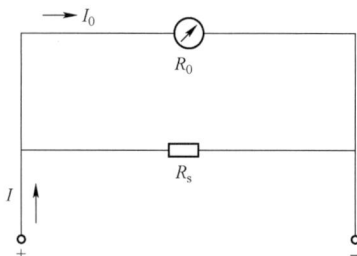

图 Jb0004411038

答：应并联 15kΩ 的分流电阻。

Jb0004411039 正弦交流电流的最大值 $I_m = 20A$，工频 $f = 50Hz$，初相位 $\psi = 30°$。求：（1）$t = 0$ 时电流 i 的瞬时值是多少？（2）$t = 20$ 毫秒时电流 i 的瞬时值是多少？（5分）

考核知识点：电工基础计算

难易度：易

标准答案：

解：（1）$t = 0$ 时，$i = I_m \sin(\omega t + \psi) = I_m \sin\psi = 20\sin 30° = 10\,(A)$

（2）$t = 20$ 毫秒时，

$$\omega = 2\pi f = 2\pi \times 50 = 100\pi = 314\,(rad/秒)$$

$$i = I_m \sin(\omega t + \psi) = 20\sin(100\pi \times 20 \times 10^{-3} + 30°) = 20\sin 30° = 10\,(A)$$

答：$t = 0$ 时电流 i 的瞬时值为 10A，$t = 20$ 毫秒时电流 i 的瞬时值为 10A。

Jb0004411040 某感性负载，在额定电压 $U = 380V$，额定功率 $P = 15kW$，额定功率因数 $\cos\varphi = 0.4$，额定频率 $f = 50Hz$ 时，求该感性负载的直流电阻 R 和电感 L 各是多少？（5分）

考核知识点：电工基础计算

难易度：易

标准答案：

解：设负载电流为 I，则

$$I = P/(U\cos\varphi) = 15 \times 10^3/(380 \times 0.4) = 98.7\,(A)$$

设负载阻抗为 $|Z|$，则 $|Z| = U/I = 380/98.7 = 3.85\,(\Omega)$

$$R = |Z|\cos\varphi = 3.85 \times 0.4 = 1.54\,(\Omega)$$

$$X_L = \sqrt{|Z|^2 - R^2} = 3.53\,(\Omega)$$

$$L = X_L/(2\pi f) = 3.53/(2\pi \times 50) = 0.0112\,(H) = 11.2\,(mH)$$

答：直流电阻 R 为 1.54Ω，电感 L 为 11.2mH。

Jb0004411041　电阻 $R_1=1000\Omega$，误差为 2Ω；电阻 $R_2=1500\Omega$，误差为 -1Ω。当将二者串联使用时，求合成电阻的误差 ΔR 和电阻实际值 R。（5分）

考核知识点：组合误差的计算

难易度：易

标准答案：

解：合成电阻的计算式为

$R=R_1+R_2$

误差为

$$\Delta R=\Delta R_1+\Delta R_2=2-1=1（\Omega）$$

所以　合成电阻的实际值为

$$R=R_1+R_2-\Delta R=1000+1500-1=2499（\Omega）$$

答：合成电阻的误差 ΔR 为 1Ω，R 为 2499Ω。

Jb0004412042　已知电流互感器二次绕组的内阻 $r_2=0.1\Omega$，内感抗 $X_2\approx0$，外接负荷 $Z=0.4\Omega$；$\cos\varphi=0.8$，求二次总负荷 Z_{02} 的大小及角度。（5分）

考核知识点：欧姆定律的应用

难易度：中

标准答案：

解：外接负荷 Z 的电阻和电抗

$$r=Z\cos\varphi=0.4\times0.8=0.32（\Omega）$$
$$X=Z\sin\varphi=0.4\times0.6=0.24（\Omega）$$

总二次电阻和电抗

$$r_{02}=r+r_2=0.1+0.32=0.42（\Omega）$$
$$X_{02}=X+X_2=0+0.24=0.24（\Omega）$$

总阻抗

$$Z_{02}=\sqrt{r_{02}^2+X_{02}^2}=\sqrt{0.42^2+0.24^2}=0.483（\Omega）$$

总阻抗角

$$\alpha=\arcsin（X_{02}/Z_{02}）=\arcsin（0.24/0.483）=\arcsin0.496=29.8°$$

答：二次总负荷的 Z_{02} 为 0.483Ω，角度为 $29.8°$。

Jb0004412043　如图 Jb0004412043 所示，$R_1=10\Omega$，$R_2=20\Omega$，电源的内阻可忽略不计，若使开关 K 闭合后，电流为原电流的 1.5 倍，则电阻 R_3 应选多大？（5分）

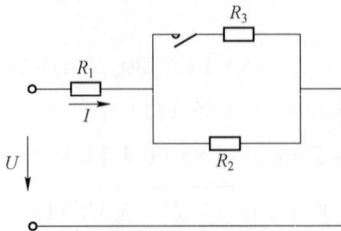

图 Jb0004412043

考核知识点：欧姆定律的应用

难易度：中

标准答案：

解：设开关闭合前的电流为 I，则闭合后的电流为 $1.5I$，根据欧姆定律可列如下方程：

$$I = \frac{U}{R_1 + R_2} = \frac{U}{10 + 20} = \frac{U}{30}$$

$$1.5I = \frac{U}{R_1 + \dfrac{R_2 R_3}{R_2 + R_3}} = \frac{U}{10 + \dfrac{20R_3}{20 + R_3}}$$

由上列两式可得

$$1.5 \times \left(10 + \frac{20R_3}{20 + R_3} \right) = 30$$

即 $R_3 = 20$（Ω）

答：电阻 R_3 应选 20Ω。

Jb0004412044　某对称三相电路的负载做星型连接时，线电压为 380V，每相负载阻抗为 $R=10\Omega$，$X_\text{L}=15\Omega$。求负载的相电流。(5 分)

考核知识点：欧姆定律的应用

难易度：中

标准答案：

解：按题意求解

$$U_\text{ph} = \frac{U_\text{P-P}}{\sqrt{3}} = \frac{380}{\sqrt{3}} = 220\,（\text{V}）$$

$$Z = \sqrt{R^2 + X_\text{L}^2} = \sqrt{10^2 + 15^2} = 18\,（\Omega）$$

$$I_\text{ph} = \frac{U_\text{ph}}{Z} = \frac{220}{18} = 12.2\,（\text{A}）$$

答：负载的相电流为 12.2A。

Jb0004411045　如图 Jb0004411045 所示，已知 $R=5\Omega$，开关 S 断开时，电源端电压 $U_\text{ab}=1.6\text{V}$；开关 S 闭合后，电源端电压 $U_\text{ab}=1.50\text{V}$。求该电源的内阻 r_0。(5 分)

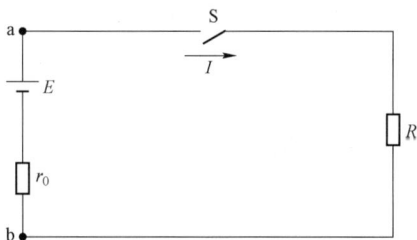

图 Jb0004411045

考核知识点：欧姆定律的应用

难易度：易

标准答案：

解：由题可知，开关断开时的电压 U_ab 即为该电源电动势。开关接通后，电路电流为

$$I = E/(R + r_0) = 1.6/(5 + r_0)$$

由题意可知 $I = U_{ab}/R = 1.5/5 = 0.3$（A），代入上式可知

$$\frac{1.6}{5 + r_0} = 0.3 \text{（A）}$$

得

$$r_0 = 0.33 \text{（Ω）}$$

答：内阻 r_0 为 0.33Ω。

Jb0004411046 一个 2.4H 电感器，在多大频率时具有 1500Ω 的感抗？一个 2μF 的电容器，在多大频率时具有 2000Ω 的容抗？（5 分）

考核知识点：电感、电容的计算

难易度：易

标准答案：

解：感抗 $X_L = \omega L = 2\pi f L$，所以，感抗为 1500Ω 时的频率 f_1 为

$$f_1 = X_L/2\pi L = 1500/(2 \times 3.14 \times 2.4) = 99.5 \text{（Hz）}$$

容抗 $X_C = 1/\omega C = 1/2\omega C$，所以，容抗为 2000Ω 时的频率 f_2 为

$$f_2 = 1/2\pi X_C C = 1/(2 \times 3.14 \times 2000 \times 2 \times 10^{-6}) = 39.8 \text{（Hz）}$$

答：f_1 为 99.5Hz，f_2 为 39.8Hz。

Jb0004411047 如图 Jb0004411047 所示，已知 $E_1 = 6V$，$E_2 = 3V$，$R_1 = 10Ω$，$R_2 = 20Ω$，$R_3 = 400Ω$。求 b 点电位 V_b 及 a、b 点间的电压 U_{ab}。（5 分）

考核知识点：电位差的计算

难易度：易

标准答案：

解：这是个 E_1、E_2、R_1 和 R_2 相串联的简单回路（R_3 中无电流流过），回路电流为 I，则

$$I = \frac{E_1 + E_2}{R_1 + R_2} = \frac{6 + 3}{10 + 20} = 0.3 \text{（A）}$$

$$V_a = IR_2 + (-E_2) = 0.3 \times 20 - 3 = 3 \text{（V）}$$

$$V_b = V_a = 3 \text{（V）}$$

$$U_{ab} = 0 \text{（V）}$$

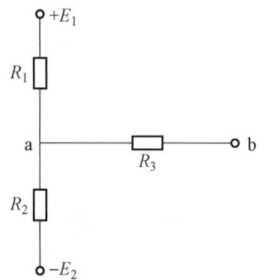

图 Jb0004411047

答：V_b 为 3V，U_{ab} 为 0V。

Jb0004412048 有一个 20μF 的电容器，充电到 1000V 后，再使它与一个未充电的 5μF 的电容器相并联。试求总电容的电位差 U_2 和具有的能量 W_c。（5 分）

考核知识点：电位差及能量的计算

难易度：中

标准答案：

解：已知 $U_1 = 1000V$，$C_1 = 20μF$，$C_2 = 5μF$，电容 C_1 所带电荷为 Q，则

$$Q = U_1 C_1 = 20 \times 10^{-6} \times 1000 = 2 \times 10^{-2} \text{（C）}$$

电容器并联后的等效电容为

$$C = C_1 + C_2 = 25 （\mu F）$$

因为总电荷 Q 没变，电容增加，导致电位差下降，即

$$U_2 = Q/C = 2 \times 10^{-2}/25 \times 10^{-6} = 800 （V）$$

能量为 $W_C = \dfrac{1}{2}QU_2 = \dfrac{1}{2} \times 2 \times 10^{-2} \times 800 = 8 （J）$

答：U_2 为 800V，W_C 为 8J。

Jb0004412049　已知两正弦交流电流分别是 $i_1 = 10\sin（\omega t + 45°）$ A，$i_2 = 5\sin（\omega t - 30°）$ A，求合成电流。（5分）

考核知识点：交流电电流的计算

难易度：中

标准答案：

解：合成电流为

$$
\begin{aligned}
i &= i_1 + i_2 \\
&= 10\sin（\omega t + 45°） + 5\sin（\omega t - 30°） \\
&= 10（\sin\omega t\cos45° + \cos\omega t\sin45°） + 5（\sin\omega t\cos30° - \cos\omega t\sin30°） \\
&= 5\sqrt{2}\sin\omega t + 2.5\sqrt{3}\sin\omega t + 5\sqrt{2}\cos\omega t - 2.5\cos\omega t \\
&= 11.4\sin\omega t + 4.57\cos\omega t \\
&\approx 12.3\sin（\omega t + 22°）（A）
\end{aligned}
$$

答：合成电流 i 约为 $12.3\sin（\omega t + 22°）$ A。

Jb0005431050　如何进行电流互感器的二次绕组匝间绝缘强度试验？（5分）

考核知识点：电流互感器绝缘强度试验

难易度：易

标准答案：

（1）试验时二次绕组开路，并使其一端连同底板接地，一次绕组通以额定频率的额定扩大一次电流，持续 1 分钟。

（2）试验过程无放电发生，试验后互感器误差应无显著变化。

Jb0005432051　分析电流互感器产生误差的主要原因。（5分）

考核知识点：电流互感器产生误差的原因

难易度：中

标准答案：

在实际中，理想的电流互感器是不存在的。因为，要使电磁感应这一能量转换形式持续存在，就必须持续供给铁芯一个励磁磁动势 I_0W_1。所以实际的电流互感器中，其磁动势平衡方程式应该是：

$$I_1W_1 + I_2W_2 = I_0W_1$$

式中：I_1——一次绕组中的电流；

　　　I_2——二次绕组中的电流；

　　　I_0——励磁电流；

　　　W_1——一次绕组的匝数；

　　　W_2——二次绕组的匝数。

可见，励磁磁动势的存在是电流互感器产生误差的原因。

Jb0005432052　简述电压互感器的基本工作原理。（5分）

考核知识点：电压互感器基本工作原理

难易度：中

标准答案：

电压互感器实际上是一个带铁芯的变压器。它主要由一、二次绕组和绝缘组成。当在一次绕组上施加一个电压 U_1 时，在铁芯中就产生一个磁通 Φ，根据电磁感应定律，则在二次绕组中就产生一个二次电压 U_2。改变一次或二次绕组的匝数，可以产生不同的一次电压与二次电压比，这就可组成不同电压比的电压互感器。

Jb0005431053　用直流法如何测量电流互感器的极性？（5分）

考核知识点：直流法测量电流互感器的极性

难易度：易

标准答案：

（1）其测量方法如下：将电池"＋"极接在电流互感器一次侧的L1，电池"－"极接L2。将万用表的"＋"极接在电流互感器二次侧的K1，"－"极接K2。

（2）在开关合上或电池接通的一刻万用表的毫安档指示应从零向正方向偏转，在开关拉开或电池断开的一刻万用表指针反向偏转，则其极性正确。

Jb0005432054　在使用穿芯式电流互感器时，怎样确定电流互感器一次侧的匝数？（5分）

考核知识点：电流互感器一次侧的匝数的确定方法

难易度：中

标准答案：

（1）根据电流互感器铭牌上安培和匝数算出该电流互感器设计的安匝数。再用所算安匝数除以所需一次电流数，匝数＝设计安匝数/设计电流。所得即为一次侧匝数（一定要整数）。

（2）一次线穿过电流互感器中间孔的次数，即为电流互感器的一次侧的匝数。

Jb0005431055　依据 JJG 314—2010《测量用电压互感器》对于电压互感器检定时监视用电压表的技术要求有哪些？（5分）

考核知识点：电压互感器检定时监视用电压表的技术要求

难易度：易

标准答案：

检定时，监视电压互感器二次工作电压用的电压表准确度级别不低于 1.5 级，电压表在所有误差测量点的相对误差均不大于 20%。在同一量程的所有示值范围内，电压表的内阻抗应保持不变。

Jb0005431056　依据 JJG 314—2010《测量用电压互感器》对误差测量装置引起的测量误差有哪些要求？（5分）

考核知识点：误差测量装置引起的测量误差的要求

难易度：易

标准答案：

由误差测量装置所引起的测量误差，应不大于被检电压互感器误差限值的 1/10，其中，装置灵敏度引起的测量误差不大于 1/20，最小分度值引起的测量误差不大于 1/15。差压测量回路的附加二次负荷引起的测量误差不大于 1/20。

Jb0005432057　简述 JJG 313—2010《测量用电流互感器》对电流互感器检测用电流负荷箱的要求。（5分）

考核知识点：电流互感器检测用电流负荷箱的要求

难易度：中

标准答案：

电流负荷箱在额定频率 50Hz（或 60Hz），额定电流的 20%～120%，环境温度为 20℃±5℃时，电流负荷（与规定的二次引线电阻一并计算）的有功分量和无功分量的相对误差不得超过±3%，当 $\cos\varphi=1$ 时，残余无功分量不得超过额定负荷的±3%，周围温度每变化 10℃时，负荷的误差变化不超过±2%。

电流负荷箱在电流百分数 20%以下的附加误差值为：电流百分数每变化 5%，误差增加 1%。

Jb0005432058　简述 JJG 313—2010《测量用电流互感器》对电流互感器检定线路的接线要求。（5分）

考核知识点：电流互感器检定线路的接线要求

难易度：中

标准答案：

标准互感器一次绕组的极性端和被检互感器一次绕组的极性端对接，标准互感器二次绕组的极性端和被检互感器二次绕组的极性端对接；电流互感器二次极性端与误差测量装置的差流回路极性端连接，二次测量回路接地端与差流回路非极性端连接，差流回路两端电位应尽量相等并等于地电位。

为了避免被测电流从一次极性端泄漏，一次极性端应尽量接近地电位。检定额定一次电流大于或等于 5A 的电流量程时，一次回路可在被检电流互感器的非极性端接地；检定额定一次电流小于 5A，准确度高于 0.05 级的电流量程时，一次回路应通过对称支路间接接地；有一次补偿绕组的标准器或被检电流互感器，应通过该绕组接地。

Jb0005431059　画出一种标准电流互感器检定电流互感器的接线图。（5分）

考核知识点：标准电流互感器检定电流互感器的接线图

难易度：易

标准答案：

标准电流互感器检定电流互感器的接线图如图 Jb0005431059 所示。

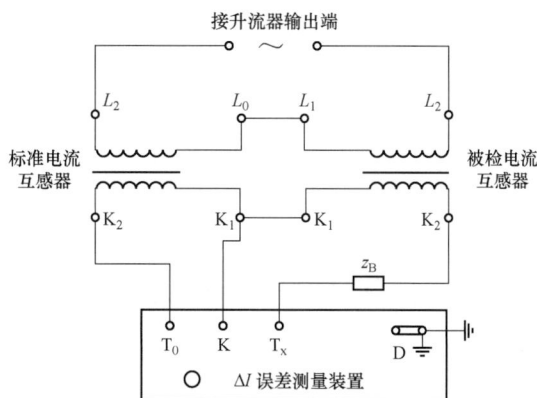

图 Jb0005431059

Jb0005432060 **根据 JJG 596—2012《电子式交流电能表》，基本误差检定重复测量次数的原则是什么？**（5分）

考核知识点：基本误差检定重复测量次数原则

难易度：中

标准答案：

（1）每一个负载功率下，至少记录两次误差测定数据，取其平均值作为测试基本误差值。

（2）若不能正确地采集被检电能表脉冲数，舍去测得的数据。

（3）若测得的误差值等于 0.8 倍或 1.2 倍被检电能表的基本误差限，再进行两次测量，取这两次与前两次测量数据的平均值作为最后测得的基本误差值。

Jb0005431061 **什么是需量？**（5分）

考核知识点：需量的定义

难易度：易

标准答案：

需量是指在一个规定的时间间隔内功率的平均值，其表达式为

$$P = \frac{1}{T_0} \int_0^{T_0} p(t)\, \mathrm{d}t$$

式中：p——瞬时功率，kW；

T_0——结算周期，分钟；

P——T_0 时间内的平均有功功率，即需量，kW。

Jb0005432062 **根据 JJG 569—2014《最大需量电能表》，需量示值误差试验计量性能的要求是什么？**（5分）

考核知识点：需量示值误差试验计量性能要求

难易度：中

标准答案：

需量表需量的测量准确度等级指数应与其有功电能的准确度等级一致。需量表的需量示值误差有功相对误差表示，在参比条件下，需量示值误差限应满足

$$\delta_{\mathrm{P}} = \pm \left| X + \frac{0.05 P_{\mathrm{n}}}{P} \right| \times 100\%$$

式中：δ_{P}——需量表的需量示值误差限，%；

X——需量表的等级；

P_{n}——需量表额定功率，kW；

P——测量负载点功率，kW。

Jb0005432063 **根据 JJG 569—2014《最大需量电能表》，标准功率表法检定需量示值误差试验的方法是什么？**（5分）

考核知识点：需量示值误差试验方法

难易度：中

标准答案：

电压线路加参比电压、电流线路从小到大分别加负载电流，功率因数为 1 条件下，每个负载点连续运行 20 分钟，读取仪表的最大需量，按下式计算需量示值误差 γ_P：

$$\gamma_P = \frac{P - P_0}{P_0} \times 100\%$$

式中：P——被测需量表的最大需量示值，kW；

　　　P_0——标准功率表的示值，kW，若标准功率表接在装置的二次侧，则需要将标准功率表的功率读数折算成装置一次侧的实际值。

Jb0005432064　为什么要进行走字试验？（5 分）

考核知识点：走字试验

难易度：中

标准答案：

因为安装式电能表的误差测定，通常都是以计读电能表转盘转数的方法来确定电能量的，而电能表计度器的传动比与进位是否正常等都未经过校核和检查。此外，电能表基本误差的测定都在比较短时间内完成。由于种种原因，可能造成电能表误差不稳定，甚至在测定基本误差中，也可能会出现差错，而这些情况都不易被发现。所以，安装式电能表在其所有其他检定项目测试完之后，还需要做走字试验。

Jb0005432065　根据 JJG 569—2014《最大需量电能表》，安装式 3×100V，3×1.5（6）A 电能表首次检定的项目有哪些？（5 分）

考核知识点：安装电能表首次检定项目

难易度：中

标准答案：

该电能表首次检定的项目有外观检查、交流电压试验、潜动试验、起动试验、仪表常数试验、基本误差试验、时钟日计时误差试验、需量示值误差试验、时钟示值误差试验。

Jb0005432066　如何确定多费率交流电能表时钟示值误差？（5 分）

考核知识点：多费率交流电能表时钟示值误差

难易度：中

标准答案：

多费率表显示日期应准确，多费率表和标准时钟测试仪同时加参比电压（首检在校时后），记录其指示时间。首次检定时，在设定多费率表的时间后，测量其时钟示值误差；后续检定时，直接测量多费率表时钟示值误差。按下式计算多费率表时钟示值误差 ΔT，即

$$\Delta T = T' - T$$

式中：T——标准时钟测试仪的显示时刻，秒；

　　　T'——被检多费率表的显示时刻，秒。

测量时钟示值误差 ΔT，试验结果应满足：首次检定时，在参比条件下，设定多费率表的时间后，多费率表的时间显示与国家授时中心标准时间（北京时间）指示的误差应优于 5 秒；后续检定时，在参比条件下，多费率表的时钟示值误差应优于 10 分钟。

Jb0005432067　如何确定电子式多费率交流电能表(时段有编制权限时)电能示值的组合误差？（5分）

考核知识点：电能示值的组合误差试验

难易度：中

标准答案：

将被检多费率表的各费率时段按（15～60）分钟任意交替编制，费率时段切换不少于 5 次，使该表的运行时间不少于 4 小时或其总计度器记录的电能增量不少于（200×10^{-a}）kWh（kvarh），各费率计度器记录的电能增量不少于（1×10^{-a}）kWh（kvarh）。其中，a 为总计度器的小数位数。读取总电能和各费率计度器的电能示值（初始）。试验时，在多费率表电压线路加参比电压，电流线路加负载电流 I_b（I_n）或 I_{max}，$\cos\varphi = 1$（无功 $\sin\varphi = 1$）的条件下，再次读取总电能和各费率计度器的电能示值，计算出总电能增量和各费率时段的电能增量，试验结果应满足下面要求。

参比条件下，各费率时段电能示值（增量）的组合误差应符合下式的规定：

$$\left| \Delta W_D - (\Delta W_{D1} + \Delta W_{D2} + \cdots + \Delta W_{Dn}) \right| \leqslant (n-1) \times 10^{-\alpha}$$

式中：　　　　　ΔW_D ——试验时间内，总计度器电能增量，kWh 或 kvarh；

$\Delta W_{D1}, \Delta W_{D2}, \cdots, \Delta W_{Dn}$ ——试验时间内，费率 1，2，…，n 对应的各费率计度器的电能增量，kWh 或 kvarh；

n ——费率数；

α ——总计度器的小数位数。

Jb0005432068　如何确定电子式多费率交流电能表（不具有时段编制权限时）电能示值的组合误差？（5分）

考核知识点：电能示值的组合误差试验

难易度：中

标准答案：

读取总电能和各费率计度器的电能（初始）示值后，在电压线路加参比电压，电流线路加负载电流 I_b（I_n）或 I_{max}，功率因数为 1 的条件下，被检多费率表在默认费率时段运行不少于 24 小时，再次读取总电能和各费率计度器的电能示值，计算出总电能增量和各费率时段的电能增量，试验结果应满足下面要求。

参比条件下，各费率时段电能示值（增量）的组合误差应符合下式的规定：

$$\left| \Delta W_D - (\Delta W_{D1} + \Delta W_{D2} + \cdots + \Delta W_{Dn}) \right| \leqslant (n-1) \times 10^{-\alpha}$$

式中：　　　　　ΔW_D ——试验时间内，总计度器电能增量，kWh 或 kvarh；

$\Delta W_{D1}, \Delta W_{D2}, \cdots, \Delta W_{Dn}$ ——试验时间内对应的各费率计度器的电能增量，kWh 或 kvarh；

n ——费率数；

α ——总计度器的小数位数。

Jb0005412069　检定一台 0.05 级的电流互感器，在 50A/5A 电流比上，实测数据列于表 Jb0005412069（a）。请找出最大变差并进行修约，此台电流互感器是否合格？（5分）

表 Jb0005412069（a）

误差 项目	额定电流	5%	20%	100%	120%	最大变差	二次负荷	
							VA	$\cos\varphi$
比值差（%）	上升	−0.0535	−0.0335	−0.0273	−0.0226			
	下降	−0.0515	−0.0315	−0.0271				
	平均							
	修约							
相位差（′）	上升	+2.11	+1.32	+1.13	+0.91		5	1
	下降	+2.09	+1.28	+1.05				
	平均							
	修约							

考核知识点：修约

难易度：中

标准答案：

电流互感器最大变差见表 Jb0005412069（b）。

表 Jb0005412069（b）

误差 项目	额定电流	5%	20%	100%	120%	最大变差
比值差（%）	平均	−0.0525	−0.0325	−0.0272	−0.0226	0.002
	修约	−0.050	−0.030	−0.025	−0.025	
相位差（′）	平均	+2.10	+1.30	+1.09	+0.91	0.08
	修约	+2.0	+1.2	+1.0	+1.0	

答：此台电流互感器合格。

Jb0005412070　检定一台 0.1 级的电流互感器，在 800A/5A 的电流比上，实测数据列于表 Jb0005412070（a）。请找出最大变差并进行修约，此台电流互感器是否合格？（5分）

表 Jb0005412070（a）

误差 项目	额定电流	5%	20%	100%	120%	最大变差	二次负荷	
							VA	cosφ
比值差（%）	上升	−0.248	−0.120	−0.067	−0.058			
	下降	−0.242	−0.110	−0.061				
	平均						5	1
	修约							
相位差（′）	上升	+8.85	+5.62	+3.54	+2.76			
	下降	+8.65	+4.88	+2.94				
	平均							
	修约							

考核知识点：修约

难易度：中

标准答案：

电流互感器最大变差见表 Jb0005412070（b）。

表 Jb0005412070（b）

误差 项目	额定电流	5%	20%	100%	120%	最大变差
比值差（%）	平均	−0.245	−0.115	−0.064	−0.058	0.01
	修约	−0.24	−0.12	−0.06	−0.06	
相位差（′）	平均	+8.75	+5.25	+3.24	+2.76	0.74
	修约	+9.0	+5.0	+3.0	+3.0	

答：此台电流互感器合格。

Jb0005412071　有一只 0.5S 级三相智能电能表，电压 3×57.7/100V，电流 3×1.5（6）A，常数为 20 000imp/kWh，依据 JJG 569—2014《最大需量电能表检定规程》，用标准功率表法进行需量的测量准确度试验，在 0.15A，cosφ＝1 时，被测表的最大需量示值为 0.0259kW，标准功率表的示值为 0.0261kW，请计算判断该点需量的测量准确度试验是否合格。（5 分）

考核知识点：需量示值误差的计算、合格判断及化整

难易度：中

标准答案：

解：需量表的需量示值误差限：

$$\delta_{\mathrm{p}} = \pm\left|X + \frac{0.05P_{\mathrm{n}}}{P}\right| = \pm\left|X + \frac{0.05I_{\mathrm{n}}}{I}\right| = \pm\left|0.5 + \frac{0.05\times6}{0.15}\right| = \pm2.5$$

$$\gamma_{\mathrm{p}} = \frac{P - P_0}{P_0}\times100\% = \frac{0.0259 - 0.0261}{0.0261}\times100\% = -0.766\%$$

化整后，为 −0.75%，而需量表的需量示值误差限 ±2.5%，所以，该点需量的测量准确度试验是合格的。

答：该点需量的测量准确度试验合格。

Jb0005412072　一块 0.1 级标准电能表，在 $U=220V$、$f=50Hz$，$I=5A$ 下，对 $\cos\varphi=1.0$ 的负载点，重复测量 10 次基本误差，其结果见表 Jb0005412072。求该点的标准偏差估计值。（5 分）

表 Jb0005412072

序号	1	2	3	4	5	6	7	8	9	10
误差（%）	0.08	0.09	0.09	0.10	0.09	0.09	0.10	0.08	0.08	0.08

考核知识点：标准偏差估计值的计算

难易度：中

标准答案：

解：误差平均值为

$$\overline{r}=\frac{r_1+r_2+\cdots+r_{10}}{10}=0.088\%$$

标准偏差估计值为

$$s=\sqrt{\frac{1}{n-1}\sum_{i=1}^{n}(r_i-\overline{r})^2}=0.0079\%$$

答：该点标准偏差估计值不超过 0.01%。

Jb0006431073　**单相智能电能表的显示要求是什么？（5 分）**

考核知识点：单相智能电能表的显示要求

难易度：易

标准答案：

（1）电能表至少应能显示以下信息：当月和上月月度累计用电量；当前剩余金额；各费率累计电能量示值和总累计电能量示值；插卡及通信状态提示；表地址；表计在显示时（包含停电唤醒显示）应显示密钥状态。

（2）有功电能量显示单位为千瓦时，显示位数为 8 位，含 2 位小数；只显示有效位。

（3）剩余金额显示单位是元；显示位数为 8 位，含 2 位小数；只显示有效位。

Jb0006432074　**什么是智能电能表欠压的定义是什么？（5 分）**

考核知识点：智能电能表欠压的定义

难易度：中

标准答案：

在三相（或单相）供电系统中，某相电压小于设定的欠压事件电压触发上限，且持续时间大于设定的欠压事件判定延时时间，此种工况称为欠压。

Jb0006432075　**智能电能表过压的定义是什么？（5 分）**

考核知识点：智能电能表过压的定义

难易度：中

标准答案：

在三相（或单相）供电系统中，某相电压大于设定的过压事件电压触发下限，且持续时间大于设定的过压事件判定延时时间，此种工况称为过压。

Jb0006432076 智能电能表过流的定义是什么？（5分）

考核知识点：智能电能表过流的定义

难易度：中

标准答案：

在三相（或单相）供电系统中，某相负荷电流大于设定的过流事件电流触发下限，且持续时间大于设定的过流事件判定延时时间，此种工况称为过流。

Jb0006432077 智能电能表断流的定义是什么？（5分）

考核知识点：智能电能表断流的定义

难易度：中

标准答案：

在三相（或单相）供电系统中，某相电压大于断流事件电压触发下限，同时该相电流小于设定的断流事件电流触发上限，且持续时间大于设定的断流事件判定延时时间，此种工况称为断流。

Jb0006432078 智能电能表电压不平衡的定义是什么？（5分）

考核知识点：智能电能表电压不平衡的定义

难易度：中

标准答案：

当三相电压中的任一相大于电能表的临界电压，电压不平衡率大于设定的电压不平衡率限值，且持续时间大于设定的电压不平衡率判定延时时间，此种工况称为电压不平衡。

Jb0006432079 智能电能表电流不平衡的定义是什么？（5分）

考核知识点：智能电能表电流不平衡的定义

难易度：中

标准答案：

当三相电流中的任一相电流大于 5%额定（基本）电流，电流不平衡率大于设定的电流不平衡率限值，且持续时间大于设定的电流不平衡判定延时时间，此种工况称为电流不平衡。

Jb0006432080 智能电能表电流严重不平衡的定义是什么？（5分）

考核知识点：智能电能表电流严重不平衡的定义

难易度：中

标准答案：

当三相电流中的任一相电流大于 5%额定（基本）电流，电流不平衡率大于设定的电流严重不平衡率限值，且持续时间大于设定的电流严重不平衡判定延时时间，此种工况称为电流严重不平衡。

Jb0006432081 智能电能表潮流反向的定义是什么？（5分）

考核知识点：智能电能表潮流反向的定义

难易度：中

标准答案：

在三相供电系统中，当总有功功率方向改变时，同时有功功率大于设定的潮流反向事件有功功率触发下限，且持续时间大于设定的潮流反向事件判定延时时间，此种工况称为潮流反向。

Jb0006432082 智能电能表过载的定义是什么？（5分）

考核知识点： 智能电能表过载的定义

难易度： 中

标准答案：

单相供电系统中，某相功率大于设定的过载事件有功功率触发下限，且持续时间大于设定的过载事件判定延时时间，此种工况称为过载。

Jb0006432083 智能电能表断相的定义是什么？（5分）

考核知识点： 智能电能表断相的定义

难易度： 中

标准答案：

在三相供电系统中，当某相电压低于设定的断相事件电压触发上限，同时该相电流小于设定的断相事件电流触发上限，且持续时间大于设定的断相事件判定延时时间，此种工况称为断相。

Jb0006432084 智能电能表失流的定义是什么？（5分）

考核知识点： 智能电能表失流的定义

难易度： 中

标准答案：

在三相供电系统中，三相中至少有一相负荷电流大于失流事件电流触发下限，某相电压大于设定的失流事件电压触发下限，同时该相电流小于设定的失流事件电流触发上限值时，且持续时间大于设定的失流事件判定延时时间，此种工况称为该相失流。

Jb0006432085 智能电能表失压的定义是什么？（5分）

考核知识点： 智能电能表失压的定义

难易度： 中

标准答案：

在三相供电系统中，某相电流大于设定的失压事件电流触发下限，同时该相电压低于设定的失压事件电压触发上限，且持续时间大于设定的失压事件判定延时时间，此种工况称为该相失压。

Jb0006432086 智能电能表全失压的定义是什么？（5分）

考核知识点： 智能电能表全失压的定义

难易度： 中

标准答案：

在三相供电系统中，若三相电压均低于电能表的临界电压，且有任一相或多相负荷电流大于5%额定（基本）电流，且持续时间大于60秒，此种工况称为全失压。

Jb0006432087 智能电能表掉电的定义是什么？（5分）

考核知识点：智能电能表掉电的定义

难易度：中

标准答案：

单相电能表供电电压低于电能表起动工作电压；三相电能表供电电压均低于电能表临界电压，且三相负荷电流均不大于5%额定（基本）电流，此种工况称为掉电。

Jb0006432088 智能电能表电压逆相序事件的定义是什么？（5分）

考核知识点：智能电能表电压逆相序事件的定义

难易度：中

标准答案：

在三相供电系统中，三相电压均大于电能表的临界电压，三相电压逆相序，且持续时间大于60秒，此种工况称为电压逆相序事件。

Jb0006432089 智能电能表电流逆相序事件的定义是什么？（5分）

考核知识点：智能电能表电流逆相序事件的定义

难易度：中

标准答案：

在三相供电系统中，三相电压均大于电能表的临界电压，三相电流均大于5%额定（基本）电流，三相电流逆相序，且持续时间大于60秒，此种工况称为电流逆相序事件。

Jb0006432090 智能电能表需量越限的定义是什么？（5分）

考核知识点：智能电能表需量越限的定义

难易度：中

标准答案：

在三相（或单相）供电系统中，当总有功需量大于设定的有功需量超限事件需量触发下限，且持续时间大于设定的需量超限事件判定延时时间，此种工况称为有功需量越限。在三相（或单相）供电系统中，当总无功需量大于设定的无功需量超限事件需量触发下限，且持续时间大于设定的需量超限事件判定延时时间，此种工况称为无功需量越限。

Jb0006432091 智能电能表恒定磁场干扰事件的定义是什么？（5分）

考核知识点：智能电能表恒定磁场干扰事件的定义

难易度：中

标准答案：

三相电能表检测到外部有100mT强度以上的恒定磁场，且持续时间大于5秒，此种工况称为恒定磁场干扰事件。

Jb0006432092 智能电能表电源异常事件的定义是什么？（5分）

考核知识点：智能电能表电源异常事件的定义

难易度：中

标准答案：

电能表的外部供电为电能表正常工作电压范围（$0.8U_n \sim 1.15U_n$）时，但电能表内部处理器工作电压异常导致处理器进入低功耗状态，且持续时间大于 1 秒，此种工况称为电源异常事件。

Jb0006432093 智能电能表负荷开关误动作事件的定义是什么？（5 分）

考核知识点： 智能电能表负荷开关误动作事件的定义

难易度： 中

标准答案：

负荷开关内置电能表，如果表内负荷开关实际状态与电能表发给负荷开关的命令状态不一致，且持续 5 秒以上，此种工况称为负荷开关误动作事件。

Jb0006431094 请简述智能电能表电压工作范围。（5 分）

考核知识点： 智能电能表电压工作范围

难易度： 易

标准答案：

规定的工作范围：$0.9U_n \sim 1.1U_n$。

扩展的工作范围：$0.8U_n \sim 1.15U_n$。

极限工作范围：$0.0U_n \sim 1.15U_n$。

Jb0006431095 智能电能表技术规范中将智能电能表检验分为哪几种？（5 分）

考核知识点： 智能电能表检验分类

难易度： 易

标准答案：

智能电能表一般分为出厂检验、型式检验、全性能试验、抽样验收试验、全检验收试验。

Jb0006431096 简要描述智能电能表定时冻结的概念。（5 分）

考核知识点： 智能电能表定时冻结的概念

难易度： 易

标准答案：

按照约定的时刻及时间间隔冻结电能量数据；每个冻结量至少应保存 60 次。

Jb0006131097 简要描述智能电能表瞬时冻结的概念。（5 分）

考核知识点： 智能电能表瞬时冻结的概念

难易度： 易

标准答案：

在非正常情况下，冻结当前的日历、时间、所有电能量和重要测量量的数据；瞬时冻结量应保存最后 3 次的数据。

Jb0006431098 简要描述智能电能表日冻结的概念。（5 分）

考核知识点： 智能电能表日冻结的概念

难易度： 易

标准答案：

存储每天零点的电能量，应可存储 60 天的数据量。停电时刻错过日冻结时刻，上电时补全日冻结数据，最多补冻最近 7 日的冻结数据。

Jb0006431099　简要描述智能电能表约定冻结的概念。（5 分）

考核知识点： 智能电能表约定冻结的概念

难易度： 易

标准答案：

在新老两套费率/时段转换、阶梯电价转换或电力公司认为有特殊需要时，冻结转换时刻的电能量及其他重要数据。

Jb0006431100　简要描述智能电能表整点冻结的概念。（5 分）

考核知识点： 智能电能表整点冻结的概念

难易度： 易

标准答案：

存储整点时刻或半点时刻的有功总电能，应可存储 254 个数据。

Jb0007432101　MDS 系统包括哪些主要功能模块？（5 分）

考核知识点： MDS 系统主要功能模块

难易度： 中

标准答案：

生产运行管理、生产调度监控、计量体系管理、产品质量监督、技术服务、全寿命周期管理、辅助决策分析、系统辅助、系统支撑等。

Jb0007431102　省级计量中心生产调度平台全寿命周期管理分析有哪些内容？（5 分）

考核知识点： 省级计量中心生产调度平台全寿命周期管理分析内容

难易度： 易

标准答案：

对电能表、互感器、采集终端等设备的全寿命周期进行管理分析，涵盖供货前、到货后、运行中直至退出运行的全过程、全寿命周期各个环节。

Jb0007431103　什么是自动化检定？（5 分）

考核知识点： 自动化检定的定义

难易度： 易

标准答案：

自动化检定指建设基于自动传输设施和全自动检定装置的智能化检定系统，实现计量器具检定和监控过程的自动化。

Jb0007432104　简述什么是立库区。（5 分）

考核知识点： 立库区的定义

难易度： 中

标准答案：

立库区也叫自动化立体仓库区，为智能化仓储的主要货物存放区域，由立体货架、有轨巷道堆垛机、出入库托盘输送机系统、通信系统、自动控制系统、计算机监控系统、计算机管理系统以及其他如电线、电缆、桥架、配电柜、托盘、调节平台、钢结构平台等辅助设备组成的复杂的自动化系统。

运用一流的集成化物流理念，采用先进的控制、总线、通信和信息技术，通过以上设备的协调动作，按照用户的需要完成指定货物的自动有序、快速准确、高效的入库出库作业。

Jb0007431105 什么是智能化仓储？（5分）

考核知识点： 智能化仓储的定义

难易度： 易

标准答案：

智能化仓储指建设基于自动化仓储和现代化物流系统的智能化仓储设施，实现计量器具仓储过程自动装（拆）箱、自动搬运、自动盘点、自动出入库和自动定位等智能化管理。

Jb0007432106 简述库存调拨流程。（5分）

考核知识点： 库存调拨流程

难易度： 中

标准答案：

营销系统在配送管理中制定新配送申请并提交信息；在营销待办工作单中找到配送申请并审核，审核完毕后提交。在平台待办中进行营销配送审批，填选审批意见并发起库存调拨。在仓储管理模块发送库存调拨的工单，进行库存调拨审核、审批、发送后找到相应的单子发送给营销系统。

Jb0007433107 简述省级计量中心生产调度平台的定义？（5分）

考核知识点： 省级计量中心生产调度平台的定义

难易度： 难

标准答案：

省级计量中心生产调度平台由生产运行管理、生产调度监控、计量体系管理、产品质量监督、技术服务、辅助决策分析等相关业务功能模块组成，与自动化检定、智能化仓储、营销业务应用、稽查监控、用电信息采集、国网计量运行管控等系统实现信息交互，实现三级计量资产的全过程管控。

Jb0007433108 MDS系统中，生产运行管理模块有哪些业务项？（5分）

考核知识点： MDS系统中生产运行管理模块的业务项

难易度： 难

标准答案：

生产运行管理业务项包括"采购管理""验收管理""室内检定管理""仓储管理""配送管理""质量监督""技术服务管理""辅助管理"。

Jb0007431109 简述MDS系统配送出库流程。（5分）

考核知识点： MDS系统配送出库流程

难易度： 易

标准答案：

制定接收配送任务，分配出库任务、根据出库明细进行配送出库并打印配送出库任务单、根据出库任务单选择车辆路线进行配送，配送结果发送给营销系统。

Jb0007432110 省级计量中心生产调度平台生产运行管理中，仓储管理主要有哪些功能？（5分）

考核知识点：MDS 系统仓储管理功能

难易度：中

标准答案：

对计量装置入库、出库、移库以及库存状态进行管理。对库存量进行盘点，并进行盘盈盘亏处理。根据库存量和设备库存时限发出预警。对设备淘汰、丢失、损坏、报废、借用等工作进行管理。

Jb0007432111 省级计量中心生产调度平台生产运行管理中，验收管理主要有哪些功能？（5分）

考核知识点：MDS 系统验收管理功能

难易度：中

标准答案：

实现生产前预检工作管理功能；实现对所采购批次设备进行供货前检验工作；在新购设备到货后，进行开箱验收、样品比对、抽检验收、全检验收，对质保期内的设备进行监督检验，对验收不合格的设备进行退换处理。

Jb0007432112 省级计量中心生产调度平台生产运行管理中，室内检定管理主要有哪些功能？（5分）

考核知识点：MDS 系统室内检定管理功能

难易度：中

标准答案：

实现对计量装置的样品比对、全性能试验、抽样检定/校准、检定/检测/校准等业务的管理，按照有关规程开展相应的设备检定、校准及检验工作，并记录检验结果的全过程。

Jb0007432113 省级计量中心生产调度平台生产运行管理中，配送管理主要有哪些功能？（5分）

考核知识点：MDS 系统配送管理功能

难易度：中

标准答案：

实现对计量装置配送过程、配送车辆信息进行管理，配送类型包括新设备配送、设备返回配送，主要适用于电能表、互感器、采集终端等设备的配送。

Jb0007432114 省级计量中心生产调度平台是按照什么方式开展建设的？（5分）

考核知识点：MDS 系统建设方式

难易度：中

标准答案：

国网公司信息化"一级部署"的建设要求，必须按照"统一标准、统一设计、统一软件、统一建设"的方式开展省级计量中心生产调度平台的建设。

Jb0007431115 SG186 系统中，运行表抽检业务包括哪些功能项。（5分）

考核知识点：SG186 系统运行表抽检业务

难易度：易

标准答案：

运行表抽检业务包括制订运行表抽检计划、运行表抽检计划审批、制定一次/二次运行表抽检任务、更换、临检、结果处理等功能项。

Jb0008431116　如何正确地选择电流互感器的电流比？（5分）

考核知识点： 电流互感器的电流比选择要求

难易度： 易

标准答案：

选择电流互感器应按其长期最大的工作电流 I_2，选择其一次额定电流 I_{1n}，使 $I_{1n} \geq I_2$，但不宜使电流互感器经常工作在额定的一次电流的 1/3 以下，并尽可能使其工作在一次额定电流的 2/3 以上。

Jb0008431117　选择电流互感器时，应根据哪几个主要参数进行选择？（5分）

考核知识点： 选择电流互感器的主要参数

难易度： 易

标准答案：

（1）额定电压。

（2）准确度等级。

（3）额定一次电流及变化。

（4）二次额定容量。

Jb0008431118　什么是电流互感器的额定容量？（5分）

考核知识点： 电流互感器额定容量的定义

难易度： 易

标准答案：

电流互感器的额定容量是二次额定电流 I_{2n} 通过二次额定负载 Z_{2n} 时所消耗的视在功，即 S_{2n}，$S_{2n} = I_{2n}^2 Z_{2n}$；$S_n = I_n^2 Z_n$。

Jb0008431119　运行中的电流互感器误差的变比与哪些工作条件有关？（5分）

考核知识点： 运行中的电流互感器误差的变比工作条件

难易度： 易

标准答案：

运行中的电流互感器误差与一次电流、频率、波形、环境温度的变化及二次负荷、相位角的大小等工作条件有关。

Jb0008431120　为什么要选用 S 级的电流互感器？（5分）

考核知识点： 选用 S 级的电流互感器的原因

难易度： 易

标准答案：

由于 S 级电流互感器在额定电流的 1%～120%能准确计量，故对长期处在负载电流小，但又有大负荷电流的用户，或有大冲击负荷的用户和线路，为了提高计量准确度，可选用 S 级电流互感器。

Jb0008431121　电流互感器的额定电压的含义是什么？（5分）

考核知识点： 电流互感器的额定电压的含义

难易度： 易

标准答案：

（1）该电流互感器只能安装在小于或等于额定电压等级的电力线路中。

（2）说明该电流互感器的一次绕组的绝缘强度。

Jb0008432122　电流互感器的作用是什么？（5分）

考核知识点： 电流互感器的作用

难易度： 中

标准答案：

电流互感器的作用是为避免测量仪表和工作人员与高压回路直接接触，保证人员和设备的安全；使测量仪表小型化、标准化，利用电流互感器扩大表计的测量范围，提高仪表测量的准确度。

Jb0008432123　为什么选择电流互感器的变比过大时，将严重影响电能表的准确计量？（5分）

考核知识点： 电流互感器变比对电能表计量的影响

难易度： 中

标准答案：

如果选择电流互感器的变比过大，则当一次侧负荷电流较小时，电流互感器二次电流很小，小于电能表的起动电流，电能表不能正常起动并连续记录，使电能表出现很大的负误差。因此在选用电流互感器时，变比不宜过大，应尽量保证负荷电流达到电流互感器额定电流的1/3以上，最好能经常达到额定电流的2/3左右。

Jb0008432124　二次压降测试时测试设备准备工作有什么？（5分）

考核知识点： 二次压降测试时测试设备准备工作的内容

难易度： 中

标准答案：

（1）测试前应检查二次压降测试设备各相对地绝缘状态及导线接触情况。

（2）连接互感器二次端子和二次压降测试仪之间的导线应该是专用的屏蔽导线，屏蔽层应可靠接地。

（3）检查二次压降测试仪熔断保险是否正常可用。

Jb0008431125　使用钳形电流表测量电流时有哪些安全要求？（5分）

考核知识点： 使用钳形电流表安全要求

难易度： 易

标准答案：

使用钳形电流表时，应注意钳形电流表的电压等级。测量时戴绝缘手套，站在绝缘垫或穿绝缘鞋，不得触及其他设备，以防短路或接地。观测表计时，要特别注意保持头部与带电部分的安全距离。

Jb0008412126　一只单相电能表在功率因数为 0.8，I_b 时误差为 +0.8，通过一只电压互感器接入回路，该互感器的比差 $f = -0.6\%$，角差 $\delta = +10'$，求：（1）功率因数为 0.8 时的互感器合成误差；（2）$e_b = 0.8$，$\cos\varphi = 0.8$ 时的综合误差。（5分）

考核知识点：互感器误差的计算

难易度：中

标准答案：

解：$\cos\varphi = 0.8$，则 $\tan\varphi = 0.75$

（1）$e_h = f - 0.029\ 1 \times \delta \times \tan\varphi = -0.6\% - 0.029\ 1 \times 10 \times 0.75 = -0.8\%$

（2）$e = e_b + e_h = 0.8 - 0.8 = 0$

答：功率因数为 0.8 时互感器的合成误差为 -0.8%，$I_b = 0.8$，$\cos\varphi = 0.8$ 时的综合误差为 0。

Jb0008412127　某三相低压用户，安装的是三相四线有功电能表，计量 TA 变比为 200/5，装表时计量人员误将 A 相 TA 极性接反，故障期间抄见表码为 150kWh，表码启码为 0，试求应追补的电量 ΔW（故障期间平均功率因数为 0.85）。（5分）

考核知识点：低压三相四线电能表错误接线分析

难易度：中

标准答案：

解：按题意求解，更正率为

$$\varepsilon = \frac{3UI\cos\varphi}{2UI\cos\varphi + UI\cos(180° + \varphi)} - 1$$
$$= \frac{3UI \times 0.85}{2UI \times 0.85 - UI \times 0.85} - 1 = 2$$

应追补的电量 ΔW 为

$$\Delta W = 150 \times \frac{200}{5} \times 2 = 150 \times 40 \times 2 = 12\ 000\ （kWh）$$

答：应追补的电量 ΔW 为 12 000kWh。

Jb0008411128　某用户在无功补偿投入前的功率因数为 0.75，当投于无功功率 $Q = 100$kvar 的补偿电容器后的功率因数为 0.95。若投入前后负荷不变，试求其有功负荷 P。（5分）

考核知识点：有功负荷的计算

难易度：易

标准答案：

解：按题意求解，有

$$\tan\varphi_1 - \tan(\arccos 0.75) - 0.882$$
$$\tan\varphi_2 = \tan(\arccos 0.95) = 0.329$$

答：有功负荷 P 为 180.8kW。

Jb0008412129　某用户有功负荷为 300kW，功率因数为 0.8，若将功率因素提高到 0.96，求应装电容器的无功功率 Q？（5分）

考核知识点：无功补偿的计算

难易度：中

标准答案：

解：补偿前的无功总量 Q_1 为

$$Q_1 = P\tan\varphi_1 = P\tan（arccos0.8）= 300 \times 0.75 = 225（kvar）$$

补偿后的无功总量 Q_2 为

$$Q_2 = P\tan\varphi_2 = P\tan（arccos0.96）= 300 \times 0.29 = 87（kvar）$$

故应装的补偿电容器无功功率 Q 为

$$Q = Q_1 - Q_2 = 225 - 87 = 138（kvar）$$

答：应装无功功率 Q 为 138kvar 的补偿电容器。

第四章　电能表修校工中级工技能操作

Jc0003441001　绘制 0.05 级三相标准电能表的量值溯源和传递框图。（100 分）

考核知识点： 计量标准考核的内容

难易度： 易

技能等级评价专业技能考核操作工作任务书

一、任务名称

绘制 0.05 级三相标准电能表的量值溯源和传递框图。

二、适用工种

电能表修校工中级工。

三、具体任务

依据 JJF 1033—2016《计量标准考核规范》，绘制出 0.05 级三相标准电能表的量值溯源和传递框图。

四、工作规范及要求

按照《计量标准考核规范》相关要求填写。

五、现场提供材料及工器具

无。

六、考核及时间要求

本考核时间为 20 分钟，请按照任务要求完成操作和答题卡。

技能等级评价专业技能考核操作评分标准

工种	电能表修校工			评价等级	中级工
项目模块	计量基础知识及专业实务		编号		Jc0003441001
单位		准考证号		姓名	
考试时限	20 分钟	题型	综合操作题	题分	100 分
成绩		考评员	考评组长	日期	
试题正文	绘制 0.05 级三相标准电能表的量值溯源和传递框图				
需要说明的问题和要求	（1）要求 1 人完成。 （2）内容完整准确				

序号	项目名称	质量要求	满分	扣分标准	扣分原因	得分
1	绘制 0.05 级三相标准电能表的量值溯源和传递框图	内容完整准确	100	框图结构不正确，扣 20 分； 每个框图内容错漏，每处扣 5 分		
	合计		100			

标准答案：

答题卡如图 Jc0003441001 所示。

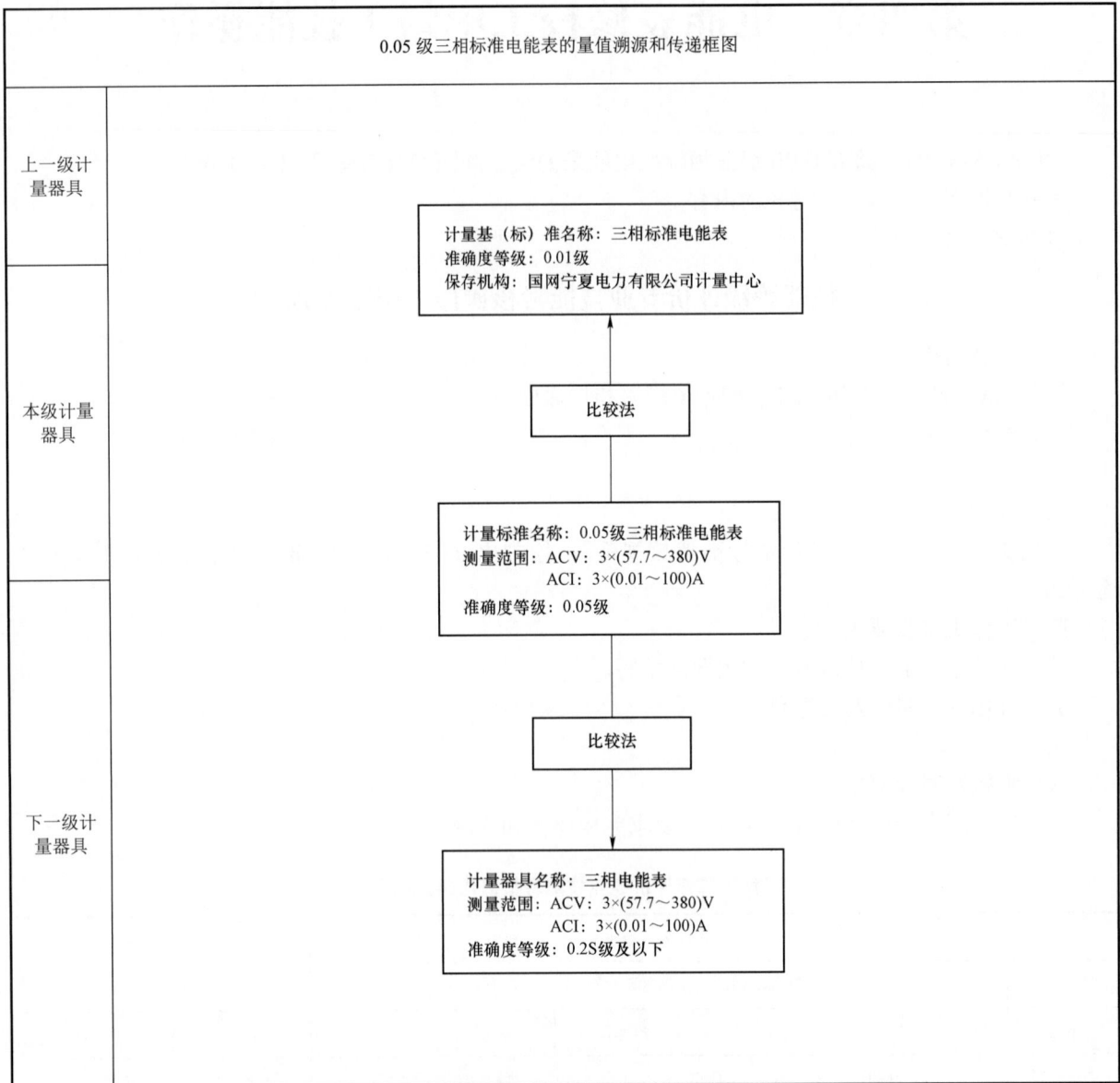

		0.05 级三相标准电能表的量值溯源和传递框图
上一级计量器具		计量基（标）准名称：三相标准电能表 准确度等级：0.01级 保存机构：国网宁夏电力有限公司计量中心
本级计量器具		↑ 比较法 ↑ 计量标准名称：0.05级三相标准电能表 测量范围：ACV：3×(57.7～380)V 　　　　　ACI：3×(0.01～100)A 准确度等级：0.05级
下一级计量器具		↑ 比较法 ↑ 计量器具名称：三相电能表 测量范围：ACV：3×(57.7～380)V 　　　　　ACI：3×(0.01～100)A 准确度等级：0.2S级及以下

图 Jc0003441001

Jc0005442002　审核 0.2 级电磁式电压互感器检定证书。（100 分）

考核知识点： 审核 0.2 级电磁式电压互感器检定证书

难易度： 中

技能等级评价专业技能考核操作工作任务书

一、任务名称

审核 0.2 级电磁式电压互感器检定证书。

二、适用工种

电能表修校工中级工。

三、具体任务

审核给出的 0.2 级电磁式电压互感器检定证书，将证书中存在的错误及更正要求填写在答题卡上。

四、工作规范及要求

按照相应的检定规程规范审核填写。

五、现场提供材料及工器具

无。

六、考核及时间要求

本考核时间为 60 分钟，请按照任务要求完成操作和答题卡。

（1）检定证书。

×××××××× 计量中心
检定证书

证书编号：××××××××

送 检 单 位	××××××××××
计 量 器 具 名 称	电磁式电压互感器
型 号 / 规 格	JDZX10－10
出 厂 编 号	×××××
制 造 单 位	×××××××××
准 确 度 等 级	0.2
检 定 依 据	JJG 1021—2007
检 定 结 论	合格

批准人×××

（检定专用章）　　核验员×××

检定员×××

检定日期　2021　年　4　月　9　日

有效期至　2031　年　4　月　8　日

计量检定机构授权证书号：××××××××××　　电话：（计量检定/校准机构电话）

地址：（计量检定/校准机构地址）　　邮编：（计量检定/校准机构邮编）

传真：（计量检定/校准机构传真）　　E－mail：（计量检定/校准机构电子邮箱）

第 1 页，共 4 页

检定使用的计量标准装置				
名称	测量范围	准确度等级	计量标准考核证书编号	有效期至
自升压组合式精密电压互感器	10/ $\sqrt{3}$ kV/100/ $\sqrt{3}$ V	0.02 级	××××－××××	2022 年 5 月 31 日

检定使用的标准器				
名称	测量范围	准确度等级/最大允许误差	检定/校准证书编号	有效期至
自升压组合式精密电压互感器	10/ $\sqrt{3}$ kV/100/ $\sqrt{3}$ V	0.02 级	××××－××××	2021 年 1 月 18 日

检定依据 JJG 1021—2007《电力互感器检定规程》

注:

1. ××××仅对加盖"×××××××××检定专用章"的完整证书负责。

2. 本次检定使用的计量标准器的量值均可溯源到国家计量标准(基准)。

3. 本证书的检定结果仅对本次所检定的计量器具有效。

4. 本证书如需复印必须全部复印,部分复印无效。

检定环境条件及地点			
温度	20℃	地点	××××
相对湿度	40%	其他	/

备注:/

电压互感器检定证书

额定一次电压	10kV
额定二次电压	0.1kV
额定功率因数	$\cos\varphi = 0.8L$
额定负荷	30VA
额定电压	10kV
额定频率	50hz
用途	/

检定时环境温度：

温度____20℃____　　　相对湿度____40%____

检定结果：

外观检查　　　　　　　　合格

绝缘试验　　　　　　　　合格

绕组极性检查　　　　　　减

运行变差实验　　　　　　合格

磁饱和裕度试验　　　　　合格

结论及说明：

1. 已测量限误差符合 0.2 级要求。

2. 下次检定请出示此证书。

第 3 页，共 4 页

误　差　数　据

受检绕组标志	电压比	误差	80	100	105	110	115	二次负荷（VA） $\cos\varphi = 0.8L$		
								$1a-1n$	$2a-2n$	/
$1a-1n$	$\dfrac{10\,000\text{V}}{100\text{V}}$	f（%）	$+0.128$	$+0.107$	/	/	$+0.094$	30	50	/
		δ（′）	-9.26	-8.64	/	/	-8.29			
		f（%）	-0.037	-0.022	/	/	/	2.5	0	/
		δ（′）	-3.96	-3.44	/	/	/			

说明：

1. 105%测量点适用于 750kV 电压互感器。

2. 110%测量点适用于 330kV 及 500kV 电压互感器。

3. 115%测量点适用于 220kV 及以下电压互感器。

————————————以下空白————————————

第 4 页，共 4 页

（2）原始记录。

××××××××计量中心
电压互感器检定原始记录

送检单位	××××××××	准确度等级	0.2
名称	电磁式电压互感器	型号	JDZ×10－10
制造厂名	××××××××	额定一次电压	10kV
名称	××××××××	额定频率	50hz
出厂编号	××××××××	用途	/

额定二次电压	1a－1n	0.1kV	2a－2n	0.1kV	3a－3n	/

额定二次负荷（cosφ 功率因数 0.8 L）

1a－1n	30VA	2a－2n	50VA	3a－3n	/

证书编号	××××××××
检定依据	JJG 1021—2007

检定使用的计量标准装置

名 称	测量范围	准确度等级	计量标准考核证书编号	有效期至
自升压组合式精密电压互感器	10/√3 kV/100/√3 V	0.02 级	×××－××××	2022 年 5 月 31 日

检定使用的标准器

标准器名称	型号	测量范围	出厂编号	证书编号	不确定度/准确度等级/最大允许误差	有效期
自升压组合式精密电压互感器	HJ－S10G2	10/√3 kV/100/√3 V	××××	××××	0.02 级	2021 年 1 月 18 日

检定日期　2021　年　4　月　9　日　　　　核 验 员　×××

有效期至　2031　年　4　月　8　日　　　　检 定 员　×××

检定时的环境条件：

温度	20℃	相对湿度	40%

（1）外观检查。

外观		■完好	□缺陷
铭牌	产品编号	■有	□无
	出厂日期	■有	□无
	接线方式说明	■有	□无
	额定电流比	■有	□无
	准确度等级	■有	□无
标志	一次/二次接线端子符合标志	■有	□无
	接地标志	■有	□无

（2）极性检查：■减极性　　□加极性

（3）绝缘试验＿＿＿＿＿合格＿＿＿＿＿

（4）运行变差试验＿＿＿＿合格＿＿＿＿

（5）误差测试：

受检绕组标志	电压比	误差	80	100	105	110	115	二次负荷/VA $\cos\varphi=0.8L$		
								$1a-1n$	$2a-2n$	/
$1a-1n$	$\dfrac{10\,000/\sqrt{3}\text{V}}{100/\sqrt{3}\text{V}}$	$f\,(\%)$	+0.128	+0.107	/	/	+0.094	30	50	/
		$\delta\,(')$	-9.26	-8.64	/	/	-8.29			
		$f\,(\%)$	-0.037	-0.022	/	/	/	2.5	0	/
		$\delta\,(')$	-3.96	-3.44	/	/	/			

说明：

1. 105%测量点适用于 750kV 电压互感器。
2. 110%测量点适用于 330kV 及 500kV 电压互感器。
3. 115%测量点适用于 220kV 及以下电压互感器。

结论及说明：

（1）已测量限误差符合 0.2 级要求。

（2）下次检定请示出此证书。

————————— 以下空白 —————————

技能等级评价专业技能考核操作评分标准

工种		电能表修校工			评价等级	中级工
项目模块		计量检定		编号		Jc0005442002
单位			准考证号		姓名	
考试时限	60 分钟		题型	简答题	题分	100 分
成绩		考评员		考评组长		日期
试题正文	审核 0.2 级电磁式电压互感器检定证书					
需要说明的问题和要求	（1）要求单人完成。 （2）按照相应的检定规程规范填写					

序号	项目名称	质量要求	满分	扣分标准	扣分原因	得分
1	检定证书审核	按照相关规程要求找出给定检定证书中存在的错误，并更正	100	给定原始记录检定证书共存在 10 项错误，每少指出及更正一条，扣 10 分		
	合计		100			

标准答案：

此份检定证书及其原始记录存在如下缺陷（错误原因不作为扣分项）。

（1）检定证书。

1）检定证书第 1 页中"准确度等级__0.2__"应完整填写名称，应为"准确度等级__0.2 级__"。

2）检定证书第 2 页中"检定依据__JJG 1021—2007__"应完整填写检定规程编号，应为"检定依据 JJG 1021—2007《电力互感器》"。

3）检定证书第 2 页中"检定使用的标准器"的"有效期至__2021 年 1 月 18 日__"根据下文给出的检定日期，应核实标准器检定证书是否在有效期内，如已经超期，应将标准设备溯源，待上级计量标准检定合格并安装使用正常后，对此被试品重新检定。

4）检定证书第 3 页中"额定频率__50hz__"法定计量单位不符合规定的使用规则，应为"额定频率__50Hz__"。

5）检定证书第 3 页中"检定结果"中根据 JJG 1021—2007《电力互感器》给出了试验项目"磁饱和裕度试验"，但原始记录中没有该实验项目，证书出具有错误。

（2）原始记录。

1）原始记录第 1 页中"准确度等级__0.2__"应完整填写名称，应为"准确度等级__0.2 级__"。

2）原始记录第 1 页中"额定频率__50hz__"法定计量单位不符合规定的使用规则，应为"额定频率__50Hz__"。

3）原始记录第 1 页中"检定依据__JJG 1021—2007__"应完整填写检定规程编号，应为"检定依据 JJG 1021—2007《电力互感器》"。

4）原始记录第 1 页中"检定使用的标准器"的"有效期__2021 年 1 月 18 日__"根据下文给出的检定日期，应核实标准器检定证书是否在有效期内，如已经超期，应将标准设备溯源，待上级计量标准检定合格并安装使用正常后，对此被试品重新检定。

5）原始记录第 2 页中根据 JJG 1021—2007《电力互感器》缺少必须进行的试验项目"磁饱和裕度试验"。

Jc0005461003　1级三相四线直接接入式费控智能电能表（非卡表）的实验室检定。（100分）

考核知识点： 1级三相四线直接接入式费控智能电能表（非卡表）的实验室检定

难易度： 易

技能等级评价专业技能考核操作工作任务书

一、任务名称

1级三相四线直接接入式费控智能电能表（非卡表）的实验室检定。

二、适用工种

电能表修校工中级工。

三、具体任务

实验室检定1级三相四线直接接入式费控智能电能表（非卡表），给出检定需要依据的规程，并依据相关规程将需要进行的检定试验项目、检定的负载点填写在答题卡上。

四、工作规范及要求

（1）在提供的电能表检定装置上操作并遵守安全规定。

（2）依据相应的检定规程完成检定试验。

五、现场提供材料及工器具

（1）1级三相四线直接接入式费控智能电能表（非卡表）1只［$3 \times 220V/380V$　3×5（60）A $C = 400imp/kWh$］。

（2）具备相应检定能力的人工电能表检定装置一台。

（3）不同规格螺丝刀。

（4）检定电能表所需电流、电压接线，脉冲线及485通信线。

六、考核及时间要求

本考核时间为60分钟，请按照任务要求完成操作和答题卡。

答题卡：

1. 本次检定需要依据的规程	
2. 本次检定需要进行的实验项目	
3. 本次检定需要检定的负载点	

技能等级评价专业技能考核操作评分标准

工种	电能表修校工				评价等级	中级工
项目模块	计量检定			编号		Jc0005461003
单位			准考证号		姓名	
考试时限	60分钟		题型		单项操作	题分	100分
成绩		考评员		考评组长		日期	
试题正文	1级三相四线直接接入式费控智能电能表（非卡表）的实验室检定						
需要说明的问题和要求	（1）要求1人完成。 （2）在提供的电能表检定装置上操作并遵守安全规定。 （3）针对给定类型电能表，利用给定电能表人工检定装置进行检定，检定过程符合相关规程技术要求						

续表

序号	项目名称	质量要求	满分	扣分标准	扣分原因	得分
1	给出规程	针对给定类型的电能表给出的规程符合要求	20	未正确给出，1项扣10分，扣完为止		
2	给出实验项目	设置的参数符合相应检定规程该项试验项目技术要求	30	未正确给出，1个实验项目扣4分，扣完为止		
3	给出负载点	设置的参数符合相应检定规程该项试验项目技术要求	50	未正确给出，1个负载点扣2分，扣完为止		
	合计		100			

标准答案：

答题卡见表 Jc0005461003。

表 Jc0005461003

1. 本次检定需要依据的规程

由给出的类型电能表，可依据 JJG 596—2012《电子式交流电能表》、JJG 691—2014《多费率交流电能表》进行实验室检定

2. 本次检定需要进行的实验项目

由 JJG 596—2012《电子式交流电能表》中 6.3 表 9 与 JJG 691—2014《多费率交流电能表》中 6.3 表 3 可以确定需要进行检定的试验项目包括外观检查、交流电压试验、潜动试验、起动试验、基本误差、仪表常数试验、时钟日计时误差、时钟示值误差、电能表示值组合误差（9项）

3. 本次检定需要检定的负载点

由给出的 1.0 级三相四线直接接入式费控智能电能表 [3×220V/380V、3×5（60）A、$C=400\text{imp/kWh}$]，应检定的负载点如下。
合元正向有功：I_{max}、$\cos\varphi=$ [1.0、0.5L、0.8C]；$0.5I_{max}$、$\cos\varphi=$ [1.0、0.5L、0.8C]；I_b、$\cos\varphi=$ [1.0、0.5L、0.8C]；$0.2I_b$、$\cos\varphi=$ [0.5L、0.8C]；$0.1I_b$、$\cos\varphi=$ [1.0、0.5L、0.8C]；$0.05I_b$、$\cos\varphi=1.0$；
分元 A 相正向有功：I_{max}、$\cos\varphi=$ [1.0、0.5L]；I_b、$\cos\varphi=$ [1.0、0.5L]；$0.2I_b$、$\cos\varphi=0.5L$；$0.1I_b$、$\cos\varphi=1.0$；
分元 B 相正向有功：I_{max}、$\cos\varphi=$ [1.0、0.5L]；I_b、$\cos\varphi=$ [1.0、0.5L]；$0.2I_b$、$\cos\varphi=0.5L$；$0.1I_b$、$\cos\varphi=1.0$；
分元 C 相正向有功：I_{max}、$\cos\varphi=$ [1.0、0.5L]；I_b、$\cos\varphi=$ [1.0、0.5L]；$0.2I_b$、$\cos\varphi=0.5L$；$0.1I_b$、$\cos\varphi=1.0$；
共计 33 个负载点

Jc0005442004　绘制高压电流互感器检定原理图。（100 分）

考核知识点： 电能计量装置接线

难易度： 中

技能等级评价专业技能考核操作工作任务书

一、任务名称

绘制高压电流互感器检定原理图。

二、适用工种

电能表修校工中级工。

三、具体任务

根据 JJG 1021—2007《电力互感器》中现场检定电流互感器的要求，绘制出使用标准电流互感器的比较法线路原理图。绘图时要求如下：

（1）将连接的电源中的刀闸、漏电保护、调压器、升流器一并画出。

（2）标注相关设备名称。

（3）被试互感器有 4 个二次绕组，其中第一个二次绕组为计量绕组。

（4）部分设备如图 Jc0005442004（a）所示。

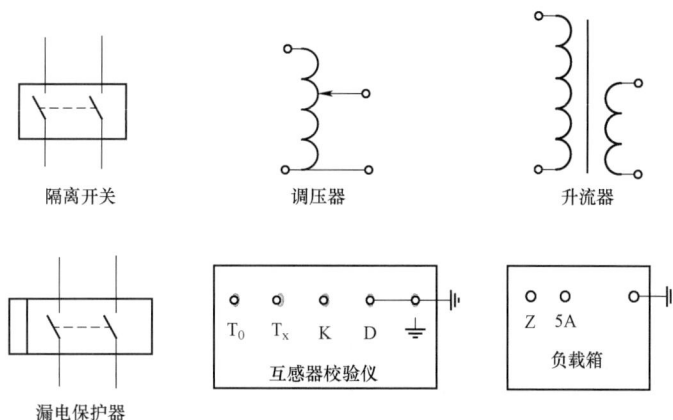

隔离开关　　　　调压器　　　　升流器

漏电保护器　　互感器校验仪　　负载箱

图 Jc0005442004（a）

四、工作规范及要求

画图规范，图形符合基本电气图。

五、现场提供材料及工器具

无。

六、考核及时间要求

本考核时间为 60 分钟，请按照任务要求完成操作和答题卡。

技能等级评价专业技能考核操作评分标准

工种	电能表修校工				评价等级	中级工
项目模块	计量检定			编号		Jc0005442004
单位			准考证号		姓名	
考试时限	60 分钟		题型	识图题	题分	100 分
成绩		考评员		考评组长		日期	
试题正文	绘制高压电流互感器检定原理图					
需要说明的问题和要求	（1）要求 1 人完成。 （2）自备直尺、钢笔或中性笔					

序号	项目名称	质量要求	满分	扣分标准	扣分原因	得分
1	设备摆放位置	摆放位置规范，连接导线不出现交叉	5	出现不规范，每项扣 2 分；该项最多扣 5 分，分数扣完为止		
2	设备、装置标注	对图中标准设备和被试设备应标注准确	5	标注不准确，每项扣 2 分；该项最多扣 5 分，分数扣完为止		
3	被检电流互感器一次绕组与标准电流互感器一次绕组串接	被检一次绕组与标准一次绕组的极性端对接	10	极性标错或不标，扣 10 分		
4	被检电流互感器二次绕组与标准电流互感器二次绕组正确对接	被检二次绕组和标准电流互感器极性端对接，正确连接校验仪	20	出现一次，扣 10 分；该项最多扣 20 分，分数扣完为止		
5	其他二次绕组	公用一次绕组的其他电流互感器二次绕组应短路接地	10	未短路或未接地，每次扣 5 分；该项最多扣 10 分，分数扣完为止		
6	负载连接	负载串接于二次计量绕组与误差测量装置之前	10	负载没有串接，扣 10 分		
7	电气连接线	正确连接设备	40	出现不正确，每项扣 5 分；该项最多扣 40 分，分数扣完为止		
	合计		100			

标准答案:

答题卡如图 Jc0005442004（b）所示。

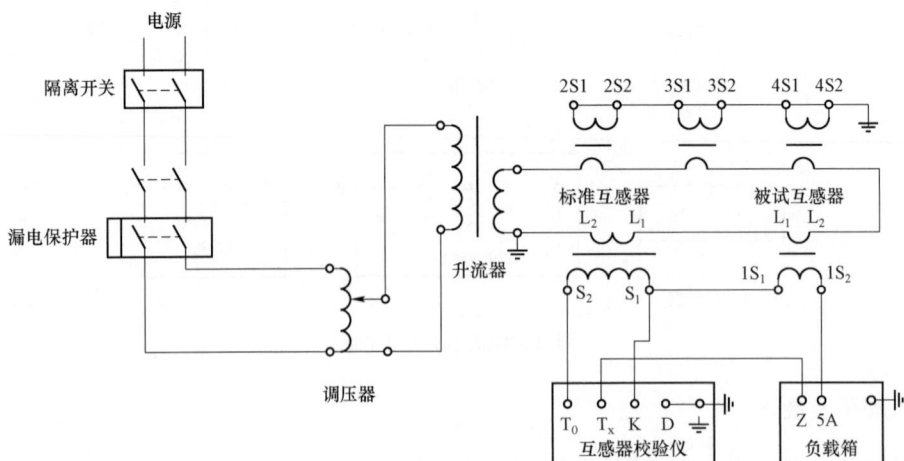

图 Jc0005442004（b）

Jc0008461005   检测三相四线电能计量装置电压二次回路压降。（100 分）

考核知识点: 电能计量装置接线

难易度: 易

技能等级评价专业技能考核操作工作任务书

一、任务名称

检测三相四线电能计量装置电压二次回路压降。

二、适用工种

电能表修校工中级工。

三、具体任务

在运行的高压三相四线电能计量装置上，用比较法检测三相四线电能计量装置电压二次回路压降，完成电压二次回路压降测试并填写记录。画出三相四线电能计量装置电压回路二次压降现场检测接线原理图（比较法）。

四、工作规范及要求

（1）带电操作应遵守安全规定，制定危险点预防和控制措施。

（2）着装符合要求，穿全棉长袖工作服、绝缘鞋，戴安全帽、棉线手套。

（3）测试时出现测量回路短路或接地、伪造测试数据、仪器仪表操作不当或跌落损坏情况，该操作项目不合格。

（4）鉴定时出现设备异常报警，参考人员可以提出设备检查申请。若判断为人员误操作原因，异常处理时间列入鉴定时间；若是设备故障，异常处理时间不列入鉴定时间。需要给出《二次压降原始记录》。

五、现场提供材料及工器具

（1）载波式互感器二次压降测试仪。

（2）三相四线电能计量模拟装置（电压互感器及其端子箱、电流互感器及其端子箱、电能表计量柜）。

（3）螺丝刀若干。

（4）万用表、验电笔、安全围栏、"在此工作！"标识牌。

六、考核及时间要求

本考核时间为 60 分钟，请按照任务要求完成操作和答题卡。

答题卡：

二 次 压 降 原 始 记 录

计量回路基本信息							
额定电压（V）		接线方式		额定负荷（VA）		额定功率因数	
所用测试设备：							
	名称		型号		编号		有效期
测试时条件：							
	温度		（℃）		相对湿度		（%）
TV 二次压降测试记录：							
相别		幅值差（%）		相位差（′）		电压降（%）	电压降修约值（%）
AO							
BO							
CO							
结论							

技能等级评价专业技能考核操作评分标准

工种	电能表修校工				评价等级	中级工
项目模块	现场检验			编号		Jc0008461005
单位			准考证号		姓名	
考试时限	60 分钟		题型	综合操作题	题分	100 分
成绩		考评员		考评组长		日期
试题正文	检测三相四线电能计量装置电压二次回路压降					
需要说明的问题和要求	（1）要求 1 人完成。 （2）操作时应注意安全，按照标准化作业指导书的技术安全说明做好安全措施。 （3）考评员应注意人员、设备情况，必要时制止违规行为					

续表

序号	项目名称	质量要求	满分	扣分标准	扣分原因	得分
1	准备工作					
1.1	着装	穿工作服、绝缘鞋，戴安全帽、棉线手套	2	工作服、绝缘鞋、安全帽穿戴不符合要求，每项扣1分； 带电作业时未戴棉线手套，扣2分； 该项最多扣2分，分数扣完为止		
1.2	仪器工具选用	（1）互感器二次压降测试仪。 （2）不同规格螺丝刀	3	由于未检查设备状况和功能而更换设备，扣3分； 借用工器具，每件扣1分，最多扣2分； 未检查互感器二次压降及负荷测试仪有效期，扣2分； 该项最多扣3分，分数扣完为止		
2	操作过程					
2.1	准备	（1）使用验电笔对电能表箱门、端子箱门验电。 （2）在工作地点设"在此工作！"标识牌。 （3）设置安全围栏，警示语朝外	5	未对电能表箱门、端子箱门分别验电，少一处扣2分； 未设"在此工作！"标识牌，扣1分； 未设置安全围栏或警示语未朝外，每处扣1分； 该项最多扣5分，分数扣完为止		
2.2	自校	对二次压降测试仪自校： （1）先接仪器端配线，再接TV二次端子，在电能表或端子箱一处分别接入主副二次压降测试仪。 （2）核相。 （3）在电压二次压降主界面选择正确的接线方式。 （4）检查二次压降测试仪显示电压是否一致，电压是否一样（口述是否一致）	20	未先接仪器端配线，再接TV二次端子和电能表端，扣5分； 未核相，扣5分； 未在电压二次压降主界面下测试压降值，扣5分； 未口述是否一致，扣5分		
2.3	电压二次回路压降测试	（1）将副二次压降测试仪接到TV二次端子，并进行核相。 （2）在电压二次压降主界面选择正确的接线方式	20	未将副二次压降测试仪接到TV二次端子，扣10分； 未核相，扣5分； 未在电压二次压降主界面下测试压降值，扣5分		
2.4	拆除检验仪接线	压降测试拆除次序为： 先拆除TV端子箱处和电能表表尾处接线，后拆除测试仪端接线	10	拆除接线方法不对，一次扣5分； 未关闭检验仪电源，一次扣5分		
2.5	清理现场	（1）拆除临时电源，检查现场是否有遗留物品。 （2）清点设备和工具，并清理现场，做到工完料净场地清	5	以检定人员报告工作完毕作为现场清理结束依据： 现场未清理，扣5分； 现场清理不彻底，扣3分		
3	质量评价					
3.1	画接线原理图	画出接线原理图	15	接线不正确扣15分； 接线不规范，扣（3～8）分； 该项最多扣15分，分数扣完为止		
3.2	测量数据	（1）规范填写计量回路基本信息。 （2）规范填写温、湿度。 （3）规范填写测试仪等设备型号、出厂编号等。 （4）规范填写测试数据	10	填写计量回路基本信息，少写一个扣0.5分； 温、湿度写错，每个扣0.5分； 测试仪型号、出厂编号等，每错一处扣0.5分； 测试数据填错，每个扣0.5分； 修约，每错一个扣1分，最多扣5.5分； 该项最多扣10分，分数扣完为止		
3.3	检验结论	判断是否合格	5	判断不准确，扣5分		
3.4	卷面	字迹清楚，涂改要用"/"划掉，并在旁边写上正确数据，并填上自己的名字，不做的点要用"/"划掉	5	涂改不规范，扣2分； 不做的没划掉，扣2分； 字迹不清，扣1分		
	合计		100			

标准答案：

三相四线电能计量装置电压回路二次压降现场检测接线原理如图 Jc0008461005 所示。

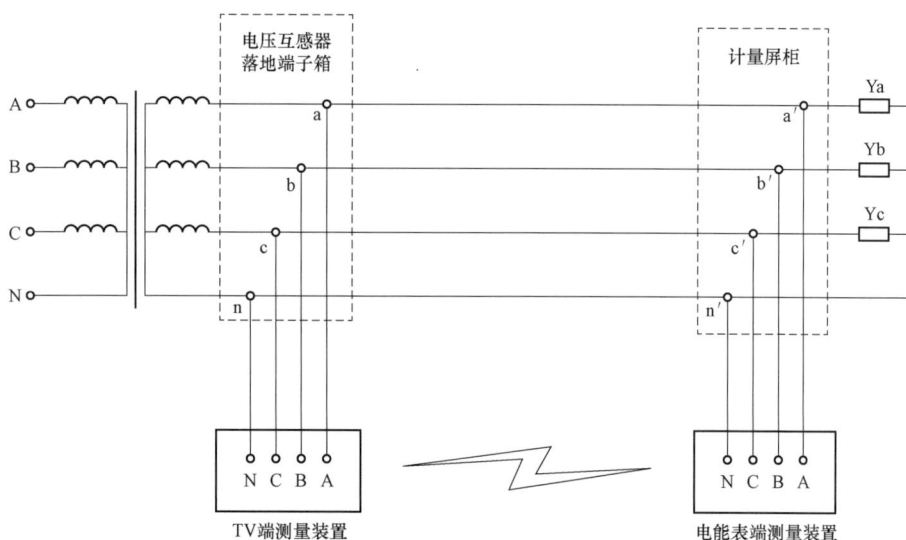

图 Jc0008461005

Jc0008461006 检测三相四线电能计量装置二次回路负载。（100分）

考核知识点： 电能计量装置接线

难易度： 易

技能等级评价专业技能考核操作工作任务书

一、任务名称

检测三相四线电能计量装置二次回路负载。

二、适用工种

电能表修校工中级工。

三、具体任务

在运行的高压三相四线电能计量装置上，完成电压互感器、电流互感器二次回路阻抗和导纳值的测量，并画出单相电流互感器二次负荷现场检测接线原理图。

四、工作规范及要求

（1）带电操作应遵守安全规定，制定危险点预防和控制措施。

（2）着装符合要求，穿全棉长袖工作服、绝缘鞋，戴安全帽、棉线手套。

（3）测试时出现测量回路短路或接地、伪造测试数据、仪器仪表操作不当或跌落损坏情况，该操作项目不合格。

（4）鉴定时出现设备异常报警，参考人员可以提出设备检查申请。若判断为人员误操作原因，异常处理时间列入鉴定时间；若是设备故障，异常处理时间不列入鉴定时间。需要给出《负荷测试原始记录》。

五、现场提供材料及工器具

（1）互感器二次负荷测试仪。

（2）三相四线电能计量模拟装置（电压互感器及其端子箱、电流互感器及其端子箱、电能表计量柜）。

（3）螺丝刀若干。

（4）万用表、验电笔、安全围栏、"在此工作！"标识牌。

六、考核及时间要求

本考核时间为 60 分钟，请按照任务要求完成操作和答题卡。

答题卡：

负 荷 测 试 原 始 记 录

计量回路基本信息								
电压回路	额定电压（V）		接线方式		额定负荷（VA）		额定功率因数	
电流回路	额定电流（A）							
所用测试设备								
名称		型号		编号			有效期	
测试时条件								
温度		（℃）		相对湿度			（%）	

TV 二次负荷测试记录

相别	电压（V）	电流（mA）	电导分量（mS）	电纳分量（mS）	功率因数	二次实际负荷（VA）	负荷修约值（VA）
A							
B							
C							
结论							

TA 二次负荷测试记录

相别	R	X	功率因数	二次负荷（VA）	负荷修约值（VA）
A					
B					
C					
结论					

技能等级评价专业技能考核操作评分标准

工种	电能表修校工				评价等级	中级工
项目模块	现场检验			编号		Jc0008461006
单位			准考证号		姓名	
考试时限	60 分钟		题型	综合操作题	题分	100 分
成绩		考评员		考评组长	日期	
试题正文	检测三相四线电能计量装置二次回路负载					
需要说明的问题和要求	（1）要求 1 人完成。 （2）操作时应注意安全，按照标准化作业指导书的技术安全说明做好安全措施。 （3）考评员应注意人员、设备情况，必要时制止违规行为					

续表

序号	项目名称	质量要求	满分	扣分标准	扣分原因	得分
1	准备工作					
1.1	着装	穿工作服、绝缘鞋，戴安全帽、棉线手套	2	工作服、绝缘鞋、安全帽穿戴不符合要求每项扣1分； 带电作业时未戴棉线手套，扣2分； 该项最多扣2分，分数扣完为止		
1.2	仪器工具选用	(1) 互感器二次负荷测试仪。 (2) 不同规格螺丝刀	3	由于未检查设备状况和功能而更换设备，扣3分； 借用工器具，每件扣1分，最多扣2分； 未检查二次负荷测试仪有效期，扣2分； 该项最多扣3分，分数扣完为止		
2	操作过程					
2.1	准备	(1) 使用验电笔对端子箱门验电。 (2) 在工作地点设"在此工作！"标识牌。 (3) 设置安全围栏，警示语朝外	5	未对端子箱门验电，扣3分； 未设"在此工作！"标识牌，扣1分； 未设置安全围栏或警示语未朝外，每处扣1分		
2.2	电流二次回路阻抗测试	(1) 逐一接入电压鳄鱼夹、电流钳。 (2) 测试时选择正确接线方式。 (3) 对于电流互感器二次负荷测试，测试时为保证准确度，测试电流互感器二次负荷时电流钳（测试仪配置）测点须在取样电压测点的前方（靠近互感器侧）	20	接入电压鳄鱼夹不正确，扣5分； 接入电流钳位置不正确，扣10分； 仪表选错接线方式，扣5分		
2.3	电压二次回路导纳测试	(1) 接入电压鳄鱼夹、电流钳。 (2) 测试时选择正确接线方式。 (3) 测试电压互感器二次负荷时，测试中应避免二次回路短路，电流钳（测试仪配置）测点须在取样电压测点的后方（远离互感器侧）	20	接入电压鳄鱼夹不正确，扣5分； 接入电流钳位置不正确，扣10分； 仪表选错接线方式，扣5分		
2.4	拆除检验仪接线	导纳测试拆除次序为： (1) 从回路上拆除电压鳄鱼夹、电流钳。 (2) 关闭检验仪电源	10	拆除接线方法不对，一次扣5分； 未关闭检验仪电源，一次扣5分		
2.5	清理现场	(1) 拆除临时电源，检查现场是否有遗留物品。 (2) 清点设备和工具，并清理现场，做到工完料净场地清	5	以检定人员报告工作完毕作为现场清理结束依据： 现场未清理，扣5分； 现场清理不彻底，扣3分； 该项最多扣10分，分数扣完为止		
3	质量评价					
3.1	画接线原理图	画出接线原理图	15	电流钳位置不正确，扣5分； 除电流钳外的接线错误，扣10分		
3.2	测量数据	(1) 规范填写被检品参数。 (2) 规范填写温、湿度。 (3) 规范填写测试仪等设备型号、出厂编号等。 (4) 规范填写测试数据	10	计量回路基本信息，每少写一个扣0.5分，最多扣2分； 温、湿度写错，每个0.5分； 测试仪型号、出厂编号等，每错一处扣0.5分； 测试数据填错，每个扣0.5分； 修约，每错一个扣1分，该项最多扣5.5分； 该项最多扣10分，分数扣完为止		
3.3	检验结论	判断是否合格	5	判断不准确，每个项目扣2.5分		
3.4	卷面	字迹清楚，涂改要用"/"划掉，并在旁边写上正确数据，并填上自己的名字，不做的点要用"/"划掉	5	涂改不规范，扣2分； 不做的没划掉，扣2分； 字迹不清，扣1分		
	合计		100			

标准答案：

单相电流互感器二次负荷现场检测接线原理如图 Jc0008461006 所示。

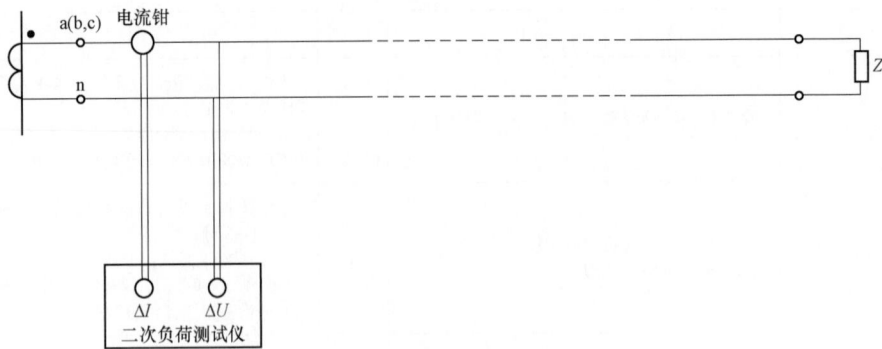

图 Jc0008461006

Jc0008461007　检测三相四线电压互感器二次回路导纳。（100 分）

考核知识点： 电能计量装置接线

难易度： 易

技能等级评价专业技能考核操作工作任务书

一、任务名称

检测三相四线电压互感器二次回路导纳。

二、适用工种

电能表修校工中级工。

三、具体任务

在运行的高压三相四线电能计量装置上，完成电压互感器二次回路导纳值的测量，并画出单相电压互感器二次负荷现场检测接线原理图。

四、工作规范及要求

（1）带电操作应遵守安全规定，制定危险点预防和控制措施。

（2）着装符合要求，穿全棉长袖工作服、绝缘鞋，戴安全帽、棉线手套。

（3）测试时出现测量回路短路或接地、伪造测试数据、仪器仪表操作不当或跌落损坏情况，该操作项目不合格。

（4）鉴定时出现设备异常报警，参考人员可以提出设备检查申请。若判断为人员误操作原因，异常处理时间列入鉴定时间；若是设备故障，异常处理时间不列入鉴定时间。需要给出《负荷测试原始记录》。

五、现场提供材料及工器具

（1）互感器二次负荷测试仪。

（2）三相四线电能计量模拟装置（电压互感器及其端子箱、电流互感器及其端子箱、电能表计量柜）。

（3）螺丝刀若干。

（4）万用表、验电笔、安全围栏、"在此工作！"标识牌。

六、考核及时间要求

本考核时间为 60 分钟。

答题卡：

负 荷 测 试 原 始 记 录

计量回路基本信息						
额定电压（V）		接线方式		额定负荷（VA）		额定功率因数	

所用测试设备		
名称	型号	编号

测试时条件				
温度	（℃）		相对湿度	（%）

TV 二次负荷测试记录

相别	电压（V）	电流（mA）	电导分量（mS）	电纳分量（mS）	功率因数	二次实际负荷（VA）	负荷修约值（VA）
A							
B							
C							
结论							

技能等级评价专业技能考核操作评分标准

工种	电能表修校工			评价等级	中级工
项目模块	现场检验		编号		Jc0008461007
单位		准考证号		姓名	
考试时限	60分钟	题型	综合操作题	题分	100分
成绩		考评员	考评组长	日期	
试题正文	检测三相四线电压互感器二次回路导纳				
需要说明的问题和要求	（1）要求1人完成。 （2）操作时应注意安全，按照标准化作业指导书的技术安全说明做好安全措施。 （3）考评员应注意人员、设备情况，必要时制止违规行为				

序号	项目名称	质量要求	满分	扣分标准	扣分原因	得分
1	准备工作					
1.1	着装	穿工作服、绝缘鞋，戴安全帽、棉线手套	2	工作服、绝缘鞋、安全帽穿戴不符合要求，每项扣1分； 带电作业时未戴棉线手套，扣2分； 该项最多扣2分，分数扣完为止		
1.2	仪器工具选用	（1）互感器二次负荷测试仪。 （2）不同规格螺丝刀	3	由于未检查设备状况和功能而更换设备，扣3分； 借用工器具，每件扣1分，最多扣2分； 未检查二次负荷测试仪有效期，扣2分； 该项最多扣3分，分数扣完为止		
2	操作过程					
2.1	准备	（1）使用验电笔对端子箱门验电。 （2）在工作地点设"在此工作！"标识牌。 （3）设置安全围栏，警示语朝外	10	未对端子箱门验电，扣6分； 未设"在此工作！"标识牌，扣2分； 未设置安全围栏或警示语未朝外，每处扣2分		

续表

序号	项目名称	质量要求	满分	扣分标准	扣分原因	得分
2.2	电压二次回路导纳测试	(1) 接入电压鳄鱼夹、电流钳。 (2) 测试时选择正确接线方式。 (3) 测试中应避免二次回路短路，电流钳（测试仪配置）测点须在取样电压测点的后方（远离互感器侧）	35	接入电压鳄鱼夹不正确，扣10分； 接入电流钳不正确，扣10分； 位置不正确，扣5分； 仪表选错接线方式，扣10分		
2.3	拆除检验仪接线	导纳测试拆除次序为： (1) 从回路上拆除电压鳄鱼夹、电流钳。 (2) 关闭检验仪电源。	10	拆除接线方法不对，一次扣5分； 未关闭检验仪电源，一次扣5分		
2.4	清理现场	(1) 拆除临时电源，检查现场是否有遗留物品。 (2) 清点设备和工具，并清理现场，做到工完料净场地清	5	以检定人员报告工作完毕作为现场清理结束依据。 现场未清理，扣5分； 现场清理不彻底，扣3分		
3	质量评价					
3.1	画接线原理图	画出接线原理图	15	电流钳位置不正确，扣5分； 除电流钳外的接线错误，扣10分		
3.2	测量数据	(1) 规范填写被检品参数。 (2) 规范填写温、湿度。 (3) 规范填写测试仪等设备型号、出厂编号等。 (4) 规范填写测试数据	10	计量回路基本信息，每少写一个扣0.5分，最多扣2分； 温、湿度写错，每个扣0.5分； 测试仪型号、出厂编号等，每错一处扣0.5分； 测试数据填错每个扣0.5分； 修约，每错一个扣1分，最多扣5.5分		
3.3	检验结论	判断是否合格	5	判断不准确，每个项目扣2.5分		
3.4	卷面	字迹清楚，涂改要用"/"划掉，并在旁边写上正确数据，并填上自己的名字，不做的点要用"/"划掉	5	涂改不规范，扣2分； 不做的点没划掉，扣2分； 字迹不清，扣1分		
	合计		100			

标准答案：

单相电压互感器二次负荷现场检测接线原理如图 Jc0008461007 所示。

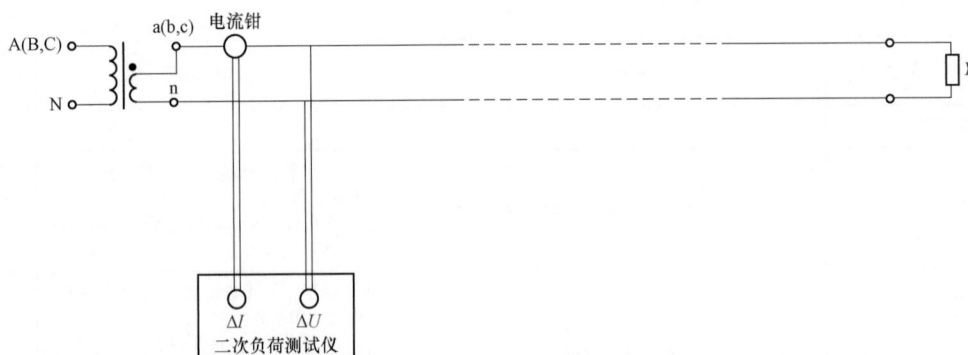

图 Jc0008461007

Jc0008461008 检测三相三线电流互感器二次回路阻抗。（100分）

考核知识点： 电能计量装置接线

难易度： 易

技能等级评价专业技能考核操作工作任务书

一、任务名称

检测三相三线电流互感器二次回路阻抗。

二、适用工种

电能表修校工中级工。

三、具体任务

在运行的高压三相三线电能计量装置上，完成电流互感器二次回路阻抗值的测量，并画出单相电流互感器二次负荷现场检测接线原理图。

四、工作规范及要求

（1）带电操作应遵守安全规定，制定危险点预防和控制措施。

（2）着装符合要求，穿全棉长袖工作服、绝缘鞋，戴安全帽、棉线手套。

（3）测试时出现测量回路短路或接地、伪造测试数据、仪器仪表操作不当或跌落损坏情况，该操作项目不合格。

（4）鉴定时出现设备异常报警，参考人员可以提出设备检查申请。若判断为人员误操作原因，异常处理时间列入鉴定时间；若是设备故障，异常处理时间不列入鉴定时间。需要给出《负荷测试原始记录》。

五、现场提供材料及工器具

（1）互感器二次负荷测试仪。

（2）三相三线电能计量模拟装置（电压互感器及其端子箱、电流互感器及其端子箱、电能表计量柜）。

（3）螺丝刀若干。

（4）万用表、验电笔、安全围栏、"在此工作！"标识牌。

六、考核及时间要求

本考核要求完成时间为 60 分钟。

答题卡：

负 荷 测 试 原 始 记 录

计量回路基本信息					
额定电流（A）		接线方式		额定负荷（VA）	额定功率因数
所用测试设备					
名称		型号		编号	有效期
测试时条件					
温度		（℃）	相对湿度		（%）
TA 二次负荷测试记录					
相别	R	X	功率因数	二次负荷（VA）	负荷修约值（VA）
AB					
CB					
结论					

技能等级评价专业技能考核操作评分标准

工种	电能表修校工		评价等级	中级工
项目模块	现场检验	编号		Jc0008461008
单位		准考证号	姓名	
考试时限	60分钟	题型	综合操作题	题分	100分

成绩		考评员		考评组长		日期	

试题正文	检测三相三线电流互感器二次回路阻抗

需要说明的问题和要求	（1）要求1人完成。 （2）操作时应注意安全，按照标准化作业指导书的技术安全说明做好安全措施。 （3）考评员应注意人员、设备情况，必要时制止违规行为

序号	项目名称	质量要求	满分	扣分标准	扣分原因	得分
1	准备工作					
1.1	着装	穿工作服、绝缘鞋，戴安全帽、棉线手套	2	工作服、绝缘鞋、安全帽穿戴不符合要求，每项扣1分； 带电作业时未戴棉线手套，扣2分； 该项最多扣2分，分数扣完为止		
1.2	仪器工具选用	（1）互感器二次负荷测试仪。 （2）不同规格螺丝刀	3	由于未检查设备状况和功能而更换设备，扣3分； 借用工器具，每件扣1分，最多扣2分； 未检查二次负荷测试仪有效期，扣2分； 该项最多扣3分，分数扣完为止		
2	操作过程					
2.1	准备	（1）使用验电笔对端子箱门验电。 （2）在工作地点设"在此工作！"标识牌。 （3）设置安全围栏，警示语朝外	10	未对端子箱门验电，扣6分； 未设"在此工作！"标识牌，扣2分； 未设置安全围栏或警示语未朝外，每处扣2分		
2.2	电流二次回路阻抗测试	（1）逐一接入电压鳄鱼夹、电流钳。 （2）测试时选择正确接线方式。 （3）对于电流互感器二次负荷测试，测试时为保证准确度，测试电流互感器二次负荷时电流钳（测试仪配置）测点须在取样电压测点的前方（靠近互感器侧）	35	接入电压鳄鱼夹不正确，扣10分； 接入电流钳不正确，扣10分； 位置不正确，扣5分； 仪表选错接线方式，扣10分		
2.3	拆除检验仪接线	测试拆除次序为： （1）从回路上拆除电压鳄鱼夹、电流钳。 （2）关闭检验仪电源	10	拆除接线方法不对，一次扣5分； 未关闭检验仪电源，一次扣5分		
2.4	清理现场	（1）拆除临时电源，检查现场是否有遗留物品。 （2）清点设备和工具，并清理现场，做到工完料净场地清	5	以检定人员报告工作完毕作为现场清理结束依据： 现场未清理，扣5分； 现场清理不彻底，扣3分		
3	质量评价					
3.1	画接线原理图	画出接线原理图	15	电流钳位置不正确，扣5分； 除电流钳外的接线错误，扣10分		
3.2	测量数据	（1）规范填写被检品参数。 （2）规范填写温、湿度。 （3）规范填写测试仪等设备型号、出厂编号等。 （4）规范填写测试数据	10	计量回路基本信息，每少写一个扣0.5分，最多扣2分； 温、湿度写错，每个扣0.5分； 测试仪型号、出厂编号等，每错一处扣0.5分； 测试数据填错，每个扣0.5分； 修约，每错一个扣1分，该项最多扣5.5分		

续表

序号	项目名称	质量要求	满分	扣分标准	扣分原因	得分
3.3	检验结论	判断是否合格	5	判断不准确，每个项目扣2.5分		
3.4	卷面	字迹清楚，涂改要用"/"划掉，并在旁边写上正确数据，并填上自己的名字，不做的点要用"/"划掉	5	涂改不规范，扣2分； 不做的点没划掉，扣2分； 字迹不清，扣1分		
	合计		100			

标准答案：

单相电流互感器二次负荷现场检测接线原理如图Jc0008461008所示。

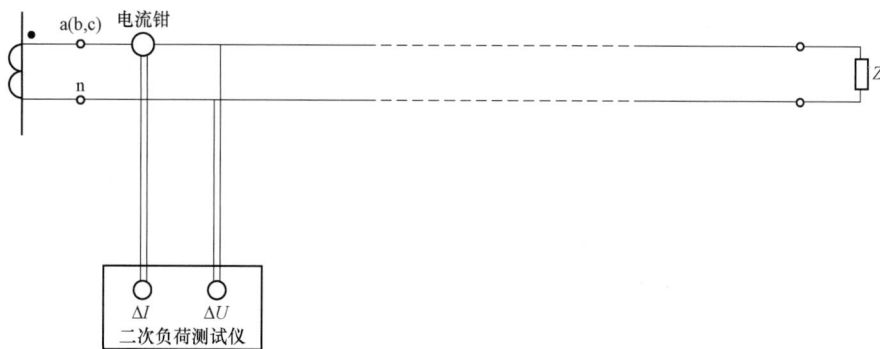

图 Jc0008461008

Jc0008442009 用标准表法现场检验1级直接接入式三相四线智能电能表。（100分）

考核知识点： 能正确使用现场校验仪检验1级直接接入式三相四线智能电能表，并正确填写现场检验记录

难易度： 中

技能等级评价专业技能考核操作工作任务书

一、任务名称

用标准表法现场检验1级直接接入式三相四线智能电能表。

二、适用工种

电能表修校工中级工。

三、具体任务

使用现场校验仪现场检验1只1级3×220/380V、3×5（60）A智能电能表，检查电能表运行状态并进行电能表校验。

四、工作规范及要求

用电能表模拟装置模拟现场运行的电能表，设置符合开展现场检验条件的电气参数。

（1）在提供的电能表接线模拟装置上操作，带电操作应遵守安全规定。

（2）使用现场校验仪，检查电能表运行状态并进行电能表校验。

五、现场提供材料及工器具

（1）电能表模拟装置。

（2）电能表现场检验仪。

（3）智能电能表［1 级 $3 \times 220/380V$、$3 \times 5（60）A$，给定检定条件：$3 \times 220V$、$3 \times 5A$、$\cos \varphi = 0.95$］。

（4）验电笔（器）。

（5）不同规格螺丝刀。

六、考核及时间要求

本考核时间为 60 分钟，请按照任务要求完成操作和答题卡。

答题卡：

电能计量装置现场检验原始记录

户名＿＿＿＿＿＿＿＿＿＿＿＿＿　　户号＿＿＿＿＿＿＿＿＿＿＿＿＿

客户地址＿＿＿＿＿＿＿＿＿＿＿＿＿＿＿＿＿＿＿＿＿＿＿＿＿＿＿＿＿

表号＿＿＿＿＿＿＿　制造厂＿＿＿＿＿＿＿　型号＿＿＿＿＿＿＿　相线＿＿＿＿＿＿＿

电压＿＿＿＿＿＿＿　电流＿＿＿＿＿＿＿　准确度＿＿＿＿＿＿＿　常数＿＿＿＿＿＿＿

检验依据＿＿＿＿＿＿　环境温度＿＿＿＿＿＿　湿度＿＿＿＿＿＿　检验日期＿＿＿＿＿＿

检验设备　　名称＿＿＿＿＿＿　型号＿＿＿＿＿＿　编号＿＿＿＿＿＿

一、检验项目及结果

1. 外观检查＿＿＿＿＿＿＿＿＿＿＿＿＿＿＿＿＿＿＿＿＿＿＿＿＿＿＿＿＿＿＿＿＿

2. 接线检查＿＿＿＿＿＿＿＿＿＿＿＿＿＿＿＿＿＿＿＿＿＿＿＿＿＿＿＿＿＿＿＿＿

3. 计量差错和不合理计量方式检查＿＿＿＿＿＿＿＿＿＿＿＿＿＿＿＿＿＿＿＿＿＿＿

4. 工作误差试验

电压（V）	电流（A）	相位角（°）	功率因数	有功/无功（W/var）	误差值（%）	修约后误差值
U_1：	I_1：	φ_1：			误差1：	
U_2：	I_2：	φ_2：			误差2：	
U_3：	I_3：	φ_3：			平均值：	

5. 计数器电能示值组合误差试验

电能示值（kWh）					显示小数位 α	修组合误差（kWh）
WD：	WD_1：	WD_2：	WD_3：	WD_4：		

6. 时钟示值偏差试验

当前标准时钟＿＿＿＿＿＿＿　当前电能表时钟＿＿＿＿＿＿＿　时钟时值偏差＿＿＿＿＿＿＿

7. 通信接口检查＿＿＿＿＿＿＿＿＿＿＿＿＿＿＿＿＿＿＿＿＿＿＿＿＿＿＿＿＿

8. 功能检查＿＿＿＿＿＿＿＿＿＿＿＿＿＿＿＿＿＿＿＿＿＿＿＿＿＿＿＿＿＿＿＿

二、检验结论：　□符合/□不符合所依据的检验规程

结论说明：＿＿＿＿＿＿＿＿＿＿＿＿＿＿＿＿＿＿＿＿＿＿＿＿＿＿＿＿＿＿＿

检验人员：　　　　　　　　　　　　核验人员：

技能等级评价专业技能考核操作评分标准

工种		电能表修校工			评价等级	中级工	
项目模块		现场检验		编号		Jc0008442009	
单位			准考证号			姓名	
考试时限	60 分钟		题型	综合操作题		题分	100 分
成绩		考评员		考评组长		日期	
试题正文	用标准表法现场检验 1 级直接接入式三相四线智能电能表						
需要说明的问题和要求	（1）要求 1 人完成。 （2）操作应注意安全，正确使用工器具。 （3）规范操作完成电能表现场检定，并规范填写现场检验记录						

序号	项目名称	质量要求	满分	扣分标准	扣分原因	得分
1	准备工作					
1.1	着装	穿工作服、绝缘胶鞋，戴安全帽、棉线手套	2	工作服、绝缘胶鞋、安全帽穿戴不符合要求，每项扣 1 分； 带电作业时未戴棉线手套，扣 2 分； 该项最多扣 2 分，分数扣完为止		
1.2	仪器工具选用	（1）电能表现场检验仪。 （2）不同规格螺丝刀。 （3）验电笔（器）	3	由于未检查设备状况和功能而更换设备，扣 3 分； 借用工器具，每件扣 1 分，最多扣 2 分； 未带验电笔（器）而借用，扣 2 分； 该项最多扣 3 分，分数扣完为止		
2	操作过程					
2.1	验电	（1）工作前先用验电笔（器）在电源验电，以检查验电笔良好。 （2）使用验电笔对柜体金属部分进行验电	5	验电前触摸到柜体金属部分，扣 5 分； 验电前未使用验电笔（器）对电源验电，扣 5 分； 戴手套验电，扣 5 分； 未对柜体金属部分进行验电，扣 3 分； 该项最多扣 5 分，分数扣完为止		
2.2	接线	（1）现场检验仪接线顺序：先开启现场检验仪电源，再依次接入电压试验线和电流试验线。 （2）检验仪的电流试验线，在防窃电联合接线盒处正确接入。 （3）打开防窃电联合接线盒电流连片时，用电能表检验仪进行监视。 （4）电压回路应接在被检电能表接线端钮盒相应电压端钮。 （5）现场检验仪通电预热 5 分钟以上	12	现场检验仪器接线未按规定顺序，扣 3 分； 检验仪的电流试验线，未在防窃电联合接线盒处接入，扣 2 分； 电流的方向接反，扣 3 分； 打开防窃电联合接线盒电流连片时，未用电能表检验仪进行监视，扣 3 分； 电压回路未接在被检电能表接线端钮盒相应电压端，扣 3 分； 现场检验仪未通电预热或通电时间不够，扣 3 分； 该项最多扣 12 分，分数扣完为止		
2.3	测量工作电压、电流及相位	用现场检验仪测量工作电压、电流及相位，判断三相电压是否平衡、相量图是否正常，否则应查明原因； 判断功率因数、负载电流是否满足开展现场检验的条件	15	电压等测量方法不对，扣 10 分； 三相电压不平衡度，超过 10% 又未查明原因，扣 6 分； 功率因数低于 0.5，负载电流低于被检电能表标定电流 10%，未在记录单中写明，每项扣 6 分； 没有检查接线正确性及不合理计量方式，扣 8 分； 该项最多扣 15 分，分数扣完为止		
2.4	检查电能表运行状态	（1）时钟（电能表时钟，时差小于 5 分钟时，应现场调整准确；时差大于 10 分钟时视为故障，应查明原因后再行决定是否调整）。 （2）电池。 （3）示值组合误差。 （4）通信接口	8	没有检查直接写入结果，扣 5 分； 每少做一项，扣 2 分； 该项最多扣 8 分，分数扣完为止		

续表

序号	项目名称	质量要求	满分	扣分标准	扣分原因	得分
2.5	检测电能表误差	（1）用现场检验仪测定电能表实负荷的基本误差。 （2）按检测情况填写"电能计量装置现场检验原始记录"。 （3）测量结果是否合格按规程进行判定	10	现场检验方法不对，扣10分； 设置参数不对，扣8分； 现场检验仪从表上或测量回路上取电源，扣5分； 测量结果未判定，扣10分； 该项最多扣10分，分数扣完为止		
2.6	拆除检验仪接线	（1）拆除检验仪电流接线，监视电能表检验仪显示的电流值从实测值逐渐减少到零。 （2）拆除检验仪电压接线，监视电能表检验仪显示的电压值从实测值全部变为0。 （3）关闭检验仪电源，整理试验接线	10	拆除检验仪电流接线，未监视电能表检验仪显示的电流值变化，扣5分； 拆除检验仪电压接线，未监视电能表检验仪显示的电压值变化，扣5分； 拆除顺序，不是按照先电流后电压，扣5分； 未及时关闭检验仪电源、整理试验接线，扣5分； 该项最多扣10分，分数扣完为止		
2.7	加封	清扫整理检验现场，对拆封部位加装封印	3	电能表、联合接线盒封印，每少加装一个或加装不规范（两个加封螺栓共用一根封线），扣2分； 该项最多扣3分，分数扣完为止		
2.8	清理现场	（1）拆除临时电源，检查现场是否有遗留物品。 （2）清点设备和工具，并清理现场，做到工完料净场地清	2	以检测人员报告工作完毕作为现场清理结束依据： 现场未清理，扣2分； 现场清理不彻底，扣1分		
3	质量评价					
3.1	校验设备和被检设备信息	正确记录用户和被检电能表信息	5	每少写一点，扣0.5分，最多扣5分		
3.2	抄见电量	正确抄录各电量	4	每写错一项，扣1分，最多扣4分		
3.3	常规检查记录	其他项检查，并记录正确	4	每少答一点，扣1分		
3.4	测量数据	（1）规范填写各相电压、电流、相角。 （2）规范填写温、湿度。 （3）规范填写现场校验仪（标准表）型号、出厂编号等。 （4）规范填写至少两次基本误差。 （5）误差要修约	10	各相电压、电流、功率因数，每少测一个扣1分，最多扣3分； 温、湿度写错，每个扣1分； 校验仪（标准表）型号、出厂编号，每错一处加1分，最多扣2分； 基本误差填错，每个扣1分，最多扣3分； 修约化整错误，一次扣1分，最多扣3分； 该项最多扣10分，分数扣完为止		
3.5	检验结论	判断是否合格	3	判断不准确，扣3分		
3.6	卷面	字迹清楚、无涂改	4	涂改1处，扣1分； 划改超过3处，每处作为涂改处理； 该项最多扣4分，分数扣完为止		
	合计		100			

Jc0008442010　用标准表法现场检验 1 级带电流互感器接入式智能电能表。（100 分）

考核知识点： 能正确使用现场校验仪检定 1 级带电流互感器接入式智能电能表，并正确填写现场检验记录

难易度： 中

技能等级评价专业技能考核操作工作任务书

一、任务名称

用标准表法现场检验 1 级带电流互感器接入式智能电能表。

二、适用工种

电能表修校工中级工。

三、具体任务

使用现场校验仪现场检验 1 只 1 级 3×220/380V、3×1.5（6）A 智能电能表，使用现场校验仪，检查电能表运行状态并进行电能表校验。

四、工作规范及要求

装置模拟被检电能表接线，设置符合开展现场检验条件的电气参数。

（1）在提供的电能表接线模拟装置上操作，带电操作应遵守安全规定。

（2）使用现场校验仪，检查电能表运行状态并进行电能表校验。

五、现场提供材料及工器具

（1）电能表模拟装置。

（2）电能表现场检验仪。

（3）智能电能表［1 级 3×220/380V、3×1.5（6）A，给定检定条件：3×220V、3×1.5A、$\cos\varphi = 0.95$ ］。

（4）验电笔（器）。

（5）不同规格螺丝刀。

六、考核及时间要求

本考核时间为 60 分钟，请按照任务要求完成操作和答题卡。

答题卡：

电能计量装置现场检验原始记录

户名＿＿＿＿＿＿＿＿＿＿＿＿＿　　户号＿＿＿＿＿＿＿＿＿＿＿＿＿

客户地址＿＿＿＿＿＿＿＿＿＿＿＿＿＿＿＿＿＿＿＿＿＿＿＿＿＿＿＿＿

表号＿＿＿＿＿＿　制造厂＿＿＿＿＿＿　型号＿＿＿＿＿＿　相线＿＿＿＿＿＿

电压＿＿＿＿＿＿　电流＿＿＿＿＿＿　准确度＿＿＿＿＿＿　常数＿＿＿＿＿＿

检验依据＿＿＿＿＿＿　环境温度＿＿＿＿＿＿　湿度＿＿＿＿＿＿　检验日期＿＿＿＿＿＿

检验设备　名称＿＿＿＿＿＿　型号＿＿＿＿＿＿　编号＿＿＿＿＿＿

一、检验项目及结果

1. 外观检查＿＿＿＿＿＿＿＿＿＿＿＿＿＿＿＿＿＿＿＿＿＿＿＿＿＿＿＿＿＿

2. 接线检查＿＿＿＿＿＿＿＿＿＿＿＿＿＿＿＿＿＿＿＿＿＿＿＿＿＿＿＿＿＿

3. 计量差错和不合理计量方式检查＿＿＿＿＿＿＿＿＿＿＿＿＿＿＿＿＿＿＿＿

4. 工作误差试验

电压（V）	电流（A）	相位角（°）	功率因数	有功/无功（W/var）	误差值（%）	修约后误差值
U_1:	I_1:	ψ_1:			误差 1：	
U_2:	I_2:	φ_2:			误差 2：	
U_3:	I_3:	φ_3:			平均值：	

5. 计数器电能示值组合误差试验

电能示值（kWh）					显示小数位α	修组合误差（kWh）
WD：	WD_1：	WD_2：	WD_3：	WD_4：		

6. 时钟示值偏差试验

当前标准时钟＿＿＿＿＿＿＿＿　当前电能表时钟＿＿＿＿＿＿＿＿　时钟时值偏差＿＿＿＿＿＿＿＿

7. 通信接口检查＿＿＿＿＿＿＿＿＿＿＿＿＿＿＿＿＿＿＿＿＿＿＿＿＿＿＿＿

8. 功能检查＿＿＿＿＿＿＿＿＿＿＿＿＿＿＿＿＿＿＿＿＿＿＿＿＿＿＿＿＿＿

二、检验结论：□符合/□不符合所依据的检验规程

结论说明：＿＿＿＿＿＿＿＿＿＿＿＿＿＿＿＿＿＿＿＿＿＿＿＿＿＿＿＿＿＿

检验人员：　　　　　　　　　　　　核验人员：

技能等级评价专业技能考核操作评分标准

工种	电能表修校工			评价等级	中级工
项目模块	现场检验		编号		Jc0008442010
单位		准考证号		姓名	
考试时限	60分钟	题型	综合操作题	题分	100分
成绩		考评员	考评组长	日期	

试题正文	用标准表法现场检验1级带电流互感器接入式智能电能表
需要说明的问题和要求	（1）要求1人完成。 （2）操作应注意安全，正确使用工器具。 （3）规范操作完成电能表现场检定，并规范填写现场检验记录

序号	项目名称	质量要求	满分	扣分标准	扣分原因	得分
1	准备工作					
1.1	着装	穿工作服、绝缘鞋，戴安全帽、棉线手套	2	工作服、绝缘鞋、安全帽穿戴不符合要求，每项扣1分； 带电作业时未戴棉线手套，扣2分； 该项最多扣2分，分数扣完为止		
1.2	仪器工具选用	（1）电能表现场检验仪。 （2）不同规格螺丝刀。 （3）验电笔（器）	3	由于未检查设备状况和功能而更换设备，扣3分； 借用工器具，每件扣1分，最多扣2分； 未带验电笔（器）而借用，扣2分； 该项最多扣3分，分数扣完为止		
2	操作过程					
2.1	验电	（1）工作前先用验电笔（器）在电源验电，以检查验电笔良好。 （2）使用验电笔对柜体金属部分进行验电	5	验电前触摸到柜体金属部分，扣5分； 验电前未使用验电笔（器）对电源验电，扣5分； 戴手套验电，扣5分； 未对柜体金属部分进行验电，扣3分； 该项最多扣5分，分数扣完为止		
2.2	接线	（1）现场检验仪接线顺序是：先开启现场检验仪电源，再依次接入电压试验线和电流试验线。 （2）检验仪的电流试验线，在防窃电联合接线盒处正确接入。 （3）打开防窃电联合接线盒电流连片时，用电能表检验仪进行监视。 （4）电压回路应接在被检电能表接线端钮盒相应电压端钮。 （5）现场检验仪通电预热5分钟以上	12	现场检验仪器接线未按规定顺序，扣3分； 检验仪的电流试验线，未在防窃电联合接线盒处接入，扣2分； 电流的方向接反，扣3分； 打开防窃电联合接线盒电流连片时，未用电能表检验仪进行监视，扣3分； 电压回路未接在被检电能表接线端钮盒相应电压端，扣3分； 现场检验仪未通电预热或通电时间不够，扣3分； 该项最多扣12分，分数扣完为止		
2.3	测量工作电压、电流及相位	用现场检验仪测量工作电压、电流及相位，判断三相电压是否平衡、相量图是否正常，否则应查明原因； 判断功率因数、负载电流是否满足开展现场检验的条件	15	电压等测量方法不对，扣10分； 三相电压不平衡度超过10%又未查明原因，扣6分； 功率因数低于0.5、负载电流低于被检电能表标定电流10%，未在记录单中写明不合格，每项扣6分； 没有检查接线正确性及不合理计量方式，扣8分； 该项最多扣15分，分数扣完为止		

续表

序号	项目名称	质量要求	满分	扣分标准	扣分原因	得分
2.4	检查电能表运行状态	（1）时钟（电能表时钟，时差小于 5 分钟时，应现场调整准确；时差大于 10 分钟时视为故障，应查明原因后再行决定是否调整）。 （2）电池。 （3）示值组合误差。 （4）通信接口	8	没有检查直接写入结果，扣 5 分； 每少做一项，扣 2 分； 该项最多扣 8 分，分数扣完为止		
2.5	检测电能表误差	（1）用现场检验仪实负荷测定电能表的基本误差。 （2）按检测情况填写"电能计量装置现场检验原始记录"。 （3）测量结果是否合格按规程进行判定	10	现场检验方法不对，扣 10 分； 设置参数不对，扣 8 分； 现场检验仪从表上或测量回路上取电源，扣 5 分； 测量结果未判定，扣 10 分； 该项最多扣 10 分，分数扣完为止		
2.6	拆除检验仪接线	（1）拆除检验仪电流接线，监视电能表检验仪显示的电流值从实测值逐渐减少到 0。 （2）拆除检验仪电压接线，监视电能表检验仪显示的电压值从实测值全部变为 0。 （3）关闭检验仪电源，整理试验接线	10	拆除检验仪电流接线，未监视电能表检验仪显示的电流值变化，扣 5 分； 拆除检验仪电压接线，未监视电能表检验仪显示的电压值变化，扣 5 分； 拆除顺序不是按照先电流后电压，扣 5 分； 未及时关闭检验仪电源、整理试验接线，扣 5 分； 该项最多扣 10 分，分数扣完为止		
2.7	加封	清扫整理检验现场，对拆封部位加装封印	3	电能表、联合接线盒封印每少加装一个或加装不规范（两个加封螺栓共用一根封线），扣 2 分； 该项最多扣 3 分，分数扣完为止		
2.8	清理现场	（1）拆除临时电源，检查现场是否有遗留物品。 （2）清点设备和工具，并清理现场，做到工完料净场地清	2	以检测人员报告工作完毕作为现场清理结束依据： 现场未清理，扣 2 分； 现场清理不彻底，扣 1 分		
3	质量评价					
3.1	校验设备和被检设备信息	正确记录用户和被检电能表信息	5	每少写一点，扣 0.5 分，最多扣 3 分		
3.2	抄见电量	正确抄录各电量	4	每写错一项，扣 1 分，最多扣 4 分		
3.3	常规检查记录	其他项检查，并记录正确	4	每少答一点，扣 1 分		
3.4	测量数据	（1）规范填写各相电压、电流、相角。 （2）规范填写温、湿度。 （3）规范填写现场校验仪（标准表）型号、出厂编号等。 （4）规范填写至少两次基本误差。 （5）误差要修约	10	各相电压、电流、功率因数，每少测一个扣 1 分，最多扣 3 分； 温、湿度写错，每个扣 1 分； 校验仪（标准表）型号、出厂编号，每错一处扣 1 分，最多扣 2 分； 基本误差填错，每个扣 1 分，最多扣 3 分； 修约化整错误，一次扣 1 分，最多扣 3 分； 该项最多扣 10 分，分数扣完为止		
3.5	检验结论	判断是否合格	3	判断不准确，扣 3 分		
3.6	卷面	字迹清楚、无涂改	4	涂改 1 处，扣 1 分； 划改超过 3 处，每处作为涂改处理； 该项最多扣 4 分，分数扣完为止		
	合计		100			

Jc0008442011-1　经互感器高压三相三线制电能计量装置接线分析。（100 分）

考核知识点：经互感器高压三相三线制电能计量装置接线分析

难易度：中

技能等级评价专业技能考核操作工作任务书

一、任务名称

经互感器高压三相三线制电能计量装置接线分析。

二、适用工种

电能表修校工中级工。

三、具体任务

使用相位伏安表完成指定经互感器高压三相三线制电能计量装置相关参数的测量并分析接线形式。

四、工作规范及要求

（1）着装符合要求，穿全棉长袖工作服、绝缘鞋，戴安全帽、棉线手套。

（2）携带自备工具（钢笔或中性笔、计算器、三角尺）进入现场，待考评员宣布许可工作命令后开始工作并计时。

（3）打开计量柜（箱）门之前必须对柜（箱）体验电，现场操作严格执行《国家电网有限公司营销现场作业安全工作规程（试行）》。

（4）正确使用相位伏安表。

（5）工作结束清理现场，并向监考员报告。

五、现场提供材料及工器具

验电笔、相位伏安表、螺丝刀、电能计量模拟装置（装置设置为：① 相电压、相电流分别为100.0V、1.5A；② 表尾电压接线为cab，电流接线为ca，功率因数角为15°）。

六、考核及时间要求

本考核时间为60分钟，请按照任务要求完成操作和答题卡。

答题卡：

一、电能表基本信息（有功）

型号		准确度等级		出厂编号	
规格		V；A		制造厂家	

二、实测数据

线电压	$U_{12}=$	$U_{32}=$	$U_{31}=$	电压相序
对地电压	$U_{1n}=$	$U_{2n}=$	$U_{3n}=$	四、错误接线形式（下标用a、b、c表示）
电流	$I_1=$		$I_3=$	第一元件：
相位差	$\dot{U}_{12}\,{}^{\wedge}\,\dot{U}_{32}=$	$\dot{U}_{12}\,{}^{\wedge}\,\dot{I}_1=$	$\dot{U}_{32}\,{}^{\wedge}\,\dot{I}_3=$	第二元件：

三、错误接线相量图

五、错误接线示意图

技能等级评价专业技能考核操作评分标准

工种	电能表修校工			评价等级	中级工
项目模块	现场检验		编号		Jc0008442011－1
单位		准考证号		姓名	
考试时限	60分钟	题型	单项操作	题分	100分
成绩		考评员	考评组长	日期	

试题正文	经互感器高压三相三线制电能计量装置接线分析
需要说明的问题和要求	（1）要求1人操作。 （2）操作应注意安全，按照标准化作业书的技术安全说明做好安全措施

序号	项目名称	质量要求	满分	扣分标准	扣分原因	得分
1	工具使用及安全措施					
1.1	相关安全措施的准备	安全帽、工作服、绝缘鞋、手套、验电笔	5	准备不齐全或着装不规范，每项扣1分		
1.2	各种工器具正确使用	正确使用验电笔；熟练、正确使用相位伏安表	5	未验电扣2分； 验电方法不当，扣1分； 工器具掉落，每次扣1分； 相位伏安表使用不当，每次扣1分； 测量过程摘手套，扣2分； 带电测量时相位伏安表挡位错误，每次扣2分； 测量完毕后再次申请测量，扣5分； 该项最多扣5分，分数扣完为止		
2	相关参数测量					
2.1	数据测量	正确填写电能表基本信息	5	电能表基本信息填写不正确，每处扣1分		
		正确记录实测数据并判断电压相序	20	测量数据不正确，每项扣1分； 无单位，每处扣0.5分，最多扣2分； 相序判断不正确，扣4分； 该项最多扣25分，分数扣完为止		
3	绘制错误接线图及相量图					
3.1	错误接线相量图	正确绘制错误接线相量图	20	电压、电流相量标记错误，每项扣2分； 无相量符号扣1分； 相量角度偏差超过15°，每项扣2分； 未标记功率因数角，每项扣2分； 该项最多扣20分，分数扣完为止		
3.2	错误接线形式	正确判断错误接线形式	15	错误接线形式判断不正确，每项扣2分； 该项最多扣15分，分数扣完为止		
3.3	错误接线示意图	正确绘制错误接线示意图	20	电压、电流回路接线不正确，每处扣2分； 零线接线不正确，扣2分； 未标注同名端，扣2分； 该项最多扣20分，分数扣完为止		
4	现场恢复	恢复现场	10	未进行现场恢复，扣10分		
5	作业时限			40分钟内完成，不扣分； 40分钟～45分钟内完成，扣2分； 45分钟～50分钟内完成，扣5分； 超过50分钟，结束操作，收取记录表，扣10分		
	合计		100			

标准答案:

答案卡见表 Jc0008442011-1。

表 Jc0008442011-1

<table>
<tr><td colspan="6" align="center">一、电能表基本信息(有功)</td></tr>
<tr><td>型号</td><td></td><td>准确度等级</td><td></td><td>出厂编号</td><td></td></tr>
<tr><td>规格</td><td colspan="2">V；A</td><td>制造厂家</td><td></td><td></td></tr>
<tr><td colspan="6" align="center">二、实测数据</td></tr>
<tr><td>线电压</td><td>$U_{12}=100.0$V</td><td>$U_{32}=100.0$V</td><td colspan="2">$U_{31}=100.0$V</td><td>电压相序：cab</td></tr>
<tr><td>对地电压</td><td>$U_{1n}=99.6$V</td><td>$U_{2n}=99.7$V</td><td colspan="2">$U_{3n}=0.3$V</td><td>四、错误接线形式(下标用a、b、c表示)</td></tr>
<tr><td>电流</td><td colspan="2">$I_1=1.5$A</td><td colspan="2">$I_3=1.5$A</td><td>第一元件：$\dot{U}_{ca}$，$\dot{I}_c$</td></tr>
<tr><td>相位差</td><td>$\dot{U}_{12}\hat{}\dot{U}_{32}=300°$</td><td>$\dot{U}_{12}\hat{}\dot{I}_1=45°$</td><td colspan="2">$\dot{U}_{32}\hat{}\dot{I}_3=225°$</td><td>第二元件：$\dot{U}_{ba}$，$\dot{I}_a$</td></tr>
</table>

三、错误接线相量图   五、错误接线示意图

Jc0008442011-2　经互感器高压三相三线制电能计量装置接线分析。(100分)

考核知识点: 经互感器高压三相三线制电能计量装置接线分析

难易度: 中

技能等级评价专业技能考核操作工作任务书

一、任务名称

经互感器高压三相三线制电能计量装置接线分析。

二、适用工种

电能表修校工中级工。

三、具体任务

使用相位伏安表完成指定经互感器高压三相三线制电能计量装置相关参数的测量并分析接线形式。

四、工作规范及要求

(1)着装符合要求、穿全棉长袖工作服、绝缘鞋，戴安全帽、棉线手套。

(2)携带自备工具(钢笔或中性笔、计算器、三角尺)进入现场，待考评员宣布许可工作命令后开始工作并计时。

(3)打开计量柜(箱)门之前必须对柜(箱)体验电，现场操作严格执行《国家电网有限公司营销现场作业安全工作规程(试行)》。

(4)正确使用相位伏安表。

(5)工作结束清理现场，并向监考员报告。

五、现场提供材料及工器具

验电笔、相位伏安表、螺丝刀、电能计量模拟装置（装置设置为：① 相电压、相电流分别为 100.0V、1.5A；② 表尾电压接线为 acb，电流接线为 ca，功率因数角为 15°）。

六、考核及时间要求

本考核时间为 60 分钟，请按照任务要求完成操作和答题卡。

答题卡：

一、电能表基本信息（有功）

型号		准确度等级		出厂编号	
规格		V；A		制造厂家	

二、实测数据

线电压	$U_{12}=$	$U_{32}=$	$U_{31}=$
对地电压	$U_{1n}=$	$U_{2n}=$	$U_{3n}=$
电流	$I_1=$		$I_3=$
相位差	$\dot{U}_{12}\hat{}\dot{U}_{32}=$	$\dot{U}_{12}\hat{}\dot{I}_1=$	$\dot{U}_{32}\hat{}\dot{I}_3=$

四、错误接线形式（下标用 a、b、c 表示）

第一元件：

第二元件：

三、错误接线相量图

五、错误接线示意图

技能等级评价专业技能考核操作评分标准

工种	电能表修校工			评价等级	中级工
项目模块	现场检验		编号		Jc0008442011－2
单位		准考证号		姓名	
考试时限	60分钟	题型	单项操作	题分	100分
成绩		考评员		考评组长	日期
试题正文	经互感器高压三相三线制电能计量装置接线分析				
需要说明的问题和要求	（1）要求1人操作。 （2）操作应注意安全，按照标准化作业书的技术安全说明做好安全措施				

续表

序号	项目名称	质量要求	满分	扣分标准	扣分原因	得分
1	工具使用及安全措施					
1.1	相关安全措施的准备	安全帽、工作服、绝缘鞋、手套、验电笔	5	准备不齐全或着装不规范，每项扣1分		
1.2	各种工器具正确使用	正确使用验电笔；熟练、正确使用相位伏安表	5	未验电，扣2分；验电方法不当，扣1分；工器具掉落，每次扣1分；相位伏安表使用不当，每次扣1分；测量过程摘手套，扣2分；带电测量时相位伏安表挡位错误，每次扣2分；测量完毕后再次申请测量，扣5分；该项最多扣5分，分数扣完为止		
2	相关参数测量					
2.1	数据测量	正确填写电能表基本信息	5	电能表基本信息填写不正确，每处扣1分		
		正确记录实测数据并判断电压相序	20	测量数据不正确，每项扣1分；无单位，每处扣0.5分，最多扣2分；相序判断不正确，扣4分；该项最多扣25分，分数扣完为止		
3	绘制错误接线图及相量图					
3.1	错误接线相量图	正确绘制错误接线相量图	20	电压、电流相量标记错误，每项扣2分；无相量符号，扣1分；相量角度偏差超过15°，每项扣2分；未标记功率因数角，每项扣2分；该项最多扣20分，分数扣完为止		
3.2	错误接线形式	正确判断错误接线形式	15	错误接线形式判断不正确，每项扣2分		
3.3	错误接线示意图	正确绘制错误接线示意图	20	电压、电流回路接线不正确，每处扣2分；零线接线不正确，扣2分；未标注同名端，扣2分；该项最多扣20分，分数扣完为止		
4	现场恢复	恢复现场	10	未进行现场恢复，扣10分		
5	作业时限			40分钟内完成，不扣分；40分钟~45分钟内完成，扣2分；45分钟~50分钟内完成，扣5分；超过50分钟，结束操作，收取记录表，扣10分		
	合计		100			

标准答案：

答案卡见表 Jc0008442011－2。

表 Jc0008442011－2

一、电能表基本信息（有功）						
型号		准确度等级		出厂编号		
规格		V；A		制造厂家		
二、实测数据						
线电压	$U_{12}=100.0\text{V}$	$U_{32}=100.0\text{V}$	$U_{31}=100.0\text{V}$	电压相序：acb		
对地电压	$U_{1n}=99.8\text{V}$	$U_{2n}=99.5\text{V}$	$U_{3n}=0.3\text{V}$	四、错误接线形式（下标用a、b、c表示）		
电流	$I_1=1.5\text{A}$		$I_3=1.5\text{A}$	第一元件：$\dot{U}_{ac}$，$\dot{I}_c$		
相位差	$\dot{U}_{12}\hat{\ }\dot{U}_{32}=60°$	$\dot{U}_{12}\hat{\ }\dot{I}_1=225°$	$\dot{U}_{32}\hat{\ }\dot{I}_3=285°$	第二元件：$\dot{U}_{bc}$，$\dot{I}_a$		

三、错误接线相量图	五、错误接线示意图
	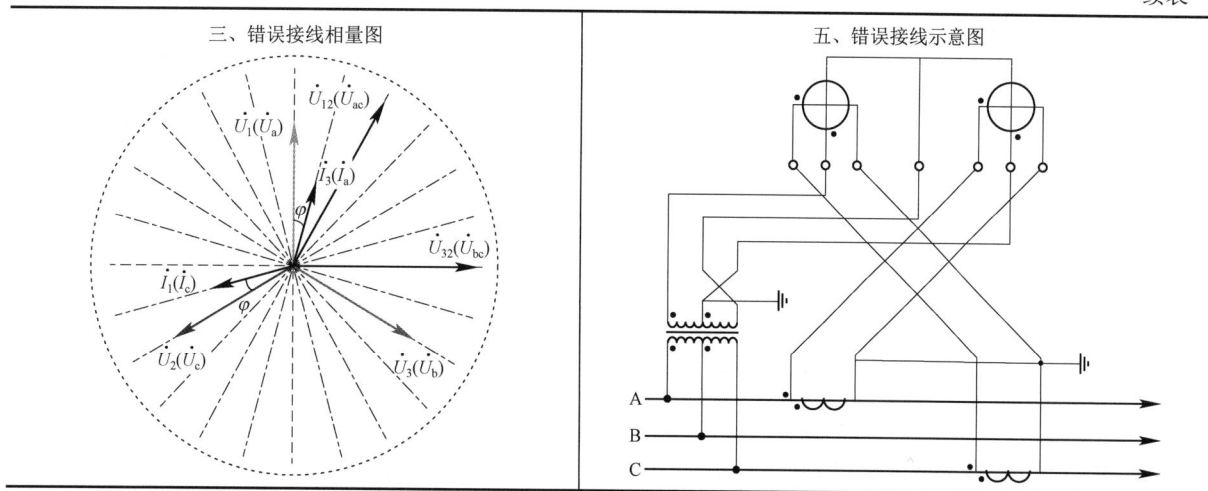

Jc0008441013　35kV 高压计量装置投运前检查验收。（100 分）

考核知识点：计量装置投运前检查验收

难易度：易

技能等级评价专业技能考核操作工作任务书

一、任务名称

35kV 高压计量装置投运前检查验收。

二、适用工种

电能表修校工中级工。

三、具体任务

现场验收某 35kV 贸易结算用户，其安装的三相三线智能电能表有功准确度等级为 1.0 级，无功准确度等级为 2.0 级，电流和电压互感器等级均为 0.5 级。该用户为几类用户？安装的计量装置是否满足 DL/T 448—2016《电能计量装置技术管理规程》要求？如不满足，请给出正确配置。

四、工作规范及要求

（1）根据 DL/T 448—2016《电能计量装置技术管理规程》编制验收项。

（2）时间到应立即停止答题。

（3）考生不得询问与考试内容无关的问题，考评员不得提示与考试有关的内容。

五、现场提供材料及工器具

无。

六、考核及时间要求

本考核时间 20 分钟，请按照任务要求完成操作和答题卡。

技能等级评价专业技能考核操作评分标准

工种	电能表修校工			评价等级	中级工
项目模块	电能计量		编号		Jc0008441013
单位		准考证号		姓名	
考试时限	20 分钟	题型	单项操作	题分	100 分

成绩		考评员		考评组长		日期	

试题正文	35kV 高压计量装置投运前检查验收

需要说明的问题和要求	（1）要求 1 人完成。 （2）内容完整准确

序号	项目名称	质量要求	满分	扣分标准	扣分原因	得分
1	判断用户计量装置分类	用户计量装置分类为Ⅲ类（或该用户为Ⅲ类用户）	10	判断错误，扣 10 分		
2	判断电能表准确度是否满足要求	电能表有功准确度等级不能低于 0.5S（0.5S 和 0.2S），无功准确度等级为 2.0	30	有功、无功判断错，1 个扣 20 分； 有功判断正确但给出的有功准确度等级不为 0.5S 或 0.2S，扣 10 分		
3	判断电流互感器准确度是否满足要求	电流互感器准确度等级不低于 0.5S（0.5S 或 0.2S）	30	判断错误，扣 30 分； 判断正确但给出的准确度等级不为 0.5S 或 0.2S，扣 15 分		
4	判断电压互感器准确度是否满足要求	电压互感器准确度等级不低于 0.5（0.5 或 0.2）	30	判断错误，扣 30 分		
	合计		100			

Jc0008441014　10kV 电能计量装置投运前检查验收。（100 分）

考核知识点： 计量装置投运前检查验收

难易度： 易

技能等级评价专业技能考核操作工作任务书

一、任务名称

10kV 电能计量装置投运前检查验收。

二、适用工种

电能表修校工中级工。

三、具体任务

现场验收某 10kV 贸易结算用户，其配置的电能表有功准确度等级为 1.0 级。电能计量装置配置是否符合 DL/T 448—2006《电能计量装置技术管理规程》要求？如不满足，请给出正确配置。

四、工作规范及要求

（1）独立完成。

（2）时间到应立即停止答题。

（3）考生不得询问与考试内容无关的问题，考评员不得提示与考试有关的内容。

五、现场提供材料及工器具

无。

六、考核及时间要求

本考核时间为 20 分钟，要求内容正确，文字清晰。

技能等级评价专业技能考核操作评分标准

工种	电能表修校工			评价等级	中级工
项目模块	电能计量		编号	Jc0008441014	
单位		准考证号		姓名	
考试时限	20分钟	题型	单项操作	题分	100分
成绩		考评员	考评组长	日期	

试题正文	10kV电能计量装置投运前检查验收

需要说明的问题和要求	（1）要求1人完成。 （2）内容完整准确

序号	项目名称	质量要求	满分	扣分标准	扣分原因	得分
1	判断电能计量装置配置是否满足要求	用户计量装置配置不符合《电能计量装置技术管理规程》要求	30	判断错误，扣30分		
2	给出正确配置	该用户为Ⅲ类用户，应配置有功准确度等级为0.5S级或以上的电能表	70	内容错误，扣70分		
	合计		100			

第三部分
高级工

第五章　电能表修校工高级工技能笔答

Jb0001331001　工作票签发人的安全责任有哪些？（5分）

考核知识点： 工作票签发人的安全责任

难易度： 易

标准答案：

（1）确认工作必要性和安全性。

（2）确认工作票上所列安全措施正确完备。

（3）确认所派工作负责人和工作班成员适当、充足。

Jb0001332002　现场勘察的内容包含哪些？（5分）

考核知识点： 营销现场作业现场勘察内容

难易度： 中

标准答案：

现场勘察应查看现场作业需要停电的范围、保留的带电部位、装设接地线的位置、邻近线路、多电源、自备电源、地下管线设施和作业现场的条件、环境及其他影响作业的危险点，并提出针对性的安全措施和注意事项。

Jb0001332003　在原工作票的停电及安全措施范围内增加工作任务时，应注意什么？（5分）

考核知识点： 原工作票范围外的工作任务注意事项

难易度： 中

标准答案：

在原工作票的停电及安全措施范围内增加工作任务时，应由工作负责人征得工作票签发人和工作许可人同意，并在工作票上增填工作项目。若需变更或增设安全措施，应填用新的工作票，并重新履行签发、许可手续。

Jb0001332004　什么情况下需要办理工作票延期手续？（5分）

考核知识点： 办理工作票延期手续的情况

难易度： 中

标准答案：

办理工作票延期手续，应在工作票的有效期内，由工作负责人向工作许可人（运维负责人）提出申请，得到同意后给予办理；不需要办理许可手续的配电第二种工作票，由工作负责人向工作票签发人提出申请，得到同意后给予办理。

Jb0001332005　工作负责人的安全责任有哪些？（5分）

考核知识点： 工作负责人的安全责任

难易度： 中

标准答案：

（1）正确组织工作。

（2）检查工作票所列安全措施是否正确完备，是否符合现场实际条件，必要时予以补充完善。

（3）工作前，对工作班成员进行工作任务、安全措施交底和危险点告知，并确认每个工作班成员都已签名。

（4）组织执行工作票所列由其负责的安全措施（含客户所做安全措施）。

（5）监督工作班成员遵守工作规程、正确使用劳动防护用品和安全器具以及执行现场安全措施。

（6）关注工作班成员身体状况和精神状态是否出现异常迹象，人员变动是否合适。

Jb0001332006 专责监护人的安全责任有哪些？（5分）

考核知识点： 专责监护人的安全责任

难易度： 中

标准答案：

（1）明确被监护人员和监护范围。

（2）工作前，对被监护人员交代监护范围内的安全措施，告知危险点和安全注意事项。

（3）监督被监护人员遵守工作规程和执行现场安全措施，及时纠正被监护人员的不安全行为。

Jb0001333007 同一个工作日，如何填用临时性增加符合现场作业卡？（5分）

考核知识点： 填用临时性增加符合现场作业卡

难易度： 难

标准答案：

对于同一个工作日，临时性增加的符合填用现场作业工作卡的工作，可由工作负责人在现场作业工作卡中增列工作记录，记录内容应包含工作地点、工作指派人、派工时间、现场作业类型、工作现场风险点分析、安全措施（注意事项）及完成情况等内容。

Jb0001332008 许可开始工作的命令，应通谁？可采用哪些通知方法？（5分）

考核知识点： 许可开始工作可采用的方法

难易度： 中

标准答案：

许可开始工作的命令，应通知工作负责人。其方法可采用：

（1）当面许可。工作许可人和工作负责人应在工作票上记录许可时间，并分别签名。采用电子化工作票的，应在电子化工作票上履行电子化许可手续。

（2）电话许可。工作所需安全措施可由工作人员自行布置，工作许可人和工作负责人应分别记录许可时间和双方姓名，复诵核对无误，并录音。工作结束后应汇报工作许可人。

Jb0001332009 工作期间，专责监护人若离开工作现场时如何办理手续？（5分）

考核知识点： 专责监护人离开工作现场需办理的手续

难易度： 中

标准答案：

专责监护人不得兼做其他工作。专责监护人临时离开工作现场时，应通知被监护人员停止工作或离开工作现场，待专责监护人回来后方可恢复工作。专责监护人需长时间离开工作现场时，应由工作负责人变更专责监护人，履行变更手续，并告知全体被监护人员。

Jb0001332010 工作期间，工作负责人若离开工作现场时，如何办理手续？（5分）

考核知识点：工作负责人离开工作现场需办理的手续

难易度：中

标准答案：

（1）工作期间，工作负责人若需暂时离开工作现场，应指定能胜任的人员临时代替，离开前应将工作现场交代清楚，并告知全体工作班成员。原工作负责人返回工作现场时，也应履行同样的交接手续。

（2）工作负责人若需长时间离开工作现场时，应由原工作票签发人变更工作负责人，履行变更手续，并告知全体工作班成员及所有工作许可人。原、现工作负责人应履行必要的交接手续，并在工作票上签名确认。

Jb0001332011 工作负责人办理工作终结手续前，应开展哪些工作？（5分）

考核知识点：工作负责人办理工作终结手续前开展的工作

难易度：中

标准答案：

工作完工后，应清扫整理现场，工作负责人（包括小组负责人）应检查工作地段的状况，确认工作的电气设备及其他辅助设备上没有遗留个人保安线和其他工具、材料，查明全部工作人员确由设备上撤离后，再命令拆除由工作班自行装设的接地线等安全措施。接地线拆除后，任何人不得再在设备上工作。

Jb0001332012 对于需要停电的现场作业，断开电源并验电的主要作业内容有哪些？（5分）

考核知识点：断开电源并验电的主要作业内容

难易度：中

标准答案：

（1）核对作业间隔。

（2）使用验电笔（器）对计量柜（箱）金属裸露部分进行验电。

（3）确认电源进、出线方向，断开进、出线开关，且能观察到明显断开点。

（4）使用验电笔（器）再次进行验电，确认停电设备进出线等部位均无电压后，装设接地线。

Jb0002332013 什么是社会公用计量标准？（5分）

考核知识点：社会公用计量标准的定义

难易度：中

标准答案：

社会公用计量标准对社会上实施计量监督具有公认作用。县级以上地方人民政府计量行政部门建立的本行政区域内最高等级的社会公用计量标准，须向上一级人民政府计量行政部门申请考核；其他等级的，由当地人民政府计量行政部门主持考核。

经考核符合《计量法实施细则》规定条件并取得考核合格证的，由当地县级以上人民政府计量行政部门审批颁发社会公用计量标准证书后，方可使用。

Jb0002332014 实施计量检定应遵循哪些原则？（5分）

考核知识点：计量检定应遵循的原则

难易度：中

标准答案：

（1）计量检定活动必须受国家计量法律、法规和规章的约束，按照经济合理的原则，就地就近进行。

（2）从计量基准到各级计量标准直到工作计量器具的检定程序，必须按照国家计量检定系统表的要求进行。

（3）对计量器具的计量性能、检定项目、检定条件、检定方法、检定周期以及检定数据的处理等，必须执行计量检定规程。

（4）检定结果必须做出合格与否的结论，并出具证书或加盖印记。

（5）从事检定的工作人员必须是经考核合格，并持有有关计量行政部门颁发的检定员证。

Jb0003331015　什么是校准？（5分）

考核知识点：校准的定义

难易度：易

标准答案：

校准是在规定条件下的一组操作，其第一步是确定由测量标准提供的量值与相应示值之间的关系，第二步是用该信息确定测量示值获得测量结果的关系，这里测量标准提供的量值与相应示值都具有测量不确定度。

Jb0003331016　什么是检测？（5分）

考核知识点：检测的定义

难易度：易

标准答案：

检测是对给定产品，按照规定程序确定某一种或多种特性、进行处理或提供服务所组成的技术操作。

Jb0003332017　测量误差的来源主要有哪些？（5分）

考核知识点：测量误差的来源

难易度：中

标准答案：

（1）测量设备的误差。

（2）测量环境带来的误差。

（3）测量人员带来的误差。

（4）测量方法带来的误差。

（5）被测对象的误差。

Jb0003331018　什么是附加误差？（5分）

考核知识点：附加误差的定义

难易度：易

标准答案：

附加误差是指计量器具在超出标准条件时所增加的误差。

Jb0003332019　对含有粗差的异常值如何处理和判别？（5分）

考核知识点：异常值的处理和判别

难易度：中

标准答案：

对含有粗差的异常值应从测量数据中剔除。在测量过程中，若发现有的测量条件不符合要求，可将该测量数据从记录中划去，但须注明原因。在测量进行后，要判断一个测量值是否异常，可用异常值发现准则，如格拉布斯准则、来伊达 3σ 准则等。

Jb0003331020 LT^{-2}、MLT^{-2}、ML^{2}T^{-2}、ML^{-1}T^{-2}、L^{2}MT^{-3}I^{-1} 是什么量的量纲？（5分）

考核知识点：量纲

难易度：易

标准答案：

分别是加速度、力、功、压力、电压或电势的量纲。

Jb0003331021 什么是灵敏度？（5分）

考核知识点：灵敏度的定义

难易度：易

标准答案：

灵敏度是指测量仪器响应的变化除以对应的激励变化。

Jb0003331022 期间核查的目的和对象是什么？（5分）

考核知识点：期间核查

难易度：易

标准答案：

期间核查的目的是在两次校准或检定之间的时间间隔内保持测量仪器校准状态的可信度。期间核查的对象是测量仪器，包括计量基准、计量标准、辅助或配套的测量设备等。

Jb0003332023 参考标准与工作标准的定义是什么？二者是什么关系？（5分）

考核知识点：参考标准与工作标准的关系

难易度：中

标准答案：

参考标准是指在给定地区或在给定组织内，通常具有最高计量学特性的测量标准，在该处所做的测量均从它导出。

工作标准是指用于日常校准或核查实物量具、测量仪器或参考物质的测量标准。

日常的检定或校准工作基本上用工作标准。工作标准通常用参考标准检定或校准。

Jb000331024 机械师在测量零件尺寸时，估计其长度以 50% 的概率落在 10.07mm～10.15mm，并给出了长度 l =（10.11±0.04）mm，这说明 0.04mm 为 p=50% 的置信区间半宽度，在接近正态分布的条件下，求长度 l 的标准不确定度。（k_p=0.67）（5分）

考核知识点：标准不确定度的计算

难易度：易

标准答案：

解：$u(l)$ =0.04/0.67=0.06（mm）。

答：长度 l 的标准不确定度为 0.06mm。

Jb0003311025 在有空调的实验室内，若空气温度控制在（20±1）℃，求空气温度 t 的测量不确定度 $u(t)$。（5分）

考核知识点：测量不确定度的计算

难易度：易

标准答案：

解：

$$u(t) = \frac{0.5}{\sqrt{2}} = 0.035（℃）$$

答：空气温度 t 的测量不确定度为 0.035℃。

Jb0003312026 某仪器测量工件尺寸的理论标准差为 0.004mm，如要求计量结果的总不确定度小于 0.005mm（置信概率 99.73%），问至少须测几次？（5分）

考核知识点：测量次数的计算

难易度：中

标准答案：

解：测量次数 n 满足 σ，$\frac{3\sigma}{\sqrt{n}} < 0.005$，$\frac{0.012}{\sqrt{n}} < 0.005$，故 $n > \left(\frac{12}{5}\right)^2 = 5.76$

答：n 至少 6 次。

Jb0003312027 $y = x_1 + x_2$，x_1 与 x_2 不相关，$u(x_1) = 1.73$mm，$u(x_2) = 1.15$mm。求合成标准不确定度 $u_c(y)$。（5分）

考核知识点：合成标准不确定度的计算

难易度：中

标准答案：

解：

$$u_c(y) = \sqrt{u^2(x_1) + u^2(x_2)} = \sqrt{1.73^2 + 1.15^2} = 2.077（\text{mm}）$$

答：合成标准不确定度为 2.077mm。

Jb0003313028 当用公式 $I = \dfrac{U}{R}$ 计算电流时，已知电压表的读数是 220V，误差是 4V，电阻标称值是 200Ω，误差是 −0.2Ω。求电流的误差 ΔI 和电流实际值 I_0。（5分）

考核知识点：误差传播式求电流的绝对误差

难易度：难

标准答案：

解：已知 $I = \dfrac{U}{R}$，可据此式用误差传播式求电流的绝对误差，设电流、电压和电阻的误差分别为 ΔI、ΔU 和 ΔR，则

$$\Delta I = (R\Delta U - U\Delta R) / R^2 = [200 \times 4 - 220 \times (-0.2)] / (200)^2 = 0.0211（\text{A}）$$

所以电流实际值为

$$I = \frac{U}{R} - \Delta I = \frac{220}{200} - 0.0211 = 1.0789 \ (\text{A})$$

答: 电流误差 ΔI 为 0.021 1A，电流实际值 I 为 1.078 9A。

Jb0004331029 怎样用右手螺旋定则判断通电线圈内磁场的方向？（5分）

考核知识点: 右手螺旋定则

难易度: 易

标准答案:

（1）用右手握住通电线圈，四指指向线圈中电流的方向。

（2）使拇指与四指垂直，则拇指所指方向即为线圈内磁场的方向。

Jb0004332030 电动势与电压有什么区别？它们的方向是怎么规定的？（5分）

考核知识点: 电动势与电压的区别

难易度: 中

标准答案:

电动势是将外力克服电场力所做的功，电压是电场力所做的功；电动势的正方向为电位升的方向，电压的方向为电位降的方向。

Jb0004331031 什么是左手定则？（5分）

考核知识点: 左手定则

难易度: 易

标准答案:

左手定则又称电动机左手定则或电动机定则，用于判断载流导体的运动方向，其判断方法如下。

（1）伸平左手手掌，张开拇指并使其与四指垂直。

（2）使磁力线垂直穿过手掌心。

（3）使四指指向导体中电流的方向，则拇指指向为载流导体的运动方向。

Jb0004332032 什么是电磁感应定律？它的作用是什么？（5分）

考核知识点: 电磁感应定律的定义及作用

难易度: 中

标准答案:

电磁感应定律：闭合线圈中感应电动势的大小和线圈磁通变化的速度（就是单位时间内磁通变化的数值，又叫磁通的变化率）成正比。电磁感应定律是用来计算线圈中感应电动势的数值的。

Jb0004313033 测量电能表检定装置的磁感应强度，用高内阻毫伏表测量磁场探测线圈两端感应电势的方法测量，已知探测线圈圆形，直径为 9.5cm，匝数为 200 匝，测得被检表位置三维方向上的探测线圈感应电势分别为 5.6、11.2、7.8mV，请计算装置的磁感应强度 B。（5分）

考核知识点: 装置磁感应强度的计算

难易度: 难

标准答案:

解：

$$B = \frac{E \times 10^7}{\sqrt{2} \times 4.44 fNS} = \frac{E \times 10^7}{\sqrt{2} \times 4.44 fN \times \frac{\pi D^2}{4}}$$

$$E = \sqrt{5.6^2 + 11.2^2 + 7.8^2} = 14.75\text{mV} = 0.014\,75\,(\text{V})$$

$f = 50\text{Hz}$，$N = 200$ 匝，$D = 9.5\text{cm}$

代入公式，得

$$B = \frac{0.014\,75 \times 10^7}{\sqrt{2} \times 4.44 \times 50 \times 200 \times \frac{\pi \times 9.5^2}{4}} = 0.033\,(\text{mT})$$

答：电磁感应强度为 0.033mT。

Jb0004311034 电容器 $C_1 = 1\mu F$，$C_2 = 2\mu F$，相串联后接到 1200V 电压上，每个电容器上的电压各为多少？（5分）

考核知识点：电容器上电压的计算

难易度：易

标准答案：

解：两只电容器串联后的等效电容为

$$C = \frac{C_1 C_2}{C_1 + C_2} = \frac{2}{3} \times 10^{-6}\,(\text{F})$$

因为电容器串联时，C_1、C_2 上的电荷相等，即

$$U_1 C_1 = U_2 C_2 = U_C$$

$$U_1 = U_C / C_1 = 1200 \times \frac{2}{3} \times 10^{-6} \Big/ 1 \times 10^{-6} = 800\,(\text{V})$$

$$U_2 = U_C / C_2 = 1200 \times \frac{2}{3} \times 10^{-6} \Big/ 2 \times 10^{-6} = 400\,(\text{V})$$

答：C_1 上的电压为 800V，C_2 上的电压为 400V。

Jb0004311035 一台电压互感器的额定一次电压 $U_{1n} = 10\,000\text{V}$，额定二次电压 $U_{2n} = 100\text{V}$，如果一次绕组的内阻 $r_1 = 0.484\Omega$，二次绕组的内阻 $r_2 = 0.1\Omega$，求折算到一次后电压互感器的内阻值。（5分）

考核知识点：电压互感器内阻值计算

难易度：易

标准答案：

解：

$$R'_2 = K^2 R_2 = (10\,000/100)^2 \times 0.1 = 1000\,(\Omega)$$
$$R_1 + R'_2 = 0.484 + 1000 = 1000.484\,(\Omega)$$

答：折算到一次后电压互感器的内阻值为 1000.484Ω。

Jb0004311036 有一电阻、电感、电容串联的电路，已知 $R = 8\Omega$，$X_L = 10\Omega$，$X_C = 4\Omega$，电源电压 $U = 150\text{V}$。求电路总电流 I，电阻上的电压 U_R，电感上的电压 U_L，电容上的电压 U_C 及电路消耗的有功功率 P。（5分）

考核知识点：欧姆定律应用

难易度：易

标准答案：

解：

$$Z = \sqrt{R^2 + \left(X_L - X_C\right)^2} = \sqrt{8^2 + (10-4)^2} = 10(\Omega)$$

$$I = \frac{U}{Z} = \frac{150}{10} = 15(A)$$

$$U_R = IR = 15 \times 8 = 120(V)$$

$$U_L = IX_L = 15 \times 10 = 150(V)$$

$$U_C = IX_C = 15 \times 4 = 60(V)$$

$$P = U_R I = 120 \times 5 = 1800W = 1.8(kW)$$

答： 电路总电流 I 为 15A，电阻电压 U_R 为 120V，电感电压 U_L 为 150V，电容电压 U_C 为 60V，有功功率 P 为 1.8kW。

Jb0004311037 有一个三相负载，每相的等效电阻 $R = 30\Omega$，等效感抗 $X_L = 25\Omega$，接线为星型。当把它接到线电压 $U = 380V$ 的三相电源时，试求负载上的电流 I，三相有功功率 P 和功率因数 $\cos\varphi$。（5分）

考核知识点：欧姆定律应用

难易度：易

标准答案：

解： 因为是对称三相电路，所以各相电流均相等，则

$$I = \frac{U/\sqrt{3}}{\sqrt{R^2 + X_L^2}} = \frac{380/\sqrt{3}}{\sqrt{30^2 + 25^2}} = 5.618 \approx 5.6(A)$$

相电流等于线电流，且相角差依次为 120°。

功率因数为

$$\cos\varphi = \frac{R}{|Z|} = \frac{30}{\sqrt{30^2 + 25^2}} = 0.768 \approx 0.77$$

三相有功功率为

$$P = \sqrt{3}\, UI\cos\varphi = \sqrt{3} \times 380 \times 5.618 \times 0.768 = 2840(W)$$

答： 负载电流 I 为 5.6A，三相有功功率 P 为 2840W，功率因数 $\cos\varphi$ 为 0.77。

Jb0004311038 已知一电感线圈的电感 $L = 0.551H$、电阻 $R = 100\Omega$，当将它作为负载接到频率为 50Hz 的 220V 电源时，求通过线圈的电流 I、负载的功率因数 $\cos\varphi$、负载消耗的有功功率 P。（5分）

考核知识点：欧姆定律应用

难易度：易

标准答案：

解：

$$I = \frac{U}{|Z|} = \frac{U}{\sqrt{R^2 + (2\pi f L)^2}}$$

$$= \frac{220}{\sqrt{100^2 + (2 \times 3.14 \times 50 \times 0.551)^2}} = 1.1(A)$$

负载功率因数为

$$\cos\varphi = \frac{R}{|Z|} = \frac{100}{200} = 0.5$$

负载消耗的有功功率为

$$P = I^2 R = 1.1^2 \times 100 = 121 \text{（W）}$$

答：线圈电流 I 为 1.1A，功率因数 $\cos\varphi$ 为 0.5，有功功率 P 为 121W。

Jb0004312039 有一个 RCL 串联电路，电阻 $R=289\Omega$，电容 $C=6.37\mu$F，电感 $L=3.18$H。当将它们作为负载接电压为 100V、频率为 50Hz 的交流电源时，求电流 I、负载功率因数 $\cos\varphi$、负载消耗的有功功率 P 和无功功率 Q。（5分）

考核知识点：欧姆定律应用

难易度：中

标准答案：

解：

（1）$X_L = 2\pi fL = 2 \times 3.14 \times 50 \times 3.18 = 999$（$\Omega$）

$$X_C = \frac{1}{2\pi fC} = \frac{1}{2 \times 3.14 \times 50 \times 6.37 \times 10^{-6}} = 500 \text{（}\Omega\text{）}$$

$$|Z| = \sqrt{R^2 + (X_L - X_C)^2} = \sqrt{289^2 + (999 - 500)^2} = 577 \text{（}\Omega\text{）}$$

所以

$$I = \frac{U}{|Z|} = \frac{100}{577} = 0.173 \text{（A）}$$

（2）$\cos\varphi = \dfrac{R}{|Z|} = \dfrac{289}{577} = 0.501$

（3）$P = I^2 R = 0.173^2 \times 289 = 8.65$（W）

$$Q = I^2(X_L - X_C) = 0.173^2 \times (999 - 500) = 14.9 \text{（var）}$$

答：电流 I 为 0.173A，功率因数 $\cos\varphi$ 为 0.501，有功功率 P 为 8.65W，无功功率 Q 为 14.9var。

Jb0004311040 已知 RL 串联电路中的 $R=3\Omega$，$L=2$H，其端电压为 $U=10\sqrt{2}\sin t + 5\sqrt{2}\sin 2t$V，求电路吸收的有功功率 P。（5分）

考核知识点：欧姆定律应用

难易度：易

标准答案：

解：

$$\dot{I}_1 = \frac{\dot{U}_1}{R + j\omega L} = \frac{10\angle 0°}{3 + j2} = 2.8\angle -33.7° \text{（A）}$$

$$\dot{I}_2 = \frac{\dot{U}_2}{R + j\omega L} = \frac{5\angle 0°}{3 + j4} = 1\angle -53° \text{（A）}$$

$$P = P_1 + P_2 = I_1^2 R + I_2^2 R = 2.8^2 \times 3 + 1^2 \times 3 = 26.5 \text{（W）}$$

答：电路吸收的有功功率为 26.5W。

Jb0004311041　电容器 $C_1 = 200\mu F$，工作电压为 500V；$C_2 = 300\mu F$，工作电压为 900V。如将两个电容器串联后接到 1kV 电路上，问能否正常工作？（5 分）

考核知识点：电压、电容的计算

难易度：易

标准答案：

解：设电容器 C_1 上的电压为 U_1，C_2 上的电压为 U_2。两电容器串联，极板上的电荷相等，即

$$U_1 C_1 = U_2 C_2 \tag{1}$$

而

$$U_1 + U_2 = 1000 \tag{2}$$

由式（1）式和式（2）式可得

$$U_1 = 600V, \quad U_2 = 400V$$

可见，电容器 C_1 将超过工作电压而被击穿，当 C_1 被击穿后全部电压加在 C_2 上，C_2 也可能被击穿。

答：该电路不能正常工作。

Jb0005332042　电流互感器室内检定工作程序与作业规范中收工项目的工作步骤及作业内容是什么？（5 分）

考核知识点：电流互感器室内检定工作程序与作业规范中收工项目的工作步骤及作业内容

难易度：中

标准答案：

（1）工作步骤。

1）试验后拆除接线。

2）试验数据上传。

3）粘贴合格证或不合格标签。

4）出具证书、报告。

（2）作业内容。

1）断开装置电源和设备电源，对试验设备放电后方可拆除试验接线。

2）拆除接线后，应将工器具定置摆放，设备规则摆放，保持试验区域整洁。

3）试验数据经核验无误后，上传到营销业务应用系统中保存。

4）检定合格的电流互感器张贴合格证，检定不合格的电流互感器张贴不合格标签。

5）根据客户需要出具证书、报告。

Jb0005332043　《电流互感器室内检定标准化作业指导书》中，危险点误碰带电部位的预防控制措施有哪些？（5 分）

考核知识点：电流互感器室内检定危险点误碰带电部位的预防控制措施

难易度：中

标准答案：

（1）试验区域应设安全围栏和警示标志，试验过程中应专人监护。

（2）试验过程中，任何人不得进入试验区域。

（3）设备应可靠接地并绝缘良好。

（4）试验过程中接线拆除时，应先切断装置电源。

（5）耐压试验后，应使用专用放电棒对地释放剩余电荷。

Jb0005332044　说明电压互感器的工作原理和产生误差的主要原因。（5分）

考核知识点： 电压互感器的工作原理和产生误差的原因

难易度： 中

标准答案：

电压互感器实际上是一个带铁芯的变压器。它由一、二次绕组、铁芯和绝缘材料组成。当在一次绕组上施加一个电压 U_1 时，在铁芯中就产生一个磁通 Φ，根据电磁感应定律，在二次侧中就产生一个电压 U_2，改变一、二次绕组的匝数，就可以产生不同的一次电压与二次电压比。

当 U_1 在铁芯中产生磁通时，就一定有励磁电流 I_0 存在，由于一次绕组存在电阻和漏抗，I_0 在这阻抗上产生了电压降，就形成了电压互感器的空载误差，当二次绕组接有负载时，产生的负载电流在二次绕组的内阻抗及在一次绕组中感应的一个负载电流分量在一次绕组内阻抗上产生的电压降，形成了电压互感器的负载误差。可见，电压互感器的误差主要由励磁电流在一次绕组内阻抗上产生的电压降和负载电流在一、二次绕组的内阻抗上产生的电压降引起的。

Jb0005332045　说明电流互感器的工作原理和产生误差的主要原因。（5分）

考核知识点： 电流互感器的工作原理和产生误差的原因

难易度： 中

标准答案：

电流互感器主要由一次线圈、二次线圈及铁芯组成。当一次绕组流过电流 I_1 时，在铁芯上就会存在一次磁动势 I_1W_1，根据电磁感应和磁动势平衡原理，在二次绕组中会产生感应电流 I_2，并以二次磁动势 I_2W_2 去抵消一次磁动势 I_1W_1。在理想情况下，存在下列磁动势平衡方程式：$I_1W_1 + I_2W_2 = 0$。此时，电流互感器不存在误差，称为理想互感器。以上就是电流互感器的基本工作原理。

实际中，若使电磁感应这一能量转换形式持续存在，就必须持续供给铁芯一个励磁磁动势 I_0W_1，此时方程式变为：$I_1W_1 + I_2W_2 = I_0W_1$。可见，励磁磁动势的存在，是电流互感器产生误差的主要原因。

Jb0005332046　简述电压互感器绕组匝数对误差的影响。（5分）

考核知识点： 电压互感器绕组匝数对误差的影响

难易度： 中

标准答案：

电压互感器绕组匝数对误差的影响很大，当绕组匝数增大时，一、二次绕组的内阻近似或正比地增大，漏抗近似与绕组匝数的平方成正比地增大，因而电压互感器的负载误差显著增大。由于绕组匝数增大时，空载电流减小，因此，空载误差变化不大。综合负载误差与空载误差的变化，绕组匝数增大时，互感器的误差将增大；绕组匝数减小时，互感器误差也将减小。

Jb0005332047　电流互感器为什么要测量磁饱和裕度？（5分）

考核知识点： 电流互感器磁饱和裕度试验的意义

难易度： 中

标准答案：

（1）使用高磁导材料的电流互感器铁芯有的设计裕度小，有的在运输、安装与使用中铁芯有效截面减小，使得饱和点与额定电流120%点接近。

（2）电流互感器在误差检验和使用时，一次返回导体的磁场可能使铁芯磁通密度有 1/6 的不对称度，如果不对称的两部分铁芯均未饱和，对电流互感器的误差不会产生显著影响。

（3）但如果有一侧铁芯饱和，电流互感器的误差将发生显著变化，使互感器的误差不合格。因此必须保证铁芯的磁饱和裕度不小于 1.5 倍。

Jb0005333048 简述 JJG 313-2010《测量用电流互感器》对电流互感器退磁处理的要求。(5 分)

考核知识点： 电流互感器的退磁试验

难易度： 难

标准答案：

若制造厂规定了退磁方法，应按标牌上的标注或技术文件的规定进行退磁。如果制造厂未规定，可根据习惯使用开路法退磁或闭路法退磁。

实施开路法退磁时，在一次（或二次）绕组中选择其匝数较少的一个绕组通以 10%～15% 的额定一次（或二次）电流，在其他绕组均开路的情况下，平稳、缓慢地将电流降至 0。退磁过程中应监视接于匝数最多绕组两端的峰值电压表，当指示值达到 2.6 kV 时，应在此电流值下退磁。

实施闭路法退磁时，在二次绕组上接一个相当于额定负荷（10～20）倍的电阻（考虑足够容量），对一次绕组通以工频电流，由 0 增至 1.2 倍的额定电流，然后均匀缓慢地降至 0。

如果电流互感器的铁心绕有两个或两个以上二次绕组，则退磁时其中一个二次绕组接退磁电阻，其余的二次绕组开路。

Jb0005321049 画出感应分流器检定电流互感器的接线图。(5 分)

考核知识点： 感应分流器检定电流互感器的接线图

难易度： 易

标准答案：

如图 Jb0005321049 所示。

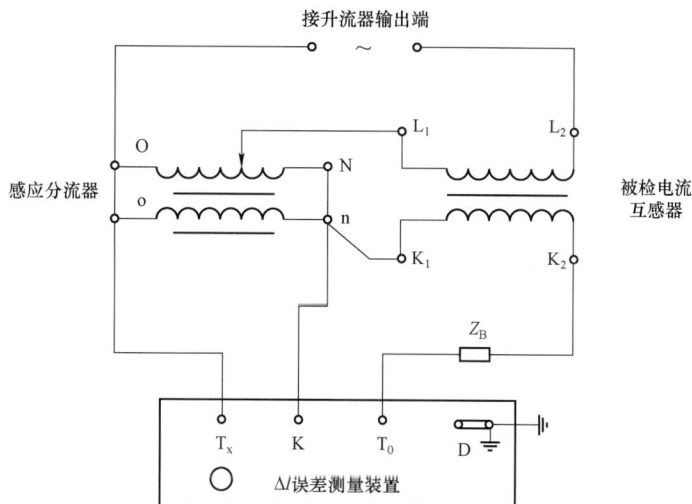

图 Jb0005321049

Jb0005331050 需量表的工作原理是什么？（ 5 分 ）

考核知识点： 需量表的工作原理

难易度： 易

标准答案：

需量表的工作原理是通过时基电路设定结算周期，在每个结算周期开始或结束时发出一个控制信号，获得设定结算周期的当前需量，该需量与内存中已记录的最大需量值相比较，若大于内存中的最大需量，就代替内存中原有数据，完成最大需量的记录。

Jb0005332051　说出JJG（宁）07—2018《使用中电子式交流电能表》的适用范围是什么？（5分）

考核知识点： JJG（宁）07—2018《使用中电子式交流电能表》的适用范围

难易度： 中

标准答案：

工作规程适用于对电子式交流电能表进行使用中检查，对电能表批可采用统计抽样的方法进行使用中检查，可根据检查结果对电能表批的检定时间间隔进行调整。

工作规程中电子式交流电能表指由公共事业部门集中采购管理，采用直接接入式测量居民、小型工商业等用户电能的电子式单、三相有功电能表。

Jb0005332052　为什么工频耐压试验宜在其他试验项目之前做？（5分）

考核知识点： 工频耐压试验先做的目的

难易度： 中

标准答案：

工频耐压试验在其他试验项目之前做的好处是一旦耐压试验对电能表内部元件有损伤，可以在接下去的其他试验中被发现。尤其是电子式电能表，如主板器件损坏，外表不易看出，只有通过其他试验项目才能发觉。

Jb0005312053　对0.1级单相电能表检定装置进行同名端钮间电位差测试，当测得被检表和互感器相连的同相两对电压同名端钮间电位差高端、低端分别为5.8mV、1.5mV，请计算并判断电位差是否合格。（5分）

考核知识点： 单相电能表检定装置同名端钮间电位差的测试

难易度： 中

标准答案：

解： $\dfrac{\Delta U}{U}=\dfrac{5.8\times10^{-3}+1.5\times10^{-3}}{220}=3.3\times10^{-5}=0.003\,3\%$

规程要求：$0.1\%\times\dfrac{1}{6}=0.016\,7\%$

而0.003 3%小于0.016 7%，所以合格。

答： 电位差合格。

Jb0005312054　确定0.05级电能表检定装置的电流对称度，测得数据见表Jb0005312054（a），请计算电流对称度。（5分）

表 Jb0005312054（a）

移相角度	0°	60°	90°	270°	300°
I_A（A）	5.001 9	5.001 7	5.001 6	5.001 9	5.001 6
I_B（A）	5.000 6	4.999 8	4.998 9	5.000 1	4.999 6
I_C（A）	5.005 2	5.005 1	5.004 9	5.004 8	5.005 2

考核知识点：电流对称度的计算

难易度：中

标准答案：

$$电流对称度 = \frac{相电流 - 三相电流平均值}{三相电流平均值} \times 100\%$$

0.05 级装置电流对称度化整间隔为 0.1%，可得出电流对称度见表 Jb0005312054（b）。

表 Jb0005312054（b）

移相角度	0°	60°	90°	270°	300°
I_A（A）	5.001 9	5.001 7	5.001 6	5.001 9	5.001 6
I_B（A）	5.000 6	4.999 8	4.998 9	5.000 1	4.999 6
I_C（A）	5.005 2	5.005 1	5.004 9	5.004 8	5.005 2
电流对称度（%）（计算值）	0.052 6	0.058 0	0.062 0	0.050 6	0.061 3
电流对称度（%）（化整值）	0.1	0.1	0.1	0.1	0.1

Jb0005311055　有一只 0.5S 级智能电能表，进行电能示值的组合误差试验，总电能增量和各费率时段的电能增量见表 Jb0005311055，请按 JJG 691—2014《多费率交流电能表》计算出该表的电能示值的组合误差，并判断是否合格。（5 分）

表 Jb0005311055

项目	电量/kWh
尖电量	1.02
峰电量	1.03
平电量	1.05
谷电量	1.03
总电量	4.15

考核知识点：电能示值的组合误差的计算及判断

难易度：易

标准答案：

解：

$$\left| \Delta W_D - \left(\Delta W_{D1} + \Delta W_{D2} + \cdots + \Delta W_{Dn} \right) \right| \leqslant (n-1) \times 10^{-\alpha}$$

$$\left| \Delta W_D - \left(\Delta W_{D1} + \Delta W_{D2} + \cdots + \Delta W_{Dn} \right) \right| = \left| 4.15 - (1.02 + 1.03 + 1.05 + 1.03) \right| = 0.02（kWh）$$

$$(n-1) \times 10^{-\alpha} = (4-1) \times 10^{-2} = 0.03（kWh）$$

$$0.02kWh < 0.03kWh$$

答：该表电能示值组合误差合格。

Jb0005312056　有一只现场拆回的 2 级单相智能电能表，量限为 220V，5（60）A，常数为 1200imp/kWh，在额定电压、基本电流及 $\cos\varphi=1$ 时，发 22imp 的实测时间为 60.5 秒，求该表在这

个负载点的误差，判断是否合格。（5分）

考核知识点：瓦秒法误差测量的判断

难易度：中

标准答案：

解：

$$T = \frac{3600 \times 1000 \times 11}{CP} = \frac{3600 \times 1000 \times 22}{1200 \times 220 \times 5} = 60 \text{（秒）}$$

$$\gamma = \frac{t' - t}{t} \times 100\% = \frac{60 - 60.5}{60.5} \times 100\% = -0.826\%$$

化整结果：-0.8%，合格。

答：该表在这个负载点的误差合格。

Jb0005312057　一台单相 10kV/100V、0.5 级的电压互感器，二次侧所接的负载为 $W_b = 25\text{VA}$，$\cos\varphi_b = 0.4$，每根二次连接导线的电阻为 0.8Ω。试计算二次回路的电压降的比值差 f 和相位差 δ。（5分）

考核知识点：二次回路的电压降的比值差 f 和相位差 δ 的计算

难易度：中

标准答案：

解：因为 $r \ll Z_b$，所以可以认为

$$I = \frac{W_b}{U_2} = \frac{25}{100} = 0.25 \text{（A）}$$

$$f = \frac{-2r\cos\varphi_b}{U_2} \times 100\% = \frac{-2 \times 0.8 \times 0.25 \times 0.4}{100} \times 100\% = -0.16\%$$

$$\delta = \frac{2r\sin\varphi_b}{U_2} \times \frac{360 \times 60}{2\pi} = \frac{2 \times 0.8 \times 0.25 \times 0.92}{100} \times 3438 = 12.6'$$

答：比值差 f 为 -0.16%，相位差 δ 为 $12.6'$。

Jb0005312058　一居民用户电能表常数为 3000r/kWh，测试负荷为 100W，电能表 1r 时应该是多少时间？如果测得转一圈的时间为 11 秒，误差应是多少？（5分）

考核知识点：瓦秒法误差测试的计算

难易度：中

标准答案：

解：

$$100t = \frac{1000 \times 3600 \times 1}{3000}$$

$$t = (1000 \times 3600 \times 1)/(100 \times 3000) = 12 \text{（秒）}$$

$$R = (12 - 11)/11 \times 100\% = 9.1\%$$

答：电能表 1r 时需 12 秒，如测得 1r 的时间为 11 秒，实际误差 9.1%。

Jb0006331059　请说出智能电能表的型式要求包括哪些内容？（5分）

考核知识点：智能电能表的型式要求

难易度：易

标准答案：

智能电能表型式要求包括规格要求、环境条件、显示要求、外观结构、安装尺寸、材料及工艺等。

Jb0006331060　智能电能表里的 ESAM 模块的功能是什么？（5分）

考核知识点： 智能电能表 ESAM 模块的功能

难易度： 易

标准答案：

嵌入在设备内，实现安全存储、数据加/解密、双向身份认证、存取权限控制、线路加密传输等安全控制功能。

Jb0006332061　智能电能表的功能主要涉及哪些？（5分）

考核知识点： 智能电能表的功能

难易度： 中

标准答案：

智能电能表的功能主要涉及电能计量、需量测量、时钟、费率和时段、清零（电能表清零、需量清零）、数据存储、冻结、事件记录、通信（RS485 通信、红外通信、载波通信、公网通信）、信号输出（电能量脉冲输出、多功能信号输出、控制输出）、显示、测量、安全保护（编程开关、编程密码）、费控功能、负荷记录、阶梯电价、停电抄表、报警、辅助电源、安全认证。

Jb0006332062　智能电能表的技术要求包括哪些内容？（5分）

考核知识点： 智能电能表的技术要求

难易度： 中

标准答案：

智能电能表技术要求包括技术指标、机械性能、适应环境、功能要求、电气性能、抗干扰及可靠性等。

Jb0006331063　智能电能表在红外认证不通过后或失效后应支持哪些操作？（5分）

考核知识点： 智能电能表的红外认证

难易度： 易

标准答案：

读表号、通信地址、备案号、当前日期、当前时间、当前电能、当前剩余金额、红外认证查询命令，其他信息不应读出，所有信息不允许设置。

Jb0006331064　电能表典型故障分为哪些种类？（5分）

考核知识点： 电能表典型故障种类

难易度： 易

标准答案：

分别为误差超差、时钟电池欠压或时钟超差、电能表黑屏、数据异常、继电器故障、潜动、安全问题、显示故障、通信故障、烧表和其他类型故障。

Jb0006332065　2.0 级智能电能表的功率消耗应为多少？（5分）

考核知识点： 电能表典型故障种类

难易度：中

标准答案：

（1）电压线路功耗。在参比频率、参比电流和参比电压条件下，电能表处于非通信状态（带通信模块电能表模块仓不插模块），背光关闭，电压线路的有功功率和视在功率消耗不应大于 1.5W、10VA。

电能表在通信状态下，电压线路的有功功率不应大于 3W。

（2）电流线路功耗。在参比电流、参比温度和参比频率下，电流线路的视在功率消耗不应超过 1VA。

Jb0006331066　根据《国家电网公司电能表质量监督管理办法》[国网（营销/4）274—2014]，计量性能故障有哪些？（5分）

考核知识点： 电能表故障类别

难易度： 易

标准答案：

误差超差、潜动、不起动、停走、组合误差超差、时段转换错误、闰年转换错误。

Jb0006331067　根据《国家电网公司电能表质量监督管理办法》[国网（营销/4）274—2014]，通信单元故障有哪些？（5分）

考核知识点： 电能表通信单元故障

难易度： 易

标准答案：

红外接口损坏、485 接口损坏、232 接口损坏、脉冲接口损坏、载波模块损坏、无线模块损坏。

Jb0006332068　单相智能电能表从几个方面对准确度提出要求？（5分）

考核知识点： 电能表显示故障

难易度： 中

标准答案：

从 11 个方面提出要求，分别是：误差限、起动、潜动、电能表常数、计度器总电能示值组合误差、时钟准确度、误差一致性、误差变差要求、负载电流升降变差、测量的重复性、影响量。

Jb0006332069　多费率电能表通常有哪几部分组成？（5分）

考核知识点： 多费率电能表的组成部分

难易度： 中

标准答案：

多费率电能表按常用功能划分，通常有电能采样回路单片机、存储器、时钟回路、显示器、脉冲输出、通信接口、复位电路、电源电路等 8 部分组成。

Jb0006322070　画出电子式单相电能表原理结构框图。（5分）

考核知识点： 电子式电能表的组成部分

难易度： 中

标准答案：

如图 Jb0006322070 所示。

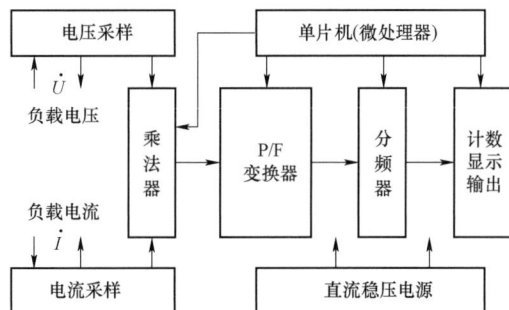

图 Jb0006322070

Jb0007331071　**《国家电网公司计量资产全寿命周期管理办法》[国网（营销/4）390—2017]**
中计量资产全寿命周期管理分为哪 8 个关键环节？（5 分）

考核知识点：计量资产全寿命周期管理 8 个关键环节

难易度：易

标准答案：

计量资产全寿命周期管理分为采购到货、设备验收、检定检测、仓储配送、设备安装、设备运行、设备拆除、资产报废等 8 个关键环节。

Jb0007331072　**《国家电网公司计量资产全寿命周期管理办法》[国网（营销/4）390—2017]**
中全寿命周期质量管理分析和管理的 4 个维度包括什么？（5 分）

考核知识点：全寿命周期质量管理分析和管理的 4 个维度

难易度：易

标准答案：

状态分析、质量分析、寿命预测与评价、面向质量管理的供应商评价。

Jb0007331073　**《国家电网公司计量自动化生产系统建设和运维管理办法》[国网（营销/4）**
391—2014]中计量自动化生产系统包括什么？（5 分）

考核知识点：计量自动化生产系统

难易度：易

标准答案：

计量自动化生产系统包括单/三相电能表自动化检定系统、低压电流互感器自动化检定系统、采集终端自动化检测系统、智能化仓储系统和计量生产调度平台。

Jb0007332074　**什么是三相智能电能表自动化检定系统？开展三相智能电能表自动化检定的准**
备工作有哪些？（5 分）

考核知识点：自动化检定系统

难易度：中

标准答案：

集成自动传输设施和全自动电能表检定装置的智能化检定系统，能够完成自动传输、三相智能电能表自动化检定、数据处理和全过程监控。

开展三相智能电能表自动化检定的准备工作有：

（1）任务安排。

（2）交代工作任务和安全注意事项。

（3）确认相关系统状态。

（4）检查实验室环境条件。

（5）检查计量标准设备检定状态。

（6）检查工器具。

（7）检查安全措施。

Jb0007332075 简要描述自动化检定系统与传统检定工作的差别及优缺点。（5分）

考核知识点： 自动化检定系统与传统检定工作的差别及优缺点

难易度： 中

标准答案：

（1）主要差别。

1）自动化检定系统采用全自动方式，减少了以往的人工模式，取而代之是采用自动化流水线的方式进行电能表检定。

2）自动化检定系统从以往的检定操作代替为系统操作，检定员不仅掌握电能表检定规程，同时需要对自动化系统进行一定程度的了解，熟悉电气自动化的基本原理及操作方法。

（2）主要优点。

1）自动化检定系统完全替代人工检定模式，整个检定过程采用自动化控制方式，实现无人化运行。

2）自动化检定系统检定能力强，能够满足大批量检定的需求，提高检定效率。

（3）主要缺点。

1）检定员掌握的知识技术层面由以往的单纯电能表规程要求扩展到电气自动化控制理论知识的理解，对检定员知识能力的要求更高。

2）电气设备机械硬件存在一定的使用磨损性，需按期进行检修维护，保证设备的正常运行。

Jb0007332076 根据《国家电网公司关口电能计量装置管理办法》[国网（营销/4）387—2014]规定，简述关口电能计量装置运行管理中首次检验的定义和内容。（5分）

考核知识点： 关口电能计量装置运行管理中首次检验的定义和内容

难易度： 中

标准答案：

公司各级计量技术机构应对新投运或改造后的关口电能计量装置在一个月内进行首次现场检验（以下简称"首检"），投运时间以产生首次抄见电量时间为准。

关口电能计量装置按照 DL/T 448《电能计量装置技术管理规程》要求开展首次现场检验（以下简称"首检"）。首检内容包括电能表现场检验（含误差测试、接线检查、功能检查、倍率核对等）、电压互感器二次压降测试及电流（电压）互感器二次负荷测试。

Jb0007332077 根据《国家电网公司关口电能计量装置管理办法》规定，简述关口电能计量装置检定、安装、验收的评价项目和指标要求。（5分）

考核知识点： 关口电能计量装置检定、安装、验收的评价项目和指标要求

难易度： 中

标准答案：

（1）关口电能表安装前检定率为100%。

（2）关口电能计量装置配置合格率为 100%。

（3）关口电能计量装置验收率为 100%。

（4）关口电流（电压）互感器投运前检验率为 100%。

（5）关口电流（电压）互感器投运前检验合格率为 100%。

（6）技术资料完整率为 100%、正确率为 100%。

Jb0008331078　简述电能表现场校验仪的用途及其误差主要来源。（5 分）

考核知识点：电能表现场校验仪的用途及其误差主要来源

难易度：易

标准答案：

（1）用途：电能表现场校验和接线检查。

（2）主要误差来源：仪器硬件和软件算法带来的固有误差，各种影响量带来的误差。

Jb0008331079　简述电能计量装置二次回路检测试验完拆除测试线路步骤与注意事项。（5 分）

考核知识点：电能计量装置二次回路检测试验完拆除测试线路步骤与注意事项

难易度：易

标准答案：

（1）先拆除 TA 端子箱处和电能表表尾处接线，后拆除测试仪端接线。

（2）收起测试电缆时应注意不要用力拖拽，避免安全隐患。

（3）关闭测试仪电源，并小心取下测试仪工作电源。

Jb0008331080　试述电能表现场校验的内容。（5 分）

考核知识点：电能表现场校验的内容

难易度：易

标准答案：

为了确定电能表在运行中是否正确计量，必须定期进行现场校验。现场校验的主要内容有：

（1）在实际运行中测定电能表的误差。

（2）检查电能表和互感器的二次回路接线是否正确。

（3）检查计量差错和不合理的计量方式。

Jb0008332081　三相三线制电能计量装置的电压互感器高压侧为什么不接地？（5 分）

考核知识点：三相三线制电能计量装置的电压互感器高压侧不接地的原因

难易度：中

标准答案：

因为三相三线制电能计量装置计量的线路大多为中性点非有效接地系统的高压线路，为了避免一次侧电网发生单相接地时，产生过电压使电压互感器烧坏，故电压互感器高压侧不接地。

Jb0008333082　在电能计量装置二次回路检测工作中，二次压降测试接线有哪些注意事项？（5 分）

考核知识点：二次压降测试接线注意事项

难易度：难

标准答案：

（1）压降测试仪推荐放置于 TA 端子箱侧。

（2）从计量屏施放测试电缆至测试仪。施放电缆时设专人监护。

（3）按测试仪说明书要求进行接线，先接仪器端，再接 PT 二次端子和电能表端。

（4）接线时注意通过对讲机进行呼唱。

（5）对于压变侧有熔丝或开关的二次回路，应取其上桩头电压测试，接取时应有专人监护。

Jb0008332083　如何选配高压用户的电能表和互感器？（5分）

考核知识点： 高压用户的电能表和互感器的选配

难易度： 中

标准答案：

对高压用户在确定了计量方式后，应根据报装容量的大小选择互感器和电能表的等级，并按下列公式计算负载电流：

$$I = \frac{报装容量 \times 1000}{\sqrt{3} \times 额定电压}$$

电流互感器一次侧的额定电流应大于负载电流，但也不宜过大，应使负载电流经常在电流互感器一次侧额定电流的 $\frac{1}{3} \sim \frac{2}{3}$，电能表则选用 $3 \times 100V$，$3 \times 1.5（6）A$ 的。

Jb0008332084　有哪些运行参数对电能表的误差有影响？（5分）

考核知识点： 运行参数对电能表误差的影响

难易度： 中

标准答案：

（1）电压变化对误差的影响。

（2）三相电压不对称时对误差的影响。

（3）负载不平衡对误差的影响。

（4）负载波动对误差的影响。

（5）波形畸变对误差的影响。

（6）电压互感器二次回路压降对误差的影响。

Jb0008332085　在带电的电流互感器二次回路上工作时，应采取哪些安全措施？（5分）

考核知识点： 带电的电流互感器二次回路上工作的安全措施

难易度： 中

标准答案：

（1）短路电流互感器二次绕组时，必须使用短路片或专用短路线。

（2）短路要可靠，严禁用导线缠绕，以免造成电流互感器二次侧开路。

（3）严禁在电流互感器至短路点之间的回路上进行任何工作。

（4）工作必须认真、谨慎，不得将回路的永久接地点断开，工作时必须有人监护，使用绝缘工具，并站在绝缘垫上。

Jb0008332086　电压互感器二次压降的产生原因是什么？（5分）

考核知识点： 电压互感器二次压降的产生原因

难易度：中

标准答案：

在发电厂和变电站中，测量用电压互感器与装有测量表计的配电盘距离较远，而且由电压互感器二次端子互配电盘的连接导线较细，电压互感第二次回路接有隔离开关辅助触头及空气开关。由于触头氧化，使其电阻增大。如果二次表计和继电保护装置共用一组二次回路，则回路中电流较大，它在导线电阻和接触电阻上会产生电压降落，使得电能表端的电压低于互感器二次出口电压，这就是压降产生的原因。

Jb0008312087　额定二次电流为 5A，额定负荷为 20VA、功率因数为 0.8 的电流互感器，当采用 $C = 1\mu\text{F} = 10^{-6}\text{F}$ 的电容对互感器并联补偿时，求在额定负荷和下限负荷时的补偿值。（5 分）

考核知识点：额定负荷和下限负荷补偿的计算

难易度：中

标准答案：

解：额定负荷

$$Z_{\text{N}} = \frac{S_{\text{N}}}{I_{2\text{N}}^2} = \frac{20}{5^2} = 0.8 \ (\Omega)$$

下限负荷

$$Z_{\text{X}} = 25\% Z_{\text{N}} = 0.2 \ (\Omega)$$

则额定负荷下的补偿值

$$\Delta f_{\text{n}} = 100\pi C Z_{\text{N}} \sin\varphi \times 100\%$$
$$= 100\pi \times 1 \times 10^{-6} \times 0.8 \times 0.6 \times 100\%$$
$$= 0.015\%$$

$$\Delta \delta_{\text{n}} = -100\pi C Z_{\text{N}} \cos\varphi \times 3438 = -100\pi \times 1 \times 10^{-6} \times 0.8 \times 0.8 \times 3438 = -0.69'$$

下限负荷时的补偿值

$$\Delta f_{\text{x}} = 25\% \Delta f_{\text{n}} = 0.25 \times 0.015\% = 0.003\,8\%$$
$$\Delta \delta_{\text{x}} = 25\% \Delta \delta_{\text{n}} = 0.25 \times (-0.69') = -0.17'$$

答：额定负荷的补偿值是 $-0.69'$，下限负荷的补偿值是 $-0.17'$。

Jb0008311088　有一只三相四线有功电能表，B 相电流互感器反接达一年之久，累计电量 $W = 2000\text{kWh}$。求差错电量 ΔW_1（假定三相负载平衡且正确接线时的功率 $P = 3UI\cos\varphi$）。（5 分）

考核知识点：电能表错误接线分析

难易度：易

标准答案：

解：由题意可知，B 相电流互感器极性接反的功率表达式为

$$P' = U_{\text{A}}I_{\text{A}}\cos\varphi + U_{\text{B}}(-I_{\text{B}})\cos\varphi + U_{\text{C}}I_{\text{C}}\cos\varphi$$

三相负载平衡：$U_{\text{A}} = U_{\text{B}} = U_{\text{C}} = U$，$I_{\text{A}} = I_{\text{B}} = I_{\text{C}} = I$，则

$$P' = UI\cos\varphi$$

正确接线时的功率表达式为

$$P = 3UI\cos\varphi$$

更正系数

$$K = \frac{P}{P'} = \frac{3UI\cos\varphi}{UI\cos\varphi} = 3$$

差错电量

$$\Delta W_1 = (K-1)W = (3-1) \times 2000 = 4000 \text{（kWh）}$$

答：差错电量 ΔW_1 为 4000kWh。

Jb0008311089　检定一台额定电压为 110kV 的电压互感器（二次电压为 110V），检定时的环境温度为 20℃，其二次负荷为 10VA，功率因数为 1，计算应配负荷电阻的阻值范围。（5 分）

考核知识点：负荷电阻的阻值范围计算

难易度：易

标准答案：

解：先求应配电阻的额定值 R_n 为

$$R_n = \frac{U^2}{S_n\cos\varphi} = \frac{110^2}{10 \times 1} = 1210 \text{（}\Omega\text{）}$$

求 R_n 的允许范围

$$R_{n.max} = R_n \times (1 + 3\%) = 1246.3 \text{（}\Omega\text{）}$$
$$R_{n.min} = R_n \times (1 - 3\%) = 1173.7 \text{（}\Omega\text{）}$$

故　　　　　　　　　$1173.7\Omega \leqslant R_n \leqslant 1246.3\Omega$

答：应配负荷电阻的阻值范围是（1173.7～1246.3）Ω。

Jb0008311090　现场检验发现一用户的错误接线，其 $P = \sqrt{3}\,UI\cos(60°-\varphi)$，已运行两月共收了 8500kWh 电费，负载的平均功率因数角 $\varphi = 35°$，电能表的相对误差 $r = 3.6\%$。试计算两个月应追退的电量 ΔW。（5 分）

考核知识点：电能表错误接线分析

难易度：易

标准答案：

解：求更正系数

$$K = \frac{P}{P'} = \frac{\sqrt{3}UI\cos\varphi}{\sqrt{3}UI\cos(60°-\varphi)} = \frac{2}{1+\sqrt{3}\tan\varphi} = \frac{2}{1+\sqrt{3}\tan35°} = 0.904$$

应追退的电量为

$$\Delta W = [0.904 \times (1 - 3.6\%) - 1] \times 8500 = -1093 \text{（kWh）}$$

答：两个月应退给用户电量 1093kWh。

Jb0008312091　某三相高压电力用户，三相负荷平衡，在对其计量装置更换时，误将 C 相电流接入表计 A 相，A 相电流反接入表计 C 相。已知故障期间平均功率因数为 0.88，故障期间表码走了 50 个字。若该户计量 TV 比为 10 000/100，TA 比为 100/5，试求故障期间应退补的电量 ΔW。（5 分）

考核知识点：电能表错误接线分析

难易度：中

标准答案：

$\cos\varphi = 0.88$，$\varphi = 28.35°$

解： 先求更正系数

$$K = \frac{\sqrt{3}UI \times 0.88}{UI\cos(90° - \varphi) + UI\cos(90° - \varphi)}$$

$$= \frac{\sqrt{3}UI \times 0.88}{UI\cos(90° - 28.35°) + UI\cos(90° - 28.35°)}$$

$$= 1.605$$

因为 $K > 1$，少计电量，故应追补电量

$$\Delta W = 50 \times \frac{10}{0.1} \times \frac{100}{5} \times (1.605 - 1) = 60\ 500\ （kWh）$$

答： 应追补的电量为 60 500kWh。

Jb0008312092 某 110kV 供电的用户计量装置安装在 110kV 进线侧，所装 TA 可通过改变一次接线方式改变变比，在计量装置安装中要求一次串接，其计量绕组变比为 300/5，由于安装人员粗心误将 C 相 TA 一次接成并联方式，投运 5 天后，5 天中有功电能表所计码为 10.2kWh（起始表码为 0kWh），试计算应退补的电量 ΔW（故障期间平均功率因数为 0.86）。（5 分）

考核知识点： 电能表错误接线分析

难易度： 中

标准答案：

解： TA 一次串接时，其变比为 300/5，则一次并接时其变比为 600/5，故使得实际 C 相二次电流较正常减小了一半。

更正系数

$$K = \frac{\sqrt{3}UI\cos\varphi}{UI\cos(30° + \varphi) + \frac{1}{2}UI\cos(30° - \varphi)} = 1.505$$

因为 $K > 1$，少计电量，故应追补的电量

$$\Delta W = 10.2 \times \frac{110}{0.1} \times \frac{300}{5} \times (1.505 - 1) = 339\ 966\ （kWh）$$

答： 应追补的电量为 339 966kWh。

Jb0008311093 某厂一块三相三线有功电能表，原抄读数为 3000kWh，第二个月抄读数为 1000kWh，电流互感器变比为 100/5，电压互感器变比为 6000/100，经检查错误接线的功率表达式为 $P' = -2UI\cos（30° + \varphi）$，平均功率因数为 0.9。求实际电量 W_r（三相负载平衡，正确接线时功率的表达式 $P = \sqrt{3}UI\cos\varphi$）。（5 分）

考核知识点： 电能表错误接线分析

难易度： 易

标准答案：

解： 错误接线电能表反映的功率为

$$P' = -2UI\cos（30° + \varphi）$$

更正系数

$$K = \frac{P}{P'} = \frac{\sqrt{3}UI\cos\varphi}{-2UI\cos(30° + \varphi)} = \frac{\sqrt{3}}{\sqrt{3} - \tan\varphi}$$

因为 $\cos\varphi=0.9$，所以 $\tan\varphi=0.484$，则

$$K = \frac{\sqrt{3}}{\sqrt{3}-0.484} = -1.388$$

实际电量 $W_r = K \times W'_x = -1.388(1000-3000) \times \frac{100}{5} \times \frac{6000}{100} = 3.331 \times 10^6$（kWh）

答：实际电量 W_r 为 3.331×10^6kWh。

Jb0008312094 某三相高压电力用户，其三相负荷对称，在对其三相三线计量装置进行校试后，C 相电流短路片未打开，该户 TA 采用 V 形接线，其 TV 变比为 10kV/100V，TA 变比为 50A/5A，故障运行期间有功电能表走了 20 个字。试求应追补的电量 ΔW（故障期间平均功率因素为 0.88）。（5 分）

考核知识点：电能表错误接线分析

难易度：中

标准答案：

解：故障为 C 相电流短路片未打开，则只有 A 组元件工作，更正率 ε 为

$$\varepsilon = \frac{\sqrt{3}UI \times 0.88}{UI\cos(30°+\varphi)} - 1 = \frac{\sqrt{3}UI \times 0.88}{UI\cos(30°+\arccos 0.88)} - 1$$
$$= 1.905$$

$$\Delta W = 20 \times \frac{10}{0.1} \times \frac{50}{5} \times 1.905 = 38\,107 \text{（kWh）}$$

答：应追补电量 ΔW 为 38 107kWh。

Jb0008311095 某三相低压动力用户安装的是三相四线计量表，应配置变比为 400/5 的计量 TA，可装表人员误将 A 相 TA 安装成 800/5，若已抄回的电量为 2×10^5kWh，试计算应追补的电量 ΔW。（5 分）

考核知识点：电能表错误接线分析

难易度：易

标准答案：

解：设正确情况下每相的电量为 X，则

$$X + X + \frac{1}{2}X = 20$$

$$X = \frac{20}{2.5} = 8 \times 10^4 \text{（kWh）}$$

因此应追补的电量为

$$\Delta W = 3 \times 8 - 20 = 4 \times 10^4 \text{(kWh)}$$

答：应追补的电量 ΔW 为 4×10^4kWh。

Jb0008311096 某三相四线低压用户，原电流互感器变比为 300/5（穿 2 匝），在 TA 更换时误将 C 相的变比换成 200/5，而计算电量时仍然全部按 300/5 计算。若故障期间电能表走字为 800 字，试计算应退补的电量 $\Delta W'$。（5 分）

考核知识点：电能表错误接线分析

难易度：易

标准答案：

解：原 TA 为 300/5，现 W 相 TA 为 200/5，即 C 相二次电流扩大了 1.5 倍。故更正率

$$\varepsilon = \frac{3UI\cos\varphi}{2UI\cos\varphi + 1.5UI\cos\varphi} - 1 = -0.143$$

更正率为负说明应退还用户电量，按题意应退电量

$$\Delta W' = 800 \times \frac{300}{5} \times 0.143 = 6864 \quad (\text{kWh})$$

答：应退补的电量 $\Delta W'$ 为 6864kWh。

Jb0008312097　已知三相三线有功电能表接线错误，其接线方式为：A 相元件 $\dot{U}_{AB}$，$-\dot{I}_C$，C 相元件 $\dot{U}_{CB} - \dot{I}_A$。请写出两元件的功率 P_A、P_C 表达式和总功率 P' 表达式，并计算出更正系数 K（三相功率平衡，且正确接线时的功率表达式 $P = \sqrt{3}\,UI\cos\varphi$）。（5 分）

考核知识点：电能表错误接线分析

难易度：中

标准答案：

解：按题意有

$$P_A = U_{AB}I_C\cos(90° - \varphi)$$
$$P_C = U_{CB}I_A\cos(90° - \varphi)$$

在对称的三相电路中：$U_{AB} = U_{CB} = U, I_A = I_C = I$

则

$$P' = P_A + P_C = UI\left[\cos(90° - \varphi) + \cos(90° - \varphi)\right]$$
$$= 2UI\cos(90° - \varphi) = 2UI\sin\varphi$$

更正系数

$$K = \frac{P}{P'} = \frac{\sqrt{3}UI\cos\varphi}{2UI\sin\varphi} = \frac{\sqrt{3}}{2\tan\varphi}$$

答：P_A 为 $U_{AB}I_C\cos(90° - \varphi)$，$P_C$ 为 $U_{BC}(-I_A)\cos(90° - \varphi)$，总功率 P' 为 $2UI\sin\varphi$，更正系数 K 为 $\dfrac{\sqrt{3}}{2\tan\varphi}$。

Jb0008312098　已知三相三线有功电能表接线错误。其接线方式为：A 相元件 $\dot{U}_{AB}$，$-I_A$，C 相元件 $\dot{U}_{CB}$，$-I_C$ 请写出两元件的功率 P_A、P_C 表达式和总功率 P' 表达式，并计算出更正系数 K（三相负载平衡，且正确接线时的功率表达式 $P = \sqrt{3}UI\cos\varphi$）。（5 分）

考核知识点：电能表错误接线分析

难易度：中

标准答案：

解：按题意有

$$P_A = U_{AB}I_A\cos(150° - \varphi)$$
$$P_C = U_{CB}I_C\cos(150° + \varphi)$$

在对称的三相电路中：$U_{AB} = U_{CB} = U,\ I_A = I_C = I$

则

$$P' = P_A + P_C = UI[\cos(150° - \varphi) + \cos(150° + \varphi)] = -\sqrt{3}\,UI\cos\varphi$$

而

$$P = \sqrt{3}UI\cos\varphi$$

更正系数

$$K = \frac{P}{P'} = \frac{\sqrt{3}UI\cos\varphi}{-\sqrt{3}UI\cos\varphi} = -1$$

答：P_A 为 U_{AB}（$-I_A$）cos（$150°-\varphi$），P_C 为 U_{CB}（$-I_C$）cos（$150°+\varphi$），总功率 P 为 $-\sqrt{3}UI\cos\varphi$，更正系数 K 为 -1。

Jb0008311099 有一个三相三角形接线的负载，每相均由电阻 $R=10\Omega$、感抗 $X_L=8\Omega$ 组成，电源的线电压是 380V。求相电流 I_{ph}，线电流 I_{p-p}，功率因数 $\cos\varphi$ 和有功功率 P。（5分）

考核知识点：相电流、线电流、功率因数、有功功率的计算

难易度：易

标准答案：

解：设每相的阻抗为 $|Z|$，则

$$|Z| = \sqrt{R^2 + X_L^2} = \sqrt{10^2 + 8^2} = 12.8 \ （\Omega）$$

因为 $U_{ph} = U_{p-p}$，则相电流为

$$I_{ph} = \frac{U_{ph}}{|Z|} = \frac{380}{12.8} = 29.7 \ （A）$$

线电流为

$$I_{p-p} = \sqrt{3}I_{ph} = \sqrt{3} \times 29.7 = 51.4 \ （A）$$

功率因数为

$$\cos\varphi = \frac{R}{|Z|} = \frac{10}{12.8} = 0.78$$

三相有功功率为

$$P = 3U_{ph}I_{ph}\cos\varphi = 3 \times 380 \times 29.7 \times 0.78 = 26.4 \ （kW）$$

答：相电流 I_{ph} 为 29.7A，线电流 I_{p-p} 为 51.4A，功率因数 $\cos\varphi$ 为 0.78，有功功率 P 为 26.4kW。

Jb0008311100 已知二次回路所接的测量仪表的总容量为 10VA，二次导线的总长度为 100m，截面积为 4mm²，二次回路的接触电阻按 0.05Ω 计算，应选择多大容量的二次额定电流为 5A 的电流互感器（铜线的电阻率 =0.018mm²/m）？（5分）

考核知识点：电流互感器的选择

难易度：易

标准答案：

解：按题意需先求二次回路实际负载的大小为

$$S_2 = 10 + \left(0.05 + \frac{100 \times 0.018}{4}\right) \times 5^2 = 22.5 \ （VA）$$

答：应选择额定二次容量为 22.5VA 的电流互感器。

第六章　电能表修校工高级工技能操作

Jc0003361001　写出计量标准技术报告内容。（100分）

考核知识点：计量标准建标应具备的技术要求

难易度：易

技能等级评价专业技能考核操作工作任务书

一、任务名称

写出计量标准技术报告内容。

二、适用工种

电能表修校工高级工。

三、具体任务

写出计量标准技术报告内容。

四、工作规范及要求

按照《计量标准考核规范》相关要求填写。

五、现场提供材料及工器具

无。

六、考核及时间要求

本考核时间为20分钟，请按照任务要求完成操作和答题卡。

技能等级评价专业技能考核操作评分标准

工种	电能表修校工				评价等级	高级工
项目模块	计量基础知识及专业实务			编号		Jc0003361001
单位			准考证号		姓名	
考试时限	20分钟		题型	综合操作题	题分	100分
成绩		考评员		考评组长	日期	
试题正文	写出计量标准技术报告内容					
需要说明的问题和要求	（1）要求1人完成。 （2）内容完整准确					

序号	项目名称	质量要求	满分	扣分标准	扣分原因	得分
1	写出计量标准技术报告内容	内容完整准确	100	内容每缺一项，扣15分； 每项内容不完善，扣5分		
	合计		100			

标准答案：

计量标准技术报告包含以下内容。

（1）总体要求。建标单位在计量标准技术报告中应当准确描述建立计量标准的目的、计量标准的工作原理及其组成、计量标准的稳定性考核、结论及附加说明等情况。

（2）计量标准器及主要配套设备。计量标准器及主要配套设备的名称、型号、测量范围、不确定度或准确度等级或最大允许误差、制造厂及出厂编号、检定周期或复校间隔以及检定或校准机构等栏目信息应当填写完整、正确。

（3）计量标准的主要技术指标及环境条件。计量标准的测量范围、不确定度或准确度等级或最大允许误差以及计量标准的稳定性等主要技术指标及温度、湿度等环境条件填写完整、正确。对于可以测量多种参数的计量标准，应当给出对应于每种参数的主要技术指标。

（4）计量标准的量值溯源和传递框图。根据相应的国家计量检定系统表、计量检定规程或计量技术规范，正确画出所建计量标准溯源到上一级计量器具和传递到下一级计量器具的量值溯源和传递框图。

（5）检定或校准结果的重复性试验。按照规程要求进行检定或校准结果的重复性试验。新建计量标准应当进行重复性试验，并将得到的重复性用于检定或校准结果的测量不确定度评定；已建计量标准，每年至少进行一次重复性试验，测得的重复性应当满足检定或校准结果的测量不确定度的要求。

（6）检定或校准结果的测量不确定度评定。按照规程要求进行检定或校准结果的测量不确定度评定，评定步骤、方法应当正确，评定结果应当合理。必要时，可以形成独立的《检定或校准结果的测量不确定度评定报告》。

（7）检定或校准结果的验证。按照规程要求进行检定或校准结果的验证，验证的方法应当正确，验证结果应当符合要求。

Jc0005343002　审核 0.2S 级电磁式电流互感器检定证书。（100 分）

考核知识点： 审核 0.2S 级电磁式电流互感器检定证书

难易度： 难

技能等级评价专业技能考核操作工作任务书

一、任务名称

审核 0.2S 级电磁式电流互感器检定证书。

二、适用工种

电能表修校工高级工。

三、具体任务

审核给出的 0.2S 级电磁式电流互感器检定证书，将证书中存在的错误及更正按要求填写在答题卡上。

四、工作规范及要求

按照相应的检定规程规范审核填写。

五、现场提供材料及工器具

无。

六、考核及时间要求

本考核时间为 60 分钟，请按照任务要求完成操作和答题卡。

（1）检定证书。

××××××××计量中心

检定证书

证书编号：××××××××

送检单位	××××××××××
计量器具名称	互感器
型号/规格	LMZ4D－MLX1
出厂编号	×××××
制造单位	××××××××××
准确度等级	～0.2S
检定依据	JJG 1021—2007
检定结论	合格

批准人＿＿＿×××＿＿＿

（检定专用章）　　核验员＿＿×××＿＿＿

检定员＿＿×××＿＿＿

检定日期　2021　年　4　月　9　日

有效期至　2041　年　4　月　8　日

计量检定机构授权证书号：××××××××××　　电话：（计量检定/校准机构电话）

地址：（计量检定/校准机构地址）　　　　　　邮编：（计量检定/校准机构邮编）

传真：（计量检定/校准机构传真）　　　　　　E-mail：（计量检定/校准机构电子邮箱）

第 1 页，共 4 页

检定使用的计量标准装置				
名　称	测量范围	准确度等级	计量标准考核证书编号	有效期至
（0.01S 级）全自动电流互感器校验装置	（5～2000）A/5A	0.01S 级	××××－××××	2022 年 5 月 31 日
检定使用的标准器				
名称	测量范围	准确度等级/最大允许误差	检定/校准证书编号	有效期至
自升流标准电流互感器	（5～2000）A/5A	0.01S 级	××××－××××	2021 年 3 月 31 日

检定依据：JJG 1021—2007《电力互感器检定规程》

注：

1. ××××仅对加盖"×××××××××检定专用章"的完整证书负责。

2. 本次检定使用的计量标准器的量值均可溯源到国家计量标准（基准）。

3. 本证书的检定结果仅对本次所检定的计量器具有效。

4. 本证书如需复印必须全部复印，部分复印无效

检定环境条件及地点			
温度	20℃	地点	××××
相对湿度	40%	其他	无
备注：无			

电流互感器检定证书

额定一次电流	2500A
额定二次电流	5A
额定功率因数	$\cos\varphi = 0.8\,L$
额定负荷	10VA
额定电压	0.5KV
额定频率	50hz
用途	无

检定时环境温度：

温度___20℃___   相对湿度___40%___

检定结果：

外观检查_____合格_____

绝缘试验_____合格_____

绕组极性检查_____减_____

运行变差实验_____合格_____

磁饱和裕度试验_____合格_____

结论及说明：

1. 已测量限误差符合 0.2S 级要求。

2. 下次检定请示出此证书。

第 3 页，共 4 页

误 差 数 据

电流比	误差＼额定电流百分数	1	5	20	100	120	二次负荷（VA）$\cos\varphi = 0.8\,L$
2500A/5A	f（%）	/	−0.052	−0.000	−0.016	0.016	10
	δ（′）	/	10.63	6.97	3.71	3.33	
	f（%）	/	−0.006	0.038	0.044	/	3.75
	δ（′）	/	9.69	6.25	3.59	/	

——————— 以下空白 ———————

第 4 页，共 4 页

（2）原始记录。

×××××××计量中心

电流互感器检定原始记录

送检单位	×××××××××	准确度等级	0.2S 级
名称	互感器	额定一次电流	2500A
型号	LMZ4D-MLX1	额定二次电流	5A
制造厂名	×××××××××	额定功率因数	$\cos\varphi = 0.8$
出厂编号	×××××××××	额定负荷	10VA
用途	/	额定频率	50hz
证书编号	×××××××××	额定电压	0.5KV
检定依据	JJG 1021—2007		

检定使用的计量标准装置

名称	测量范围	准确度等级	计量标准考核证书编号	有效期至
（0.01S级）全自动电流互感器校验装置	（5～2000）A/5A	0.01S 级	××××-××××	2022 年 5 月 31 日

检定使用的标准器及主要配套设备

标准器名称	型号	测量范围	出厂编号	证书编号	不确定度/准确度等级/最大允许误差	有效期
自升流标准电流互感器	HL-62SC	（5～2000）A/5A	××××	××××	0.01S 级	2021 年 3 月 31 日

检定日期 __2021__ 年 __4__ 月 __9__ 日   核验员 ___×××___

有效期至 __2041__ 年 __4__ 月 __8__ 日   检定员 ___×××___

检定时的环境条件：

温度	20℃	相对湿度	40%

第 1 页，共 2 页

（1）外观检查：

外观		■完好	□缺陷
铭牌	产品编号	■有	□无
	出厂日期	■有	□无
	接线方式说明	■有	□无
	额定电流比	■有	□无
	准确度等级	■有	□无
标志	一次/二次接线端子符合标志	■有	□无
	接地标志	■有	□无

（2）极性检查：■减极性　　□加极性

（3）绝缘试验＿＿＿合格＿＿＿

（4）运行变差试验＿＿＿合格＿＿＿

（5）磁饱和裕度试验＿＿＿合格＿＿＿

（6）误差测试：

$\dfrac{I_p}{I_n}$（%）	1	5	20	100	120	二次负荷		实际负荷	
						VA	$\cos\varphi$	R	X
f（%）	−0.163	−0.052	−0.000	−0.016	0.016	10		/	/
δ（′）	+19.82	10.63	6.97	3.71	3.33		0.8L		
f（%）	/	−0.006	0.038	0.044	/	3.75		/	/
δ（′）	/	9.69	6.25	3.59	/				

———— 以下空白 ————

技能等级评价专业技能考核操作评分标准

工种		电能表修校工			评价等级		高级工
项目模块		计量检定		编号		Jc0005343002	
单位			准考证号			姓名	
考试时限	60分钟		题型		简答题	题分	100分
成绩		考评员		考评组长		日期	
试题正文	审核 0.2S 级电磁式电流互感器检定证书						
需要说明的问题和要求	（1）要求 1 人完成。 （2）按照相应的检定规程规范填写						

序号	项目名称	质量要求	满分	扣分标准	扣分原因	得分
1	检定证书审核	按照相关规程要求找出给定检定证书中存在的错误，并更正	100	给定原始记录检定证书共存在 20 项错误，每少指出及更正一条，扣 5 分		
	合计		100			

标准答案（错误原因不作为扣分项）：

此份检定证书及其原始记录存在如下缺陷：

（1）检定证书。

1）检定证书第 1 页中"计量器具名称__互感器__"应完整填写名称，应为"计量器具名称__电流互感器__"。

2）检定证书第 1 页中"准确度等级_～0.2S_"应完整填写名称，应为"准确度等级_0.2S 级_"。

3）检定证书第 1 页中"检定依据 JJG 1021—2007"应完整填写检定规程编号，应为"检定依据：JJG 1021—2007《电力互感器》检定规程"。

4）检定证书第 1 页中"有效期至_2041_年_4_月_8_日"应按照本次依据规程 JJG 1021—2007《电力互感器》检定规程中"6.5 检定周期电磁式电流、电压互感器的检定周期不得超过 10 年，电容式电压互感器的检定周期不得超过 4 年"给出正确的有效期，应为"有效期至_2031_年_4_月_8_日"。

5）检定证书第 2 页中"检定使用的标准器"的"有效期限_2021 年 3 月 31 日_"根据下文给出的检定日期，应核实标准器检定证书是否在有效期内，如已经超期，应将标准设备溯源，待上级计量标准检定合格并安装使用正常后，对此被试品重新检定。

6）检定证书第 2 页中没有提供本次检定所使用的标准器配套设备的信息，包括名称、型号、编号、测量范围、准确度等级/最大允许误差/测量不确定度、检定或校准证书号及有效期等。

7）检定证书第 3 页中"额定电压_0.5KV_"法定计量单位不符合规定的使用规则，应为"额定电压_0.5kV_"。

8）检定证书第 3 页中"额定频率_50hz_"法定计量单位不符合规定的使用规则，应为"额定频率_50Hz_"。

9）检定证书第 4 页中"误差数据"给出的表格中没有上限负荷与下线负荷对应 1%负载点的比差与角差误差数据。应按照本次依据规程 JJG 1021—2007《电力互感器》检定规程对 1%负载点重新检定给出误差数据。

10）检定证书第 4 页中"误差数据"给出的表格中角差与比差的误差值中正值缺少正号，应对正误差值加上"＋"。

（2）原始记录。

1）原始记录第 1 页中"额定功率因数 $\underline{\cos\varphi=0.8}$"功率因素表述不准确，应为"额定功率因数 $\underline{\cos\varphi=0.8L}$"

2）原始记录第 1 页中"额定频率 $\underline{50hz}$"法定计量单位不符合规定的使用规则，应为"额定频率 $\underline{50Hz}$"。

3）原始记录第 1 页中"额定电压 $\underline{0.5KV}$"法定计量单位不符合规定的使用规则，应为"额定电压 $\underline{0.5kV}$"。

4）原始记录第 1 页中"名称　$\underline{\quad互感器\quad}$"应完整填写名称，应为"名称　$\underline{\quad电流互感器\quad}$"。

5）原始记录第 1 页中"检定依据　$\underline{\quad JJG\ 1021—2007\quad}$"应完整填写检定规程编号，应为"检定依据　$\underline{\quad JJG\ 1021—2007}$《电力互感器》检定规程"。

6）原始记录第 1 页中"检定使用的计量标准装置"的"有效期限　$\underline{2021\ 年\ 3\ 月\ 31\ 日\quad}$"根据下文给出的检定日期，应核实标准器检定证书是否在有效期内，如已经超期，应将标准设备溯源，待上级计量标准检定合格并安装使用正常后，对此被试品重新检定。

7）原始记录第 1 页中没有提供本次检定所使用的标准器配套设备的信息，包括名称、型号、编号、测量范围、准确度等级/最大允许误差/测量不确定度、检定或校准证书号及有效期等。

8）原始记录第 1 页中"有效期至 $\underline{2041}$ 年 $\underline{4}$ 月 $\underline{8}$ 日"应按照本次依据规程 JJG 1021—2007 《电力互感器》检定规程中"6.5 检定周期 电磁式电流、电压互感器的检定周期不得超过 10 年，电容式电压互感器的检定周期不得超过 4 年"给出正确的有效期，应为"有效期至 $\underline{2031}$ 年 $\underline{4}$ 月 $\underline{8}$ 日"。

9）原始记录第 2 页中"（6）误差测试"给出的表格中角差与比差的误差值中正值缺少正号，应对正误差值加上"＋"。

10）原始记录中缺少本次检定的总结论。

Jc0005341003　实验室完成 35kV 电流互感器绝缘电阻试验。（100 分）

考核知识点：实验室 35kV 电流互感器绝缘电阻试验

难易度：易

技能等级评价专业技能考核操作工作任务书

一、任务名称

实验室完成 35kV 电流互感器绝缘电阻试验。

二、适用工种

电能表修校工高级工。

三、具体任务

依据 JJG 1021—2007《电力互感器检定规程》，选用合适的绝缘电阻表对 35kV 电流互感器进行绝缘电阻试验。

四、工作规范及要求

（1）带电操作应遵守安全规定，制定危险点预防和控制措施。

（2）着装符合要求，穿全棉长袖工作服、绝缘鞋，戴安全帽、棉线手套。

（3）测试时出现测量回路短路或接地、伪造测试数据、仪器仪表操作不当或跌落损坏情况，该操作项目不合格。

（4）鉴定时出现设备异常报警，参考人员可以提出设备检查申请。若判断为人员误操作原因，异常处理时间列入鉴定时间；若是设备故障，异常处理时间不列入鉴定时间。需要给出《绝缘电阻检测记录》。

五、现场提供材料及工器具

（1）数字型绝缘电阻表。

（2）35kV 电流互感器。

（3）放电棒、接地线、适当长度的短接线若干。

（4）螺丝刀若干、安全围栏。

六、考核及时间要求

本考核时间为 60 分钟，请按照任务要求完成操作和答题卡。

答题卡：

绝 缘 电 阻 检 测 记 录

所用测试设备			
名称	型号	编号	有效期

被测设备信息		
名称	型号	编号

测试时条件			
温度	（℃）	相对湿度	（%）

绝缘电阻记录	
一次绕组对二次绕组的绝缘电阻	二次绕组间及对地的绝缘电阻
结论	

技能等级评价专业技能考核操作评分标准

工种	电能表修校工			评价等级	高级工
项目模块	计量检定		编号		Jc0005341003
单位		准考证号		姓名	
考试时限	60 分钟	题型	单项操作题	题分	100 分
成绩		考评员		考评组长	日期	
试题正文	实验室完成 35kV 电流互感器绝缘电阻试验				
需要说明的问题和要求	（1）要求 1 人完成。 （2）操作时应注意安全，按照标准化作业指导书的技术安全说明做好安全措施。 （3）考评员应注意人员、设备情况，必要时制止违规行为				

续表

序号	项目名称	质量要求	满分	扣分标准	扣分原因	得分
1	准备工作					
1.1	着装	穿工作服、绝缘鞋，戴安全帽、棉线手套	2	工作服、绝缘鞋、安全帽穿戴不符合要求，每项扣1分； 带电作业时未戴棉线手套，扣2分； 该项最多扣2分，分数扣完为止		
1.2	安全检查	（1）检查放电棒是否在有效期内。 （2）选择2.5kV绝缘电阻表，将"E"端接地，并对绝缘电阻表进行开路和短路试验。 （3）设置安全围栏，警示语朝外	8	未检查放电棒，扣2分； 未正确选择绝缘电阻表，扣2分； 未对绝缘电阻表进行开路和短路试验，每处扣1分； 未规范装设安全围栏，扣2分； 该项最多扣8分，分数扣完为止		
2	操作过程					
2.1	放电	使用放电棒对电流互感器放电接地	3	未放电接地，扣3分		
2.2	进行一次绕组对二次绕组的绝缘电阻测量	（1）首先电流互感器一次绕组P1、P2用短接线进行短接，二次所有绕组进行短接后接地，绝缘电阻表的高压输出"L"端接在电流互感器一次绕组P1、P2端子或短接线上。 （2）试验人员检查试验接线正确，经考官复查接线正确无误后，取下接在一次绕组上的接地线，开始进行试验。 （3）无特殊要求，应读取1分钟电阻值。 （4）测试完成后，关闭绝缘电阻表，对被试电流互感器一次绕组放电、接地	24	步骤（1）未短路接地，扣5分，未接高压输出端口，扣3分； 步骤（2）错误，扣5分；不全，扣2分； 步骤（3）未读取1分钟电阻值，扣5分； 步骤（4）未关闭绝缘电阻表或未放电接地，每处扣3分； 该项最多扣24分，分数扣完为止		
2.3	二次绕组间及对地的绝缘电阻	（1）将电流互感器各二次绕组分别单独进行短接，绝缘电阻表的高压输出"L"端接在电流互感器的测量二次绕组上，测试前该绕组也应装设接地线，其他的二次绕组短接后接地。 （2）试验人员检查试验接线正确，经考官复查接线正确无误后，取下装设在该绕组上的接地线，开始测量。 （3）无特殊要求，应读取1分钟时的绝缘电阻值。 （4）测试完成后，关闭绝缘电阻表，对被试电流互感器一次绕组放电、接地	24	步骤（1）未短路接地，扣5分，未接高压输出端口，扣3分； 步骤（2）错误，扣5分；不全，扣2分； 步骤（3）未读取1分钟电阻值，扣5分； 步骤（4）未关闭绝缘电阻表或未放电接地，每处扣3分； 该项最多扣24分，分数扣完为止		
2.4	清理现场	（1）拆除临时电源，检查现场是否有遗留物品。 （2）清点设备和工具，并清理现场，做到工完料净场地清	4	以检定人员报告工作完毕为现场清理结束依据： 现场未清理，扣4分； 现场清理不彻底，扣2分		
3	质量评价					
3.1	测量数据	数据规范、正确	10	型号、编号等参数，每少写一个扣1分，最多扣4分； 温、湿度写错，每个扣1分； 测试数据填错，每个扣2分，最多扣4分； 该项最多扣10分，分数扣完为止		

续表

序号	项目名称	质量要求	满分	扣分标准	扣分原因	得分
3.2	检验结论	判断数据是否合格，并进行口述合格标准： （1）一次对二次：绝缘电阻大于1500MΩ。 （2）二次绕组之间：绝缘电阻大于500MΩ。 （3）二次绕组对地：绝缘电阻大于500MΩ	20	判断错误或漏项，每处扣7分，最多扣20分； 口述合格标准时说成不小于，每处扣2分； 该项最多扣20分，分数扣完为止		
3.3	卷面	字迹清楚，数据涂改要用"/"划掉，并在旁边写上正确数据，填上自己的名字	5	有涂改但涂改不规范，扣3分； 字迹不清，扣2分		
	合计		100			

Jc0005341004 实验室完成 10kV 电压互感器绝缘电阻试验。（100 分）

考核知识点： 电能计量装置接线

难易度： 易

技能等级评价专业技能考核操作工作任务书

一、任务名称

实验室完成 10kV 电磁式电压互感器绝缘电阻试验。

二、适用工种

电能表修校工高级工。

三、具体任务

依据 JJG 1021—2007《电力互感器》检定规程，选用合适的绝缘电阻表对 10kV 电磁式电压互感器进行绝缘电阻试验。

四、工作规范及要求

（1）带电操作应遵守安全规定，制定危险点预防和控制措施。

（2）着装符合要求，穿全棉长袖工作服、绝缘鞋，戴安全帽、棉线手套。

（3）测试时出现测量回路短路或接地、伪造测试数据、仪器仪表操作不当或跌落损坏情况，该操作项目不合格。

（4）鉴定时出现设备异常报警，参考人员可以提出设备检查申请。若判断为人员误操作原因，异常处理时间列入鉴定时间；若是设备故障，异常处理时间不列入鉴定时间。需要给出《绝缘电阻检测记录》。

五、现场提供材料及工器具

（1）数字型绝缘电阻表。

（2）10kV 电压互感器。

（3）放电棒、接地线、适当长度的短接线若干。

（4）螺丝刀若干、安全围栏。

六、考核及时间要求

本考核时间为 60 分钟，请按照任务要求完成操作和答题卡。

答题卡：

绝 缘 电 阻 检 测 记 录

所用测试设备			
名称	型号	编号	有效期

被测设备信息		
名称	型号	编号

测试时条件			
温度	（℃）	相对湿度	（%）

绝缘电阻记录	
一次绕组对二次绕组的绝缘电阻	二次绕组间及对地的绝缘电阻
结论	

技能等级评价专业技能考核操作评分标准

工种	电能表修校工			评价等级	高级工
项目模块	计量检定		编号		Jc0005341004
单位		准考证号		姓名	
考试时限	60分钟	题型	单项操作题	题分	100分
成绩		考评员	考评组长	日期	
试题正文	实验室完成10kV电压互感器绝缘电阻试验				
需要说明的问题和要求	（1）要求1人完成。 （2）操作时应注意安全，按照标准化作业指导书的技术安全说明做好安全措施。 （3）考评员应注意人员、设备情况，必要时制止违规行为				

序号	项目名称	质量要求	满分	扣分标准	扣分原因	得分
1	准备工作					
1.1	着装	穿工作服、绝缘鞋、戴安全帽、棉线手套	2	工作服、绝缘鞋、安全帽穿戴不符合要求，每项扣1分； 带电作业时未戴棉线手套，扣2分； 该项目最多扣2分，分数扣完为止		
1.2	安全检查	（1）检查放电棒是否在有效期内。 （2）选择2.5kV绝缘电阻表，并将"E"端接地，并对绝缘电阻表进行开路和短路试验。 （3）设置安全围栏，警示语朝外	8	未检查放电棒，扣2分； 未正确选择绝缘电阻表，扣2分； 未对绝缘电阻表进行开路和短路试验，每处扣1分； 未规范装设安全围栏，扣2分； 该项最多扣8分，分数扣完为止		
2	操作过程					
2.1	放电	使用放电棒对电压互感器放电接地	3	未放电接地，扣3分		

续表

序号	项目名称	质量要求	满分	扣分标准	扣分原因	得分
2.2	进行一次绕组对二次绕组的绝缘电阻测量	（1）首先将电压互感器一次绕组 A、N 用短接线进行短接，二次所有绕组进行短接后接地，绝缘电阻表的高压输出"L"端接在电压互感器一次绕组接线端子或短接线上。 （2）试验人员检查试验接线正确，经考官复查接线正确无误后，拆去互感器上的接地线，开始进行试验。 （3）无特殊要求，应读取 1 分钟时的绝缘电阻值。 （4）测试完成后，关闭绝缘电阻表，对被试电压互感器一次绕组放电、接地	24	步骤（1）未短路接地，扣 5 分，未接高压输出端口，扣 3 分； 步骤（2）错误，扣 5 分，不全，扣 2 分； 步骤（3）未读取 1 分钟电阻值，扣 5 分； 步骤（4）未关闭绝缘电阻表或未放电接地，每处扣 3 分； 该项目最多扣 24 分，分数扣完为止		
2.3	二次绕组间及对地的绝缘电阻	（1）将电压互感器二次绕组分别进行短接、接地，一次绕组短接，绝缘电阻表的高压输出"L"端接在电压互感器的测量二次绕组上，测试前该绕组也应加装设接地线，其他的二次绕组短接后接地。 （2）试验人员检查试验接线正确，经考官复查接线正确无误后，取下装设在被测绕组上的接地线，开始测量。 （3）无特殊要求，应读取 1 分钟时的绝缘电阻值。 （4）测试完成后，关闭绝缘电阻表，对被试电压互感器一次绕组放电、接地	24	步骤（1）未短路接地，扣 5 分，未接高压输出端口，扣 3 分； 步骤（2）错误，扣 5 分，不全，扣 2 分； 步骤（3）未读取 1 分钟电阻值，扣 5 分； 步骤（4）未关闭绝缘电阻表或未放电接地，每处扣 3 分； 该项目最多扣 24 分，分数扣完为止		
2.4	清理现场	（1）拆除临时电源，检查现场是否有遗留物品。 （2）清点设备和工具，并清理现场，做到工完料净场地清	4	以检定人员报告工作完毕作为现场清理结束依据： 现场未清理，扣 4 分； 现场清理不彻底，扣 2 分		
3	质量评价					
3.1	测量数据	数据规范、正确	10	型号、编号等参数，每少写一个扣 1 分，最多扣 4 分； 温、湿度写错，每个扣 1 分； 测试数据填错，每个扣 2 分，最多扣 4 分		
3.2	检验结论	判断数据是否合格，并进行口述合格标准： （1）一次对二次：绝缘电阻大于 1000MΩ。 （2）二次绕组之间：绝缘电阻大于 500MΩ。 （3）二次绕组对地：绝缘电阻大于 500MΩ	20	判断错误或漏项，每处扣 7 分，最多扣 20 分； 口述合格标准时说成不小于，每处扣 2 分； 该项目最多扣 20 分，分数扣完为止		
3.3	卷面	字迹清楚，涂改要用"/"划掉，并在旁边写上正确数据，填上自己的名字	5	有涂改但涂改不规范，扣 3 分； 字迹不清，扣 2 分		
	合计		100			

Jc0005361005　实验室完成 35kV 电流互感器耐压试验。（100 分）

考核知识点：实验室 35kV 电流互感器耐压试验

难易度：易

技能等级评价专业技能考核操作工作任务书

一、任务名称

实验室完成 35kV 电流互感器耐压试验。

二、适用工种

电能表修校工高级工。

三、具体任务

（1）依据 JJG 1021—2007《电力互感器》，使用高电压试验变压器对 35kV 电流互感器进行工频耐压试验，已知 35kV 电流互感器的出厂耐压值为 80kV。

（2）简述耐压试验对频率、正弦电压的失真度、试验电压测量误差都有什么要求，耐压试验合格的判断依据是什么？

四、工作规范及要求

（1）带电操作应遵守安全规定，制定危险点预防和控制措施。

（2）着装符合要求，穿全棉长袖工作服、绝缘鞋，戴安全帽、棉线手套。

（3）测试时出现测量回路短路或接地、伪造测试数据、仪器仪表操作不当或跌落损坏情况，该操作项目不合格。

（4）鉴定时出现设备异常报警，参考人员可以提出设备检查申请。若判断为人员误操作原因，异常处理时间列入鉴定时间；若是设备故障，异常处理时间不列入鉴定时间。

五、现场提供材料及工器具

（1）工频高压发生器。

（2）35kV 电流互感器。

（3）放电棒、接地线、适当长度的短接线若干。

（4）螺丝刀若干、安全围栏。

六、考核及时间要求

本考核时间为 60 分钟，请按照任务要求完成操作。

技能等级评价专业技能考核操作评分标准

工种	电能表修校工				评价等级	高级工
项目模块	计量检定			编号		Jc0005361005
单位			准考证号		姓名	
考试时限	60 分钟		题型	综合操作题	题分	100 分
成绩		考评员		考评组长		日期	
试题正文	实验室完成 35kV 电流互感器耐压试验					
需要说明的问题和要求	（1）要求 1 人完成。 （2）操作时应注意安全，按照标准化作业指导书的技术安全说明做好安全措施。 （3）考评员应注意人员、设备情况，必要时制止违规行为					

序号	项目名称	质量要求	满分	扣分标准	扣分原因	得分
1	准备工作					
1.1	着装	穿工作服、绝缘鞋，戴安全帽、棉线手套	2	工作服、绝缘鞋、安全帽穿戴不符合要求，每项扣 1 分； 带电作业时未戴棉线手套，扣 2 分； 该项最多扣 2 分，分数扣完为止		
1.2	安全检查	（1）检查放电棒是否在有效期内。 （2）设置安全围栏，警示语朝外	3	未检查放电棒，扣 2 分； 未规范装设安全围栏，扣 2 分； 该项最多扣 3 分，分数扣完为止		

续表

序号	项目名称	质量要求	满分	扣分标准	扣分原因	得分
2	操作过程					
2.1	放电	使用放电棒对电流互感器放电	5	未放电，每处扣5分		
2.2	工频耐压试验（一次对二次）	（1）将电流互感器一次短接，接到高压发生器高压侧。 （2）二次侧短接接地并接高压发生器的低端。 （3）升压时从0平稳上升，在规定耐压值68kV停留1分钟，然后平稳下降到接近0。 （4）对电流互感器放电并口述是否合格	20	未做第（1）条或第（2）条，停止试验，扣20分； 未按第（3）条执行或未升到规定耐压值，扣10分； 试验后未放电，扣5分； 该项最多扣20分，分数扣完为止		
2.3	工频耐压试验（二次对地）	（1）将电流互感器二次短接并接高压发生器的高端。 （2）将地接在高压发生器的低端。 （3）升压时从0平稳上升，在规定耐压值2kV停留1分钟，然后平稳下降到接近0。 （4）对电流互感器放电并口述是否合格	20	未做第（1）条或第（2）条，停止试验，扣20分； 未按第（3）条执行或未升到规定耐压值，扣10分； 试验后未放电，扣5分； 该项最多扣20分，分数扣完为止		
2.4	工频耐压试验（二次之间）	（1）将电流互感器一个绕组短接并接高压发生器的高端。 （2）将互感器其他二次绕组短接，并接高压发生器的低端。 （3）升压时从0平稳上升，在规定耐压值2kV停留1分钟，然后平稳下降到接近0。 （4）对电流互感器放电并口述是否合格	20	未做第（1）条或第（2）条，停止试验，扣20分； 未按第（3）条执行或未升到规定耐压值，扣10分； 试验后未放电，扣5分； 该项最多扣20分，分数扣完为止		
2.5	清理现场	（1）拆除临时电源，检查现场是否有遗留物品。 （2）清点设备和工具，并清理现场，做到工完料净场地清	5	以检定人员报告工作完毕作为现场清理结束依据： 现场未清理，扣5分； 现场清理不彻底，扣3分		
3	质量评价					
3.1	试验要求	对频率、正弦电压的失真度、试验电压测量误差的要求： （1）频率：50Hz±0.5Hz。 （2）失真度不大于5%的正弦电压。 （3）测量误差不大于3%	15	错一个或少答一个，扣5分		
3.2	判据结论依据	试验时应无异声、异味，无击穿和表面放电，绝缘保持良好，误差无可觉察变化	10	没写或写错，扣10分； 回答每少一条，扣2分		
	合计		100			

Jc0005361006　实验室完成10kV电压互感器耐压试验。（100分）

考核知识点： 实验室10kV电压互感器耐压试验

难易度： 易

技能等级评价专业技能考核操作工作任务书

一、任务名称

实验室完成10kV电压互感器耐压试验。

二、适用工种

电能表修校工高级工。

三、具体任务

（1）依据 JJG 1021—2007《电力互感器》，使用高电压试验变压器对 10kV 电压互感器进行一次对地工频耐压试验，已知 10kV 电压互感器的出厂耐压值为 30kV。

（2）简述耐压试验对频率、正弦电压的失真度、试验电压测量误差都有什么要求，耐压试验合格的判断依据是什么？

四、工作规范及要求

（1）带电操作应遵守安全规定，制定危险点预防和控制措施。

（2）着装符合要求，穿全棉长袖工作服、绝缘鞋，戴安全帽、棉线手套。

（3）测试时出现测量回路短路或接地、伪造测试数据、仪器仪表操作不当或跌落损坏情况，该操作项目不合格。

（4）鉴定时出现设备异常报警，参考人员可以提出设备检查申请。若判断为人员误操作原因，异常处理时间列入鉴定时间；若是设备故障，异常处理时间不列入鉴定时间。

五、现场提供材料及工器具

（1）工频高压发生器。

（2）10kV 电压互感器。

（3）放电棒、接地线、适当长度的短接线若干。

（4）螺丝刀若干、安全围栏。

六、考核及时间要求

本考核时间为 60 分钟，请按照任务要求完成操作。

技能等级评价专业技能考核操作评分标准

工种	电能表修校工			评价等级	高级工
项目模块	计量检定		编号		Jc0005361006
单位		准考证号		姓名	
考试时限	60 分钟	题型	综合操作题	题分	100 分
成绩	考评员		考评组长	日期	
试题正文	实验室完成 10kV 电压互感器耐压试验				
需要说明的问题和要求	（1）要求 1 人完成。 （2）操作时注意安全，按照标准化作业指导书的技术安全说明做好安全措施。 （3）考评员应注意人员、设备情况，必要时制止违规行为				

序号	项目名称	质量要求	满分	扣分标准	扣分原因	得分
1	准备工作					
1.1	着装	穿工作服、绝缘鞋，戴安全帽、棉线手套	2	工作服、绝缘鞋、安全帽穿戴不符合要求，每项扣 1 分； 带电作业时未戴棉线手套，扣 2 分； 该项最多扣 2 分，分数扣完为止		
1.2	安全检查	（1）检查放电棒是否在有效期内。 （2）设置安全围栏，警示语朝外	3	未检查放电棒，扣 2 分； 未规范装设安全围栏，扣 2 分； 该项最多扣 3 分，分数扣完为止		
2	操作过程					
2.1	放电	使用放电棒对电流互感器放电	5	未放电，每处扣 5 分		

续表

序号	项目名称	质量要求	满分	扣分标准	扣分原因	得分
2.2	工频耐压试验（一次对二次）	（1）一次绕组短接，高压发生器高压侧接到一次绕组上。 （2）二次绕组短接并接地，将高压发生器低压侧接到二次绕组上。 （3）升压时从 0 平稳上升，在规定耐压值 68kV 停留 1 分钟，然后平稳下降到接近 0。 （4）对电压互感器放电并口述是否合格	20	每个步骤 5 分，错误或疏漏一处扣 5 分		
2.3	工频耐压试验（二次对地）	（1）将二次绕组短接，高压发生器高压侧接到二次绕组上。 （2）将高压发生器低压侧接地。 （3）升压时从 0 平稳上升，在规定耐压值 2kV 停留 1 分钟，然后平稳下降到接近 0。 （4）对电压互感器放电并口述是否合格	20	每个步骤 5 分，错误或疏漏一处扣 5 分		
2.4	工频耐压试验（二次之间）	（1）将各个二次绕组短接，高压发生器高压侧接到一个二次绕组。 （2）将高压发生器低压侧接另一个二次绕组。 （3）升压时从 0 平稳上升，在规定耐压值 2kV 停留 1 分钟，然后平稳下降到接近 0。 （4）对电压互感器放电并口述是否合格	20	每个步骤 5 分，错误或疏漏一处扣 5 分		
2.5	清理现场	（1）拆除临时电源，检查现场是否有遗留物品。 （2）清点设备和工具，并清理现场，做到工完料净场地清	5	以检定人员报告工作完毕作为现场清理结束依据： 现场未清理，扣 5 分； 现场清理不彻底，扣 3 分		
3	质量评价					
3.1	试验要求	对频率、正弦电压的失真度、试验电压测量误差的要求： （1）频率：50±0.5Hz。 （2）失真度不大于 5% 的正弦电压。 （3）测量误差不大于 3%	15	每个要点 5 分，错一个或少答一个，扣 5 分		
3.2	判据结论依据	试验时应无异声、异味，无击穿和表面放电，绝缘保持良好，误差无可觉察变化	10	没写或写错，扣 10 分； 回答每少一条，扣 2 分		
	合计		100			

Jc0005362007 完成 0.05 级三相交流电能表检定装置的功率稳定度试验。（100 分）

考核知识点：0.05 级三相交流电能表检定装置的功率稳定度试验方法

难易度：中

技能等级评价专业技能考核操作工作任务书

一、任务名称

完成 0.05 级三相交流电能表检定装置的功率稳定度试验。

二、适用工种

电能表修校工高级工。

三、具体任务

按照 JJG 597—2005《交流电能表检定装置》检定规程的要求，完成 0.05 级三相交流电能表检定装置的功率稳定度试验。

四、工作规范及要求

（1）在三相电能表检定装置上操作并遵守安全规定和检定规程。

（2）根据检定规程要求确定试验条件，选择 3 × 220V、3 × 5A 控制量限，带最小负载，在功率因数 1.0 时进行测试。

（3）记录原始数据，计算功率稳定度并给出结论。

（4）提交原始记录。

五、现场提供材料及工器具

（1）0.05 级三相电能表标准装置。

（2）0.05 级三相功率表（合格证在有效期内）。

（3）脉冲输入线、脉冲输出线、导线、螺丝刀若干。

六、考核及时间要求

本考核时间为 60 分钟，请按照任务要求完成操作和答题卡。

答题卡：

三相电能表检定装置检定记录

装置型号：_____；编　　号：_____；等　　级：_____。

检定用计量标准名称：_____

型　　号：_____；编　　号：_____；等　　级：_____。

温　　度：_____；湿　　度：_____。

检定日期：_____；检 定 员：_____。

功率稳定度：

量限	负载		电压（%）	电流（%）	功率因数	γ_p（%）
	单相/三相	最大/最小				

结论：_____

功率记录：

功率（W）	功率（W）	功率（W）	功率（W）	功率（W）	功率（W）

技能等级评价专业技能考核操作评分标准

工种	电能表修校工				评价等级	高级工
项目模块	电能计量检定			编号	Jc0005362007	
单位		准考证号			姓名	
考试时限	60分钟	题型	综合操作题		题分	100分
成绩		考评员		考评组长	日期	

试题正文	完成0.05级三相交流电能表检定装置的功率稳定度试验
需要说明的问题和要求	（1）要求1人完成。 （2）操作遵守安全规定和检定规程

序号	项目名称	质量要求	满分	扣分标准	扣分原因	得分
1	遵守安全规定和检定规程	着装规范，实验过程符合安全规定，不发生电流开路、电压短路、带电拆接线、超量程、带电切换量程等操作	10	只要发生一项违反安全的操作，此项不得分		
2	在电能表检定装置上操作，完成输出功率稳定度试验	（1）记录环境条件。 （2）正确接线。 （3）正确操作检定装置和功率表。 （4）选择合适的试验条件，测试方法符合规程要求。 （5）记录原始数据	60	温、湿度未记录，扣4分； 试验条件（电压、电流、功率因数）未记录，每项扣2分； 标准设备信息（名称、等级、型号、编号）未记录，每项扣0.5分； 接线不正确，扣15分； 设备操作方法不当，扣8分； 试验方法不符合规程要求，每项扣5分； 试验数据涂改不规范，每处扣1分； 量值单位符号不规范，每处扣1分； 未有试验日期、试验人员签名，扣1分，最多扣5分； 未连续记录数据，每发生一次，扣2分		
3	数据处理	（1）正确计算功率稳定度。 （2）正确给出试验结论（0.05级装置功率输出稳定度限值为0.05%）	30	功率稳定度计算公式错误，扣10分； 数据计算错误，扣10分； 试验结论判断错误，扣10分		
	合计		100			

标准答案：

（1）输出功率稳定度计算公式：

$$\gamma_P(\%) = \frac{4\cos\varphi\sqrt{\dfrac{1}{n-1}\sum_{i=1}^{n}(P_i - \overline{P})^2}}{\overline{P}} \times 100$$

式中：P_i——第i次测量的功率读数（$i=1$，2，3，…，n）；

$\overline{P}$——n次功率读数的平均值；

n——测量次数。

（2）试验方法：选择控制量限，带最小负载，在功率因数 1.0 时进行。选用稳定性与分辨力足够高的功率参考标准，（1～1.5）秒读一次功率，测量时间至少 2 分钟。中间不允许对输出进行调节。

Jc0005362008　完成 0.1 级单相交流电能表检定装置的失真度试验。（100 分）

考核知识点： 0.1 级单相交流电能表检定装置的失真度试验方法

难易度： 中

技能等级评价专业技能考核操作工作任务书

一、任务名称

完成 0.1 级单相交流电能表检定装置的失真度试验。

二、适用工种

电能表修校工高级工。

三、具体任务

按照 JJG 597—2005《交流电能表检定装置》检定规程的要求，完成 0.1 级单相交流电能表检定装置的失真度试验。

四、工作规范及要求

（1）在单相电能表检定装置上操作并遵守安全规定和检定规程。

（2）根据检定规程要求确定试验条件，选择 220V、5A 控制量限，带最小负载，在功率因数 1.0 时进行测试。

（3）记录原始数据并给出结论。

（4）提交原始记录。

五、现场提供材料及工器具

（1）0.1 级单相电能表标准装置。

（2）失真度测试仪（合格证在有效期内）。

（3）脉冲输入线、脉冲输出线、导线、螺丝刀若干。

六、考核及时间要求

本考核时间为 60 分钟，请按照任务要求完成操作和答题卡。

答题卡：

单相电能表检定装置检定记录

装置型号：_____；编　　号：_____；等　　级：_____。

检定用计量标准名称：_____

型　　号：_____；编　　号：_____；等　　级：_____。

温　　度：_____；湿　　度：_____。

检定日期：_____；检 定 员：_____。

失真度：

参数	量限	负载	失真度（%）
电压			
电流			

结论：_____

技能等级评价专业技能考核操作评分标准

工种		电能表修校工			评价等级		高级工
项目模块		电能计量检定		编号		Jc0005362008	
单位			准考证号			姓名	
考试时限	60分钟		题型	综合操作题		题分	100分
成绩		考评员		考评组长		日期	
试题正文	完成0.1级单相交流电能表检定装置的失真度试验						
需要说明的问题和要求	（1）要求1人完成。 （2）操作遵守安全规定和检定规程						

序号	项目名称	质量要求	满分	扣分标准	扣分原因	得分
1	遵守安全规定和检定规程	着装规范，实验过程符合安全规定，不发生电流开路、电压短路、带电拆接线、超量程、带电切换量程等操作	10	只要发生一项违反安全的操作，此项不得分		
2	在电能表检定装置上操作，完成失真试验	（1）记录环境条件。 （2）正确接线。 （3）正确操作检定装置和失真仪。 （4）选择合适的试验条件，测试方法符合规程要求。 （5）记录原始数据	70	温、湿度未记录，扣4分； 试验条件（电压、电流）未记录，每项扣3分； 标准设备信息（名称、等级、型号、编号）未记录，每项扣0.5分； 接线不正确，扣20分； 设备操作方法不当，扣20分； 试验方法不符合规程要求，每项扣5分； 试验数据涂改不规范，每处扣1分； 量值单位符号不规范，每处扣1分； 未有试验日期、试验人员签名，扣1分，最多扣5分		
3	给出结论	正确给出试验结论（0.1级装置失真度限值为2%）	20	试验结论判断错误，扣10分		
	合计		100			

Jc0005362009　完成0.05级三相交流电能表检定装置的电压、电流对称度试验。（100分）

考核知识点： 0.05级三相交流电能表检定装置的电压、电流对称度试验方法

难易度： 中

技能等级评价专业技能考核操作工作任务书

一、任务名称

完成0.05级三相交流电能表检定装置的电压、电流对称度试验。

二、适用工种

电能表修校工高级工。

三、具体任务

按照JJG 597—2005《交流电能表检定装置》检定规程的要求，完成0.05级三相交流电能表检定装置的电压、电流对称度试验。

四、工作规范及要求

（1）在三相电能表检定装置上操作并遵守安全规定和检定规程。

（2）根据检定规程要求确定试验条件，选择 3×220V、3×5A 控制量限，在功率因数 1.0 时，完成相电压、电流对称度试验。

（3）记录原始数据，计算电压和电流对称度并给出结论。

（4）提交原始记录。

五、现场提供材料及工器具

（1）0.05 级三相电能表标准装置。

（2）0.02 级三相标准电能表（合格证在有效期内，带显示电压、电流、功率、相位）。

（3）脉冲输入线、脉冲输出线、导线、螺丝刀若干。

六、考核及时间要求

本考核时间为 60 分钟，请按照任务要求完成操作和答题卡。

答题卡：

三相电能表检定装置检定记录

装置型号：_____；编　　号：_____；等　　级：_____。

检定用计量标准名称：_____

型　　号：_____；编　　号：_____；等　　级：_____。

温　　度：_____；湿　　度：_____。

检定日期：_____；检 定 员：_____。

电压、电流对称度：

量限	相电压				电流			
	A相（V）	B相（V）	C相（V）	对称度（%）	A相（A）	B相（A）	C相（A）	对称度（%）

结论：_____

技能等级评价专业技能考核操作评分标准

工种	电能表修校工				评价等级	高级工
项目模块	电能计量检定			编号	Jc0005362009	
单位			准考证号		姓名	
考试时限	60分钟	题型		综合操作题	题分	100分
成绩		考评员		考评组长		日期	
试题正文	完成 0.05 级三相交流电能表检定装置的电压、电流对称度试验					
需要说明的问题和要求	（1）要求 1 人完成。 （2）操作遵守安全规定和检定规程					

序号	项目名称	质量要求	满分	扣分标准	扣分原因	得分
1	遵守安全规定和检定规程	着装规范，实验过程符合安全规定，不发生电流开路、电压短路、带电拆接线、超量程、带电切换量程等操作	10	只要发生一项违反安全的操作，此项不得分		

续表

序号	项目名称	质量要求	满分	扣分标准	扣分原因	得分
2	在电能表检定装置上操作，完成输出电压、电流对称度试验	（1）记录环境条件。 （2）正确接线。 （3）正确操作检定装置和标准设备。 （4）选择合适的试验条件，测试方法符合规程要求。 （5）记录原始数据	60	温、湿度未记录，扣 4 分； 试验条件（电压、电流）未记录，每项扣 3 分； 装置监视设备信息（名称、等级、型号、编号）未记录，每项扣 0.5 分； 接线不正确，扣 20 分； 检定装置和监视设备操作不当，扣 10 分； 试验方法不符合规程要求，每项扣 5 分； 试验数据涂改不规范，每处扣 1 分； 量值单位符号不规范，每处扣 1 分； 未有试验日期、试验人员签名，扣 1 分		
3	数据处理	（1）正确计算相电压、电流对称度。 （2）正确给出试验结论	30	每项对称度数据计算错误，扣 10 分； 试验结论判断错误，扣 10 分		
	合计		100			

标准答案：

电压、电流对称度计算公式（电压对称度只计算相电压对称度）：

$$电压对称度 = \frac{相电压 - 三相电压平均值}{三相电压平均值} \times 100$$

$$电流对称度 = \frac{相电流 - 三相电流平均值}{三相电流平均值} \times 100$$

0.05 级装置电压对称度限值为 0.5%，电流对称度限值为 1%。

Jc0008362010　现场检定 10kV 电容式电压互感器。（100 分）

考核知识点： 电能计量装置接线

难易度： 中

技能等级评价专业技能考核操作工作任务书

一、任务名称

现场检定 10kV 电容式电压互感器。

二、适用工种

电能表修校工高级工。

三、具体任务

现场检定 10kV 电容式电压互感器的误差，将相关数据填入互感器检定记录中，并画出检定低端测差法检定电容式电压互感器接线原理图（不需要画电源和升流部分，被试互感器有两个绕组）。

四、工作规范及要求

（1）带电操作应遵守安全规定，制定危险点预防和控制措施。

（2）使用检定装置，检定电容式电压互感器误差。

（3）测试时出现测量回路短路或接地、伪造测试数据、仪器仪表操作不当或跌落损坏情况，该操作项目不合格。

（4）其他要求：鉴定时出现设备异常报警，参考人员可以提出设备检查申请。若判断为人员误操作原因，异常处理时间列入鉴定时间；若是设备故障，异常处理时间不列入鉴定时间；升压前应通知考评员检查接线，得到允许后方可升压。鉴定人员使用记录为《互感器检定记录》。

五、现场提供材料及工器具

（1）0.1 级电压互感器检定装置（调压器、升压器、标准互感器、负载箱、互感器校验仪）。

（2）10kV 0.5 级电容式电压互感器。

（3）一次导线、二次导线、接地线、扳手、螺丝刀若干。

（4）放电器、万用表、验电笔、安全围栏。

六、考核及时间要求

本考核时间为 60 分钟，请按照任务要求完成操作和答题卡。

答题卡：

互 感 器 检 定 记 录

一、标准设备信息			
名称	出厂编号	不确定度/准确度等级/最大允许误差	有效期

二、被检互感器信息			
名称		型号	
出厂编号		额定一次电压	
额定二次电压		额定功率因数	
制造厂名		第一绕组额定负荷	
第一绕组额定负荷		准确度等级	

测试量	80%U_n	100%U_n	110%U_n	115%U_n	负载 1a—1n	负载 2a—2n
f（%）						
δ（′）						
f（%）						
δ（′）						
测试环境	温度（℃）		相对湿度（%）		检定结论	

技能等级评价专业技能考核操作评分标准

工种	电能表修校工				评价等级	高级工
项目模块	计量检定			编号		Jc0008362010
单位			准考证号		姓名	
考试时限	60分钟		题型	综合操作题	题分	100分
成绩		考评员		考评组长		日期

试题正文	现场检定 10kV 电容式电压互感器
需要说明的问题和要求	（1）要求1人完成。 （2）操作时应注意安全，按照标准化作业指导书的技术安全说明做好安全措施。 （3）考评员应注意人员、设备情况，必要时制止违规行为

序号	项目名称	质量要求	满分	扣分标准	扣分原因	得分
1	准备工作					
1.1	着装	穿工作服、绝缘鞋，戴安全帽、棉线手套	2	工作服、绝缘鞋、安全帽穿戴不符合要求，每项扣1分； 带电作业时未戴棉线手套，扣2分； 该项最多扣2分，分数扣完为止		
1.2	仪器工具选用	（1）电容式电压互感器检定装置、相关一次及二次导线。 （2）不同规格螺丝刀。 （3）放电器	3	由于未检查设备状况和功能而更换设备，扣3分； 借用工器具，每件扣1分，最多扣2分； 未检查放电器，扣2分； 未正确选择一次及二次导线，每处扣1分； 该项最多扣3分，分数扣完为止		
2	操作过程					
2.1	安全准备工作	（1）工作前先将放电器接地线一端牢固地接到接地端子。 （2）使用放电器对标准、被检电压互感器、升压器的一次侧接触放电。 （3）设置安全围栏，警示语朝外。 （4）检查调压器在零位	5	放电器接地线一端未接到接地端子，扣2分； 放电时未对一次侧接触放电，扣3分； 未规范装设安全围栏，扣3分； 未检验调压器零位，扣3分 该项最多扣5分，分数扣完为止		
2.2	设置负载箱挡位	设置合适挡位	5	上下限未设置合适挡位，设置不正确，每处扣2.5分		
2.3	现场接线	按照规程检定电容式电压互感器接线原理图，逐一将相关设备一次、二次接线牢固连接	15	选配调压器不正确，扣5分； 一次、二次接线不正确，每处扣5分； 接地每少一处，扣3分； 一次、二次接线不牢固，每处扣3分； 调压器的接线不正确，扣5分； 该项最多扣15分，分数扣完为止		

续表

序号	项目名称	质量要求	满分	扣分标准	扣分原因	得分
2.4	绕组极性检查	升压至额定值的5%以下试测，确定接线极性是否正确（口头汇报极性检查结果）	3	未进行极性检查，扣3分； 试验方法不对，扣3分； 口头未汇报，扣3分； 该项最多扣3分，分数扣完为止		
2.5	测定误差	按检测情况填写《互感器检定记录》	15	未升到规定的额定电压百分数（偏差±0.05%）就抄数据，每处扣4分，最多扣10分； 测量完毕后调压器粗调、微调旋钮未回零，扣5分		
2.6	拆除检验仪接线	（1）关闭检验仪电源，切断试验电源。 （2）放电操作。 （3）拆除一次、二次接线	10	未及时关闭检验仪电源、切断试验电源，扣5分； 未实施放电，扣5分； 拆除一次、二次接线方法不对，扣3分； 该项最多扣10分，分数扣完为止		
2.7	清理现场	（1）拆除临时电源，检查现场是否有遗留物品。 （2）清点设备和工具，并清理现场，做到工完料净场地清	2	以检定人员报告工作完毕作为现场清理结束依据： 现场未清理，扣2分； 现场清理不彻底，扣1分		
3	质量评价					
3.1	画出试验接线图	试验接线图正确，画出补偿电抗	10	错误，扣10分； 不规范，扣（1~3）分； 未画出补偿电抗，扣4分； 该项最多扣10分，分数扣完为止		
3.3	测量数据	（1）规范填写被检品参数。 （2）规范填写温、湿度。 （3）规范填写现场校验仪等设备型号、出厂编号等。 （4）规范填写至少两次基本误差。 （5）数据选择115%U_n，且其下限不做	20	被检设备信息，每少写一个扣0.5分，最多扣5分； 温、湿度写错，每个扣2分； 标准设备信息，每错一处扣0.5分，最多扣3分； 基本误差填错，每个扣1分，最多扣4分； 填写115%U_n下限，扣4分； 数据选择110%U_n，扣4分，最多扣4分； 少保留小数点位数，扣5分； 多保留小数点位数，扣5分； 该项最多扣20分，分数扣完为止		
3.4	检验结论	判断是否合格	5	判断不准确，扣5分		
3.5	卷面	字迹清楚，涂改要用"/"划掉，并在旁边写上正确数据，填上自己的名字，不做的点用"/"划掉	5	涂改不规范，扣2分； 不做的点没划掉，扣2分； 字迹不清，扣1分		
	合计		100			

标准答案：

试验接线图如图 Jc0008362010 所示。

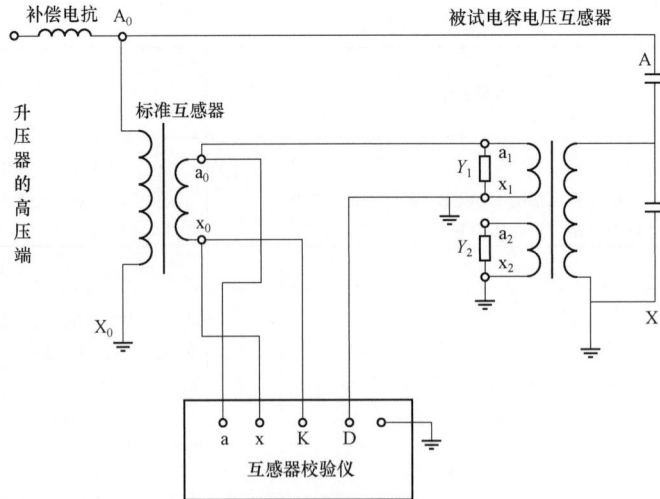

图 Jc0008362010

Jc0008361011 检测三相三线电能计量装置电压互感器二次回路导纳和压降。（100 分）

考核知识点： 电能计量装置接线

难易度： 易

技能等级评价专业技能考核操作工作任务书

一、任务名称

检测三相三线电能计量装置电压互感器二次回路导纳和压降。

二、适用工种

电能表修校工高级工。

三、具体任务

在运行的高压三相三线电能计量装置上，检测三相三线电能计量装置电压互感器二次回路导纳和压降，完成电压二次回路导纳和压降测试并填写记录。画出三相三线电能计量装置电压二次回路压降现场检测接线原理图（比较法）。

四、工作规范及要求

（1）带电操作应遵守安全规定，制定危险点预防和控制措施。

（2）着装符合要求，穿全棉长袖工作服、绝缘鞋，戴安全帽、棉线手套。

（3）测试时出现测量回路短路或接地、伪造测试数据、仪器仪表操作不当或跌落损坏情况，该操作项目不合格。

（4）鉴定时出现设备异常报警，参考人员可以提出设备检查申请。若判断为人员误操作原因，异常处理时间列入鉴定时间；若是设备故障，异常处理时间不列入鉴定时间。需要给出《二次回路压降及负荷测试原始记录》。

五、现场提供材料及工器具

（1）载波式互感器二次压降及负荷测试仪。

（2）三相三线电能计量模拟装置（电压互感器及其端子箱、电流互感器及其端子箱、电能表计量柜）。

（3）螺丝刀若干。

（4）万用表、验电笔、安全围栏、"在此工作！"标识牌。

六、考核及时间要求

本考核时间为 90 分钟，请按照任务要求完成操作和答题卡。

答题卡：

二次回路压降及负荷测试原始记录

计量回路基本信息

额定电压（V）		接线方式		额定负荷（VA）		额定功率因数	

所用测试设备

名称	型号	编号

测试时条件

温度		（℃）		相对湿度		（%）	

TV 二次压降测试记录

相别	幅值差（%）	相位差（′）	电压降（%）	电压降修约值（%）
AB				
CB				
结论				

TA 二次负荷测试记录

相别	电压（V）	电流（mA）	电导分量（mS）	电纳分量（mS）	功率因数	二次实际负荷（VA）	负荷修约值（VA）
A							
C							
结论							

技能等级评价专业技能考核操作评分标准

工种	电能表修校工			评价等级	高级工
项目模块	现场检验		编号		Jc0008361011
单位		准考证号		姓名	
考试时限	90 分钟	题型	综合操作题	题分	100 分
成绩		考评员		考评组长	日期
试题正文	检测三相三线电能计量装置电压互感器二次回路导纳和压降				
需要说明的问题和要求	（1）要求 1 人完成。 （2）操作时应注意安全，按照标准化作业指导书的技术安全说明做好安全措施。 （3）考评员应注意人员、设备情况，必要时制止违规行为				

续表

序号	项目名称	质量要求	满分	扣分标准	扣分原因	得分
1	准备工作					
1.1	着装	穿工作服、绝缘鞋，戴安全帽、棉线手套	2	工作服、绝缘鞋、安全帽穿戴不符合要求，每项扣1分； 带电作业时未戴棉线手套，扣2分； 该项最多扣2分，分数扣完为止		
1.2	仪器工具选用	（1）互感器二次压降及负荷测试仪。 （2）不同规格螺丝刀	3	由于未检查设备状况和功能而更换设备，扣3分； 借用工器具，每件扣1分，最多扣2分； 未检查互感器二次压降及负荷测试仪有效期，扣2分； 该项最多扣3分，分数扣完为止		
2	操作过程					
2.1	验电	（1）使用验电笔对电能表箱门、端子箱门验电。 （2）在工作地点设"在此工作!"标识牌。 （3）设置安全围栏，警示语朝外	5	未对电能表箱门、端子箱门分别验电，少一处扣2分； 未设"在此工作!"标识牌，扣1分； 未设置安全围栏或警示语未朝外，每处扣1分； 该项最多扣5分，分数扣完为止		
2.2	自校	对二次压降测试仪自校： （1）先接仪器端配线，再接TV二次端子，在电能表或端子箱一处分别接入主副二次压降测试仪。 （2）核相。 （3）在电压二次压降主界面选择正确的接线方式。 （4）检查二次压降测试仪显示电压是否一致（口述是否一致）	10	未先接仪器端配线，再接TV二次端子和电能端，扣3分； 未核相，扣3分； 未在电压二次压降主界面下测试压降值，扣3分； 未口述是否一致，扣3分； 该项最多扣10分，分数扣完为止		
2.3	电压二次回路压降测试	（1）将副二次压降测试仪接到TV二次端子，并进行核相。 （2）在电压二次压降主界面选择正确的接线方式	10	未将副二次压降测试仪接到TV二次端子，扣5分； 未核相，扣3分； 未在电压二次压降主界面下测试压降值，扣3分； 该项最多扣10分，分数扣完为止		
2.4	电压二次回路导纳测试	（1）接入电压鳄鱼夹、电流钳。 （2）测试时选择正确接线方式。 （3）测试电压互感器二次负荷时，测试中应避免二次回路短路，电流钳（测试仪配置）测点须在取样电压测点的后方（远离互感器侧）	20	接入电压鳄鱼夹不正确，扣5分； 接入电流钳位置不正确，扣10分； 仪表选错接线方式，扣5分		
2.5	拆除检验仪接线	压降测试拆除次序为： 先拆除TV端子箱处和电能表表尾处接线，后拆除测试仪端接线。 导纳测试拆除次序为： （1）从回路上拆除电压鳄鱼夹、电流钳。 （2）关闭检验仪电源	10	拆除接线方法不对，一次扣5分； 未关闭检验仪电源，一次扣5分		
2.6	清理现场	（1）拆除临时电源，检查现场是否有遗留物品。 （2）清点设备和工具，并清理现场，做到工完料净场地清	5	以检定人员报告工作完毕作为现场清理结束依据。 现场未清理，扣5分； 现场清理不彻底，扣3分		
3	质量评价					
3.1	画接线原理图	画出接线原理图	15	电流钳位置不正确，扣5分； 除此外的接线错误，扣10分		

序号	项目名称	质量要求	满分	扣分标准	扣分原因	得分
3.2	测量数据	（1）规范填写计量回路基本信息。 （2）规范填写温、湿度。 （3）规范填写测试仪等设备型号、出厂编号等。 （4）规范填写测试数据	10	计量回路基本信息，每少写一个，扣0.5分； 温、湿度写错，每个扣0.5分； 测试仪型号、出厂编号等，每错一处扣0.5分； 测试数据填错，每个扣0.5分； 修约，每错一个扣1分，最多扣5.5分； 该项最多扣10分，分数扣完为止		
3.3	检验结论	判断是否合格	5	判断不准确，每个项目扣2.5分		
3.4	卷面	字迹清楚，涂改要用"/"划掉，并在旁边写上正确数据，填上自己的名字，不做的点要用"/"划掉	5	涂改不规范，扣2分； 不做的点没划掉，扣2分； 字迹不清，扣1分		
	合计		100			

标准答案：

三相三线电能计量装置电压二次回路压降现场检测接线原理如图 Jc0008361011 所示。

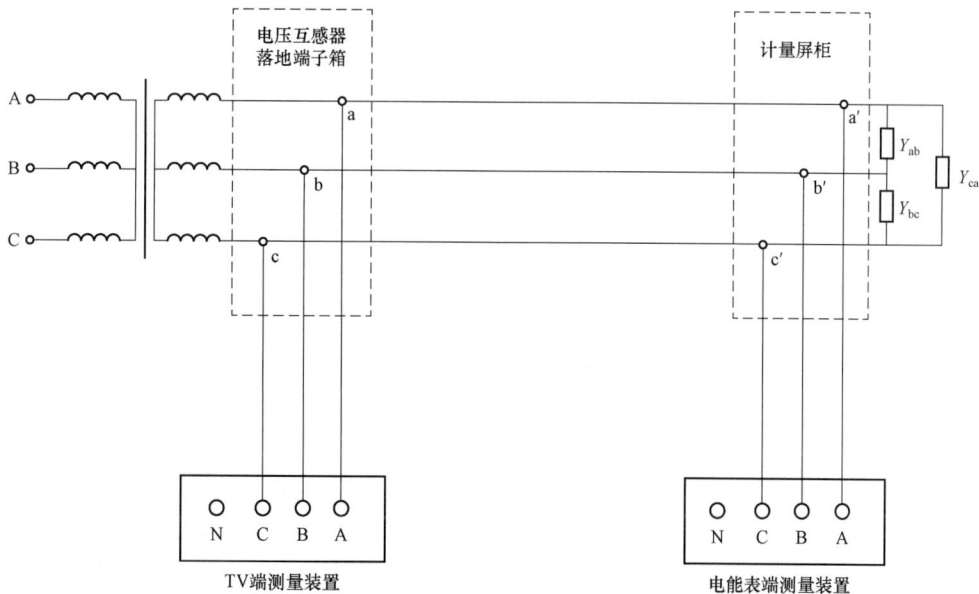

图 Jc0008361011

Jc0008342012　0.4kV 用户中性点接地系统计量装置选配。（100 分）

考核知识点：0.4kV 用户中性点接地系统计量装置选配

难易度：中

技能等级评价专业技能考核操作工作任务书

一、任务名称

0.4kV 用户中性点接地系统计量装置选配。

二、适用工种

电能表修校工高级工。

三、具体任务

0.4kV 用户中性点接地系统计量装置选配。

四、工作规范及要求

根据 DL/T448—2016《电能计量装置技术管理规程》的要求，为供电电压 0.4kV，中性点接地，用户容量为 80kVA 的用户选配电能计量装置。

五、现场提供材料及工器具

无。

六、考核及时间要求

本考核时间为 60 分钟，请按照任务要求完成操作。

技能等级评价专业技能考核操作评分标准

工种	电能表修校工				评价等级	高级工
项目模块	现场检验			编号		Jc00083420012
单位			准考证号		姓名	
考试时限	60分钟	题型		综合操作题	题分	100分
成绩		考评员		考评组长	日期	
试题正文	0.4kV 用户中性点接地系统计量装置选配					
需要说明的问题和要求	根据 DL/T 448—2016《电能计量装置技术管理规程》的要求，为供电电压 0.4kV，中性点接地，用户容量为 80kVA 的用户选配电能计量装置					

序号	项目名称	质量要求	满分	扣分标准	扣分原因	得分
1	用户电能计量装置分类	依据规程要求,根据合同约定容量判断该用户应配置Ⅳ类电能计量装置	15	判断错误,不得分		
2	电流互感器选型					
2.1	电流互感器选型	实际负荷电流：80/（1.732×0.4×0.6）=192.45（A），应选用 200A/5A 电流互感器	20	没有计算过程,扣10分；变比选错,扣10分		
2.2	准确度等级	0.5S 级	5	错误扣5分		
2.3	额定功率因数	0.8～1.0	5	错误扣5分		
2.4	数量及接线方式	数量 3 台，接线方式采用分相接线六线制	10	接线方式错误,扣5分；数量未标明,扣5分		
2.5	额定二次负荷	5VA（电流互感器与电能表都装在同一柜内）	5	错误扣5分		
3	电能表的选型					
3.1	电能表型式及数量	三相四线智能电能表 1 块	5	选型错误,扣3分；数量未标明,扣2分		
3.2	等级	有功等级 1 级、无功等级为 2 级	5	错误扣5分		

续表

序号	项目名称	质量要求	满分	扣分标准	扣分原因	得分
3.3	规格	电压为 3×220/380V。 电流为 3×1.5（6）A	5	错误扣5分		
4	回路连接导线					
4.1	导线材质	应采用铜质单芯绝缘线	5	错误扣5分		
4.2	电流二次回路导线	对电流二次回路，连接导线截面积应按电流互感器的额定二次负荷计算确定，至少不应小于 4mm²	10	错误扣10分		
4.3	电压回路导线	对电压二次回路，连接导线截面积应按允许的电压降计算确定，至少不应小于 2.5mm²	10	错误扣10分		
	合计		100			

Jc0008353013　检测三相电能计量装置电流互感器二次回路负载，并判断电流互感器是否满足要求，如不满足，提出改进措施。（100分）

考核知识点：电流互感器二次回路测试

难易度：难

技能等级评价专业技能考核操作工作任务书

一、任务名称

检测三相电能计量装置电流互感器二次回路负载，并判断电流互感器是否满足要求，如不满足，提出改进措施。

二、适用工种

电能表修校工高级工。

三、具体任务

对某电流互感器二次回路进行阻抗测试，根据提供的测试数据，来判断额定容量为 10VA 的电流互感器是否满足要求，如果不满足，提出整改措施。

四、工作规范及要求

（1）画出电流互感器二次负荷测试接线图。

（2）在模拟装置上，完成电流互感器二次回路阻抗值的测试接线。

（3）根据一组测试数据，计算电流互感器二次回路中总阻抗值，并判断电流互感器容量是否满足，如果不满足，提出整改措施。

五、现场提供材料及工器具

（1）电能计量模拟装置。

（2）电压互感器二次压降、负荷测试仪。

（3）不同规格螺丝刀。

六、考核及时间要求

本考核时间为 60 分钟，请按照任务要求完成操作和答题卡。

答题卡：

（1）画出电流互感器二次回路负荷现场检测接线原理图。

（2）对某电流互感器二次回路进行阻抗测试，根据以下提供的测试数据，来判断额定容量为 10VA 的电流互感器是否满足要求。

用户编号	123		计量点编号	311 线路
测试日期	2021.05.03			
环境温度	20℃		环境湿度	31%
测试人员	×××		额定二次电流	5A
$I=3.784A$		$U=1.131V$	频率=50Hz	$\cos\varphi=0.80$

（3）经检查，电流互感器二次回路与测量、保护回路公用，线径是 4mm² 的铜质单芯绝缘线，请问电流二次回路是否需要整改？如需整改，写出整改措施。

技能等级评价专业技能考核操作评分标准

工种	电能表修校工			评价等级	高级工
项目模块	现场检验		编号		Jc0008353013
单位		准考证号		姓名	
考试时限	60 分钟	题型	综合操作题	题分	100 分
成绩		考评员	考评组长		日期

试题正文	检测三相电能计量装置电流互感器二次回路负载，并判断电流互感器是否满足要求，如不满足，提出改进措施
需要说明的问题和要求	（1）要求 1 人完成。 （2）根据给定的数据计算电流互感器二次回路实际阻抗及实际二次容量，存在整改项的要写出整改措施

序号	项目名称	质量要求	满分	扣分标准	扣分原因	得分
1	准备工作					
1.1	着装	穿工作服、绝缘鞋，戴安全帽、棉线手套	5	工作服、绝缘鞋、安全帽穿戴不符合要求，每项扣 1 分； 带电作业时未戴棉线手套，扣 2 分		
1.2	仪器工具选用	（1）互感器二次压降及负荷测试仪； （2）不同规格螺丝刀	5	由于未检查设备状况和功能而更换设备，扣 3 分； 借用工器具，每件扣 1 分，最多扣 2 分； 未检查互感器二次压降及负荷测试仪有效期内的合格证，扣 2 分； 该项最多扣 5 分，分数扣完为止		
2	操作过程					

续表

序号	项目名称	质量要求	满分	扣分标准	扣分原因	得分
2.1	危险点分析及控制措施	（1）进行电流互感器二次回路阻抗的测试工作，应填用变电第二种工作票。 （2）确认电流互感器被测的计量二次绕组及回路。 （3）核对电能计量装置接线方式是三相三线或三相四线。 （4）对被测试设备一、二次回路进行检查核对，确认无误后方可工作。 （5）试验中禁止电流互感器二次回路开路；严禁在电流互感器与短路端子间的回路和导线上进行任何工作	10	每项 2 分，未按要求检查、口答、操作的扣 10 分		
2.2	电流二次回路阻抗测量	（1）按接线原理图，逐一接入电压鳄鱼夹、电流钳，为保证准确度，测试电流互感器二次负荷时电流钳（测试仪配置）测点须在取样电压测点的前方（靠近互感器侧）。 （2）测试时选择正确接线方式	15	接入电压鳄鱼夹不正确，扣 5 分； 接入电流钳不正确，扣 5 分； 电流钳不在取样电压测点的前方，扣 5 分； 接入点不在靠近互感器侧，扣 15 分； 仪表选错接线方式，扣 15 分； 该项最多扣 15 分，分数扣完为止		
2.3	拆除检验仪接线	拆除次序为： （1）从回路上拆除电压鳄鱼夹、电流钳。 （2）关闭检验仪电源	5	拆除接线方法不对，扣 5 分； 未关闭检验仪电源，扣 5 分； 该项最多扣 5 分，分数扣完为止		
2.4	清理现场	（1）拆除临时电源，检查现场是否有遗留物品。 （2）清点设备和工具，并清理现场，做到工完料净场地清	5	以检测人员报告工作完毕作为现场清理结束依据； 现场未清理，扣 5 分； 现场清理不彻底，扣 3 分		
3	质量评价					
3.1	画接线原理图	画出正确接线原理图	10	电流钳位置不正确，扣 8 分； 除电流钳外的接线错误，扣 2 分		
3.2	计算	（1）计算电流互感器二次回路实际阻抗。 （2）计算电流互感器实际二次容量	20	每项计算错误，扣 10 分		
3.3	结论	判断是否合格	10	判断错误，扣 10 分		
3.4	整改措施	根据题意写出相关整改措施： （1）更换电流互感器。 （2）电流互感器计量二次绕组应为专用绕组，不得与测量和保护回路公用。 （3）电流互感器二次回路应采用铜质单芯绝缘线，线径 $4mm^2$	10	整改措施少一项，扣 5 分； 回答不完整，扣 5 分； 若得出"不需要整改"结论且正确，得 10 分		
3.5	卷面	字迹清楚、无涂改	5	每涂改一处，扣 1 分， 划改超过三处，每处作为涂改处理		
	合计		100			

标准答案：

（1）电流互感器二次回路负荷现场检测接线原理如图 Jc0008353013 所示。

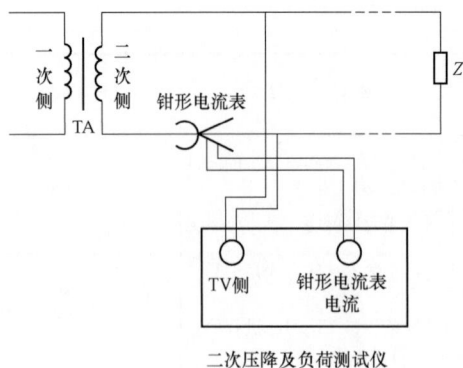

图 Jc0008353013

（2）解：

$$Z = U/I = 1.131/3.784 = 0.299（\Omega）$$
$$S_N = I^2Z = 25 \times 0.299 = 7.48（VA）$$

答：额定容量为 10VA 的电流互感器满足要求。

（3）需要整改。整改措施是：按规程要求计量二次回路必须是专用的二次回路，所以将计量回路与测量、保护回路分开，使用电流互感器专用的计量二次绕组。

Jc0008353014　检测三相电能计量装置电压互感器二次回路负载，提出改进措施。（100 分）

考核知识点：检测三相电能计量装置电压互感器二次回路负载，提出改进措施

难易度：难

技能等级评价专业技能考核操作工作任务书

一、任务名称

检测三相电能计量装置电压互感器二次回路负载，提出改进措施。

二、适用工种

电能表修校工高级工。

三、具体任务

对某电压互感器二次回路进行导纳测试，根据提供的测试数据，来判断额定容量为 30VA 的电压互感器是否满足要求？如果不满足，请提出整改措施。

四、工作规范及要求

（1）画出电压互感器二次导纳测试接线图。

（2）在模拟装置上，完成电压互感器二次回路导纳的测试接线。

（3）根据一组测试数据，计算电压互感器二次回路中导纳，并判断电压互感器容量是否满足，如果不满足，提出整改措施。

五、现场提供材料及工器具

（1）电能计量模拟装置。

（2）电压互感器二次压降、负荷测试仪。

（3）不同规格螺丝刀。

六、考核及时间要求

本考核时间为 60 分钟，请按照任务要求完成操作和答题卡。

答题卡：

（1）画出电压互感器二次回路导纳测试接线图。

（2）对某电压互感器二次回路进行导纳测试，根据以下提供的测试数据，来判断额定容量为 30VA 的电压互感器是否满足要求？

用户编号	123	计量点编号	I段 PT
测试日期	2021.05.03		
环境温度	20℃	环境湿度	31%
测试人员	×××	额定二次电压	57.7V
$I=0.497A$　　$U=58.2V$　　频率$=50Hz$　　$cos\varphi=0.80$			

（3）经检查：电压二次回路未与测量、保护回路公用，没有串接隔离开关辅助触点，线径是 2.5mm² 的铜质单芯绝缘线，请问电压互感器二次回路是否需要整改？如需整改，请写出整改措施。

技能等级评价专业技能考核操作评分标准

工种	电能表修校工			评价等级	高级工
项目模块	现场检验		编号		Jc0008353014
单位		准考证号		姓名	
考试时限	60 分钟	题型	综合操作题	题分	100 分
成绩		考评员	考评组长		日期
试题正文	检测三相电能计量装置电压互感器二次回路负载，提出改进措施				
需要说明的问题和要求	（1）要求 1 人完成。 （2）根据给定的数据计算电压互感器二次回路实际导纳及实际二次容量，存在整改项的要写出整改措施				

序号	项目名称	质量要求	满分	扣分标准	扣分原因	得分
1	准备工作					
1.1	着装	穿工作服、绝缘鞋、戴安全帽、棉线手套	5	工作服、绝缘鞋、安全帽穿戴不符合要求，每项扣 1 分； 带电作业时未戴棉线手套，扣 2 分		
1.2	仪器工具选用	（1）互感器二次压降及负荷测试仪； （2）不同规格螺丝刀	5	由于未检查设备状况和功能而更换设备，扣 3 分； 借用工器具，每件扣 1 分，最多扣 2 分； 未检查互感器二次压降及负荷测试仪有效期内的合格证，扣 2 分； 该项最多扣 5 分，分数扣完为止		
2	操作过程					

续表

序号	项目名称	质量要求	满分	扣分标准	扣分原因	得分
2.1	危险点分析及控制措施	（1）进行电压互感器二次回路导纳的测试工作，应填用变电第二种工作票。 （2）确认电压互感器被测的计量二次绕组及回路。 （3）核对电能计量装置接线方式是三相三线或三相四线。 （4）对被测试设备一、二次回路进行检查核对，确认无误后方可工作。 （5）试验中禁止电压互感器二次回路短路或接地	10	每项2分，未按要求检查、口答、操作，扣10分		
2.2	电压二次回路导纳测量	（1）按照接线原理图，逐一接入电压鳄鱼夹、电流钳，为保证准确度，测试电压互感器二次负荷时电流钳（测试仪配置）测点须在取样电压测点的后方（远离互感器侧）。 （2）测试时选择正确接线方式	15	接入电压鳄鱼夹不正确，扣5分； 接入电流钳不正确，扣5分； 电流钳不在取样电压测点的后方，扣5分； 接入点不在靠近互感器侧，扣15分； 仪表选错接线方式，扣15分； 该项最多扣15分，分数扣完为止		
2.3	拆除检验仪接线	拆除次序为： （1）从回路上拆除电压鳄鱼夹、电流钳。 （2）关闭检验仪电源	5	拆除接线方法不对，扣5分； 未关闭检验仪电源，扣5分； 该项最多扣5分，分数扣完为止		
2.4	清理现场	（1）拆除临时电源，检查现场是否有遗留物品。 （2）清点设备和工具，并清理现场，做到工完料净场地清	5	以检测人员报告工作完毕作为现场清理结束依据： 现场未清理，扣5分； 现场清理不彻底，扣3分		
3	质量评价					
3.1	画接线原理图	画出正确接线原理图	10	电流钳位置不正确，扣8分； 除电流钳外的接线错误，扣2分		
3.2	计算	（1）计算电压互感器二次回路实际导纳。 （2）计算电压互感器实际二次容量	20	计算错误，每项扣10分		
3.3	结论	判断是否合格	10	判断错误，扣10分		
3.4	整改措施	根据题意写出相关整改措施： （1）更换电压互感器。 （2）电压互感器计量二次绕组应为专用绕组，不得与测量和保护回路公用。 （3）不得串接隔离开关辅助触点。 （4）电压互感器二次回路应采用铜质单芯绝缘线，线径2.5mm²	10	整改措施少一项，扣5分； 回答不完整，扣5分； 若得出"不需要整改"结论且正确，得10分； 该项最多扣10分，分数扣完为止		
3.5	卷面	字迹清楚、无涂改	5	每涂改一处，扣1分； 划改超过三处，每处作为涂改处理		
	合计		100			

标准答案：

（1）电压互感器二次回路导纳测试接线图，如图 Jc0008353014 所示。

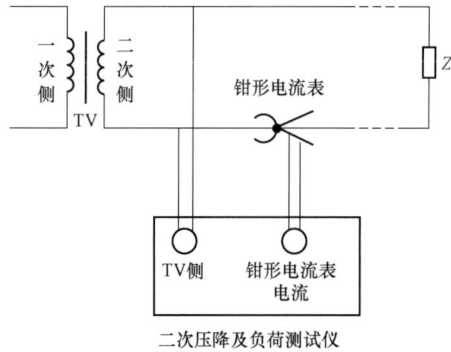

图 Jc0008353014

（2）解：

$$Y = I/U = 0.497/58.2 = 0.008\ 54\ （S）$$
$$S_N = U^2 Y = 57.7^2 \times 0.008\ 54 = 28.43\ （VA）$$

答：额定容量为 30VA 的电压互感器满足要求。

（3）不需要整改。

Jc0008353015　检测三相电能计量装置电压互感器二次回路压降，写出影响因素。（100 分）

考核知识点：检测三相电能计量装置电压互感器二次回路压降，写出影响因素

难易度：难

技能等级评价专业技能考核操作工作任务书

一、任务名称

检测三相电能计量装置电压互感器二次回路压降，写出影响因素。

二、适用工种

电能表修校工高级工。

三、具体任务

对某电压互感器二次回路进行压降测试，根据提供的测试数据，计算电压互感器二次压降的相对误差，并判断电压互感器二次压降是否合格？写出影响电压互感器二次回路压降的因素有哪些？

四、工作规范及要求

（1）在模拟装置上，完成电能计量装置电压互感器二次回路压降测试接线。

（2）画出电能计量装置电压互感器二次回路压降测试接线图。

（3）根据一组测试数据，计算电压互感器二次回路压降，判断是否合格。

（4）叙述影响电压互感器二次回路压降的因素有哪些。

五、现场提供材料及工器具

（1）电能计量模拟装置。

（2）互感器二次压降、负荷测试仪。

（3）绝缘电阻测试仪。

（4）不同规格螺丝刀。

六、考核及时间要求

本考核时间为 60 分钟，请按照任务要求完成操作和答题卡。

答题卡：

（1）画出电压互感器二次回路压降测试接线图。

（2）对某类电能计量装置的电压互感器二次回路进行压降测试，得到以下数据，请计算二次压降的相对误差，并判断二次压降是否合格？

TV侧电压值（V）	电能表侧电压值（V）
58.3	58.1

（3）请叙述影响电压互感器二次回路压降的因素有哪些？

技能等级评价专业技能考核操作评分标准

工种	电能表修校工			评价等级	高级工
项目模块	现场检验		编号		Jc0008353015
单位		准考证号		姓名	
考试时限	60分钟	题型	综合操作题	题分	100分
成绩		考评员	考评组长		日期
试题正文	检测三相电能计量装置电压互感器二次回路压降，写出影响因素				
需要说明的问题和要求	（1）要求1人完成。 （2）按要求规范操作，作答尽可能详尽				

序号	项目名称	质量要求	满分	扣分标准	扣分原因	得分
1	准备工作					
1.1	着装	穿工作服、绝缘鞋，戴安全帽、棉线手套	5	工作服、绝缘鞋、安全帽穿戴不符合要求，每项扣1分； 带电作业时未戴棉线手套，扣2分		
1.2	仪器工具选用	（1）互感器二次压降及负荷测试仪。 （2）绝缘电阻测试仪。 （3）不同规格螺丝刀	5	由于未检查设备状况和功能而更换设备，扣3分； 借用工器具，每件扣1分，最多扣2分； 未检查互感器二次压降及负荷测试仪有效期内的合格证，扣2分； 该项最多扣5分，分数扣完为止		
2	操作过程					
2.1	危险点分析及控制措施	（1）进行电压互感器二次回路压降的测试工作，应填用变电第二种工作票。 （2）严格防止电压互感器二次回路短路或接地，应使用绝缘工具，戴棉线手套。 （3）测试引线必须有足够的绝缘强度，以防止对地短路，且接线前必须事先用绝缘电阻测试仪检查各测量导线的每芯间、芯与屏蔽层间的绝缘情况。 （4）使用线夹时注意不要造成短路，不得用手触碰金属部分	10	每项2.5分，未按要求检查、口答、操作，扣10分		

续表

序号	项目名称	质量要求	满分	扣分标准	扣分原因	得分
2.2	电压二次回路压降测试	（1）压降测试仪放置于控制室计量屏处。 （2）从 TV 端子箱施放测试电缆至测试仪。 （3）先接仪器端配线，再接 TV 二次端子和电能表端。 （4）对于压变侧有熔丝或开关的二次回路，应取其上桩头电压测试。 （5）核相。 （6）在电压互感器二次压降主界面选择正确的接线方式	15	施放测试电缆不正确，扣5分； 未先接仪器端配线，再接 TV 二次端子和电能表端，扣5分； 对于压变侧有熔丝或开关的二次回路，未取其上桩头电压测试，扣5分； 压降测试仪不在控制室计量屏处，扣5分； 测试仪的工作电源，取自电压回路，扣5分； 未核相，扣5分； 未在电压互感器二次压降主界面下测试压降值，扣5分； 该项最多扣15分，分数扣完为止		
2.3	拆除检验仪接线	压降测试拆除次序为： （1）先拆除 TV 端子箱处和电能表表尾处接线，后拆除测试仪端接线。 （2）均力收起测试电缆。 （3）关闭测试仪电源，并小心取下测试仪工作电源	5	拆除接线方法不对，一次扣2分； 未关闭检验仪电源，一次扣2分； 未匀力收起测试电缆，扣3分； 该项最多扣5分，分数扣完为止		
2.4	清理现场	（1）拆除临时电源，检查现场是否有遗留物品。 （2）清点设备和工具，并清理现场，做到工完料净场地清	5	以检测人员报告工作完毕作为现场清理结束依据； 现场未清理，扣5分； 现场清理不彻底，扣3分		
3	质量评价					
3.1	画接线原理图	（1）减少线条和避免线条交叉，走向应规则、连续。 （2）图中要标识	10	不规范，扣5分； 无标识，扣5分		
3.2	计算	（1）根据题意计算二次压降。 （2）判断是否合格	10	计算错误，扣5分； 判断错误，扣5分		
3.3	影响电压互感器二次回路压降的因素	（1）二次回路电缆电阻过大。 （2）快速开关或熔断器电阻过大。 （3）辅助接点电阻过大。 （4）电压互感器二次实际运行负荷过大。 （5）二次回路中性线存在多点接地	30	少一项，扣6分		
3.4	卷面	字迹清楚、无涂改	5	每涂改一处，扣1分； 划改超过三处，每处作为涂改处理		
	合计		100			

标准答案：

（1）电压互感器二次回路压降测试接线图，如图 Jc0008353015 所示。

（2）二次压降的相对误差计算如下：

$$\gamma = \frac{58.3 - 58.1}{58.3} \times 100\% = 0.34\%$$

按 DL/T 448—2016《电能计量装置技术管理规程》中规定，电能计量装置中电压互感器二次回路电压降应不大于其额定二次电压的 0.2%，所以不合格。

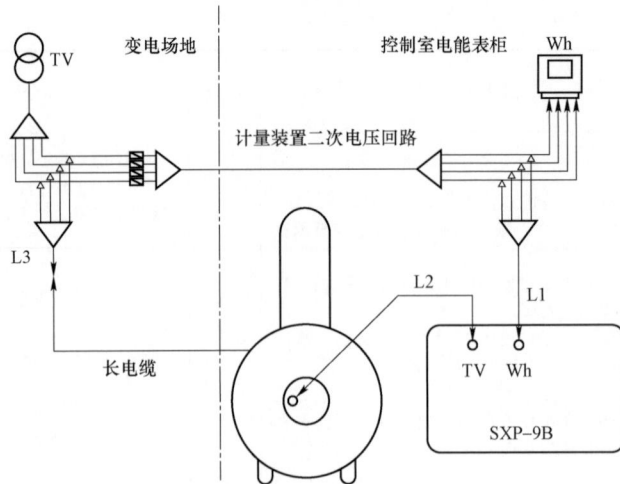

图 Jc0008353015

（3）影响电压互感器二次回路压降的因素如下：

1）二次回路电缆电阻过大。电压互感器安装位置，往往距离装设电能表的控制室计量屏较远，它们之间的二次连接导线较长，加之导线截面过小，则二次电缆的电阻值及由它所引起的电压降可能很大。

2）快速开关或熔断器电阻过大。为保证电压互感器二次回路发生短路故障时，能迅速断开故障相，防止烧坏互感器绕组，电压互感器二次侧出口处需装快速自动开关或熔断器。普通用于电压互感器二次回路的自动开关或熔断器，其内阻较大，造成电压降过大。在二次导线截面符合要求的情况下，熔断器或自动开关成为影响电压回路二次压降的主要因素之一。

3）辅助接点电阻过大。当一次系统具有两条及以上母线时，母线电压互感器的二次计量回路应安装专用自动电压切换装置。电压互感器二次电压回路需经切换才能接到电能表。自动切换就是利用电压互感器高压侧隔离开关的辅助接点通过切换箱的位置继电器触点进行切换。由于辅助接点是活动接点，经多次操作或长期运行后易产生接触不良或锈蚀而导致接触电阻增大，因此辅助接点也是影响二次回路压降的主要因素之一。

4）电压互感器二次回路实际运行负荷过大。母线电压互感器带多路电能表，或电能表、测量仪表和继电保护共用电压小母线，都会造成电压互感器所带二次负荷大，影响二次回路压降。

5）二次回路中性线存在多点接地。由于各接地点电位不一致，引起电能表侧中性点电位偏移，进而造成二次回路压降偏大。

Jc0008342016　经电流互感器低压三相四线制电能计量装置接线分析。（100分）

考核知识点： 经电流互感器低压三相四线制电能计量装置接线分析

难易度： 中

技能等级评价专业技能考核操作工作任务书

一、任务名称

经电流互感器低压三相四线制电能计量装置接线分析。

二、适用工种

电能表修校工高级工。

三、具体任务

使用相位伏安表完成指定经电流互感器低压三相四线制电能计量装置相关参数的测量并分析接

线形式。

四、工作规范及要求

（1）着装符合要求，穿全棉长袖工作服、绝缘鞋，戴安全帽、棉线手套。

（2）携带自备工具（钢笔或中性笔、计算器、三角尺）进入现场，待考评员宣布许可工作命令后开始工作并计时。

（3）打开计量柜（箱）门之前必须对柜（箱）体验电，现场操作严格执行《国家电网有限公司营销现场作业安全工作规程（试行）》。

（4）正确使用相位伏安表。

（5）工作结束清理现场，并向考评员报告。

五、现场提供材料及工器具

验电笔、相位伏安表、螺丝刀、电能计量模拟装置（装置设置为：① 相电压、相电流分别为220.0V、1.0A；② 表尾电压接线为cab，电流接线为acb，第三元件表尾电流进出反接，功率因数角为15°）。

六、考核及时间要求

本考核时间为60分钟，请按照任务要求完成操作和答题卡。

答题卡：

一、电能表基本信息（有功）					
型号		准确度等级		出厂编号	
规格		V；A		制造厂家	

二、实测数据

相电压	$U_1=$		$U_2=$		$U_3=$		电压相序：
电流	$I_1=$		$I_2=$		$I_3=$		四、错误接线形式（下标用a、b、c表示） 第一元件： 第二元件： 第三元件：
相位差	$\dot{U}_1\hat{\ }\dot{U}_2=$		$\dot{U}_1\hat{\ }\dot{I}_1=$		$\dot{U}_2\hat{\ }\dot{I}_2=$	$\dot{U}_3\hat{\ }\dot{I}_3=$	

三、错误接线相量图

五、错误接线示意图

技能等级评价专业技能考核操作评分标准

工种	电能表修校工			评价等级	高级工
项目模块	现场检验		编号		Jc0008342016
单位		准考证号		姓名	
考试时限	60分钟	题型	单项操作	题分	100分
成绩		考评员	考评组长		日期

试题正文	经电流互感器低压三相四线制电能计量装置接线分析
需要说明的问题和要求	（1）要求1人操作。 （2）操作应注意安全，按照标准化作业书的技术安全说明做好安全措施

序号	项目名称	质量要求	满分	扣分标准	扣分原因	得分
1	工具使用及安全措施					
1.1	相关安全措施的准备	安全帽、工作服、绝缘鞋、棉线手套、验电笔	5	准备不齐全或着装不规范，每项扣1分		
1.2	各种工器具正确使用	正确使用验电笔。熟练、正确使用相位伏安表	5	未验电，扣2分； 验电方法不当，扣1分； 工器具掉落，每次扣1分； 相位伏安表使用不当，每次扣1分； 测量过程摘手套，扣2分； 带电测量时相位伏安表挡位错误，每次扣2分； 测量完毕后再次申请测量，扣5分； 该项最多扣5分，分数扣完为止		
2	相关参数测量					
2.1	数据测量	正确填写电能表基本信息	5	电能表基本信息填写不正确，每处扣1分		
		正确记录实测数据并判断电压相序	20	测量数据不正确，每项扣1分； 无单位，每处扣0.5分，最多扣2分； 相序判断不正确，扣4分； 该项最多扣25分，分数扣完为止		
3	绘制错误接线图及相量图					
3.1	错误接线相量图	正确绘制错误接线相量图	20	电压、电流相量标记错误，每项扣2分； 无相量符号，扣1分； 相量角度偏差超过15°，每项扣2分； 未标记功率因数角，每项扣2分； 该项最多扣20分，分数扣完为止		
3.2	错误接线形式	正确判断错误接线形式	15	错误接线形式判断不正确，每项扣2分； 该项最多扣15分，分数扣完为止		
3.3	错误接线示意图	正确绘制错误接线示意图	20	电压、电流回路接线不正确，每处扣2分； 零线接线不正确，扣2分； 未标注同名端，扣2分； 该项最多扣20分，分数扣完为止		
4	现场恢复	恢复现场	10	未进行现场恢复，扣10分		

续表

序号	项目名称	质量要求	满分	扣分标准	扣分原因	得分
5	作业时限			40 分钟内（含 40 分钟）完成，不扣分； 40 分钟～50 分钟内完成，扣 2 分； 50 分钟～60 分钟内完成，扣 5 分； 超过 60 分钟，结束操作，收取记录表，扣 10 分		
	合计		100			

标准答案：

答题卡见表 Jc0008342016。

表 Jc0008342016

一、电能表基本信息（有功）					
型号		准确度等级		出厂编号	
规格	V；A		制造厂家		

二、实测数据

相电压	$U_1 = 220.0\text{V}$	$U_2 = 220.0\text{V}$	$U_3 = 220.0\text{V}$	电压相序：cab
电流	$I_1 = 1.0\text{A}$	$I_2 = 1.0\text{A}$	$I_3 = 1.0\text{A}$	四、错误接线形式（下标用 a、b、c 表示）
相位差	$\dot{U}_1\overset{\wedge}{}\dot{U}_2 = 120°$ $\quad$ $\dot{U}_1\overset{\wedge}{}\dot{I}_1 = 135°$ $\quad$ $\dot{U}_2\overset{\wedge}{}\dot{I}_2 = 255°$ $\quad$ $\dot{U}_3\overset{\wedge}{}\dot{I}_3 = 195°$			第一元件：$\dot{U}_c, \dot{I}_a$ 第二元件：$\dot{U}_a, \dot{I}_c$ 第三元件：$\dot{U}_b, -\dot{I}_b$

三、错误接线相量图

五、错误接线示意图

Jc0008343017 经互感器高压三相三线制电能计量装置接线分析。（100 分）

考核知识点： 经互感器高压三相三线制电能计量装置接线分析

难易度：难

技能等级评价专业技能考核操作工作任务书

一、任务名称

经互感器高压三相三线制电能计量装置接线分析。

二、适用工种

电能表修校工高级工。

三、具体任务

使用相位伏安表完成指定经互感器高压三相三线制电能计量装置相关参数的测量并分析接线形式。

四、工作规范及要求

（1）着装符合要求，穿全棉长袖工作服、绝缘鞋，戴安全帽、棉线手套。

（2）携带自备工具（钢笔或中性笔、计算器、三角尺）进入现场，待考评员宣布许可工作命令后开始工作并计时。

（3）打开计量柜（箱）门之前必须对柜（箱）体验电，现场操作严格执行《国家电网有限公司营销现场作业安全工作规程（试行）》。

（4）正确使用相位伏安表。

（5）工作结束清理现场，并向考评员报告。

五、现场提供材料及工器具

验电笔、相位伏安表、螺丝刀、电能计量模拟装置（装置设置为：① 相电压、相电流分别为 100.0V、1.5A；② 表尾电压接线为 abc，电流接线为 ac，第一元件表尾电流进出反接，功率因数角为 15°）。

六、考核及时间要求

本考核时间为 60 分钟，请按照任务要求完成操作和答题卡。

答题卡：

<table>
<tr><td colspan="8" align="center">一、电能表基本信息（有功）</td></tr>
<tr><td>型号</td><td></td><td>准确度等级</td><td></td><td>出厂编号</td><td></td></tr>
<tr><td>规格</td><td colspan="2">V；A</td><td>制造厂家</td><td></td><td></td></tr>
<tr><td colspan="8" align="center">二、实测数据</td></tr>
<tr><td>线电压</td><td colspan="1">$U_{12}=$</td><td>$U_{32}=$</td><td>$U_{31}=$</td><td colspan="2">电压相序：</td></tr>
<tr><td>对地电压</td><td>$U_{1n}=$</td><td>$U_{2n}=$</td><td>$U_{3n}=$</td><td colspan="2" rowspan="3">四、错误接线形式（下标用 a、b、c 表示）
第一元件：
第二元件：</td></tr>
<tr><td>电流</td><td colspan="2">$I_1=$</td><td>$I_3=$</td></tr>
<tr><td>相位差</td><td>$\dot{U}_{12}\char"005E\dot{U}_{32}=$</td><td>$\dot{U}_{12}\char"005E\dot{I}_1=$</td><td>$\dot{U}_{32}\char"005E\dot{I}_3=$</td></tr>
</table>

三、错误接线相量图

五、错误接线示意图

技能等级评价专业技能考核操作评分标准

工种	电能表修校工			评价等级	高级工
项目模块	现场检验		编号		Jc0008343017
单位		准考证号		姓名	
考试时限	60分钟	题型	单项操作	题分	100分
成绩		考评员		考评组长	日期

试题正文	经互感器高压三相三线制电能计量装置接线分析
需要说明的问题和要求	（1）要求1人操作。 （2）操作应注意安全，按照标准化作业书的技术安全说明做好安全措施

序号	项目名称	质量要求	满分	扣分标准	扣分原因	得分
1	工具使用及安全措施					
1.1	相关安全措施的准备	安全帽、工作服、绝缘鞋、棉线手套、验电笔	5	准备不齐全或着装不规范，每项扣1分		
1.2	各种工器具正确使用	正确使用验电笔； 熟练、正确使用相位伏安表	5	未验电，扣2分； 验电方法不当，扣1分； 工器具掉落，每次扣1分； 相位伏安表使用不当，每次扣1分； 测量过程摘手套，扣2分； 带电测量时相位伏安表挡位错误，每次扣2分； 测量完毕后再次申请测量，扣5分； 该项最多扣5分，分数扣完为止		
2	相关参数测量					
2.1	数据测量	正确填写电能表基本信息	5	电能表基本信息填写不正确，每处扣1分； 测量数据不正确，每项扣1分； 无单位，每处扣0.5分，最多扣2分； 相序判断不正确，扣4分； 该项最多扣25分，分数扣完为止		
		正确记录实测数据并判断电压相序	20			
3	绘制错误接线图及相量图					
3.1	错误接线相量图	正确绘制错误接线相量图	20	电压、电流相量标记错误，每项扣2分； 无相量符号，扣1分； 相量角度偏差超过15°，每项扣2分； 未标记功率因数角，每项扣2分 该项最多扣20分，分数扣完为止		

续表

序号	项目名称	质量要求	满分	扣分标准	扣分原因	得分
3.2	错误接线形式	正确判断错误接线形式	15	错误接线形式判断不正确,每项扣2分;该项最多扣15分,分数扣完为止		
3.3	错误接线示意图	正确绘制错误接线示意图	20	电压、电流回路接线不正确,每处扣2分;零线接线不正确,扣2分;未标注同名端,扣2分;该项最多扣20分,分数扣完为止		
4	现场恢复	恢复现场	10	未进行现场恢复,扣10分		
5	作业时限			40分钟内(含40分钟)完成,不扣分;40分钟~50分钟内完成,扣2分;50分钟~60分钟内完成,扣5分;超过60分钟,结束操作,收取记录表,扣10分		
	合计		100			

标准答案:

答题卡见表 Jc0008343017。

表 Jc0008343017

一、电能表基本信息(有功)					
型号		准确度等级		出厂编号	
规格		V;A	制造厂家		

二、实测数据

线电压	$U_{12}=100.0V$	$U_{32}=100.0V$	$U_{31}=100.0V$	电压相序:abc
对地电压	$U_{1n}=100.0V$	$U_{2n}=0.3V$	$U_{3n}=99.6V$	四、错误接线形式(下标用 a、b、c 表示)
电流	$I_1=1.5A$		$I_3=1.5A$	第一元件:$\dot{U}_{ab},-\dot{I}_a$
相位差	$\dot{U}_{12}\hat{}\dot{U}_{32}=300°$	$\dot{U}_{12}\hat{}\dot{I}_1=225°$	$\dot{U}_{32}\hat{}\dot{I}_3=345°$	第二元件:$\dot{U}_{cb},\dot{I}_c$

三、错误接线相量图

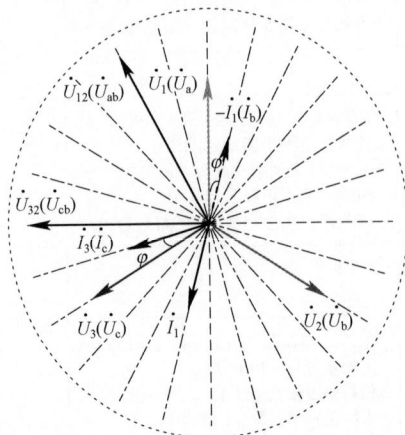

五、错误接线示意图

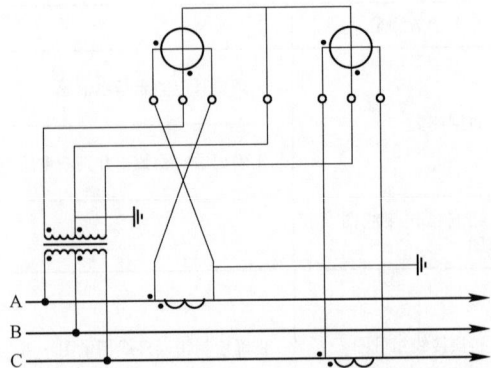

Jc0008342018　电能计量装置投运前检查验收。（100分）

考核知识点： 电能计量装置投运前检查验收

难易度： 中

技能等级评价专业技能考核操作工作任务书

一、任务名称

电能计量装置投运前检查验收。

二、适用工种

电能表修校工高级工。

三、具体任务

根据 DL/T 448—2016《电能计量装置技术管理规程》规定，电能计量装置投运前技术资料验收的内容和要求有哪些？

四、工作规范及要求

（1）独立完成。

（2）时间到应立即停止答题。

（3）考生不得询问与考试内容无关的问题，考评员不得提示与考试有关的内容。

五、现场提供材料及工器具

无。

六、考核及时间要求

本考核时间为30分钟，请按照任务要求完成操作和答题卡。

技能等级评价专业技能考核操作评分标准

工种	电能表修校工			评价等级	高级工
项目模块	电能计量		编号		Jc0008342018
单位		准考证号		姓名	
考试时限	30分钟	题型	单项操作	题分	100分
成绩		考评员	考评组长	日期	
试题正文	电能计量装置投运前检查验收				
需要说明的问题和要求	（1）要求1人完成。 （2）内容完整准确				

序号	项目名称	质量要求	满分	扣分标准	扣分原因	得分
1	写出电能计量装置投运前技术资料验收的内容	内容完整、准确	100	每项要点错误，扣8分		
	合计		100			

标准答案：

技术资料验收内容及要求如下：

（1）电能计量装置计量方式原理图，一、二次接线图，施工设计图和施工变更资料、竣工图等。

（2）电能表及电压、电流互感器的安装使用说明书、出厂检验报告，授权电能计量技术机构的检定证书。

（3）电能信息采集终端的使用说明书、出厂检验报告、合格证，电能计量技术机构的检验报告。

（4）电能计量柜（箱、屏）安装使用说明书、出厂检验报告。

（5）二次回路导线或电缆型号、规格及长度资料。

（6）电压互感器二次回路中的快速自动空气开关、接线端子的说明书和合格证等。

（7）高压电气设备的接地及绝缘试验报告。

（8）电能表和电能信息采集终端的参数设置记录。

（9）电能计量装置设备清单。

（10）电能表辅助电源原理图和安装图。

（11）电流、电压互感器实际二次负载及电压互感器二次回路压降的检测报告。

（12）互感器实际使用变比确认和复核报告。

（13）施工过程中的变更等需要说明的其他资料。

Jc0008341019　制定电能表周期检验计划。（100 分）

考核知识点：制定电能表周期检验计划

难易度：易

技能等级评价专业技能考核操作工作任务书

一、任务名称

制定电能表周期检验计划。

二、适用工种

电能表修校工高级工。

三、具体任务

按照 DL/T 448—2016《电能计量装置技术管理规程》规定，某新投运的 10kV 用户贸易结算用计量装置为几类？第一次现场检验应在什么时间开展？其结算用电能表宜多久进行一次现场检验？

四、工作规范及要求

（1）独立完成。

（2）时间到应立即停止答题。

（3）考生不得询问与考试内容无关的问题，考评员不得提示与考试有关的内容。

五、现场提供材料及工器具

无。

六、考核及时间要求

本考核时间为 15 分钟，请按照任务要求完成操作和答题卡。

技能等级评价专业技能考核操作评分标准

工种	电能表修校工			评价等级	高级工
项目模块	电能计量		编号		Jc0008341019
单位			准考证号		姓名	
考试时限	15 分钟	题型	单项操作	题分	100 分
成绩		考评员		考评组长		日期	
试题正文	制定电能表周期检验计划				

续表

需要说明的问题和要求	（1）要求1人完成。 （2）内容完整准确					
序号	项目名称	质量要求	满分	扣分标准	扣分原因	得分
1	写出用户计量装置分类	内容完整、准确（Ⅲ类）	30	错误扣30分		
2	写出现场检验周期	内容完整、准确（24个月现场检验一次）	30	错误扣30分		
3	写出第一次现场检验时间	内容完整、准确（新投运的Ⅲ类电能计量装置应在带负荷运行一个月内进行首次电能表现场检验）	40	错误扣40分		
	合计		100			

第四部分
技 师

第七章　电能表修校工技师技能笔答

Jb0001231001　工作许可人的安全责任有哪些？（5分）

考核知识点：工作许可人的安全责任

难易度：易

标准答案：

（1）审票时，确认工作票所列安全措施是否正确完备，对工作票所列内容产生疑问时，应向工作票签发人询问清楚，必要时予以补充。

（2）保证由其负责的停、送电和许可工作的命令正确。

（3）确认由其负责的安全措施正确实施。

Jb0001232002　工作地点，应停电的线路和设备有哪些？（5分）

考核知识点：工作地点，应停电的线路和设备

难易度：中

标准答案：

（1）检修的线路或设备。

（2）与作业人员在进行工作中正常活动范围的距离小于规定的设备。

（3）与作业人员在进行工作中的活动范围，安全距离虽大于表3规定，但小于表1规定，同时又无绝缘隔板、安全遮栏措施的设备（表1、表3见Q/GDW 1799.1—2013《国家电网公司电力安全工作规程　变电部分》）。

（4）危及营销现场作业安全，且不能采取相应安全措施的交叉跨越、平行或同杆（塔）架设线路。

（5）有可能从低压侧向高压侧反送电的设备、工作地段内有可能反送电的各分支线（包括客户，下同）。

（6）带电部分在作业人员后面、两侧、上下，且无可靠安全措施的设备。

（7）其他需要停电的线路或设备。

Jb0001232003　《国家电网公司电力安全工作规程》中规定工作负责人在工作期间若因故离开工作地点，应履行哪些手续？（5分）

考核知识点：工作负责人在工作期间因故离开工作地点履行的手续

难易度：中

标准答案：

（1）工作期间，工作负责人若因故必须离开工作地点时，应指定能胜任的人员临时代替，离开前应将工作现场交代清楚，并告知工作班人员。

（2）原工作负责人返回工作地点时，也应履行同样的交接手续。

（3）若工作负责人需要长时间离开现场，应由原工作票签发变更新工作负责人，而工作负责人应做好必要的交代。

Jb0001232004　什么是间接验电？在间接验电时，如何判断设备已无电压？（5分）

考核知识点：间接验电的定义

难易度：中

标准答案：

对无法直接验电的设备，应间接验电，即通过设备的机械位置指示、电气指示、带电显示装置、仪表及各种遥测、遥信等信号的变化来判断。判断时，至少应有两个非同样原理或非同源的指示发生对应变化，且所有这些确定的指示均已同时发生对应变化，方可确认该设备已无电压。检查中若发现其他任何信号有异常，均应停止操作，查明原因。若遥控操作，可采用上述的间接方法或其他可靠的方法间接验电。

Jb0001231005　《国家电网有限公司营销现场作业安全工作规程》规定的工作终结报告主要包括哪些内容？（5分）

考核知识点：工作终结报告的内容

难易度：易

标准答案：

工作终结报告应简明扼要，主要包括下列内容：工作负责人姓名，某作业现场（说明工作地点、内容等）工作已经完工，所修项目、试验结果、设备改动情况和存在问题等，工作地点已无本班组工作人员和遗留物。

Jb0002231006　应如何配备进行检定、校准和检测的仪器设备？（5分）

考核知识点：检定、校准和检测的仪器设备的配备要求

难易度：易

标准答案：

应根据国家计量检定规程、校准规范、型式评价大纲和检验规则等中的规定配备仪器设备，所配备的仪器设备应满足规程、校准、大纲和检验规则的准确度要求和其他功能要求。

Jb0002231007　什么是比对？（5分）

考核知识点：比对的定义

难易度：易

标准答案：

比对是指两个或两个以上实验室，在一定时间范围内，按照预先规定的条件，测量同一个性能稳定的传递标准器，通过分析测量结果的量值，确定量值的一致程度，确定该实验室的测量结果是否在规定的范围内，从而判断该实验室量值传递的准确性的活动。

Jb0002231008　持续进行了期间核查，是否可以不进行校准了？（5分）

考核知识点：期间核查与校准的关系

难易度：易

标准答案：

期间核查不可以代替周期校准或检定。它是利用稳定的核查标准进行的核查，只是观察被核查仪器校准状态是否有变化，由于核查标准一般不具备高一级计量标准的性能和资格，所以这种核查不具有溯源性。

Jb0002232009　强制检定和非强制检定的区别有哪些？（5分）

考核知识点： 强制检定和非强制检定的区别

难易度： 中

标准答案：

（1）强制检定由政府计量行政部门实施监督管理；而非强制检定则由使用单位自行依法管理，政府计量行政部门对其依法管理的情况进行监督检查。

（2）强制检定由政府计量行政部门指定法定或授权的计量检定机构执行，使用单位没有选择余地；而非强制检定则可由使用单位自己执行或送其他计量检定机构检定。

（3）强制检定的检定周期由执行强制检定的检定机构根据检定规程并结合使用情况确定；而非强制检定的检定周期，可在检定规程允许的前提下，由使用单位自己根据实际需要确定。

Jb0002232010　什么是国家计量基准？它的主要作用是什么？（5分）

考核知识点： 国家计量基准的定义及作用

难易度： 中

标准答案：

（1）国家计量基准是指经国务院计量行政部门负责建立、批准，在中华人民共和国境内为了定义、实现、保存、复现量的单位或者一个或多个量值，用作有关量的测量标准定值依据的实物量具、测量仪器、标准物质或者测量系统。

（2）计量基准是统一全国量值的最高依据。全国的各级计量标准和工作计量器具的量值都要溯源于计量基准。计量基准可以进行仲裁检定，所出具的数据能够作为处理计量纠纷的最高依据并具有法律效力。

Jb0002232011　测量仪器符合性评定的基本要求是什么？（5分）

考核知识点： 测量仪器符合性评定的基本要求

难易度： 中

标准答案：

按照 JJF 1094—2002《测量仪器特性评定》的规定，对测量仪器特性进行符合性评定时，若评定示值误差的不确定度满足下面要求：

评定示值误差的测量不确定度（U_{95} 或 $k=2$ 时的 U）与被评定测量仪器的最大允许误差的绝对值（MPEV）之比小于或等于 1:3，即满足

$$U_{95} \leqslant \frac{1}{3}\text{MPEV}$$

时，示值误差评定的测量不确定度对符合性评定的影响可忽略不计（也就是合格评定误判概率很小），此时合格判据为

$$|\Delta| \leqslant \text{MPEV} \text{ 判为合格}$$

不合格判据为

$$|\Delta| > \text{MPEV} \text{ 判为不合格}$$

式中：$|\Delta|$——被检仪器示值误差的绝对值；

MPEV——被检仪器示值的最大允许误差的绝对值。

对于形式评价和仲裁检定，必要时 U_{95} 与 MPEV 之比也可取小于或等于 1:5。

Jb0002231012 确定检定周期的原则是什么？（5分）

考核知识点：检定周期的确定原则

难易度：易

标准答案：

（1）要确保在使用中的计量器具给出的量值准确可靠，即超出允差的风险应尽可能小。

（2）要做到经济合理，即尽量使风险和费用两者平衡达到最佳化。

Jb0003231013 什么是测量不确定度？（5分）

考核知识点：测量不确定度的定义

难易度：易

标准答案：

表征合理地赋予被测量之值的分散性，与测量结果相联系的参数。

Jb0003231014 什么是标准不确定度？（5分）

考核知识点：标准不确定度的定义

难易度：易

标准答案：

标准不确定度是指以标准差表示的测量不确定度。

Jb0003231015 什么是测量不确定度的 A 类评定？（5分）

考核知识点：测量不确定度的 A 类评定的定义

难易度：易

标准答案：

对在规定测量条件下测得的量值用统计分析的方法进行的测量不确定度分量的评定称为测量不确定度的 A 类评定。

Jb0003231016 什么是测量不确定度的 B 类评定？（5分）

考核知识点：测量不确定度的 B 类评定的定义

难易度：易

标准答案：

用不同于测量不确定度 A 类评定的方法对测量不确定度分量进行的评定称为测量不确定度的 B 类评定。

Jb0003231017 什么是合成标准测量不确定度？（5分）

考核知识点：合成标准测量不确定度的定义

难易度：易

标准答案：

合成标准测量不确定度是指由在一个测量模型中各输入量的标准测量不确定度获得的输出量的标准测量不确定度。

Jb0003231018 什么是扩展测量不确定度？（5分）

考核知识点：扩展测量不确定度的定义

难易度：易

标准答案：

扩展测量不确定度是指合成标准不确定度与一个不大于 1 的数字因子的乘积。

Jb0003231019 什么是包含因子？（5分）

考核知识点： 包含因子的定义

难易度： 易

标准答案：

为求得扩展不确定度，与合成标准不确定度所乘的数字因子。

Jb0003231020 什么是自由度？（5分）

考核知识点： 自由度的定义

难易度： 易

标准答案：

在方差的计算中，和的项数减去对和的限制数。

Jb0003232021 什么是置信概率？（5分）

考核知识点： 自由度的定义

难易度： 中

标准答案：

与置信区间或统计包含区间有关的概率值（$1-a$）。

Jb0003232022 计量标准考核对环境条件及设施有何要求？（5分）

考核知识点： 计量标准考核对环境条件及设施的要求

难易度： 中

标准答案：

（1）温度、湿度、洁净度、振动、电磁干扰、辐射、照明、供电等环境条件应当满足计量检定规程或技术规范的要求。

（2）应当根据计量检定规程或技术规范的要求和实际工作需要，配置必要的设施和监控设备，并对温度、湿度等参数进行监测和记录。

（3）应当对检定或校准工作场所内互不相容的区域进行有效隔离，防止相互影响。

Jb0003232023 什么是实验室能力验证？（5分）

考核知识点： 实验室能力验证的定义

难易度： 中

标准答案：

实验室能力验证是指利用实验室间比对，确定实验室的检定、校准或检测的能力。

Jb0003211024 已知某数字电压表制造厂说明书说明：仪器校准后（1~2）年，在 1V 内示值最大允许误差的模为 $14\times10^{-6}\times$（读数）$+2\times10^{-6}\times$（范围）。设校准后 20 个月在 1V 内测量电压，在重复性条件下独立测得电压 V，其平均值为 $\bar{V}=0.928\,571$V。求其由示值误差导致的标准不确定度（$k=\sqrt{3}$）。（5分）

考核知识点：标准不确定度的计算

难易度：易

标准答案：

解：电压表最大允许误差的模

$$a = 14 \times 10^{-6} \times 0.928\ 571 + 2 \times 10^{-6} \times 1 = 15 \quad (\mu V)$$

a 即为分散区间的半宽，估计为均匀分布，按 $k = \sqrt{3}$，则由示值误差导致的标准不确定度为

$$u(\Delta V) = 15/\sqrt{3} = 8.7 \quad (\mu V)$$

答：标准不确定度为 8.7μV。

Jb0003211025 已知手册中给出的铜膨胀系数 $a_{20} = 16.52 \times 10^{-6} \text{℃}^{-1}$，但指明最小可能值为 $16.40 \times 10^{-6} \text{℃}^{-1}$，最大可能值为 $16.92 \times 10^{-6} \text{℃}^{-1}$，求其标准不确定度。（5分）

考核知识点：标准不确定度的计算

难易度：易

标准答案：

解：

$$u^2(a_{20}) = \frac{(a_+ - a_-)^2}{12} = \frac{(16.92 \times 10^{-6} - 16.40 \times 10^{-6})^2}{12}$$

则标准不确定度

$$u(a_{20}) = 0.15 \times 10^{-6} \quad (\text{℃}^{-1})$$

或者标准不确定度

$$u(a_{20}) = \frac{a_+ - a_-}{2 \times \sqrt{3}} = \frac{16.92 \times 10^{-6} - 16.40 \times 10^{-6}}{2 \times \sqrt{3}} = 0.15 \times 10^{-6} \quad (\text{℃}^{-1})$$

答：标准不确定度为 $0.15 \times 10^{-6} \text{℃}^{-1}$。

Jb0003211026 已知量块国际标准规定，钢质量块线膨胀系数 a 应在 $(11.5 \pm 1) \times 10^{-6} \text{K}^{-1}$ 范围内，若无其他关于量块线膨胀系数的信息，求其标准不确定度。（5分）

考核知识点：标准不确定度的计算

难易度：易

标准答案：

解：$u(a) = \dfrac{a}{k} = \dfrac{1 \times 10^{-6}}{\sqrt{3}} = 0.58 \times 10^{-6} \quad (\text{K}^{-1})$

答：标准不确定度为 $0.58 \times 10^{-6} \text{K}^{-1}$。

Jb0003212027 $y = \dfrac{x_1 x_2}{x_3}$，且各输入量相互独立无关。已知：$x_1 = 80$，$x_2 = 20$，$x_3 = 40$；$u(x_1) = 2$，$u(x_2) = 1$，$u(x_3) = 1$。求合成标准不确定度 $u_c(y)$。（5分）

考核知识点：合成标准不确定度的计算

难易度：中

标准答案：

解：输出量是各输入量的商和积，采用相对不确定度计算比较方便，相对合成标准不确定度

$u_{cr}(y)$ 为

$$u_{cr}(y) = \frac{u_c(y)}{y} = \sqrt{u_r^2(x_1) + u_r^2(x) + u_r^2(x_3)}$$

$$= \sqrt{\left[\frac{u(x_1)}{x_1}\right]^2 + \left[\frac{u(x_2)}{x_2}\right]^2 + \left[\frac{u(x_3)}{x_3}\right]^2} = \sqrt{\left(\frac{2}{80}\right)^2 + \left(\frac{1}{20}\right)^2 + \left(\frac{1}{40}\right)^2} = 0.061$$

$$y = \frac{x_1 x_2}{x_3} = 40$$

所以

$$u_c(y) = y \times u_{cr}(y) = 40 \times 0.061 = 2.44$$

答：合格标准不确定度为 2.44。

Jb0003213028 使用天平对一物体测量，测量结果分别为：10.01、10.03、9.99、9.98、10.02、10.04、10.00、9.99、10.01、10.03g，（1）求 10 次测量结果的平均值；（2）求上述平均值的标准不确定度；（3）用同一天平对另一物体测量两次，测量结果分别为：10.05g 和 10.09g，求两次测量结果平均值的标准不确定度。（5 分）

考核知识点：标准不确定度的计算

难易度：难

标准答案：

解：（1）10 次测量结果的平均值求取如下：

$$\bar{m} = \frac{\sum\limits_{i=1}^{10} m_i}{10} = 10.01 \ (\text{g})$$

（2）先求单次测量的标准偏差为

$$s(m) = \sqrt{\frac{\sum\limits_{i=1}^{10}(m_i - \bar{m})^2}{10-1}} = 0.02 \ (\text{g})$$

平均值的标准不确定度等于 1 倍平均值的标准偏差：

$$u(\bar{m}) = s(\bar{m}) = 0.006\,3 \ (\text{g})$$

（3）测量结果分别为：10.05g 和 10.09g 的平均值的标准不确定度为

$$u(10.07) = \frac{s(m)}{\sqrt{2}} = 0.014 \ (\text{g})$$

答：10 次测量结果的平均值为 10.01g，标准不确定度为 0.006 3g，两次测量结果平均值的标准不确定度为 0.014g。

Jb0003212029 某长度测量的 4 个不确定度分量分别为：$u_1 = 16\text{nm}$，$u_2 = 25\text{nm}$，$u_3 = 2\text{nm}$，$u_4 = 6\text{nm}$，（1）若上述 4 项不确定度分量均独立无关，求合成标准不确定度 u_c；（2）若 u_1 和 u_4 间相关系数为 -1，求合成标准不确定度 u_{c0}。（5 分）

考核知识点：合成标准不确定度的计算

难易度：中

标准答案：

解：（1）四项不确定度分量均独立无关，采用方和根方法合成：

$$u_c = \sqrt{u_1^2 + u_2^2 + u_3^2 + u_4^2} = \sqrt{16^2 + 25^2 + 2^2 + 6^2} = 30.35 \quad (\text{nm})$$

（2）若 u_1 和 u_4 间相关系数为 -1，求合成标准不确定度 u_c 为

$$u_c = \sqrt{(u_1 - u_4)^2 + u_2^2 + u_3^2} = \sqrt{10^2 + 25^2 + 2^2} = 27 \quad (\text{nm})$$

答： 四项不确定度分量均独立无关，合成标准确定度为 30.35nm，若 u_1 和 u_4 间相关系数为 -1，合成标准不确定度为 27nm。

Jb0003212030 用高频电压标准装置检定一台最大允许误差 $\pm 0.2\%$ 的高频电压表，测量结果得到被检高频电压表在 1V 时的示值误差为 0.020V，示值误差评定的扩展不确定度 $U_{95rel} = 0.9\%$，需评定该电压表 1V 点的示值误差是否合格。（5分）

考核知识点： 示值误差合格判断

难易度： 中

标准答案：

解： 由于被检高频电压表在 1V 时的示值误差为 0.020V，所以 $|\Delta| = 0.020\text{V}$。

示值误差评定的扩展不确定度为

$$U_{95rel} = 0.9\% \times 1 = 0.009 \quad (\text{V})$$

最大允许误差绝对值：

$$\text{MPEV} = 2\% \times 1 = 0.02 \quad (\text{V})$$

$\text{MPEV} + U_{95rel} = 0.02 + 0.009 = 0.029$ （V），满足 $|\Delta| < \text{MPEV} + U_{95rel}$ 的要求。

$\text{MPEV} - U_{95rel} = 0.02 - 0.009 = 0.011$ （V），满足 $|\Delta| > \text{MPEV} - U_{95rel}$ 的要求。

答： 该高频电压表的 1V 点的示值误差不能判定合格与不合格，即为待定。

Jb0003211031 某发电厂 2 号机的年发电量约 20×10^8 kWh，计量该发电机发电量的电能表倍率为 1.333 3，由于工作人员不熟悉误差理论，误把它取为 1.3 进行计算，问这将使发电机每年少计发电量 W 为多少？（5分）

考核知识点： 误差理论计算

难易度： 易

标准答案：

解： 由题意可知，这时的约定真值是 $X_0 = 1.333\ 3$，但取为 1.3，这就相当测得值为 $X = 1.3$，因此，相对误差为

$$r = \frac{X - X_0}{X_0} \times 100\% = \frac{1.3 - 1.333\ 3}{1.333\ 3} \times 100\% = -2.5\%$$

也就是说由于倍率的取值不当，引起的相对误差是 -2.5%。

每年约少计发电量

$$W = 20 \times 10^8 \times 2.5\% = 5 \times 10^7 \quad (\text{kWh})$$

答： 每年少计发电量为 5×10^7 kWh。

Jb0004232032 什么是欧姆定律？什么是全电路欧姆定律？（5分）

考核知识点： 欧姆定律和全电路欧姆定律的定义

难易度： 中

标准答案：

欧姆定律是用来说明电路中电压、电流和电阻这三个基本物理量之间关系的定律。它指出：在一段电路中，流过电阻 R 的电流 I 与电阻两端的电压 U 成正比，而与这段电流的电阻成反比。

全电路欧姆定律是用来说明在一个闭合电路中，电压（电势）、电流、电阻之间基本关系的定律。即在一个闭合电路中，电流与电源的电动势成正比，与电路中电源的内阻和外电阻之和成正比。

Jb0004211033 某对称三相电路的负载做星形连接时，线电压为 380V，每相负载阻抗为 $R=10\Omega$，$X_L=15\Omega$。求负载的相电流。（5分）

考核知识点： 相电流计算

难易度： 易

标准答案：

解： 按题意求解

$$U_{ph} = \frac{U_{p-p}}{\sqrt{3}} = \frac{380}{\sqrt{3}} = 220（V）$$

$$Z = \sqrt{R^2 + X_L^2} = \sqrt{10^2 + 15^2} = 18（\Omega）$$

$$I_{ph} = \frac{U_{ph}}{Z} = \frac{220}{18} = 12.2（A）$$

答： 负载的相电流为 12.2A。

Jb0004212034 试利用如图 Jb0004212034 所示的桥式电路，求电感 L 值（G 为检零计，R_1 及 R_2 为无感电阻，L 及电容 C 无损耗）。（5分）

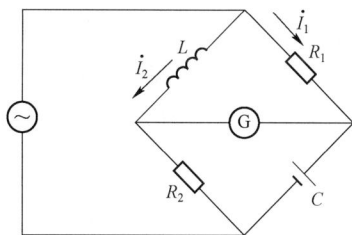

图 Jb0004212034

考核知识点： 电感的计算

难易度： 中

标准答案：

解： 因电桥平衡，G 中无电流流过，因此流过 R_1 及 C 中的电流相等，流过 R_2 及 L 中的电流相等，即

$$\begin{cases} \dot{I}_1 R_1 = \dot{I}_2 j\omega L \\ \dot{I}_1 \dfrac{1}{j\omega C} = \dot{I}_2 R_2 \end{cases}$$

联合求解得

$$\frac{\dot{I}_1 R_1}{\dot{I}_1 \dfrac{1}{j\omega C}} = \frac{\dot{I}_2 j\omega L}{\dot{I}_2 R_2} \qquad j\omega C R_1 = \frac{j\omega L}{R_2}$$

$$L = R_1 R_2 C$$

答： 电感 L 值为 $R_1 R_2 C$。

Jb0005232035　电子式电能表为什么要进行校核常数试验？（5分）

考核知识点：校核常数试验

难易度：中

标准答案：

电子式电能表进行常数校核主要看端钮脉冲输出数量（保持电量最小分辨率的整数倍）与内存电量的改变、计度器电量的变化和铭牌标志是否相符，所以进行校核常数试验，同时为了提高可靠性，应尽量多走些字。

考虑到不同的控制主板对掉电时脉冲信号的处理方式不同。如线路掉电时，累积的脉冲数不到计度器最小分辨率，有些电能表主板将这些电量脉冲丢失，有些则记存起来，当再次上电时，再参与累积。因此，在进行电子式电能表的常数校核前，先让计度器（包括电子计度器）末位数字翻转一个字。

Jb0005232036　如何消除实验室检定过程中的红外通信干扰？（5分）

考核知识点：实验室红外通信干扰的消除

难易度：中

标准答案：

（1）在通信时尽量输入全表号，以免造成同号。

（2）有条件的话，对于不同的通信内容尽量采用 RS－485 通信口进行一对一方式通信。对于相同的通信内容，如时钟校对，则可采用广播通信。

（3）实验室空间尽可能大，操作人员不宜过于密集。

（4）实验室采取隔离措施，防止信号互串。

Jb0005212037　用标准表法检定 1 级电子式交流电能表 I_b 负载点时，实测的高频脉冲 $m_1 = 60\ 543\text{imp}$，$m_2 = 60\ 553\text{imp}$。经计算误差后，又实测高频脉冲数 $m_3 = 60\ 537\text{imp}$，$m_4 = 60\ 547\text{imp}$。算定高频脉冲数为 60 000imp。试计算该点误差，并判断该点误差是否合格。（5分）

考核知识点：误差的计算及判断

难易度：中

标准答案：

解：

$$m = \frac{m_1 + m_2}{2} = \frac{60\ 543 + 60\ 553}{2} = 60\ 548\ (\text{imp})$$

$$\gamma = \frac{m_0 - m}{m} \times 100\% = \frac{60\ 000 - 60\ 548}{60\ 548} \times 100\% = -0.905\ 1\%$$

由于测得的误差值等于（0.8～1.2）倍被检电能表的基本误差限，再进行两次测量，取这两次和前两次测量数据的平均值作为最后测得的基本误差值。

$$m = \frac{m_1 + m_2 + m_3 + m_4}{4} = \frac{60\ 543 + 60\ 553 + 60\ 537 + 60\ 547}{4} = 60\ 545\ (\text{imp})$$

$$\gamma = \frac{m_0 - m}{m} \times 100\% = \frac{60\ 000 - 60\ 545}{60\ 545} \times 100\% = -0.900\ 2\%$$

按照 1 级表化整为 -0.9%。因此，该点误差合格。

答：该点误差合格。

Jb0005212038　有一台 0.1 级单相电能表检定装置，配有电流互感器，互感器一次侧电流挡位有 100A、60A、30A 等，装置中标准电能表参数为：220V、5A、$C_H = 3.6 \times 10^7$imp/kWh。有一只 2 级单相电能表，参数为：220V、5（60）A、$C = 1200$imp/kWh。试按 JJG 596—2012《电子式交流电能表》要求，对 2 级单相电能表进行检定，在最大电流时，选择被检表的脉冲数，并计算出算定脉冲数。（5 分）

考核知识点：脉冲数的算定

难易度：中

标准答案：

解：被检表发出 1 个脉冲时的算定时间为

$$T = \frac{3600 \times 1000 \times 1}{CP} = \frac{3600 \times 1000 \times 1}{1200 \times 220 \times 60} = \frac{5}{22} \quad （秒）$$

按规程要求，每个测试点测量时间不少于 5 秒：

$$N = \frac{5}{T} = \frac{5}{\frac{5}{22}} = 22 \quad （\text{imp}）$$

取 $K_I = 60A/5A$

$$m_0 = \frac{C_H N}{C K_I} = \frac{3.6 \times 10^7 \times 22}{1200 \times (60/5)} = 55\ 000 \quad （\text{imp}）$$

规程规定 0.1 级装置算定脉冲数不少于 20 000imp，55 000imp 脉冲数满足要求。

答：在最大电流时，选择被检表的脉冲数为 22imp，算定脉冲数为 55 000imp。

Jb0005212039　有一台 0.1 级单相电能表检定装置，装置中标准电能表参数为：220V、5A、$f_H = 11\ 000$imp/秒。测定一只 220V、5（60）A、常数为 1800imp/kWh 的 2 级单相电能表的相对误差。如果要在参比电流、$\cos\varphi = 1$ 的情况下，将被校表的误差 γ 调整在 ±1% 以内，试求标准电能表的算定脉冲数和实测脉冲数的允许范围。（5 分）

考核知识点：脉冲数的算定

难易度：中

标准答案：

解：标准表：220V、5A、$f_H = 11\ 000$imp/秒

则

$$C_H = \frac{3600 \times 1000 \times N}{PT} = \frac{3600 \times 1000 \times 11\ 000}{220 \times 5 \times 1} = 3.6 \times 10^7 \quad （\text{imp}/\text{kWh}）$$

按规程要求，每个测试点测量时间不少于 5 秒：

$$T = \frac{3600 \times 1000 \times N}{CP} = \frac{3600 \times 1000 \times 1}{1200 \times 220 \times 5} = 2.73 \quad （秒）$$

$$N = \frac{5}{T} = \frac{5}{2.73} = 1.83 \quad （\text{imp}）$$

取 $N = 2$imp

$$m_0 = \frac{c_H N}{c} = \frac{3.6 \times 10^7 \times 2}{1200} = 60\ 000 \quad （\text{imp}）$$

0.1 级装置算定脉冲数不少于 20 000imp，60 000imp 脉冲数满足要求。

$$\gamma = \frac{m_0 - m}{m}$$

$$m = \frac{m_0}{1+\gamma}$$

$$m_1 = \frac{m_0}{1+\gamma} = \frac{60\ 000}{1+\dfrac{1}{100}} = 59\ 406\ （imp）$$

$$m_2 = \frac{m_0}{1+\gamma} = \frac{60\ 000}{1-\dfrac{1}{100}} = 60\ 606\ （imp）$$

答：标准电能表的算定脉冲数为 60 000imp，实测脉冲数的允许范围为 59 406～60 606imp。

Jb0005212040 用标准表法检定 1 级三相智能能表，被检表为 3×220/380V，3×10（100）A，常数为 300imp/kWh，标准表为三只单相，100V、5A，$C_H = 7.2 \times 10^7$imp/kWh。试问：当测最大电流的基本误差时，电压、电流互感器应选多大变比？若被检表 N 选 33imp 时，两次测量中标准表分别累计高频脉冲 $m_1 = 180\ 870$imp，$m_2 = 180\ 890$imp，求该点被检表误差。（5 分）

考核知识点：误差的计算

难易度：中

标准答案：

解：选 $K_U = 220V/100V$，$K_I = 100A/5A$

$$m_0 = \frac{C_H \cdot N}{C \cdot K_I \cdot K_U} = \frac{7.2 \times 10^7 \times 33}{300 \times \dfrac{100}{5} \times \dfrac{220}{100}} = 180\ 000\ （imp）$$

$$m = \frac{m_1 + m_2}{2} = \frac{180\ 870 + 180\ 890}{2} = 180\ 880\ （imp）$$

$$\gamma = \frac{m_0 - m}{m} = \frac{180\ 000 - 180\ 880}{180\ 880} = -0.004\ 89 = -0.489\%$$

化整后，被检表误差 -0.5%，合格。

答：被检表误差为 -0.5%。

Jb0005212041 用 0.05 级标准表检定一只 2 级单相表，被检表为 220V，5（60）A，常数为 1200imp/kWh，标准表在 220V、5A 量限时脉冲频率为 22 000imp。试计算在 220V、5A，$\cos\varphi = 0.5L$ 时，被检表每发 1 个脉冲的理论时间，若此时，两次测量中标准表分别累计高频脉冲 $m_1 = 60\ 275$imp，$m_2 = 60\ 293$imp，求被检表该点的误差。（5 分）

考核知识点：误差的计算

难易度：中

标准答案：

解：标准表：220V、5A，$f_H = 22\ 000$imp/秒

则

$$C_H = \frac{3600 \times 1000 \times N}{PT} = \frac{3600 \times 1000 \times 22\ 000}{220 \times 5 \times 1} = 7.2 \times 10^7\ （imp / kWh）$$

被检表发 1 个脉冲的时间为

$$T = \frac{3600 \times 1000 \times N}{CP} = \frac{3600 \times 1000 \times 1}{1200 \times 220 \times 5 \times 0.5} = 5.45\ （秒）$$

$$N = 1\text{imp}$$

$$m_0 = \frac{c_H N}{c} = \frac{7.2 \times 10^7 \times 1}{1200} = 60\,000\,(\text{imp})$$

$$m = \frac{m_1 + m_2}{2} = \frac{60\,275 + 60\,293}{2} = 60\,284\,(\text{imp})$$

$$\gamma = \frac{m_0 - m}{m} = \frac{60\,000 - 60\,284}{60\,284} = -0.004\,71 = -0.471\%$$

化整后，被检表误差 -0.4%，合格。

答：被检表该点的差为 -0.4%。

Jb0005212042　被检电能表为 2.0 级电子式单相电能表，220V，5（20）A，$C_L = 900\text{imp/kWh}$。用固定低频脉冲数测量时间的方法检定，在满负载点，$\cos\varphi = 1.0$，被检表输出 50 个低频脉冲时，两次测得所需时间分别为 46.12 秒和 45.84 秒，试求该点误差。（5 分）

考核知识点：误差的计算

难易度：中

标准答案：

解：两次测量的时间平均值为

$$t = \frac{46.12 + 45.84}{2} = 45.98\,（秒）$$

算定时间为

$$t' = \frac{3.6 \times 10^6 \times N}{C_L \times P} = \frac{3.6 \times 10^6 \times 50}{900 \times 220 \times 20 \times 1.0} = 45.45\,（秒）$$

该点误差为

$$r = \frac{t' - t}{t} \times 100\% = \frac{45.45 - 45.98}{45.98} \times 100\% = -1.152\%$$

答：该点误差为 -1.152%。

Jb0006232043　电磁兼容性试验结果的评价中的 A 级与 B 级分别指什么？（5 分）

考核知识点：电磁兼容性试验结果的评价

难易度：中

标准答案：

A 级：试验时和试验后终端均能正常工作，不应有任何误动作、损坏、死机、复位现象，数据采集应准确。

B 级：试验时终端可出现短时（不应超过 5 分钟）通信中断和液晶显示瞬时闪屏，其他功能和性能都应正常，试验后无须人工干预，终端应可以自行恢复。

Jb0006232044　复费率表通电后无任何显示可能的原因有哪些？（5 分）

考核知识点：费率表通电显示故障原因

难易度：中

标准答案：

（1）开关未通或断线或熔丝断、接触不良。

（2）整流器、稳压管或稳压集成块坏。

（3）时控制板插头脱落或失去记忆功能。

（4）电池电压不足。

Jb0006232045　多费率电能表的日计时误差为何要严格控制？（5分）

考核知识点：多费率电能表的日计时误差试验

难易度：中

标准答案：

多费率电能表的时钟是控制费率切换的根本依据，时钟的准确与否会直接影响到分时计量的准确性，其在电能计量中的地位不亚于基本误差。因此，对复费率电能表的检定，必须严格控制其日计时误差。

Jb0006233046　A/D 转换型电子式多功能电能表如何计量有功和无功电能？（5分）

考核知识点：电子式多功能电能表的计量方式

难易度：难

标准答案：

A/D 转换型电子式多功能电能表是通过对被测电路中的电压、电流模拟量精确采样，并将采样得到的模拟量转换成数字量，然后再进行数字乘法，即可获得有功功率在采样周期内的平均值。即如果将某段时间内的每一个采样周期的有功功率平均值累加，就可得到这段时间内电路所消耗的有功电能。即

$$
\begin{aligned}
P &= \frac{1}{T}\int_0^T u(t)i(t)\mathrm{d}t \\
&= \frac{1}{T}\int_0^T U_\mathrm{m}\sin\omega t I_\mathrm{m}\sin(\omega t - \varphi)\mathrm{d}t \\
&= \frac{1}{T}\int_0^T U_\mathrm{m}I_\mathrm{m}[-\cos(2\omega t + \varphi) + \cos\varphi]\mathrm{d}t \\
&= UI\cos\varphi
\end{aligned}
$$

只要将电流取样值与延时 $\pi/2$（50Hz 时为 5 毫秒）的电压取样值进行数字相乘，即可得到无功功率在采样周期 T 内的平均值。即

$$
\begin{aligned}
Q &= 1/T\int_0^T U_\mathrm{m}\sin(\omega t - \pi/2)I_\mathrm{m}\sin(\omega t - \varphi)\mathrm{d}t \\
&= 1/T\int_0^T U_\mathrm{m}I_\mathrm{m}[\sin\varphi - \cos(2\omega t - \varphi - \pi/2)]\mathrm{d}t \\
&= UI\sin\varphi
\end{aligned}
$$

同样，将某时间内的每一个采样周期的无功功率平均值累加，就可得到这段时间内电路所消耗的无功电能。

Jb0007231047　根据《国家电网公司用电信息采集系统时钟管理办法》，在运行环节，对电能表采用的校时策略是什么？（5分）

考核知识点：电能表采用校时策略

难易度：易

标准答案：

（1）使用采集主站或采集终端对时钟偏差在（1～5）分钟的电能表进行远程校时。

（2）采集系统主站对时钟偏差在（1～5）分钟的 GPRS 电能表直接进行远程校时。

（3）对时钟偏差大于 5 分钟的电能表，用现场维护终端对其现场校时前，应先用标准时钟源对现

场维护终端校时，再对电能表校时。

（4）校时时刻应避免在每日零点、整点时刻附近，避免影响电能表数据冻结。

Jb0007232048 智能电能表的全性能试验如何开展？（5分）

考核知识点：智能电能表的全性能试验

难易度：中

标准答案：

全性能试验分为招标前、供货前全性能试验。

（1）招标前的全性能试验由国家电网计量中心负责，样品数量为12只，由制造单位送样。招标前全性能试验合格样品应进行元器件和软件备案。

（2）供货前的全性能试验由国家电网公司省级电能计量中心负责组织实施，供货前样品应从供应商已生产的小批量产品中抽取，抽样数量为6只，抽样试验样品应进行封样处理。供货前全性能试验开始前应从样品中抽取两只与招标前全性能试验对应厂家产品的备案资料进行元器件、软件和工艺的比对，并将合格样品留样两只，用于到货后的样品比对。

Jb0001233049 根据《国家电网公司电能表质量监督管理办法》，简述电能表质量监督评价结论的四类质量问题。（5分）

考核知识点：电能表质量监督评价结论的四类质量问题

难易度：难

标准答案：

（1）一类质量问题：指在电能表质量监督中发现供应商某一供货批次电能表产品由于制造工艺、元器件质量、软件程序缺陷、测试试验等原因导致批量质量隐患或故障。

（2）二类质量问题：指在电能表质量监督中发现供应商某一供货批次电能表产品由于生产能力、制造工艺、元器件质量、软件程序缺陷、测试试验等环节的原因导致批量质量隐患，对公司正常经营管理活动和生产秩序造成一定不良影响。

（3）三类质量问题：指在电能表质量监督中发现供应商某一供货批次电能表产品由于设计原理、生产能力、制造工艺、元器件质量、软件程序缺陷、测试试验等环节的原因导致产品不满足技术要求，或出现批量质量隐患或故障，对公司正常经营管理活动和生产秩序，以及优质服务工作造成严重不良影响。

（4）四类质量问题：指在电能表质量监督中发现供应商某一个或多个供货批次电能表产品由于设计原理、生产能力、制造工艺、元器件质量、软件程序缺陷、测试试验等环节的原因导致出现批量质量隐患或故障，严重妨碍公司生产、经营管理活动正常开展，对公司优质服务工作造成特别严重不良影响。

Jb0008231050 电能计量装置综合误差包括哪几部分？（5分）

考核知识点：电能计量装置综合误差

难易度：易

标准答案：

电能计量装置综合误差包括三大部分，即电能表的误差，互感器的合成误差和电压互感器二次回路压降引起的误差，用公式表示为

$$\gamma = \gamma_h + \gamma_b + \gamma_d$$

式中：γ_h——互感器的合成误差；

γ_b——电能表的误差；

γ_d——电压互感器二次回路压降所引起的计量误差。

Jb0008232051　现场检验仪器对直接接入式电能表误差测试，检验仪的接线顺序与接线位置是怎样的？（5分）

考核知识点：检验仪的接线顺序与接线位置

难易度：中

标准答案：

现场检验仪器接线顺序是：

（1）先开启现场检验仪电源，再依次接入电压试验线和钳形电流互感器。

（2）按用户容量（或电能表额定电流）选取合适的钳形电流互感器。

（3）检验仪的钳形电流互感器，应夹接在被试电能表出线侧。

（4）电压回路应接在被检电能表接线端钮盒相应电压端钮。

（5）现场检验仪通电预热。

Jb0008232052　运行中的电流互感器二次开路时，二次感应电动势大小如何变化？（5分）

考核知识点：运行中的电流互感器二次感应电动势变化

难易度：中

标准答案：

运行中的电流互感器二次所接负载阻抗非常小，基本处于短路状态，由于二次电流产生的磁通和一次电流产生的磁通互相去磁的结果，使铁芯中的磁通密度在较低的水平，此时电流互感器的二次电压也很低。当运行中二次绕组开路后，一次侧电流仍不变，而二次电流等于零，二次磁通就消失了，这样，一次电流全部变成励磁电流，使铁芯骤然饱和，由于铁芯的严重饱和，二次侧将可能产生高电压，对二次绝缘构成威胁，对设备和运行人员有危险。

Jb0008231053　电流互感器运行时造成二次开路的原因有哪些？（5分）

考核知识点：电流互感器运行时造成二次开路的原因

难易度：易

标准答案：

（1）电流互感器安装处有振动存在，其二次导线接线端子的螺栓因振动而自行脱钩。

（2）保护盘或控制盘上电流互感器的接线端子连接片误断开或压板未压好。

（3）经切换可读三相电流值的电流表的切换开关接触不良。

（4）电流互感器的二次导线，因受机械损坏断开。

Jb0008232054　简述使用电流互感器时的注意事项。（5分）

考核知识点：使用电流互感器时的注意事项

难易度：中

标准答案：

（1）电流互感器的配置应满足测量表计，继电保护和自动装置的要求应分别由单独的一次绕组供电，这样可满足不同设备的要求，而且又不会互相影响。

（2）极性应连接正确，连接表计必须注意电流互感器的极性，只有极性连接正确，表计才能正确指示或计量。

（3）运行中的电流互感器二次绕组不允许开路，正常运行的电流互感器消耗的二次负载阻抗 Z_b 很小，接近短路状态，铁芯中的磁通 Φ 也很小。当二次绕组开路时，一次电流完全变成励磁电流，铁芯中的磁通 Φ 急剧增加，并趋于饱和，故此时二次绕组就出现了峰值电压可达数千伏的高电压，危及仪表及人身安全。

（4）电流互感器二次应可靠接地，是为了防止由于电流互感器一次与二次绕组之间的绝缘击穿时二次回路串入高压而危及人身安全和损坏设备，二次回路必须设备保护接地，而且只允许有一个接地点。

Jb0008232055　经互感器接入式低压电能计量装置装拆中连接互感器侧二次回路导线的工作要求是什么？（5分）

考核知识点：经互感器接入式低压电能计量装置装拆中连接互感器侧二次回路导线的工作要求

难易度：中

标准答案：

（1）导线应采用铜质绝缘导线，电流二次回路截面不应小于4mm²，电压回路截面不应小于2.5mm²。

（2）互感器至电能表的二次回路不得有接头或中间连接端钮（联合接线盒除外）。

（3）连接前采用500V绝缘电阻表测量其绝缘应符合要求。

（4）校对互感器计量二次回路导线，并分别编码标识。

（5）互感器的二次绕组与联合接线盒之间应采用六线连接。

Jb0008212056　已知三相三线有功功率表接线错误，其接线形式为：A相元件$\dot{U}_{BC}$，$\dot{I}_A$，C相元件$\dot{U}_{BC}$，$-\dot{I}_C$，请写出两元件功率P_A、P_C表达式和总功率P'表达式，并计算出更正系数K（三相负载平衡且正确接线时的功率表达式$P=\sqrt{3}\,UI\cos\varphi$）。（5分）

考核知识点：错误接线分析

难易度：中

标准答案：

解：按题意有

$$P_A = U_{BC}I_A\cos(90°-\varphi)$$
$$P_C = U_{BC}(-I_C)\cos(30°+\varphi)$$

在对称三相电路中，$U_{BC}=U_{BC}=U$，$I_A=I_C=I$，则

$$P' = UI[\cos(90°-\varphi)+\cos(30°+\varphi)]$$
$$= UI\left(\frac{\sqrt{3}}{2}\cos\varphi+\frac{1}{2}\sin\varphi\right)$$

更正系数

$$K = \frac{P}{P'} = \frac{\sqrt{3}UI\cos\varphi}{UI\left(\dfrac{\sqrt{3}}{2}\cos\varphi+\dfrac{1}{2}\sin\varphi\right)} = \frac{2\sqrt{3}}{\sqrt{3}+\tan\varphi}$$

答：P_A为$U_{BC}I_A\cos(90°-\varphi)$，$P_C$为$U_{BC}(-I_C)\cos(30°+\varphi)$，$P'$为$UI\cos(30°-\varphi)$，$K$为$\dfrac{2\sqrt{3}}{\sqrt{3}+\tan\varphi}$。

Jb0008212057　已知三相三线有功电能表接线错误，其接线方式为：A相元件$\dot{U}_{WU}$，$\dot{I}_U$，C相元件$\dot{U}_{BA}$，$\dot{I}_C$，请写出两元件功率P_A、P_C表达式和总功率P'表达式，并计算出更正系数K（三相负载平衡）。（5分）

考核知识点：错误接线分析

难易度：中

标准答案：

解：按题意有

$$P_A = U_{CA}I_A\cos(150° + \varphi)$$
$$P_C = U_{BA}I_C\cos(90° + \varphi)$$

在对称三相电路中：$U_{CA} = U_{BA} = U$，$I_A = I_C = I$，则

$$P' = P_A + P_C = UI[\cos(150° + \varphi) + \cos(90° + \varphi)]$$
$$= -\frac{1}{2}UI(\sqrt{3}\cos\varphi + 3\sin\varphi)$$

更正系数

$$K = \frac{P}{P'} = \frac{\sqrt{3}UI\cos\varphi}{-\dfrac{1}{2}UI(\sqrt{3}\cos\varphi + 3\sin\varphi)}$$
$$= \frac{-2}{1 + \sqrt{3}\tan\varphi}$$

答：P_A 为 $U_{CA}I_A\cos(150° + \varphi)$，$P_C$ 为 $U_{BA}I_C\cos(90° + \varphi)$，$P'$ 为 $-\sqrt{3}UI\cos(60° - \varphi)$，$K$ 为 $\dfrac{-2}{1 + \sqrt{3}\tan\varphi}$。

Jb0008211058　某用户装一块三相四线表，3×380/220V，5A，装三台变比为 200/5 电流互感器，有一台过负载烧毁，用户自行更换一台，供电部门因故未到现场。半年后发现，后换这台电流互感器变比是 300/5 的，在此期间有功电能表共计抄过电量 $W = 50\,000$kWh，求追补电量 ΔW 是多少 kWh？（5分）

考核知识点：退补电量计算

难易度：易

标准答案：

解：按题意

$$更正率 = \frac{正确电量 - 错误电量}{错误电量} \times 100\%$$

$$正确电量 = \frac{1}{3} + \frac{1}{3} + \frac{1}{3} = 1$$

$$错误电量 = \frac{1}{3} + \frac{1}{3} + \frac{1}{3} \times \frac{200/5}{300/5} = \frac{2}{3} + \frac{2}{9} = \frac{8}{9}$$

则更正率

$$\varepsilon = \frac{1 - \dfrac{8}{9}}{\dfrac{8}{9}} = \frac{9 - 8}{8} \times 100\% = 12.5\%$$

$$\Delta W = \varepsilon \times W = 12.5\% \times 50\,000 = 6250（kWh）$$

答：追补电量 ΔW 为 6250kWh。

Jb0008211059　某工业用户不文明用电，将计费有功电能表的计度器由原来的 1500r/kWh 更换成 1800r/kWh，发现后查实其更换计度器时新旧计度器的起止码均为 30.5kWh，改正时计度器（错计度器）的止码为 49.6kWh，该用户倍率为 3000，试计算应追补的电量 ΔW。（5分）

考核知识点：退补电量计算

难易度：易

标准答案：

解：根据计度器常数的定义，错误计度器工作期间的盘转数为

$$n = (49.6 - 30.5) \times 1800 = 34\,380\,（r）$$

如用 1500r/kWh 计度器补算，则实际表应计量示数为

$$W_0 = 34\,380/1500 = 22.92\,（kWh）$$

故应追补的电量

$$\Delta W = [22.92 - (49.6 - 30.5)] \times 3000 = 11\,460\,（kWh）$$

答：应追补电量 ΔW 为 11 460kWh。

Jb0008211060 某低压三相四线用户不文明用电，私自将计量低压互感器更换，互感器变比铭牌仍标为正确时的 200/5，后经计量人员检测发现 U 相 TA 实为 500/5，V 相 TA 实为 400/5，W 相 TA 实为 300/5，已知用户更换 TA 期间有功电能表走了 100 个字，试计算应追补的电量 ΔW。（5 分）

考核知识点：退补电量计算

难易度：易

标准答案：

解：私自将低压互感器变比换大，实为减小了进入电能表的二次电流，从而使电能表少计量，更正率

$$\varepsilon = K - 1 = \cfrac{3UI\cos\varphi}{\cfrac{2}{5}UI\cos\varphi + \cfrac{2}{4}UI\cos\varphi + \cfrac{2}{3}UI\cos\varphi} - 1 = 0.915$$

故应追补的电量 ΔW 为

$$\Delta W = 100 \times \frac{200}{5} \times 0.915 = 3660\,（kWh）$$

答：应追补的电量 ΔW 为 3660kWh。

Jb0008222061 画出三相三线两元件有功电能表经 TA、TV 接入，计量高压用户电量的接线图。（5 分）

考核知识点：计量高压用户电量的接线图

难易度：中

标准答案：

如图 Jb0008222061 所示。

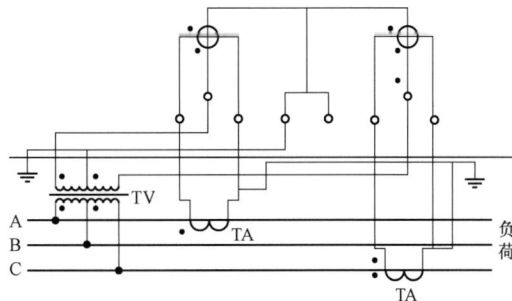

图 Jb0008222061

Jb0008222062　画出用三只单相有功电能表计量三相四线有功电能，采用经 TA 接入、分用电压线和电流线的接线图。(5 分)

考核知识点：三只单相有功电能表计量三相四线有功电能接线图

难易度：中

标准答案：

如图 Jb0008222062 所示。

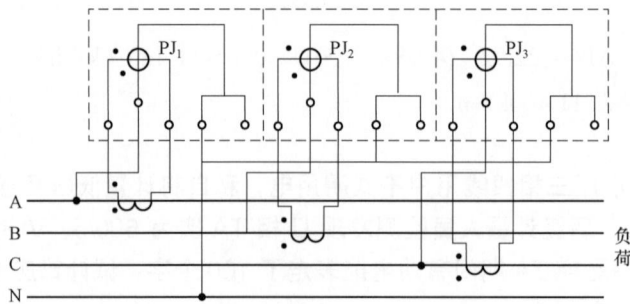

图 Jb0008222062

Jb0008221063　画出电能表现场校验仪原理框图。(5 分)

考核知识点：电能表现场校验仪原理框图

难易度：易

标准答案：

如图 Jb0008221063 所示。

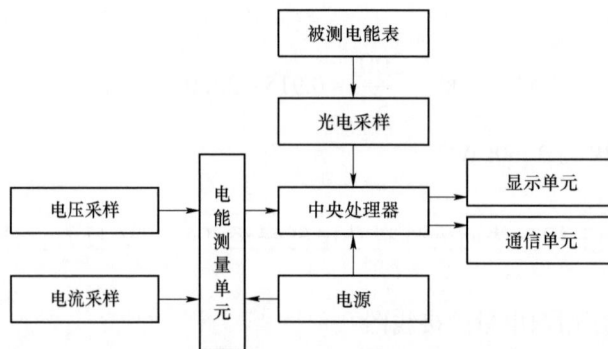

图 Jb0008221063

第八章 电能表修校工技师技能操作

Jc0008242001 办理第二种工作票（电能表现场校验）。（100分）

考核知识点： 电能计量装置接线

难易度： 中

技能等级评价专业技能考核操作工作任务书

一、任务名称

办理第二种工作票（电能表现场校验）。

二、适用工种

电能表修校工技师。

三、具体任务

工作负责人刘×与工作班成员李××、王××到西河220kV变电站，在综合电气小室 220kV线路电能表屏处进行220kV线路电能表现场校验工作。设备条件：工作位置有相邻的运行屏柜。请在规定时间内补全变电站（发电厂）第二种工作票，要求至少写4条专业注意事项和两条通用注意事项。

四、工作规范及要求

（1）自备钢笔或中性笔。

（2）文字规范完整、要点明确。

五、现场提供材料及工器具

无。

六、考核及时间要求

本考核时间为60分钟，请按照任务要求完成操作和答题卡。

答题卡：

变电站（发电厂）第二种工作票

单位：×××××××× 编号： 00050005000500050005

1. 工作负责人（监护人）_____ 班组：××班

2. 工作班成员（不包括工作负责人）_____ 共___人

3. 工作的变配电站名称及设备双重名称

_____

_____

_____

4. 工作任务

工作地点或地段	工作内容

5. 计划工作时间

自××××年××月××日××时××分　　至××××年××月××日××时××分

6. 工作条件（停电或不停电，或临近及保留带电设备名称）

7. 注意事项（安全措施）

施工单位工作票签发人　×××　　　签发日期××××年××月××日××时××分

运维单位工作票签发人　×××　　　签发日期××××年××月××日××时××分

8. 补充安全措施（工作许可人填写）

_____

9. 确认本工作票1～8项

工作负责人签名　_____　　　　　　　　工作许可人签名　_____

许可开始工作时间：××××年××月××日××时××分

10. 确认工作负责人布置的任务和本施工项目安全措施

工作班组人员签名

_____

11. 工作票延期

有效期延长到　　年　月　日　时　分

工作负责人签名_____　　　　　　　　　年　　月　　日　　时　　分

工作许可人签名_____　　　　　　　　　年　　月　　日　　时　　分

12. 工作票终结

全部工作于　　年　月　日　时　分结束，工作人员已全部撤离，材料工具已全部清理完毕。

工作负责人签名　_____　　　　　　　　　　年　　月　　日　　时　　分

工作许可人签名　_____　　　　　　　　　　年　　月　　日　　时　　分

13. 备注

技能等级评价专业技能考核操作评分标准

工种	电能表修校工		评价等级	技师
项目模块	现场检验	编号	Jc0008242001	
单位		准考证号	姓名	
考试时限	60分钟	题型	简答题	题分	100分
成绩	考评员	考评组长	日期	

试题正文	办理第二种工作票（电能表现场校验）
需要说明的问题和要求	（1）要求单人完成。 （2）自备钢笔或中性笔。 （3）文字规范完整、要点明确

序号	项目名称	质量要求	满分	扣分标准	扣分原因	得分
1	工作负责人	工作负责人处填刘×	2	填写错误，扣2分		
2	工作班成员及人数	（1）填写李××、王××。 （2）人数2人	6	工作班成员姓名，每少一个扣2分；人数错误，扣2分		
3	设备名称	西河220kV变电站 220kV线路电能表屏	8	未写变电站名称，扣4分；未写电能表屏或写错，扣4分		

序号	项目名称	质量要求	满分	扣分标准	扣分原因	得分
4	工作任务	（1）工作地点或地段： 室内：综合电气小室 220kV 线路电能表屏处。 （2）工作内容：220kV 线路电能表现场校验	8	工作地点填错，扣 4 分； 工作地点不规范或不全，扣 2 分； 工作内容填错，扣 4 分； 工作内容不规范或不全，扣 2 分		
5	工作条件	不停电	6	填错，扣 6 分		
6	注意事项	（1）工作人员进入作业现场应正确佩戴安全帽，穿全棉长袖工作服及绝缘鞋。 （2）使用验电笔对计量屏的金属裸露部分进行验电，防止人员触电。 （3）接入校验仪前，检查并确认校验仪电压、电流试验导线通断良好，绝缘强度良好。 （4）校验仪的电流回路，在试验接线盒处接入，保证电流导线牢固可靠，并注意电流的进出方向，打开试验接线盒电流连片时，应逐项打开并且用电能表校验仪进行监视，防止电流互感器二次回路开路。 （5）恢复试验接线盒内电流连片至检验前状态，观察电能表检验仪显示的电流值从实测值逐渐减少到 0 后，拆除校验仪电流接线，防止电流互感器二次回路开路。 （6）测试导线挂接要牢固，接线不能松动，防止电流互感器二次回路开路或电压互感器二次短路。 （7）在 220kV 线路电能表屏柜处设置"在此工作！"标识牌，并在其相邻运行屏柜设置"运行设备"标识牌。 （8）工作结束后，注意及时清理工作现场	60	（3）、（4）、（5）、（6）条为专业注意事项，至少写 4 条，少一条扣 10 分； 其他专业注意事项合理也可给分，（1）、（2）、（7）、（8）为通用注意事项，第（7）条为必选项，其他选一条即可，一条 10 分，其他通用注意事项合理也可给分		
7	卷面	工作地点、设备名称编号、安全措施无涂改	10	有涂改，每处扣 2 分； 该项最多扣 10 分，分数扣完为止		
	合计		100			

标准答案：

变电站（发电厂）第二种工作票

单位：×××××××　　　　　　　　　编号：　00050005000500050005

1. 工作负责人（监护人）　刘×　　　　　　班组：××班

2. 工作班成员（不包括工作负责人）

李××、王××

共　2　人

3. 工作的变配电站名称及设备双重名称

西河 220kV 变电站 220kV 线路电能表屏

4. 工作任务

工作地点或地段	工作内容
室内：综合电气小室 220kV 线路电能表屏处	220kV 线路电能表现场校验

5. 计划工作时间

自×××年××月××日××时××分　　　至×××年××月××日××时××分

6. 工作条件（停电或不停电，或临近及保留带电设备名称）

不停电

7. 注意事项（安全措施）

（1）工作人员进入作业现场应正确佩戴安全帽，穿全棉长袖工作服及绝缘鞋。

（2）使用验电笔对计量屏的金属裸露部分进行验电，防止人员触电。

（3）接入校验仪前，检查并确认校验仪电压、电流试验导线通断良好，绝缘强度良好。

（4）校验仪的电流回路，在试验接线盒处接入，保证电流导线牢固可靠，并注意电流的进出方向，打开试验接线盒电流连片时，应逐项打开并且用电能表校验仪进行监视，防止电流互感器二次回路开路。

（5）恢复试验接线盒内电流连片至检验前状态，观察电能表检验仪显示的电流值从实测值逐渐减少到零后，拆除校验仪电流接线，防止电流互感器二次回路开路。

（6）测试导线挂接要牢固，接线不能松动，防止电流互感器二次回路开路或电压互感器二次短路。

（7）在 220kV 线路电能表屏柜处设置"在此工作！"标识牌，并在其相邻运行屏柜设置"运行设备"标识牌。

（8）工作结束后，注意及时清理工作现场。

施工单位工作票签发人　　×××　　　　签发日期×××年××月××日××时××分

运维单位工作票签发人　　×××　　　　签发日期×××年××月××日××时××分

8. 补充安全措施（工作许可人填写）

_____

9. 确认本工作票 1～8 项

工作负责人签名　×××　　　　　　　　工作许可人签名　×××

许可开始工作时间：×××年××月××日××时××分

10. 确认工作负责人布置的任务和本施工项目安全措施

工作班组人员签名

_____

11. 工作票延期

有效期延长到　　　年　月　日　时　分

工作负责人签名_____　　　　　　　年　月　日　时　分

工作许可人签名_____　　　　　　　年　月　日　时　分

12. 工作票终结

全部工作于　　　年　月　日　时　分结束，工作人员已全部撤离，材料工具已全部清理完毕。

工作负责人签名　_____　　　　　　　年　月　日　时　分

工作许可人签名　_____　　　　　　　年　月　日　时　分

13. 备注

Jc0003262002 测试 0.2S 级电能表重复性。（100 分）

考核知识点： 0.2S 级电能表重复性试验方法及结果处理

难易度： 中

技能等级评价专业技能考核操作工作任务书

一、任务名称

测试 0.2S 级电能表重复性。

二、适用工种

电能表修校工技师。

三、具体任务

按照 JJG 596—2012《电子式交流电能表》检定规程和 JJF 1033—2016《计量标准考核规范》的技术要求，对 0.2S 级电能表在功率因数 1.0 和 0.5L 下进行重复性测量，选择 $3 \times 220V$、$3 \times 5A$ 量限，要求测量次数不少于 10 次。根据测量结果使用贝塞尔公式计算电能表的试验标准偏差。

四、工作规范及要求

（1）在电能表检定装置上操作并遵守相关安全规定和检定规程。

（2）要求记录原始数据，列出标准偏差的计算公式、数据处理过程并计算结果。

（3）判断异常数据处理使用格拉布斯准则［格拉布斯准则临界值 $G(\alpha, n)$ 见表 Jc0003262002（a）］，列出计算公式及计算过程。

表 Jc0003262002（a）

n	α	
	0.05	0.01
10	2.176	2.410
11	2.234	2.485
12	2.285	2.550

（4）提交完整的重复性试验原始记录。

五、现场提供材料及工器具

（1）0.05 级三相电能表标准装置。

（2）0.2S 级三相电能表。

（3）导线、螺丝刀若干。

六、考核及时间要求

本考核时间为 60 分钟，请按照任务要求完成操作和答题卡。

答题卡：

_____的重复性试验记录

1. 测试条件：检定装置和被测对象应通电预热足够长的时间，各影响量均在允许偏差之内。

2. 环境条件：温度：　　℃；　　相对湿度：　　%。

测试时间	年　月　日	
被测对象	名称：　　型号：　　编号：　　等级：	
测量条件		
测量次数	测得值（%）	测得值（%）
1		
2		
3		
4		
5		
6		
7		
8		
9		
10		
$\bar{y}_i$		
s		
测试人员		

3. 装置参数：　　型号：　　编号：　　厂家：　　准确度等级：

技能等级评价专业技能考核操作评分标准

工种	电能表修校工			评价等级	技师
项目模块	计量基础知识及专业实务		编号		Jc0003262002
单位		准考证号		姓名	
考试时限	60分钟	题型	综合操作题	题分	100分
成绩		考评员	考评组长	日期	
试题正文	测试0.2S级电能表重复性				
需要说明的问题和要求	（1）要求1人完成。 （2）操作遵守安全规定和检定规程				

序号	项目名称	质量要求	满分	扣分标准	扣分原因	得分
1	遵守安全规定和检定规程	着装规范，实验过程符合安全规定，不发生电流开路、电压短路、带电拆接线、超量程、带电切换量程等操作	10	只要发生一项违反安全的操作，此项不得分		

续表

序号	项目名称	质量要求	满分	扣分标准	扣分原因	得分
2	使用电能表检定装置完成试验操作,记录原始数据	(1)记录环境条件。 (2)正确接线。 (3)正确操作检定装置。 (4)测试方法:选择合适的试验条件,连续测量10次及以上。 (5)记录原始数据	60	温、湿度未记录,扣4分; 试验条件(电压、电流、功率因数)未记录,每项扣2分; 测量次数少于10次,扣5分; 接线不正确,扣20分; 检定装置操作不正确,扣20分; 试验数据涂改不规范,每处扣1分; 量值单位符号不规范,每处扣1分; 未有试验日期、试验人员签名,各扣1分,最多扣5分; 未连续记录数据,每发生一次扣2分; 该项最多扣60分,分数扣完为止		
3	数据处理	(1)正确判断异常值。 (2)正确计算s值	30	异常值判断共15分:计算公式错误,扣10分;数据计算错误,每项扣1分;异常值判断错误,扣10分; s值计算共15分:计算公式错误,扣10分;数据计算错误,扣5分		
	合计		100			

标准答案:

(1)格拉布斯准则:$\dfrac{|x_i-\bar{x}|}{s}\geq G(\alpha,n)$

式中: x_i——一次测量数据;

$\bar{x}$——n次测量数据平均值。

在给定的包含概率为$p=0.99$或$p=0.95$,$\alpha=1-p=0.01$或0.05,见表Jc0003262002(b)。

表 Jc0003262002(b)

n	α	
	0.05	0.01
10	2.176	2.410
11	2.234	2.485
12	2.285	2.550

(2)s值计算:

$$s(x_i)=\sqrt{\dfrac{\sum_{i=1}^{n}(x_i-\bar{x})^2}{n-1}}$$

Jc0005251003 实验室检定0.2S级三相四线经互感器接入式费控智能电能表。(100分)
考核知识点:0.2S级三相四线经互感器接入式费控智能电能表的实验室检定
难易度:易

技能等级评价专业技能考核操作工作任务书

一、任务名称
实验室检定0.2S级三相四线经互感器接入式费控智能电能表。
二、适用工种
电能表修校工技师。

三、具体任务

实验室检定 0.2S 级三相四线经互感器接入式费控智能电能表，并将检定依据的规程、需进行的检定实验项目、检定的负载点、电能表起动试验、潜动试验的计算过程及结果填写在答题卡上。

四、工作规范及要求

（1）在提供的电能表检定装置上操作并遵守安全规定。

（2）依据相应的检定规程完成检定试验。

五、现场提供材料及工器具

（1）0.2S 级三相四线经互感器接入式费控智能电能表 1 只［$3 \times 220V/380V$、$3 \times 1.5（6）A$、$C = 20\,000\,imp/kWh$］。

（2）具备相应检定能力的人工电能表检定装置一台。

（3）不同规格螺丝刀。

（4）检定电能表所需电流、电压接线，脉冲线及 RS-485 通信线。

六、考核及时间要求

本考核时间为 60 分钟，请按照任务要求完成操作和答题卡。

答题卡：

1. 本次检定依据的规程
2. 本次检定需进行的实验项目
3. 本次检定的负载点
4. 本次检定起动试验、潜动试验的计算过程及结果

技能等级评价专业技能考核操作评分标准

工种	电能表修校工			评价等级	技师
项目模块	计量检定		编号		Jc0005251003
单位		准考证号		姓名	
考试时限	60 分钟	题型	单项操作	题分	100 分
成绩		考评员		考评组长		日期	

试题正文	实验室检定 0.2S 级三相四线经互感器接入式费控智能电能表
需要说明的问题和要求	（1）要求 1 人完成。 （2）在提供的电能表检定装置上操作并遵守安全规定。 （3）针对给定类型电能表，利用给定电能表人工检定装置进行检定，检定过程符合相关规程技术要求

序号	项目名称	质量要求	满分	扣分标准	扣分原因	得分
1	填写规程	针对给定类型的电能表给出的规程符合要求	20	未正确给出，1 项扣 7 分； 该项最多扣 20 分，分数扣完为止		
2	填写实验项目	设置的参数符合相应检定规程该项试验项目技术要求	20	未正确给出，1 个实验项目扣 2 分； 该项最多扣 20 分，分数扣完为止		

序号	项目名称	质量要求	满分	扣分标准	扣分原因	得分
3	填写负载点	设置的参数符合相应检定规程该项试验项目技术要求	40	未正确给出，1个负载点扣2分；该项最多扣40分，分数扣完为止		
4	填写计算结果	计算过程及结果均符合相应检定规程技术要求	20	未正确给出计算过程及结果各扣5分；该项最多扣20分，分数扣完为止		
	合计		100			

标准答案：

答题卡见表 Jc0005251003。

表 Jc0005251003

1. 本次检定依据的规程

由给出的类型电能表，可依据 JJG 596—2012《电子式交流电能表》、JJG 691—2014《多费率交流电能表》、JJG 569—2014《最大需量电能表》进行实验室检定

2. 本次检定需进行的实验项目

由 JJG 596—2012《电子式交流电能表》中 6.3 表 9、JJG 691—2014《多费率交流电能表》中 6.3 表 3、JJG 569—2014《最大需量电能表》中表 3 可以确定需要进行检定的试验项目包括外观检查、交流电压试验、潜动试验、起动试验、基本误差、仪表常数试验、时钟日计时误差、时钟示值误差、电能表示值组合误差、需量示值误差（10 项）

3. 本次检定的负载点

由给出的 0.2S 级三相四线经互感器接入式费控智能电能表 [$3 \times 220\text{V}/380\text{V}$、$3 \times 1.5$（6）A，$C = 20\,000\text{imp/kWh}$]，应检定的负载点如下所示。

合元正向（反向）有功：I_{max}、$\cos\varphi = [1.0、0.5L、0.8C]$；$I_n$、$\cos\varphi = [1.0、0.5L、0.8C]$；$0.1I_n$、$\cos\varphi = [0.5L、0.8C]$；$0.05I_n$、$\cos\varphi = 1.0$；$0.02I_n$、$\cos\varphi = [0.5L、0.8C]$；$0.01I_n$、$\cos\varphi = 1$；

分元 A 相正向（反向）有功：I_{max}、$\cos\varphi = [1.0、0.5L]$；I_n、$\cos\varphi = [1.0、0.5L]$；$0.1I_n$、$\cos\varphi = 0.5L$；$0.05I_n$、$\cos\varphi = 1.0$；

分元 B 相正向（反向）有功：I_{max}、$\cos\varphi = [1.0、0.5L]$；I_n、$\cos\varphi = [1.0、0.5L]$；$0.1I_n$、$\cos\varphi = 0.5L$；$0.05I_n$、$\cos\varphi = 1.0$；

分元 C 相正向（反向）有功：I_{max}、$\cos\varphi = [1.0、0.5L]$；I_n、$\cos\varphi = [1.0、0.5L]$；$0.1I_n$、$\cos\varphi = 0.5L$；$0.05I_n$、$\cos\varphi = 1.0$；

合元正向（反向）无功：I_{max}、$\cos\varphi = [1.0、0.5L]$；I_n、$\cos\varphi = [1.0、0.5L]$；$0.1I_n$、$\cos\varphi = 0.5L$；$0.05I_n$、$\cos\varphi = [1.0、0.5L]$；$0.02I_n$、$\cos\varphi = 1$；

分元 A 相正向（反向）有功：I_{max}、$\cos\varphi = [1.0、0.5L]$；I_n、$\cos\varphi = [1.0、0.5L]$；$0.1I_n$、$\cos\varphi = 0.5L$；$0.05I_n$、$\cos\varphi = 1.0$；

分元 B 相正向（反向）有功：I_{max}、$\cos\varphi = [1.0、0.5L]$；I_n、$\cos\varphi = [1.0、0.5L]$；$0.1I_n$、$\cos\varphi = 0.5L$；$0.05I_n$、$\cos\varphi = 1.0$；

分元 C 相正向（反向）有功：I_{max}、$\cos\varphi = [1.0、0.5L]$；I_n、$\cos\varphi = [1.0、0.5L]$；$0.1I_n$、$\cos\varphi = 0.5L$；$0.05I_n$、$\cos\varphi = 1.0$；

共计 56 个负载点

4. 本次检定起动试验、潜动试验计算过程及结果

（1）潜动试验。

由 JJG 596—2012《电子式交流电能表》中 6.4.3：试验时，电流线路施加电压为参比电压的 115%，$\cos\varphi(\sin\varphi) = 1$，测试输出单元所发出脉冲不应多于 1 个，潜动试验最短试验时间 Δt 见下式：

$$\Delta t \geqslant \frac{900 \times 10^6}{CmU_n I_{max}} = \frac{900 \times 10^6}{20\,000 \times 3 \times 220 \times 6} = 11.36 \text{（分钟）}$$

式中：C ——电能表输出单元发出的脉冲数，imp/kWh 或 imp/kvarh；

U_n ——参比电压，V；

I_{max} ——参比电流，A；

m ——系数，对单相电能表，$m = 1$；对三相四线电能表，$m = 3$；对三相四线电能表，$m = \sqrt{3}$。

由给出的 0.2S 级三相四线经互感器接入式费控智能电能表（$3 \times 220\text{V}/380\text{V}$、$3 \times 1.5$（6）A、$C = 20\,000\text{imp/kWh}$），$C = 20\,000\text{imp/kWh}$，$U_n = 220\text{V}$，$I_{max} = 6\text{A}$，$m = 3$。

（2）起动试验。

由 JJG 596—2012《电子式交流电能表》中 6.4.4：在电压线路加参比电压 U_n 和 $\cos\varphi(\sin\varphi) = 1$ 的条件下，电流线路的电流升到 JJG 596—2012《电子式交流电能表》中规定的起动电流 I_Q 后，电能表在起动时限 t_Q 应能起动并连续记录。时限按下式确定，

$$\Delta t \leqslant 1.2 \times \frac{60 \times 1000}{CmU_n I_Q} = 1.2 \times \frac{60 \times 1000}{20\,000 \times 3 \times 220 \times 0.001\,5} = 3.03 \text{（分钟）}$$

式中：I_Q ——起动电流，A。

由给出的 0.2S 级三相四线经互感器接入式费控智能电能表（$3 \times 220\text{V}/380\text{V}$、$3 \times 1.5$（6）A、$C = 20\,000\text{imp/kWh}$），$C = 20\,000\text{imp/kWh}$，$U_n = 220\text{V}$，$m = 3$。$I_Q = 0.001I_b = 0.001 \times 1.5 = 0.001\,5$（A）

Jc0005262004　实验室完成 35kV 电流互感器绝缘试验。（100 分）

考核知识点： 电能计量装置接线

难易度： 中

技能等级评价专业技能考核操作工作任务书

一、任务名称

实验室完成 35kV 电流互感器绝缘试验。

二、适用工种

电能表修校工技师。

三、具体任务

（1）依据 JJG 1021—2007《电力互感器》，选用合适的绝缘电阻表对 35kV 电流互感器进行绝缘电阻和工频耐压试验，已知 35kV 电流互感器的出厂耐压值为 80kV。

（2）回答耐压试验对频率、正弦电压的失真度、试验电压测量误差都有什么要求？耐压试验合格的判断依据是什么？

四、工作规范及要求

（1）带电操作应遵守安全规定，制定危险点预防和控制措施。

（2）着装符合要求，穿全棉长袖工作服、绝缘鞋，戴安全帽、棉线手套。

（3）测试时出现测量回路短路或接地、伪造测试数据、仪器仪表操作不当或跌落损坏情况，该操作项目不合格。

（4）检定时出现设备异常报警，参考人员可以提出设备检查申请。若判断为人员误操作原因，异常处理时间列入鉴定时间；若是设备故障，异常处理时间不列入鉴定时间。需要给出《绝缘电阻检测记录》。

五、现场提供材料及工器具

（1）数字型绝缘电阻表、工频高压发生器。

（2）35kV 电流互感器。

（3）放电棒、接地线、适当长度的短接线若干。

（4）螺丝刀若干、安全围栏。

六、考核及时间要求

本考核时间为 90 分钟，请按照任务要求完成操作和答题卡。

答题卡：

绝 缘 电 阻 检 测 记 录

所用测试设备			
名称	型号	编号	有效期

被测设备信息		
名称	型号	编号

测试时条件			
温度	（℃）	相对湿度	（%）

绝缘电阻记录	
一次绕组对二次绕组的绝缘电阻	二次绕组间及对地的绝缘电阻
结论	

技能等级评价专业技能考核操作评分标准

工种	电能表修校工			评价等级	技师
项目模块	计量检定		编号		Jc0005262004
单位		准考证号		姓名	
考试时限	90 分钟	题型	综合操作题	题分	100 分
成绩		考评员		考评组长	日期

试题正文	实验室完成 35kV 电流互感器绝缘试验
需要说明的问题和要求	（1）要求 1 人完成。 （2）操作时应注意安全，按照标准化作业指导书的技术安全说明做好安全措施。 （3）考评员应注意人员、设备情况，必要时制止违规行为

序号	项目名称	质量要求	满分	扣分标准	扣分原因	得分
1	准备工作					
1.1	着装	穿工作服、绝缘鞋，戴安全帽、棉线手套。	2	工作服、绝缘鞋、安全帽穿戴不符合要求，每项扣 1 分； 带电作业时未戴棉线手套，扣 2 分 该项最多扣 2 分，分数扣完为止		
1.2	安全检查	（1）检查放电棒是否在有效期内。 （2）设置安全围栏，警示语朝外	3	未检查放电棒，扣 2 分； 未规范装设安全围栏，扣 2 分； 该项最多扣 3 分，分数扣完为止		
2	绝缘电阻测试					
2.1	放电	使用放电棒对电流互感器放电、接地	2	未放电、接地，每处扣 1 分		
2.2	选择绝缘电阻表	选择 2.5kV 绝缘电阻表，并将"E"端接地，并对绝缘电阻表进行开路和短路试验	4	未正确选择绝缘电阻表，扣 3 分； 未对绝缘电阻表进行开路和短路试验，每处扣 1 分； 该项最多扣 4 分，分数扣完为止		
2.3	进行一次绕组对二次绕组的绝缘电阻测量	（1）首先电流互感器一次绕组 P1、P2 用短接线进行短接，二次所有绕组进行短接后接地，绝缘电阻表的高压输出"L"端接在电流互感器一次绕组 P1、P2 端子或短接线上。 （2）试验人员检查试验接线正确，经考官复查接线无误后，取下接在一次绕组上的接地线，开始进行试验。 （3）无特殊要求，应读取 1 分钟电阻值。 （4）测试完成后，关闭绝缘电阻表，对被试电流互感器一次绕组放电、接地	12	每个步骤 3 分，不全或不规范，扣 1 分		
2.4	进行二次绕组间及对地的绝缘电阻测量	（1）将电流互感器各二次绕组分别单独进行短接，绝缘电阻表的高压输出"L"端接在电流互感器的测量二次绕组上，测试前该绕组也应装设接地线，其他的二次绕组短接后接地。 （2）试验人员检查试验接线正确，经考官复查接线正确无误后，取下装设在该绕组上的接地线，开始测量。 （3）无特殊要求，应读取 1 分钟时的绝缘电阻值。 （4）测试完成后，关闭绝缘电阻表，对被试电流互感器一次绕组放电、接地	12	每个步骤 3 分，不全或不规范，扣 1 分		
3	工频耐压试验					
3.1	工频耐压试验（一次对二次）	（1）将电流互感器一次短接，接到高压发生器高压侧。 （2）二次侧短接接地并接高压发生器的低端。 （3）升压时从 0 平稳上升，在规定耐压值 68kV 停留 1 分钟，然后平稳下降到接近 0。 （4）对电流互感器放电并口述是否合格	12	步骤不全或不规范，每处扣 2 分； 升压值错误或步骤不正确，扣 3 分		

续表

序号	项目名称	质量要求	满分	扣分标准	扣分原因	得分
3.2	工频耐压试验（二次对地）	（1）将电流互感器二次短接并接高压发生器的高端。 （2）将地接在高压发生器的低端。 （3）升压时从 0 平稳上升，在规定耐压值2kV 停留 1 分钟，然后平稳下降到接近 0。 （4）对电流互感器放电并口述是否合格	12	步骤不全或不规范，每处扣 2 分； 升压值错误或步骤不正确，扣 3 分		
3.3	工频耐压试验（二次之间）	（1）将电流互感器一个绕组短接并接高压发生器的高端。 （2）将互感器其他二次绕组短接，并接高压发生器的低端。 （3）升压时从 0 平稳上升，在规定耐压值2kV 停留 1 分钟，然后平稳下降到接近 0。 （4）对电流互感器放电并口述是否合格	12	步骤不全或不规范，每处扣 2 分； 升压值错误或步骤不正确，扣 3 分		
4	清理现场	（1）拆除临时电源，检查现场是否有遗留物品。 （2）清点设备和工具，并清理现场，做到工完料净场地清	4	以检定人员报告工作完毕作为现场清理结束依据： 现场未清理，扣 4 分； 现场清理不彻底，扣 2 分		
5	质量评价					
5.1	绝缘电阻测量数据	数据规范、正确	5	型号、编号等参数，每少写一个扣0.5 分，最多扣 2 分 温、湿度写错，每个扣 0.5 分； 测试数据填错，每个扣 0.5 分，最多扣 2 分		
5.2	绝缘电阻检验结论	判断数据是否合格，并进行口述合格标准： （1）一次对二次：绝缘电阻大于 1500MΩ。 （2）二次绕组之间：绝缘电阻大于 500MΩ。 （3）二次绕组对地：绝缘电阻大于 500MΩ	5	判断不准确，扣 5 分； 口述合格标准： 每处答案错误，扣 1 分； 未口述，扣 3 分； 该项最多扣 5 分，分数扣完为止		
5.3	耐压试验要求	对频率、正弦电压的失真度、试验电压测量误差的要求： （1）频率：50Hz±0.5Hz。 （2）失真度不大于 5%的正弦电压。 （3）测量误差不大于 3%	6	错一个或少答一个，扣 2 分		
5.4	耐压判据结论依据	试验时应无异声、异味，无击穿和表面放电，绝缘保持良好，误差无可觉察变化	5	没写或写错扣，5 分； 回答每少一条，扣 1 分		
5.5	卷面	字迹清楚，涂改要用"/"划掉，并在旁边写上正确数据，并填上自己的名字	4	有涂改但涂改不规范，扣 2 分； 字迹不清，扣 1 分		
	合计		100			

Jc0005262005　实验室完成 10kV 电压互感器绝缘试验。（100 分）

考核知识点：电能计量装置接线

难易度：中

技能等级评价专业技能考核操作工作任务书

一、任务名称

实验室完成 10kV 电压互感器绝缘试验。

二、适用工种

电能表修校工技师。

三、具体任务

（1）依据 JJG 1021—2007《电力互感器》，选用合适的绝缘电阻表对 10kV 电压互感器进行绝缘电阻试验和工频耐压试验，已知10kV电压互感器的出厂耐压值为30kV。

（2）回答耐压试验对频率、正弦电压的失真度、试验电压测量误差都有什么要求，耐压试验合格的判断依据是什么？

四、工作规范及要求

（1）带电操作应遵守安全规定，制定危险点预防和控制措施。

（2）着装符合要求，穿全棉长袖工作服、绝缘鞋，戴安全帽、棉线手套。

（3）测试时出现测量回路短路或接地、伪造测试数据、仪器仪表操作不当或跌落损坏情况，该操作项目不合格。

（4）检定时出现设备异常报警，参考人员可以提出设备检查申请。若判断为人员误操作原因，异常处理时间列入鉴定时间；若是设备故障，异常处理时间不列入鉴定时间。需要给出《绝缘电阻检测记录》。

五、现场提供材料及工器具

（1）数字型绝缘电阻表、工频高压发生器。

（2）10kV电压互感器。

（3）放电棒、接地线、适当长度的短接线若干。

（4）螺丝刀若干、安全围栏。

六、考核及时间要求

本考核时间为90分钟，请按照任务要求完成操作和答题卡。

答题卡：

绝 缘 电 阻 检 测 记 录

所用测试设备			
名称	型号	编号	有效期

被测设备信息		
名称	型号	编号

测试时条件：

温度	（℃）	相对湿度	（%）

绝缘电阻记录：

一次绕组对二次绕组的绝缘电阻	二次绕组间及对地的绝缘电阻
结论	

技能等级评价专业技能考核操作评分标准

工种	电能表修校工			评价等级	技师
项目模块	计量检定		编号		Jc0005262005
单位		准考证号		姓名	
考试时限	90 分钟	题型	综合操作题	题分	100 分
成绩		考评员	考评组长		日期

试题正文	实验室完成 10kV 电压互感器绝缘试验
需要说明的问题和要求	（1）要求 1 人完成。 （2）操作时应注意安全，按照标准化作业指导书的技术安全说明做好安全措施。 （2）考评员应注意人员、设备情况，必要时制止违规行为

序号	项目名称	质量要求	满分	扣分标准	扣分原因	得分
1	准备工作					
1.1	着装	穿工作服、绝缘鞋、戴安全帽、棉线手套	2	工作服、绝缘鞋、安全帽穿戴不符合要求，每项扣 1 分； 带电作业时未戴棉线手套，扣 2 分； 该项最多扣 2 分，分数扣完为止		
1.2	安全检查	（1）检查放电棒是否在有效期内； （2）设置安全围栏，警示语朝外	3	未检查放电棒，扣 2 分； 未规范装设安全围栏，扣 2 分； 该项最多扣 3 分，分数扣完为止		
2	绝缘电阻测试					
2.1	放电	使用放电棒对电压互感器放电、接地	2	未放电、接地，每处扣 1 分		
2.2	选择绝缘电阻表	选择 2.5kV 绝缘电阻表，并将"E"端接地，并对绝缘电阻表进行开路和短路试验	4	未正确选择绝缘电阻表，扣 3 分； 未对绝缘电阻表进行开路和短路试验，每处扣 1 分； 该项最多扣 4 分，分数扣完为止		
2.3	进行一次绕组对二次绕组的绝缘电阻测量	（1）首先将电压互感器一次绕组 A、N 用短接线进行短接，二次所有绕组进行短接后接地，绝缘电阻表的高压输出"L"端接在电压互感器一次绕组接线端子或短接线上。 （2）试验人员检查试验接线正确，经考官复查接线正确无误后，拆去互感器上的接地线，开始进行试验。 （3）无特殊要求，应读取 1 分钟时的绝缘电阻值。 （4）测试完成后，关闭绝缘电阻表，对被试电压互感器一次绕组放电、接地	12	每个步骤 3 分，不全或不规范，扣 1 分		
2.4	进行二次绕组间及对地的绝缘电阻测量	（1）将电压互感器二次绕组分别进行短接、接地，一次绕组短接，绝缘电阻表的高压输出"L"端接在电压互感器的测量二次绕组上，测试前该绕组也应装设接地线，其他的二次绕组短接后接地。 （2）试验人员检查试验接线正确，经考官复查接线正确无误后，取下装设在被测绕组上的接地线，开始测量。 （3）无特殊要求，应读取 1 分钟时的绝缘电阻值。 （4）测试完成后，关闭绝缘电阻表，对被试电压互感器一次绕组放电、接地	12	每个步骤 3 分，不全或不规范，扣 1 分		
3	工频耐压试验					
3.1	工频耐压试验（一次对地）	（1）一次绕组短接，高压发生器高压侧接到一次绕组上。 （2）二次绕组短接并接地，将高压发生器低压侧接到二次绕组上。 （3）升压时从 0 平稳上升，在规定耐压值 68kV 停留 1 分钟。然后平稳下降到接近 0。 （4）对电压互感器放电并口述是否合格	12	步骤不全或不规范，每处扣 2 分； 升压值错误或步骤不正确，每处扣 3 分； 该项最多扣 12 分，分数扣完为止		

续表

序号	项目名称	质量要求	满分	扣分标准	扣分原因	得分
3.2	工频耐压试验（二次对地）	（1）将二次绕组短接，高压发生器高压侧接到二次绕组上。 （2）将高压发生器低压侧接地。 （3）升压时从 0 平稳上升，在规定耐压值 2kV 停留 1 分钟，然后平稳下降到接近 0。 （4）对电压互感器放电并口述是否合格	12	步骤不全或不规范，每处扣 2 分； 升压值错误或步骤不正确，每处扣 3 分； 该项最多扣 12 分，分数扣完为止		
3.3	工频耐压试验（二次之间）	（1）将各个二次绕组短接，高压发生器高压侧接到一个二次绕组。 （2）将高压发生器低压侧接另一个二次绕组。 （3）升压时从 0 平稳上升，在规定耐压值 2kV 停留 1 分钟，然后平稳下降到接近 0。 （4）对电压互感器放电并口述是否合格	12	步骤不全或不规范，每处扣 2 分； 升压值错误或步骤不正确，每处扣 3 分； 该项最多扣 12 分，分数扣完为止		
4	清理现场	（1）拆除临时电源，检查现场是否有遗留物品。 （2）清点设备和工具，并清理现场，做到工完料净场地清	4	以检定人员报告工作完毕为现场清理结束依据： 现场未清理，扣 4 分； 现场清理不彻底，扣 2 分		
5	质量评价					
5.1	绝缘电阻测量数据	数据规范、正确	5	型号、编号等参数，每少写一个扣 0.5 分，最多扣 2 分； 温、湿度写错，每个扣 0.5 分； 测试数据填错，每个扣 0.5 分，最多扣 2 分		
5.2	绝缘电阻检验结论	判断数据是否合格，并进行口述合格标准： （1）一次对二次：绝缘电阻大于 1000MΩ。 （2）二次绕组之间：绝缘电阻大于 500MΩ。 （3）二次绕组对地：绝缘电阻大于 500MΩ	5	判断不准确，扣 5 分； 口述合格标准时： 说成不小于，每处扣 1 分； 每处答案错误，扣 1 分； 未口述，扣 3 分		
5.3	耐压试验要求	对频率、正弦电压的失真度、试验电压测量误差的要求： （1）频率：50Hz±0.5Hz。 （2）失真度不大于 5% 的正弦电压。 （3）测量误差不大于 3%	6	错一个或少答一个，扣 2 分		
5.4	耐压判据结论依据	试验时应无异音、异味，无击穿和表面放电，绝缘保持良好，误差无可觉察变化	5	没写或写错，扣 5 分； 回答每少一条，扣 1 分		
5.5	卷面	字迹清楚，涂改要用"/"划掉，并在旁边写上正确数据，并填上自己的名字	4	有涂改但涂改不规范，扣 2 分； 字迹不清，扣 2 分		
	合计		100			

Jc0005242006　实验室检定低压电流互感器。（100 分）

考核知识点：电能计量装置接线

难易度：中

技能等级评价专业技能考核操作工作任务书

一、任务名称

实验室检定低压电流互感器。

二、适用工种

电能表修校工技师。

三、具体任务

依据 JJG 313—2010《测量用电流互感器》，完成检定低压测量用的电流互感器误差试验。

四、工作规范及要求

（1）带电操作应遵守安全规定，制定危险点预防和控制措施。

（2）着装符合要求，穿全棉长袖工作服、绝缘鞋，戴安全帽、棉线手套。

（3）测试时出现测量回路短路或接地、伪造测试数据、仪器仪表操作不当或跌落损坏情况，该操作项目不合格。

（4）检定时出现设备异常报警，参考人员可以提出设备检查申请。若判断为人员误操作原因，异常处理时间列入鉴定时间；若是设备故障，异常处理时间不列入鉴定时间。需要给出《互感器检定记录》。

五、现场提供材料及工器具

（1）0.1 级电流互感器检定装置（调压器、升流器、标准互感器、负载箱、互感器校验仪）。

（2）380V 0.5S 级电流互感器。

（3）一次导线、二次导线、接地线、扳手、螺丝刀若干。

（4）放电器、万用表、安全围栏。

六、考核及时间要求

本考核时间为 90 分钟，请按照任务要求完成操作和答题卡。

答题卡：

互 感 器 检 定 记 录

被检设备								
型号					出厂编号			
额定一次电流					额定二次电流			
制造厂名					额定功率因数			
额定负荷					额定电压			
用途					准确度等级			
检定时使用的标准器								
名称	出厂编号		不确定度/准确度等级/最大允许误差				有效期	
检定时的环境条件								
温度					相对湿度			

基本误差数据

项目		额定电流百分数					最大变差	二次负荷	
		1%	5%	20%	100%	120%		VA	cosφ
f（%）	上升								
	下降								
	平均								
	修约								
δ（′）	上升								
	下降								
	平均								
	修约								
f（%）	上升								
	下降								
	平均								
	修约								
δ（′）	上升								
	下降								
	平均								
	修约								
结论									

技能等级评价专业技能考核操作评分标准

工种	电能表修校工		评价等级	技师
项目模块	计量检定	编号		Jc0005242006
单位		准考证号	姓名	
考试时限	90 分钟	题型	单项操作题	题分	100 分
成绩		考评员	考评组长	日期	

试题正文	实验室检定低压电流互感器
需要说明的问题和要求	（1）要求 1 人完成。 （2）操作时应注意安全，按照标准化作业指导书的技术安全说明做好安全措施。 （3）考评员应注意人员、设备情况，必要时制止违规行为

序号	项目名称	质量要求	满分	扣分标准	扣分原因	得分
1	准备工作					
1.1	着装	穿工作服、绝缘鞋、戴安全帽、棉线手套	2	工作服、绝缘鞋、安全帽穿戴不符合要求，每项扣 1 分； 带电作业时未戴棉线手套，扣 2 分； 该项最多扣 2 分，分数扣完为止		
1.2	仪器工具选用	（1）电磁式电流互感器检定装置。 （2）不同规格螺丝刀。 （3）高压放电器	3	由于未检查设备状况和功能而更换设备，扣 3 分； 借用工器具，每件扣 1 分，最多扣 2 分； 未检查放电器试验有效期，扣 2 分； 该项最多扣 3 分，分数扣完为止		
2	操作过程					
2.1	安全准备工作	（1）工作前先将放电器接地线一端牢固地接到接地端子。 （2）使用放电器对标准、被检电流互感器、试验变压器的一次侧，接触放电。 （3）设置安全围栏，警示语朝外	5	放电器接地线一端未接到接地端子，扣 2 分； 未对一次侧接触放电，扣 3 分； 未规范装设安全围栏，扣 3 分； 该项最多扣 5 分，分数扣完为止		
2.2	口述首次检定项目	口述首次检定项目包括： （1）外观检查。 （2）绝缘电阻的测定。 （3）工频电压试验。 （4）绕组极性的检查。 （5）退磁。 （6）基本误差的测量	6	少回答一项，扣 1 分		
2.3	设置负载箱	调整负载箱挡位	6	上下限调整负载箱参数不正确，每处扣 3 分		
2.4	试验接线	按照规程检定电磁式电流互感器接线原理图，逐一将相关设备一次、二次接线牢固连接	18	选配调压器不正确，扣 3 分； 一次、二次接线不正确，每处扣 5 分； 接地每少一处，扣 2 分，最多扣 10 分； 一次、二次接线不牢固，每处扣 3 分； 调压器的接线不正确，扣 2 分； 二次端子，除计量端子外接线未短接，升流后进入否决项； 该项最多扣 18 分，分数扣完为止		
2.5	口述闭路退磁法	口述闭路退磁法： 在电流互感器二次加（10～20）倍负载，将一次电流从 0 升 120%，然后均匀地降到 0	6	负载不正确或电流不正确，每处扣 3 分		
2.6	绕组极性检查	升压至额定值的 5%以下试测，确定接线极性是否正确（口头汇报极性检查结果）	5	未进行极性检查，扣 3 分； 试验方法不对，扣 3 分； 口头未汇报，扣 3 分； 该项最多扣 5 分，分数扣完为止		

续表

序号	项目名称	质量要求	满分	扣分标准	扣分原因	得分
2.7	测定误差	（1）电流的升降应平稳而缓慢地进行； （2）电流只做上升点，不做下降点； （3）按检测情况填写《互感器检定记录》	18	电流未平稳而缓慢，扣3分； 电流未升到规定的额定电流百分数（偏差±0.05%）就抄数据，每处扣4分，最多扣5分； 电流下降也记录数据，扣5分； 测量完毕后调压器粗调、微调旋钮未回零，扣5分		
2.8	拆除检验仪接线	（1）关闭检验仪电源，切断试验电源。 （2）放电操作。 （3）拆除一次、二次接线	5	未及时关闭检验仪电源、切断试验电源，扣2分； 未实施放电，扣3分； 拆除一次、二次接线方法不对，扣3分； 该项最多扣5分，分数扣完为止		
2.9	清理现场	（1）拆除临时电源，检查现场是否有遗留物品。 （2）清点设备和工具，并清理现场，做到工完料净场地清	2	以检定人员报告工作完毕作为现场清理结束依据； 现场未清理，扣2分； 现场清理不彻底，扣1分		
2.10	动作失误	拿稳轻放，不得损坏仪器仪表、工器具	/	检验仪等设备有摔跌，扣20分； 工具、封线钳等有摔跌，扣10分		
3	质量评价					
3.1	测量数据	（1）规范填写被检品参数和标准器参数。 （2）规范填写温、湿度。 （3）规范填写基本误差，上限都做，下限做5%、20%、100%，并且电流只做上升点，下降点不做。 （4）误差要修约	20	被检品参数，每少写一个扣0.5分，最多扣3分； 标准参数型号，每错一处扣1分，最多扣3分； 温、湿度写错，每个扣1分； 基本误差填错，每个扣1分； 下限都做，扣2分，最多扣5分； 修约化整错误，一次扣1分，最多扣5分； 结论写错，扣2分； 该项最多扣20分，分数扣完为止		
3.2	卷面	误差数据字迹清楚，涂改要用"/"划掉，并在旁边写上正确数据，填上自己的名字；空着的用"/"划掉	4	有涂改但涂改不规范，扣2分； 空着的没用"/"划掉，扣2分		
4	否决项	测试时不应出现测量回路开路、伪造测试数据、仪器仪表操作不当或跌落损坏情况	/	判该操作项目不合格		
	合计		100			

Jc0005262007 完成0.1级单相电能表检定装置期间核查。（100分）

考核知识点：0.1级单相电能表检定装置期间核查的方法和判断原则

难易度：中

技能等级评价专业技能考核操作工作任务书

一、任务名称

完成0.1级单相电能表检定装置期间核查。

二、适用工种

电能表修校工技师。

三、具体任务

依据 JJF 1033—2016《计量标准考核规范》，采用稳定性考核的方法完成电能表装置期间核查。在功率因数1.0和0.5L下进行稳定性考核，选择220V、5A量限，要求测量次数10次并完成原始记录。

四、工作规范及要求

（1）采用核查标准进行考核。

（2）在提供的电能表检定装置上进行操作，并遵守安全规定和检定规程。

（3）提供的装置上一检定周期稳定性考核测量结果（假定测量点与实际技能鉴定操作时相同）为：功率因数 1.0 时，$\bar{x}=0.0788\%$；功率因数 0.5L 时，$\bar{x}=-0.0302\%$，要求记录本周期期间核查原始数据，列出计算公式，记录数据处理过程并给出结论。

（4）提交完整的期间核查原始记录。

五、现场提供材料及工器具

（1）0.1 级单相电能表标准装置。

（2）2 级单相电能表。

（3）导线、螺丝刀若干。

六、考核及时间要求

本考核时间为 60 分钟，请按照任务要求完成操作和答题卡。

答题卡：

<h3 style="text-align:center">_____的稳定性考核记录</h3>

1. 测试条件：检定装置和核查标准应通电预热足够长的时间，各影响量均在允许偏差之内。

2. 环境条件：温度：　　℃；　　相对湿度：　　%。

考核时间	年　　月　　日	
核查标准	名称：　　　型号：　　　编号：　　　等级：	
测量条件		
测量次数	测得值（%）	测得值（%）
1		
2		
3		
4		
5		
6		
7		
8		
9		
10		
$\bar{y}_i$		
变化量		
允许变化量		
稳定性公式		
结论		
考核人员		

3. 装置参数：　型号：　　　编号：　　　厂家：　　　准确度等级：

技能等级评价专业技能考核操作评分标准

工种	电能表修校工				评价等级		技师
项目模块	电能计量检定				编号		Jc0005262007
单位			准考证号			姓名	
考试时限	60分钟		题型	综合操作题		题分	100分
成绩		考评员		考评组长		日期	
试题正文	完成0.1级单相电能表检定装置期间核查						
需要说明的问题和要求	（1）要求1人完成。 （2）操作遵守安全规定和检定规程						

序号	项目名称	质量要求	满分	扣分标准	扣分原因	得分
1	遵守安全规定和检定规程	着装规范，实验过程符合安全规定，不发生电流开路、电压短路、带电拆接线、超量程、带电切换量程等操作	10	只要发生一项违反安全的操作，此项不得分		
2	在提供的电能表检定装置上操作，完成期间核查	（1）记录环境条件。 （2）正确接线。 （3）正确操作检定装置和核查标准。 （4）测试方法：选择合适的试验条件，测量10次。 （5）记录原始数据	60	温、湿度未记录，扣4分； 试验条件（电压、电流、功率因数）未记录，每项扣2分； 核查标准信息（名称、等级、型号、编号）未记录，每项扣0.5分； 测量次数少于10次，扣8分； 接线不正确，扣20分； 检定装置和核查标准操作不当，扣10分； 试验数据涂改不规范，每处扣1分； 量值单位符号不规范，每处扣1分； 未有核查日期、核查人员签名，各扣1分，最多扣5分； 未连续记录数据，每发生一次扣2分； 该项最多扣60分，分数扣完为止		
3	数据处理	（1）稳定性计算。 （2）正确考核装置稳定性	30	稳定性计算公式错误，扣10分； 数据计算错误，扣5分； 结论错误，扣15分		
	合计		100			

标准答案：

（1）稳定性公式：

$$|\overline{x}_i - \overline{x}_{i-1}| < |\Delta|$$

式中：$\overline{x}_i$——本周期测量结果平均值；

$\overline{x}_{i-1}$——上一周期测量结果平均值；

Δ——被核查装置的最大允许误差。

（2）0.1级单相电能表检定装置最大允许误差：功率因数1.0时，最大允许误差$\Delta=\pm0.1\%$；功率因数0.5L时，最大允许误差$\Delta=\pm0.15\%$。

Jc0005262008 完成0.01级电压互感器检定装置期间核查。（100分）

考核知识点： 0.01级电压互感器检定装置期间核查的方法和判断原则

难易度： 中

技能等级评价专业技能考核操作工作任务书

一、任务名称

完成0.01级电压互感器检定装置期间核查。

二、适用工种

电能表修校工技师。

三、具体任务

依据JJF 1033—2016《计量标准考核规范》，采用稳定性考核的方法完成0.01级电压互感器检定装置期间核查，要求测量次数 10 次。

四、工作规范及要求

（1）采用核查标准进行考核。

（2）在提供的电压互感器检定装置上操作并遵守安全规定和检定规程。

（3）测量点为 100%额定电压，电压每上升下降一次作为一次测量次数，每次只记录上升误差数据，连续测量 10 次。

（4）提供的装置上一个检定周期稳定性考核测量结果（假定测量点与实际技能鉴定操作时相同）为：比值差 $\overline{f} = -0.015\ 5\%$；相位差 $\overline{\delta} = 0.576'$，要求记录本周期期间核查原始数据，列出计算公式，记录数据处理过程并给出结论。

（5）提交完整的期间核查原始记录。

五、现场提供材料及工器具

（1）0.01 级电压互感器标准装置（调压器、升流器、标准互感器、负载箱、互感器校验仪）。

（2）0.01 级电压互感器。

（3）一次导线、二次导线、接地线、扳手、螺丝刀若干。

（4）万用表、放电棒、验电笔。

六、考核及时间要求

本考核时间为 60 分钟，请按照任务要求完成操作和答题卡。

答题卡：

_____的稳定性考核记录

1. 测试条件：检定装置和核查标准应通电预热足够长的时间，各影响量均在允许偏差之内。

2. 环境条件：温度：　　℃；　　相对湿度：　　%。

考核时间	年　　月　　日	
核查标准	名称：　　　型号：　　　编号：　　　等级：	
测量条件		
测量次数	测得值（%）	测得值（%）
1		
2		
3		
4		
5		
6		
7		
8		
9		
10		
$\overline{y}_i$		
变化量		
允许变化量		
稳定性公式		
结论		
考核人员		

3. 装置参数：　　型号：　　　编号：　　　厂家：　　　准确度等级：

技能等级评价专业技能考核操作评分标准

工种	电能表修校工				评价等级	技师
项目模块	电能计量检定			编号	Jc0005262008	
单位			准考证号		姓名	
考试时限	60分钟	题型		综合操作题	题分	100分
成绩		考评员	考评组长		日期	

试题正文	完成0.01级电压互感器检定装置期间核查
需要说明的问题和要求	（1）要求1人完成。 （2）操作遵守安全规定和检定规程

序号	项目名称	质量要求	满分	扣分标准	扣分原因	得分
1	遵守安全规定和检定规程	（1）试验过程遵守安全规定和检定规程。 （2）准备工作：穿工作服，佩戴绝缘手套，穿绝缘鞋，佩戴安全帽。 （3）调压器试验前后必须归零位，试验过程中严禁电压短路、不得未切断电源开关接拆线、保证接地牢固、防止超量程操作，试验结束后放电	10	只要发生一项违反安全的操作，此项不得分		
2	在提供的互感器检定装置上操作，完成期间核查	（1）记录环境条件。 （2）正确接线。 （3）正确操作检定装置。 （4）测试方法：选择合适的试验条件，测量10次。 （5）记录原始数据	60	温、湿度未记录，扣4分； 试验条件（电压、电流、功率因数）未记录，每项扣2分； 调压器接线不正确，扣5分； 一次、二次导线选择不正确，每根导线错误，扣5分； 核查标准信息（名称、等级、型号、编号）未记录，每项扣0.5分； 测量次数少于10次，扣8分； 接线不正确，扣20分； 检定装置操作不当，扣10分； 试验数据涂改不规范，每处扣1分，量值单位符号不规范，每处扣1分，未有核查日期、核查人员签名，各扣1分，最多扣5分； 未连续记录数据，每发生一次扣2分； 该项最多扣60分，分数扣完为止		
3	数据处理	（1）稳定性计算。 （2）正确考核装置稳定性	30	稳定性计算公式错误，扣10分； 数据计算错误，扣5分； 结论错误，扣15分		
	合计		100			

标准答案：

（1）稳定性公式：

$$|\bar{x}_i - \bar{x}_{i-1}| < |\varDelta|$$

式中：$\bar{x}_i$——本周期测量结果平均值；

$\bar{x}_{i-1}$——上一周期测量结果平均值；

$\varDelta$——被核查装置的最大允许误差。

（2）100%额定电压时，0.01级电压互感器最大允许误差：比值误差的最大允许误差 $\varDelta = \pm0.1\%$；相位误差的最大允许误差 $\varDelta = \pm2'$。

Jc0005262009　完成0.05级三相交流电能表检定装置的测量重复性试验。（100分）

考核知识点： 0.05级三相交流电能表检定装置的测量重复性试验方法

难易度： 中

技能等级评价专业技能考核操作工作任务书

一、任务名称

完成0.05级三相交流电能表检定装置的测量重复性试验。

二、适用工种

电能表修校工技师。

三、具体任务

按照JJG 597—2005《交流电能表检定装置》检定规程的要求，完成0.05级三相交流电能表检定装置的测量重复性试验。

四、工作规范及要求

（1）在三相电能表检定装置上操作并遵守安全规定和检定规程。

（2）根据检定规程要求确定试验条件，选择3×220V、3×5A控制量限，带最小负载，在功率因数1.0、0.5L时测试。

（3）记录原始数据，计算测量重复性。

（4）提交原始记录。

五、现场提供材料及工器具

（1）0.05级三相电能表标准装置。

（2）0.02级三相标准电能表（合格证在有效期内，带显示电压、电流、功率、相位）。

（3）脉冲输入线、脉冲输出线、导线、螺丝刀若干。

六、考核及时间要求

本考核时间为60分钟，请按照任务要求完成操作和答题卡。

答题卡：

三相电能表检定装置检定记录

装置型号：_____；编　　　号：_____；等　　　级：_____。

检定用计量标准名称：_____。

型　　　号：_____；编　　　号：_____；等　　　级：_____。

温　　　度：_____；湿　　　度：_____。

检定日期：_____；检　定　员：_____。

量限	负载		电压 (%)	电流 (%)	功率因数	次数误差 (%)	N1	N2	N3	N4	N5	标准差 S
	单相/三相	最大/最小										
220V/ 5A	合元	最小	100	100	1.0	γ						
					0.5L	γ						
	A 相				1.0	γ						
					0.5L	γ						
	B 相				1.0	γ						
					0.5L	γ						
	C 相				1.0	γ						
					0.5L	γ						

结论：_____

技能等级评价专业技能考核操作评分标准

工种	电能表修校工			评价等级	技师
项目模块	电能计量检定		编号		Jc0005262009
单位		准考证号		姓名	
考试时限	60分钟	题型	综合操作题	题分	100分
成绩		考评员		考评组长		日期	

试题正文	完成0.05级三相交流电能表检定装置的测量重复性试验
需要说明的问题和要求	（1）要求1人完成。 （2）操作遵守安全规定和检定规程

序号	项目名称	质量要求	满分	扣分标准	扣分原因	得分
1	遵守安全规定和检定规程	着装规范，实验过程符合安全规定，不发生电流开路、电压短路、带电拆接线、超量程、带电切换量程等操作	10	只要发生一项违反安全的操作，此项不得分		
2	在电能表检定装置上操作，完成装置的测量重复性试验	（1）记录环境条件。 （2）正确接线。 （3）正确操作检定装置和测量标准。 （4）选择合适的试验条件，测试方法符合规程要求。 （5）记录原始数据	60	温、湿度未记录，扣4分； 试验条件（电压、电流、功率因数）未记录，每项扣2分； 测量标准信息（名称、等级、型号、编号）未记录，每项扣0.5分； 测量次数少于5次，扣8分； 接线不正确，扣20分； 设备操作不当，扣10分； 试验数据涂改不规范，每处扣1分； 量值单位符号不规范，每处扣1分； 未有核查日期、核查人员签名，各扣1分，最多扣5分； 该项最多扣60分，分数扣完为止		
3	数据处理	（1）正确计算试验标准差。 （2）正确给出试验结论	30	每项实验标准差计算错误，扣5分； 试验结论判断错误，扣10分； 该项最多扣30分，分数扣完为止		
	合计		100			

标准答案：

（1）试验方法。

1）选择控制量限、最小负载，在功率因数 1.0、0.5L 分别确定基本误差。

2）0.05 级及以下装置进行不少于 5 次测量。

3）每次测量必须从开机初始状态重新调整至测量状态。

4）正确计算三相平衡负载、A 相、B 相、C 相的实验标准差。

（2）0.05 级装置的测量重复性用实验标准差表征，功率因数为 1.0 时限值为 0.005%，功率因数为 0.5L 时限值为 0.007%。

（3）实验标准差公式：

$$s(\%) = \sqrt{\dfrac{\sum\limits_{i=1}^{n}(\gamma_i - \overline{\gamma})^2}{n-1}}$$

式中： γ_i ——第 i 次测量时被检装置未修约的基本误差；

$\overline{\gamma}$ ——各次基本误差 γ_i 的平均值；

n ——重复测量的次数。

Jc0005262010　完成 0.1 级单相交流电能表检定装置的多路输出一致性试验。（100 分）

考核知识点： 0.1 级单相交流电能表检定装置的多路输出一致性试验方法

难易度： 中

技能等级评价专业技能考核操作工作任务书

一、任务名称

完成 0.1 级单相交流电能表检定装置的多路输出一致性试验。

二、适用工种

电能表修校工技师。

三、具体任务

按照 JJG 597—2005《交流电能表检定装置》检定规程的要求，完成 0.1 级单相交流电能表检定装置后续检定的多路输出一致性试验。

四、工作规范及要求

（1）在单相电能表检定装置上操作并遵守安全规定和检定规程。

（2）根据检定规程要求确定试验条件，选择 220V、5A 控制量限，带最小负载，在功率因数 1.0、0.5L 时进行测试。

（3）记录原始数据，计算多路输出一致性并给出结论。

（4）提交原始记录。

五、现场提供材料及工器具

（1）0.1 级单相电能表标准装置。

（2）0.01 级三相标准电能表（合格证在有效期内，带显示电压、电流、功率、相位）。

（3）脉冲输入线、脉冲输出线、导线、螺丝刀若干。

六、考核及时间要求

本考核时间为 60 分钟，请按照任务要求完成操作和答题卡。

答题卡：

单相电能表检定装置检定记录

装置型号：_____；编　　号：_____；等　级：_____。

检定用计量标准名称：_____。

型　　号：_____；编　　号：_____；等　级：_____。

温　　度：_____；湿　　度：_____。

检定日期：_____；检 定 员：_____。

量限	负载	表位	电压（%）	电流（%）	功率因数	γ_1（%）	γ_2（%）	平均值（%）
220V/5A	最小		100	100				

		功率因数	一致性（%）
一致性		1.0	
		0.5L	

结论：_____

技能等级评价专业技能考核操作评分标准

工种		电能表修校工			评价等级	技师
项目模块		电能计量检定		编号		Jc0005262010
单位			准考证号		姓名	
考试时限	60分钟		题型	综合操作题	题分	100分
成绩		考评员		考评组长		日期

试题正文	完成0.1级单相交流电能表检定装置的多路输出一致性试验
需要说明的问题和要求	（1）要求1人完成。 （2）操作遵守安全规定和检定规程

序号	项目名称	质量要求	满分	扣分标准	扣分原因	得分
1	遵守安全规定和检定规程	着装规范，实验过程符合安全规定，不发生电流开路、电压短路、带电拆接线、超量程、带电切换量程等操作	10	只要发生一项违反安全的操作，此项不得分		

续表

序号	项目名称	质量要求	满分	扣分标准	扣分原因	得分
2	在电能表检定装置上操作，完成多路输出一致性试验	（1）记录环境条件。 （2）正确接线。 （3）正确操作检定装置和标准相位表。 （4）选择合适的试验条件，测试方法符合规程要求。 （5）记录原始数据	60	温、湿度未记录，扣4分； 试验条件（电压、电流、相位）未记录，每项扣3分； 监视设备信息（名称、等级、型号、编号）未记录，每项扣0.5分； 接线不正确，扣20分； 检定装置和监视设备操作不当，扣10分； 试验方法不符合规程要求，每项扣5分； 试验数据涂改不规范，每处扣1分； 量值单位符号不规范，每处扣1分； 未有试验日期、试验人员签名，扣1分 该项最多扣60分，分数扣完为止		
3	数据处理	（1）分别正确计算功率因数 1.0、0.5L 时多路输出一致性。 （2）正确给出试验结论	30	每个功率因数下多路输出一致性计算错误，扣10分； 试验结论判断错误，扣10分； 该项最多扣30分，分数扣完为止		
	合计		100			

标准答案：

（1）试验方法。

1）对多路（M 路）输出的装置，检定时做不少于 $\sqrt{M}$ 路基本误差。

2）选择控制量限，各路接相同负载，在功率因数 1.0、0.5L 时，确定各路基本误差，基本误差符合装置的基本误差限要求。

（2）0.1 级装置基本误差限见表 Jc0005262010。

表 Jc0005262010

参数	功率因数	最大允许误差（%）
单相负载	1.0	±0.1
	0.5L	±0.15

（3）分别计算装置在功率因数 1.0、0.5L 时的多路一致性。

$$多路输出一致性 = \frac{\Delta\gamma}{对应最大允许误差} \leqslant 30\%$$

式中：$\Delta\gamma$——各路输出基本误差的最大值与最小值的差值。

Jc0005262011　完成 0.1 级单相交流电能表检定装置的同名端钮间电位差试验。（100 分）

考核知识点： 0.1 级单相交流电能表检定装置的同名端钮间电位差方法

难易度： 中

技能等级评价专业技能考核操作工作任务书

一、任务名称

完成 0.1 级单相交流电能表检定装置的同名端钮间电位差试验。

二、适用工种

电能表修校工技师。

三、具体任务

按照 JJG 597—2005《交流电能表检定装置》检定规程的要求，完成 0.1 级单相交流电能表检定装置的同名端钮间电位差试验。

四、工作规范及要求

（1）在单相电能表检定装置上操作并遵守安全规定和检定规程。

（2）根据检定规程要求确定试验条件，带最小负载。

（3）记录原始数据，计算装置同名端钮间电位差并给出结论。

（4）提交原始记录。

五、现场提供材料及工器具

（1）0.1 级单相电能表标准装置。

（2）0.01 级三相标准电能表（合格证在有效期内，带显示电压、电流、功率、相位）。

（3）0.05 级数字毫伏表。

（4）脉冲输入线、脉冲输出线、导线、螺丝刀若干。

（5）单相电能表（数量同装置表位数）。

六、考核及时间要求

本考核时间为 60 分钟，请按照任务要求完成操作和答题卡。

答题卡：

单相电能表检定装置检定记录

装置型号：_____；编　　号：_____；等　　级：_____。

检定用计量标准名称：_____。

型　　号：_____；编　　号：_____；等　　级：_____。

温　　度：_____；湿　　度：_____。

检定日期：_____；检 定 员：_____。

量限	电压（%）	表位	电位差（mV）
			单相

结论：_____

技能等级评价专业技能考核操作评分标准

工种	电能表修校工		评价等级	技师
项目模块	电能计量检定	编号		Jc0005262011
单位		准考证号		姓名
考试时限	60分钟	题型	综合操作题	题分	100分
成绩		考评员	考评组长		日期

试题正文	完成 0.1 级单相交流电能表检定装置的同名端钮间电位差试验

需要说明的问题和要求	（1）要求 1 人完成。 （2）操作遵守安全规定和检定规程

序号	项目名称	质量要求	满分	扣分标准	扣分原因	得分
1	遵守安全规定和检定规程	着装规范，实验过程符合安全规定，不发生电流开路、电压短路、带电拆接线、超量程、带电切换量程等操作	10	只要发生一项违反安全的操作，此项不得分		
2	在电能表检定装置上操作，完成输出同名端钮间电位差	（1）记录环境条件。 （2）正确接线。 （3）正确操作检定装置和标准相位表。 （4）选择合适的试验条件，测试方法符合规程要求。 （5）记录原始数据	60	温、湿度未记录，扣4分； 试验条件（电压、电流、相位）未记录，每项扣3分； 监视设备信息（名称、等级、型号、编号）未记录，每项扣0.5分； 接线不正确，扣20分； 检定装置和监视设备操作不当，扣10分； 试验方法不符合规程要求，每项扣5分； 试验数据涂改不规范，每处扣1分； 量值单位符号不规范，每处扣1分； 未有试验日期、试验人员签名，扣1分； 该项最多扣60分，分数扣完为止		
3	数据处理	（1）正确计算单相同名端钮间电位差。 （2）正确给出试验结论	30	单相同名端钮间电位差计算错误，扣15分； 试验结论判断错误，扣15分		
	合计		100			

标准答案：

（1）试验方法。

1）首次检定应对所有表位确定同名端钮间电位差。

2）测量时选择最小电压量限上限。

3）直接测量标准表和被检表的同相两对电压同名端钮间电位差。

（2）0.1 级装置基本误差限见表 Jc0005262011。

表 Jc0005262011

系数	功率因数	最大允许误差（%）
单相负载	1.0	±0.1

（3）计算装置单相的同相两对电压同名端钮间电位差。

$$\frac{标准表和被检表的同相两对电压同名端钮间电位差之和}{输出电压}\times100\%\leqslant最大允许误差\times\frac{1}{6}$$

Jc0008243012 10kV 用户中性点不接地系统计量装置选配。（100 分）
考核知识点：10kV 用户中性点不接地系统计量装置选配
难易度：难

技能等级评价专业技能考核操作工作任务书

一、任务名称
10kV 用户中性点不接地系统计量装置选配。

二、适用工种
电能表修校工技师。

三、具体任务
10kV 用户中性点不接地系统计量装置选配。

四、工作规范及要求
根据 DL/T 448—2016《电能计量装置技术管理规程》的要求，为供电电压 10kV，中性点不接地，用电容量为 500kVA 的用户选配一套电能计量装置柜。

五、现场提供材料及工器具
无。

六、考核及时间要求
本考核时间为 60 分钟，请按照任务要求完成操作。

技能等级评价专业技能考核操作评分标准

工种	电能表修校工				评价等级	技师		
项目模块	现场检验			编号		Jc0008243012		
单位			准考证号			姓名		
考试时限	60 分钟		题型		综合操作题		题分	100 分
成绩		考评员		考评组长			日期	
试题正文	10kV 用户中性点不接地系统计量装置选配							
需要说明的问题和要求	根据 DL/T 448—2016《电能计量装置技术管理规程》的要求，为供电电压 10kV，中性点不接地，用电容量为 500kVA 的用户选配一套电能计量装置柜							

序号	项目名称	质量要求	满分	扣分标准	扣分原因	得分
1	用户电能计量装置分类	依据规程要求，根据合同约定容量判断该用户应配置Ⅲ类电能计量装置	10	判断错误，不得分		
2	电能表的选型					
2.1	电能表型式及数量	三相三线智能电能表 1 块	5	选型错误，扣 3 分；数量未标明，扣 2 分		
2.2	等级	有功等级为 0.5S 级；无功等级为 2 级（最低要求）	5	错误扣 5 分		
2.3	规格	电压为 3×100V；电流为 3×1.5（6）A	5	错误扣 5 分		
3	电压互感器配置选型					
3.1	电压变比	10kV/0.1kV	5	错误扣 5 分		
3.2	准确度等级	0.5 级（最低要求）	5	错误扣 5 分		

续表

序号	项目名称	质量要求	满分	扣分标准	扣分原因	得分
3.3	额定二次功率因数	额定二次功率因数与实际接近	5	错误扣5分		
3.4	数量及接线方式	接线采用 V/v，数量2台	5	选型错误，扣3分； 数量未标明，扣2分		
3.5	额定二次负荷	10VA	5	错误扣5分		
4	电流互感器选型					
4.1	电流互感器选型	实际负荷电流： $500/(1.732 \times 10 \times 0.6) = 48.11$（A），应选用 50A/5A 电流互感器	10	没有计算过程，扣5分； 变比选错，扣5分		
4.2	准确度等级	0.5S 级（最低要求）	5	错误扣5分		
4.3	额定功率因数	0.8～1.0	5	错误扣5分		
4.4	数量及接线方式	数量2台，接线方式采用分相接线四线制	10	接线方式错误，扣5分 数量未标明，扣5分		
4.5	额定二次负荷	10VA	5	错误扣5分		
5	互感器二次回路连接导线					
5.1	导线材质	应采用铜质单芯绝缘线	5	错误扣5分		
5.2	电流二次回路导线	对电流二次回路，连接导线截面积应按电流互感器的额定二次负荷计算确定，至少应不小于 4mm²	5	错误扣5分		
5.3	电压二次回路导线	对电压二次回路，连接导线截面积应按允许的电压降计算确定，至少不应小于 2.5mm²	5	错误扣5分		
	合计		100			

Jc0008243013　35kV 用户中性点接地系统计量装置选配。（100 分）

考核知识点：35kV 用户中性点接地系统计量装置选配

难易度：难

技能等级评价专业技能考核操作工作任务书

一、任务名称

35kV 用户中性点接地系统计量装置选配。

二、适用工种

电能表修校工技师。

三、具体任务

35kV 用户中性点接地系统计量装置选配。

四、工作规范及要求

根据 DL/T 448—2016《电能计量装置技术管理规程》的要求，为供电电压 35kV，中性点接地，用电容量为 1500kVA 的用户选配一套电能计量装置柜。

五、现场提供材料及工器具

无。

六、考核及时间要求

本考核时间为 60 分钟，请按照任务要求完成操作。

技能等级评价专业技能考核操作评分标准

工种	电能表修校工			评价等级		技师
项目模块	现场检验			编号		Jc0008243013
单位			准考证号		姓名	
考试时限	60分钟	题型		综合操作题	题分	100分
成绩		考评员		考评组长		日期
试题正文	35kV用户中性点接地系统计量装置选配					
需要说明的问题和要求	根据 DL/T 448—2016《电能计量装置技术管理规程》的要求，为供电电压 35kV，中性点接地，用电容量为 1500kVA 的用户选配一套电能计量装置柜					

序号	项目名称	质量要求	满分	扣分标准	扣分原因	得分
1	用户电能计量装置分类	依据规程要求，根据合同约定容量判断该用户应配置Ⅲ类电能计量装置	10	判断错误，不得分		
2	电能表的选型					
2.1	电能表型式及数量	三相四线智能电能表 1 块	5	选型错误，扣 3 分；数量未标明，扣 2 分		
2.2	等级	有功等级为 0.5S 级，无功等级为 2 级（最低要求）	5	错误扣 5 分		
2.3	规格	电压为 3×57.7/100V；电流为 3×1.5（6）A	5	错误扣 5 分		
3	电压互感器配置选型					
3.1	电压变比	35/√3 kV/0.1/√3 kV	5	错误扣 5 分		
3.2	准确度等级	0.5 级（最低要求）	5	错误扣 5 分		
3.3	额定二次功率因数	额定二次功率因数与实际接近	5	错误扣 5 分		
3.4	数量及接线方式	接线采用 Y/y，数量 3 台	5	选型错误，扣 3 分；数量未标明，扣 2 分		
3.5	额定二次负荷	20VA	5	错误扣 5 分		
4	电流互感器选型					
4.1	电流互感器选型	实际负荷电流：1500/（√3 ×35×0.6）=41.24（A），应选用 50A/5A 电流互感器	10	没有计算过程，扣 5 分；变比选错，扣 5 分		
4.2	准确度等级	0.5S 级（最低要求）	5	错误扣 5 分		
4.3	额定功率因数	0.8～1.0	5	错误扣 5 分		
4.4	数量及接线方式	数量 3 台，接线方式采用分相接线六线制	10	接线方式错误，扣 5 分；数量未标明，扣 5 分		
4.5	额定二次负荷	20VA	5	错误扣 5 分		
5	互感器二次回路连接导线					
5.1	导线材质	应采用铜质单芯绝缘线	5	错误扣 5 分		
5.2	电流二次回路导线	对电流二次回路，连接导线截面积应按电流互感器的额定二次负荷计算确定，至少不应小于 4mm²	5	错误扣 5 分		
5.3	电压二次回路导线	对电压二次回路，连接导线截面积应按允许的电压降计算确定，至少不应小于 2.5mm²	5	错误扣 5 分		
	合计		100			

Jc0008243014 110kV 用户中性点接地系统计量装置选配。（100分）

考核知识点：110kV 用户中性点接地系统计量装置选配

难易度：难

技能等级评价专业技能考核操作工作任务书

一、任务名称

110kV 用户中性点接地系统计量装置选配。

二、适用工种

电能表修校工技师。

三、具体任务

110kV 用户中性点接地系统计量装置选配。

四、工作规范及要求

根据 DL/T 448—2016《电能计量装置技术管理规程》的要求，为供电电压 110kV，中性点接地，变压器容量为 50MVA，二次电流为 5A 的用户选配电能计量装置。

五、现场提供材料及工器具

无。

六、考核及时间要求

本考核时间为 60 分钟，请按照任务要求完成操作。

技能等级评价专业技能考核操作评分标准

工种	电能表修校工			评价等级	技师
项目模块	现场检验		编号		Jc0008243014
单位		准考证号		姓名	
考试时限	60 分钟	题型	综合操作题	题分	100 分
成绩		考评员	考评组长		日期
试题正文	110kV 用户中性点接地系统计量装置选配				
需要说明的问题和要求	根据 DL/T 448—2016《电能计量装置技术管理规程》的要求，为供电电压 110kV，中性点接地，变压器容量为 50MVA，二次电流为 5A 的用户选配电能计量装置				

序号	项目名称	质量要求	满分	扣分标准	扣分原因	得分
1	用户电能计量装置分类	依据规程要求，根据合同约定容量判断该用户应配置Ⅱ类电能计量装置	10	判断错误，不得分		
2	电能表的选型					
2.1	电能表型式及数量	三相四线智能电能表 1 块	5	选型错误，扣 3 分；数量未标明，扣 2 分		
2.2	等级	有功等级为 0.5S 级，无功等级为 2 级（最低要求）	5	错误扣 5 分		
2.3	规格	电压为 3×57.7/100V；电流为 3×1.5（6）A	5	错误扣 5 分		
3	电压互感器配置选型					
3.1	电压变比	110/$\sqrt{3}$ kV/0.1/$\sqrt{3}$ kV	5	错误扣 5 分		
3.2	准确度等级	0.2 级	5	错误扣 5 分		

续表

序号	项目名称	质量要求	满分	扣分标准	扣分原因	得分
3.3	额定二次功率因数	额定二次功率因数与实际接近	5	错误扣5分		
3.4	数量及接线方式	接线采用Y0/y0，数量3台	5	选型错误，扣3分；数量未标明，扣2分		
3.5	额定二次负荷	计量专用二次绕组的额定二次负荷应根据实际二次负荷计算后选择，通常计量专用电压互感器额定二次负荷选取为实际二次负荷的（1.5～2.0）倍	5	错误扣5分		
4	电流互感器选型					
4.1	电流互感器选型	实际负荷电流：50000/（1.732×110×0.6）=437.40（A），应选用400A/5A电流互感器	10	没有计算过程，扣5分；变比选错，扣5分		
4.2	准确度等级	0.2S级	5	错误扣5分		
4.3	额定功率因数	0.8～1.0	5	错误扣5分		
4.4	数量及接线方式	数量3台，接线方式采用分相接线六线制	10	接线方式错误，扣5分；数量未标明，扣5分		
4.5	额定二次负荷	计量专用二次绕组的额定二次负荷应根据实际二次负荷计算后选择，通常计量专用电流互感器额定二次负荷选取为实际二次负荷的2.0倍	5	未答或错误，扣5分		
5	互感器二次回路连接导线					
5.1	导线材质	应采用铜质单芯绝缘线	5	未答或错误，扣5分		
5.2	电流二次回路导线	对电流二次回路，连接导线截面积应按电流互感器的额定二次负荷计算确定，至少不应小于4mm²	5	未答或错误，扣5分		
5.3	电压二次回路导线	对电压二次回路，连接导线截面积应按允许的电压降计算确定，至少不应小于2.5mm²	5	未答或错误，扣5分		
	合计		100			

Jc0008243015　220kV用户中性点接地系统计量装置选配。（100分）

考核知识点：220kV用户中性点接地系统计量装置选配

难易度：难

技能等级评价专业技能考核操作工作任务书

一、任务名称

220kV用户中性点接地系统计量装置选配。

二、适用工种

电能表修校工技师。

三、具体任务

220kV用户中性点接地系统计量装置选配。

四、工作规范及要求

根据DL/T 448—2016《电能计量装置技术管理规程》的要求，为供电电压220kV，中性点接地，变压器容量为100MVA，二次电流为5A的用户选配电能计量装置。

五、现场提供材料及工器具

无。

六、考核及时间要求

本考核时间为 60 分钟，请按照任务要求完成操作。

技能等级评价专业技能考核操作评分标准

工种		电能表修校工			评价等级		技师
项目模块		现场检验		编号		Jc0008243015	
单位			准考证号		姓名		
考试时限	60 分钟	题型		综合操作题		题分	100 分
成绩		考评员		考评组长		日期	
试题正文	220kV 用户中性点接地系统计量装置选配						
需要说明的问题和要求	（1）要求 1 人操作。 （2）操作遵守安全规定和规程要求						

序号	项目名称	质量要求	满分	扣分标准	扣分原因	得分
1	用户电能计量装置分类	依据规程要求，根据合同约定容量判断该用户应配置 I 类电能计量装置	10	判断错误，不得分		
2	电能表的选型					
2.1	电能表型式及数量	三相四线智能电能表 1 块	5	选型错误，扣 3 分； 数量未标明，扣 2 分		
2.2	等级	有功等级为 0.2S 级，无功等级为 2 级	5	错误扣 5 分		
2.3	规格	电压为 3×57.7/100V。 电流为 3×1.5（6）A	5	错误扣 5 分		
3	电压互感器配置选型					
3.1	电压变比	$220/\sqrt{3}$ kV/$0.1/\sqrt{3}$ kV	5	错误扣 5 分		
3.2	准确度等级	0.2 级	5	错误扣 5 分		
3.3	额定二次功率因数	额定二次功率因数与实际接近	5	错误扣 5 分		
3.4	数量及接线方式	接线采用 Y0/y0，数量 3 台	5	选型错误，扣 3 分； 数量未标明，扣 2 分		
3.5	额定二次负荷	计量专用二次绕组的额定二次负荷应根据实际二次负荷计算后选择，通常计量专用电压互感器额定二次负荷选取为实际二次负荷的（1.5～2.0）倍	5	错误扣 5 分		
4	电流互感器选型					
4.1	电流互感器选型	实际负荷电流： 100 000/（1.732×220×0.6）=437.40（A）， 应选用 400A/5A 电流互感器	10	没有计算过程，扣 5 分； 变比选错，扣 5 分		
4.2	准确度等级	0.2S 级	5	错误扣 5 分		
4.3	额定功率因数	0.8～1.0	5	错误扣 5 分		
4.4	数量及接线方式	数量 3 台，接线方式采用分相接线六线制	10	接线方式错误，扣 5 分； 数量未标明，扣 5 分		

续表

序号	项目名称	质量要求	满分	扣分标准	扣分原因	得分
4.5	额定二次负荷	计量专用二次绕组的额定二次负荷应根据实际二次负荷计算后选择，通常计量专用电流互感器额定二次负荷选取为实际二次负荷的 2.0 倍	5	错误扣 5 分		
5	互感器二次回路连接导线					
5.1	导线材质	应采用铜质单芯绝缘线	5	错误扣 5 分		
5.2	电流二次回路导线	对电流二次回路，连接导线截面积应按电流互感器的额定二次负荷计算确定，至少不应小于 4mm²	5	错误扣 5 分		
5.3	电压二次回路导线	对电压二次回路，连接导线截面积应按允许的电压降计算确定，至少不应小于 2.5mm²	5	错误扣 5 分		
	合计		100			

Jc0008261016　经电流互感器低压三相四线制电能计量装置接线分析。（100 分）

考核知识点： 经电流互感器低压三相四线制电能计量装置接线分析

难易度： 易

技能等级评价专业技能考核操作工作任务书

一、任务名称

经电流互感器低压三相四线制电能计量装置接线分析。

二、适用工种

电能表修校工技师。

三、具体任务

使用相位伏安表完成指定经电流互感器低压三相四线制电能计量装置相关参数的测量分析接线形式，并计算错误接线的更正系数及退补电量。

四、工作规范及要求

（1）着装符合要求，穿全棉长袖工作服、绝缘鞋，戴安全帽、棉线手套。

（2）携带自备工具（钢笔或中性笔、计算器、三角尺）进入现场，待考评员宣布许可工作命令后开始工作并计时。

（3）打开计量柜（箱）门之前必须对柜（箱）体验电，现场操作严格执行《国家电网有限公司营销现场作业安全工作规程（试行）》。

（4）正确使用相位伏安表。

（5）工作结束清理现场，并向监考员报告。

五、现场提供材料及工器具

验电笔、相位伏安表、螺丝刀、电能计量模拟装置（装置设置为：① 相电压、相电流分别为220.0V、1.0A；② 表尾电压接线为 bac，电流接线为 abc，第一、三元件表尾电流进出反接，C 相电压断相，功率因数角为 15°）。

六、考核及时间要求

本考核时间为 60 分钟，请按照任务要求完成操作和答题卡。

答题卡：

三相四线制电能计量装置检查项目

一、电能表基本信息（有功）					
型号		准确度等级		出厂编号	
规格	V；A		制造厂家		

二、实测数据

相电压	$U_1=$	$U_2=$	$U_3=$	电压相序：
电流	$I_1=$	$I_2=$	$I_3=$	四、错误接线形式（下标用 a、b、c 表示）第一元件：第二元件：第三元件：
相位差	$\dot{U}_1{}^{\wedge}\dot{U}_2=$	$\dot{U}_1{}^{\wedge}\dot{I}_1=$	$\dot{U}_2{}^{\wedge}\dot{I}_2=$	$\dot{U}_3{}^{\wedge}\dot{I}_3=$

三、错误接线相量图

五、错误接线示意图

六、写出错误接线的功率表达式：
$P_1=P_2=$
$P_3=P_总=$

七、计算更正系数：

八、计算退补电量（错误期间电能表走字 50kWh，综合倍率 100）

技能等级评价专业技能考核操作评分标准

工种	电能表修校工			评价等级	技师
项目模块	现场检验		编号		Jc0008261016
单位		准考证号		姓名	
考试时限	60 分钟	题型		单项操作	题分	100 分
成绩		考评员		考评组长		日期	
试题正文	经电流互感器低压三相四线制电能计量装置接线分析				
需要说明的问题和要求	（1）要求 1 人操作。（2）操作应注意安全，按照标准化作业书的技术安全说明做好安全措施				

续表

序号	项目名称	质量要求	满分	扣分标准	扣分原因	得分
1	工具使用及安全措施					
1.1	相关安全措施的准备	安全帽、工作服、绝缘鞋、棉线手套、验电笔	5	准备不齐全或着装不规范，每项扣1分		
1.2	各种工器具正确使用	(1) 正确使用验电笔。 (2) 熟练、正确使用相位伏安表	5	未验电，扣2分； 验电方法不当，扣1分； 工器具掉落，每次扣1分； 相位伏安表使用不当，每次扣1分； 测量过程摘手套，扣2分； 带电测量时相位伏安表挡位错误，每次扣2分； 测量完毕后再次申请测量，扣5分； 该项最多扣5分，分数扣完为止		
2	相关参数测量					
2.1	数据测量	正确填写电能表基本信息	5	电能表基本信息填写不正确，每处扣1分； 测量数据不正确，每项扣1分； 无单位，每处扣0.5分，最多扣2分； 相序判断不正确，扣2分； 该项最多扣10分，分数扣完为止		
		正确记录实测数据并判断电压相序	5			
3	绘制错误接线图及相量图					
3.1	错误接线相量图	正确绘制错误接线相量图	15	电压、电流相量标记错误，每项扣2分； 无相量符号，扣1分； 相量角度偏差超过15°，每项扣2分； 未标记功率因数角，每项扣2分； 该项最多扣15分，分数扣完为止		
3.2	错误接线形式	正确判断错误接线形式	10	错误接线形式判断不正确，每项扣2分		
3.3	错误接线示意图	正确绘制错误接线示意图	15	电压、电流回路接线不正确，每处扣2分； 零线接线不正确，扣2分； 未标注同名端，扣2分； 该项最多扣15分，分数扣完为止		
4	计算功率表达式					
4.1	各元件的功率表达式	正确书写各元件的功率表达式	6	每个元件的功率表达式不正确，扣2分		
4.2	计算总功率	正确计算总功率	4	每个元件的功率表达式不正确，扣4分； 功率表达式未化简，扣2分		
5	计算更正系数	正确计算更正系数	10	更正系数表达式不正确，扣10分； 更正系数表达式未化简，扣5分； 结果不正确，扣5分； 该项最多扣10分，分数扣完为止		
6	计算退补电量	正确计算退补电量	10	退补电量结果不正确，扣5分		
7	现场恢复	恢复现场	10	未进行现场恢复，扣10分		
	合计		100			

标准答案：

答题卡见表 Jc0008261016。

表 Jc0008261016 　　　　　三相四线制电能计量装置检查项目

一、电能表基本信息（有功）					
型号		准确度等级		出厂编号	
规格	V；A		制造厂家		

二、实测数据				
相电压	$U_1 = 220V$	$U_2 = 220V$	$U_3 = 0V$	电压相序：bac
电流	$I_1 = 1.0A$	$I_2 = 1.0A$	$I_3 = 1.0A$	四、错误接线形式（下标用a、b、c表示）
相位差	$\dot{U}_1 \hat{} \dot{U}_2 = 240°$	$\dot{U}_1 \hat{} \dot{I}_1 = 75°$　　$\dot{U}_2 \hat{} \dot{I}_2 = 135°$	$\dot{U}_3 \hat{} \dot{I}_3 = 195°$	第一元件：$\dot{U}_b, -\dot{I}_a$ 第二元件：$\dot{U}_a, \dot{I}_b$ 第三元件：$\dot{U}_c, -\dot{I}_c$

三、错误接线相量图

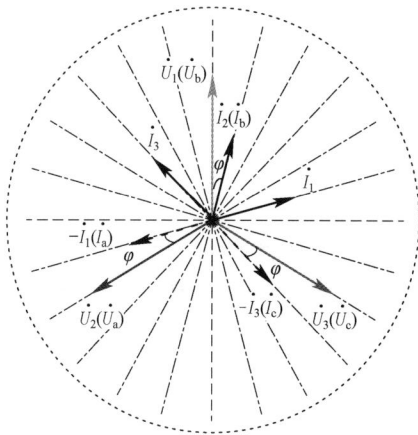

五、错误接线示意图

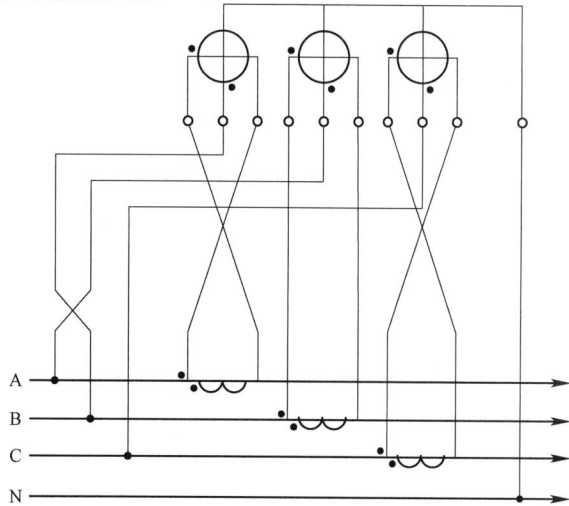

六、写出错误接线的功率表达式：

$$P_1 = U_1 I_1 \cos(60° + \varphi) = U_b I_a \cos(60° + \varphi) \qquad P_2 = U_2 I_2 \cos(120° + \varphi) = U_a I_b \cos(120° + \varphi) \qquad P_3 = 0$$

$$P = P_1 + P_2 + P_3 = -\sqrt{3}UI\sin\varphi$$

七、计算更正系数：

$$k = \frac{P_0}{P} = \frac{3UI\cos\varphi}{-\sqrt{3}UI\sin\varphi} = -\sqrt{3}\cot\varphi = -6.5$$

八、计算退补电量（错误期间电能表走字 50kWh，综合倍率 100）：

$$W_{退} = (k-1) \times W = (-6.5-1) \times 50 \times 100 = -37\ 500（kWh）$$

Jc0008263017　经互感器高压三相三线制电能计量装置接线分析。（100分）

考核知识点： 经互感器高压三相三线制电能计量装置接线分析

难易度：难

技能等级评价专业技能考核操作工作任务书

一、任务名称

经互感器高压三相三线制电能计量装置接线分析。

二、适用工种

电能表修校工技师。

三、具体任务

使用相位伏安表完成指定经互感器高压三相三线制电能计量装置相关参数的测量并分析接线形式。

四、工作规范及要求

（1）着装符合要求，穿全棉长袖工作服、绝缘鞋，戴安全帽、棉线手套。

（2）携带自备工具（钢笔或中性笔、计算器、三角尺）进入现场，待考评员宣布许可工作命令后开始工作并计时。

（3）打开计量柜（箱）门之前必须对柜（箱）体验电，现场操作严格执行《国家电网有限公司营销现场作业安全工作规程（试行）》。

（4）正确使用相位伏安表。

（5）工作结束清理现场，并向监考员报告。

五、现场提供材料及工器具

验电笔、相位伏安表、螺丝刀、电能计量模拟装置（装置设置为：① 相电压、相电流分别为 100.0V、1.5A；② 表尾电压接线为 bac，电流接线为 ca，第一、二元件表尾电流进出反接，功率因数角为 15°）。

六、考核及时间要求

本考核时间为 60 分钟，请按照任务要求完成操作和答题卡。

答题卡：

三相三线制电能计量装置检查项目

一、电能表基本信息（有功）

型号		准确度等级		出厂编号	
规格		V；A		制造厂家	

二、实测数据

线电压	$U_{12}=$	$U_{32}=$	$U_{31}=$	电压相序：
对地电压	$U_{1n}=$	$U_{2n}=$	$U_{3n}=$	**四、错误接线形式（下标用 a、b、c 表示）** 第一元件： 第二元件：
电流	$I_1=$		$I_3=$	
相位差	$\dot{U}_{12}\hat{}\dot{U}_{32}=$	$\dot{U}_{12}\hat{}\dot{I}_1=$	$\dot{U}_{32}\hat{}\dot{I}_3=$	

三、错误接线相量图

五、错误接线示意图

六、写出错误接线的功率表达式：

$P_1=P_2=$

$P_3=P_总=$

七、计算更正系数：

八、计算退补电量（错误期间电能表走字 50kWh，综合倍率 100）

技能等级评价专业技能考核操作评分标准

工种	电能表修校工				评价等级	技师
项目模块	现场检验			编号	Jc0008263017	
单位		准考证号			姓名	
考试时限	60分钟	题型	单项操作		题分	100分
成绩		考评员		考评组长	日期	

试题正文	经互感器高压三相三线制电能计量装置接线分析
需要说明的问题和要求	（1）要求1人操作。 （2）操作应注意安全，按照标准化作业书的技术安全说明做好安全措施

序号	项目名称	质量要求	满分	扣分标准	扣分原因	得分
1	工具使用及安全措施					
1.1	相关安全措施的准备	安全帽、工作服、绝缘鞋、棉线手套、验电笔	5	准备不齐全或着装不规范，每项扣1分		
1.2	各种工器具正确使用	（1）正确使用验电笔。 （2）熟练、正确使用相位伏安表	5	未验电，扣2分； 验电方法不当，扣1分； 工器具掉落，每次扣1分； 相位伏安表使用不当，每次扣1分； 测量过程摘手套，扣2分； 带电测量时相位伏安表挡位错误，每次扣2分； 测量完毕后再次申请测量，扣5分； 该项最多扣5分，分数扣完为止		
2	相关参数测量					
2.1	数据测量	正确填写电能表基本信息	5	电能表基本信息填写不正确，每处扣1分； 测量数据不正确，每项扣1分； 无单位，每处扣0.5分，最多扣2分； 相序判断不正确，扣2分； 该项最多扣10分，分数扣完为止		
		正确记录实测数据并判断电压相序	5			
3	绘制错误接线图及相量图					
3.1	错误接线相量图	正确绘制错误接线相量图	15	电压、电流相量标记错误，每项扣2分； 无相量符号，扣1分； 相量角度偏差超过15°，每项扣2分； 未标记功率因数角，每项扣2分； 该项最多扣15分，分数扣完为止		
3.2	错误接线形式	正确判断错误接线形式	10	错误接线形式判断不正确，每项扣2分		
3.3	错误接线示意图	正确绘制错误接线示意图	15	电压、电流回路接线不正确，每处扣2分； 零线接线不正确，扣2分； 未标注同名端，扣2分		
4	计算功率表达式					
4.1	各元件的功率表达式	正确书写各元件的功率表达式	6	每个元件的功率表达式不正确，扣2分		
4.2	计算总功率	正确计算总功率	4	每个元件的功率表达式不正确，扣4分； 功率表达式未化简，扣2分		

序号	项目名称	质量要求	满分	扣分标准	扣分原因	得分
5	计算更正系数	正确计算更正系数	10	更正系数表达式不正确，扣10分；系数表达式未化简，扣5分；结果不正确，扣5分；该项最多扣10分，分数扣完为止		
6	计算退补电量	正确计算退补电量	10	退补电量结果不正确，扣10分		
7	现场恢复	恢复现场	10	未进行现场恢复，扣10分		
	合计		100			

标准答案：

答题卡见表 Jc0008263017。

表 Jc0008263017　　三相三线制电能计量装置检查项目

一、电能表基本信息（有功）

型号		准确度等级		出厂编号	
规格		V；A	制造厂家		

二、实测数据

线电压	$U_{12}=100.0\text{V}$	$U_{32}=100.0\text{V}$	$U_{31}=100.0\text{V}$	电压相序：bac
对地电压	$U_{1n}=0.3\text{V}$	$U_{2n}=99.7\text{V}$	$U_{3n}=99.6\text{V}$	四、错误接线形式（下标用a、b、c表示）
电流	$I_1=1.5\text{A}$		$I_3=1.5\text{A}$	第一元件：$\dot{U}_{ba}，-\dot{I}_c$
相位差	$\dot{U}_{12}\hat{}\dot{U}_{32}=60°$	$\dot{U}_{12}\hat{}\dot{I}_1=105°$	$\dot{U}_{32}\hat{}\dot{I}_3=345°$	第二元件：$\dot{U}_{ca}，-\dot{I}_a$

三、错误接线相量图

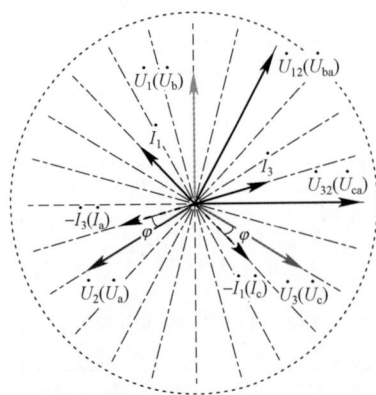

五、错误接线示意图

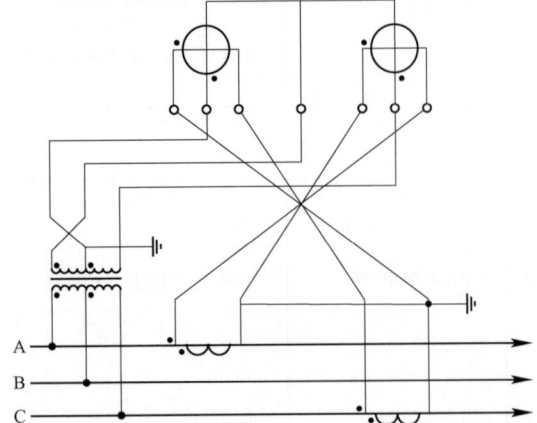

六、写出错误接线的功率表达式：

$$P_1=U_{12}I_1\cos(90°-\varphi)=U_{ba}I_c\cos(90°-\varphi) \qquad P_2=U_{32}I_3\cos(30°-\varphi)=U_{ca}I_a\cos(30°-\varphi)$$

$$P=P_1+P_2=\frac{\sqrt{3}}{2}UI(\cos\varphi+\sqrt{3}\sin\varphi)$$

七、计算更正系数：

$$k=\frac{P_0}{P}=\frac{\sqrt{3}UI\cos\varphi}{\frac{\sqrt{3}}{2}UI(\cos\varphi+\sqrt{3}\sin\varphi)}=\frac{2}{1+\sqrt{3}\tan\varphi}=1.4$$

八、计算退补电量（错误期间电能表走字50kWh，综合倍率100）：

$$W_{退}=(k-1)\times W=(1.4-1)\times50\times100=2000（\text{kWh}）$$

Jc0008243018 计量装置投运前检查验收。（100分）

考核知识点： 计量装置投运前检查验收

难易度： 难

技能等级评价专业技能考核操作工作任务书

一、任务名称

计量装置投运前检查验收。

二、适用工种

电能表修校工技师。

三、具体任务

根据 DL/T 448—2016《电能计量装置技术管理规程》规定，电能计量装置投运前应进行全面验收，回答其包含哪些验收项目及各项目的具体要求。

四、工作规范及要求

（1）自备中性笔或钢笔，独立完成。

（2）时间到应立即停止答题。

（3）考生不得询问与考试内容无关的问题，考评员不得提示与考试有关的内容。

五、现场提供材料及工器具

无。

六、考核及时间要求

本考核时间为60分钟，请按照任务要求完成操作和答题卡。

技能等级评价专业技能考核操作评分标准

工种	电能表修校工				评价等级	技师	
项目模块	电能计量			编号		Jc0008243018	
单位			准考证号			姓名	
考试时限	60分钟		题型	单项操作		题分	100分
成绩		考评员		考评组长		日期	
试题正文	计量装置投运前检查验收						
需要说明的问题和要求	（1）要求1人完成。 （2）内容完整准确						

序号	项目名称	质量要求	满分	扣分标准	扣分原因	得分
1	电能计量装置投运前验收的主要项目	内容正确、文字清晰	28	少一个验收项目，扣7分		
2	电能计量装置投运前验收各项目的具体内容和要求	内容正确、文字清晰	72	验收项目的每一条要点的内容及要求遗漏或错误，扣3分		
	合计		100			

标准答案：

（1）技术资料验收内容及要求如下。

1）电能计量装置计量方式原理图，一、二次接线图，施工设计图和施工变更资料、竣工图等。

2）电能表及电压、电流互感器的使用说明书、出厂检验报告，授权电能计量技术机构的检定证书。

3）电能信息采集终端的使用说明书、合格证，电能计量技术机构的检验报告。

4）电能计量柜（箱、屏）安装使用说明书、出厂检验报告。

5）二次回路导线或电缆型号、规格及长度资料。

6）电压互感器二次回路中的快速自动空气开关、接线端子的说明书和合格证等。

7）高压电气设备的接地及绝缘试验报告。

8）电能表和电能信息采集终端的参数设置记录。

9）电能计量装置设备清单。

（2）现场核查的内容及要求如下。

1）电能计量器具的型号、规格、出厂编号应与计量检定证书和技术资料的内容相符。

2）产品外观质量应无明显瑕疵和受损。

3）安装工艺及其质量应符合有关技术规范的要求。

4）电能表、互感器及其二次回路接线实况应和竣工图一致。

5）电能信息采集终端的型号、规格、出厂编号，电能表和采集终端的参数设置应与技术资料及其检定证书/检测报告的内容相符，接线实况应和竣工图一致。

（3）验收试验内容及要求如下。

1）接线正确性检查。

2）二次回路中间触点、快速自动空气开关、试验接线盒接触情况检查。

3）电流、电压互感器实际二次负载及电压互感器二次回路压降的测量。

4）电流、电压互感器现场检验。

5）新建发电企业上网关口电能计量装置应在验收通过后方可进入168小时试运行。

（4）验收结果的处理应遵守如下规定。

1）经验收的电能计量装置应由验收人员出具电能计量装置验收报告，注明"电能计量装置验收合格"或者"电能计量装置验收不合格"。

2）验收合格的电能计量装置应由验收人员及时实施封印；封印的位置为互感器二次回路的各接线端子（包括互感器二次接线端子盒、互感器端子箱、隔离开关辅助接点、快速自动空气开关或快速熔断器和试验接线盒等）、电能表接线端子盒、电能计量柜（箱、屏）门等；实施封印后应由被验收方对封印的完好签字认可。

3）验收不合格的电能计量装置应由验收人员出具整改建议意见书，待整改后再行验收。

4）验收不合格的电能计量装置不得投入使用。

5）验收报告及验收资料应及时归档。

第五部分
高级技师

第九章　电能表修校工高级技师技能笔答

Jb0001132001　客户侧现场作业一般安全要求有哪些？（5分）

考核知识点： 客户侧现场作业一般安全要求

难易度： 中

标准答案：

（1）客户侧现场作业必须严格执行安全组织和技术措施，严格工作计划刚性管理，严禁不具备资质人员从事相关工作，禁止擅自操作客户设备。

（2）客户电气设备停、送电前，应由客户停送电联系人与供电方相关人员共同确认，禁止约时停送电。

（3）所有工作人员不许单独进入、滞留在客户高压室和室外高压设备区内。

（4）客户侧现场作业时，应有熟悉设备情况的客户人员全程陪同。

Jb0001132002　高温中暑的主要症状有哪些？如何进行高温中暑急救？（5分）

考核知识点： 高温中暑的症状和急救

难易度： 中

标准答案：

（1）高温中暑的症状包括：烈日直射头部，环境温度过高，饮水过少或出汗过多等可以引起中暑现象，其症状一般为恶心、呕吐、胸闷、眩晕、嗜睡、虚脱，严重时抽搐、惊厥甚至昏迷。

（2）急救措施：应立即将病员从高温或日晒环境转移到阴凉通风处休息。用冷水擦浴，湿毛巾覆盖身体，电扇吹风，或在头部置冰袋等方法降温，并及时给病员口服盐水。严重者送医院治疗。

Jb0001133003　脱离电源后救护者应注意的事项有哪些？（5分）

考核知识点： 脱离电源后救护者注意事项

难易度： 难

标准答案：

（1）救护人不可直接用手、其他金属及潮湿的物体作为救护工具，而应使用适当的绝缘工具。救护人最好用一只手操作，以防自己触电。

（2）防止触电者脱离电源后可能的摔伤，特别是当触电者在高处的情况下，应考虑防止坠落的措施。即使触电者在平地，也要注意触电者倒下的方向，注意防摔。救护者也应注意救护中自身的防坠落、摔伤措施。

（3）救护者在救护过程中特别是在杆上或高处抢救伤者时，要注意自身和被救者与附近带电体之间的安全距离，防止再次触及带电设备。电气设备、线路即使电源已断开，对未做安全措施挂上接地线的设备也应视作有电设备。救护人员登高时应随身携带必要的绝缘工具和牢固的绳索等。

（4）如事故发生在夜间，应设置临时照明灯，以便于抢救，避免意外事故，但不能因此延误切除电源和进行急救的时间。

Jb0001133004　高压触电可采用哪些方法使触电者脱离电源？（5分）

考核知识点：高压触电脱离电源的方法

难易度：难

标准答案：

（1）立即通知有关供电单位或客户停电。

（2）戴上绝缘手套，穿上绝缘靴，用相应电压等级的绝缘工具按顺序拉开电源开关或熔断器。

（3）抛掷裸金属线使线路短路接地，迫使保护装置动作，断开电源。注意抛掷金属线之前，应先将金属线的一端固定可靠接地，然后另一端系上重物抛掷，注意抛掷的一端不可触及触电者和其他人。另外，抛掷者抛出线后，要迅速离开接地的金属线 8m 以外或双腿并拢站立，防止跨步电压伤人。在抛掷短路线时，应注意防止电弧伤人或断线危及人员安全。

Jb0002131005　什么是计量器具新产品？其实施管理的范围是什么？（5分）

考核知识点：计量器具新产品的定义及其管理范围

难易度：易

标准答案：

计量器具新产品是指本单位从未生产过的计量器具，包括对原有产品在结构、材质等方面做了重大改进导致性能、技术特征发生变更的计量器具。实施管理的范围是国家质检总局发布的《中华人民共和国依法管理的计量器具目录（型式批准部分）》的计量器具。

Jb0002132006　计量基准的地位和作用是什么？（5分）

考核知识点：计量基准的地位和作用

难易度：中

标准答案：

计量基准是一个国家量值的源头。我国的计量基准是经国务院计量行政部门批准作为统一全国量值的最高依据，全国的各级计量标准和工作计量器具的量值都要溯源于计量基准。计量基准可以进行仲裁检定，所出具的数据能够作为处理计量纠纷的依据并具有法律效力。

Jb0002132007　检定、校准、检测人员的基本职责是什么？（5分）

考核知识点：检定、校准、检测人员的基本职责

难易度：中

标准答案：

（1）依照有关规定和计量检定规程开展计量检定、校准、检测活动，恪守职业道德。

（2）保证计量检定、校准、检测数据和有关技术资料的真实完整。

（3）正确保存、维护、使用计量基准和计量标准，使其保持良好的技术状态。

（4）承担质量技术监督部门委托的与计量有关的任务。

（5）保守在计量检定、校准、检测活动中所知悉的商业和技术秘密。

Jb0002132008　实物量具有何特点？（5分）

考核知识点：实物量具的特点

难易度：中

标准答案：

（1）本身直接复现或提供了单位量值，即实物量具的示值（标称值）复现了单位量值，如量块、

线纹尺本身就复现了长度单位量值。

（2）在结构上一般没有测量机构，如砝码、标准电阻，它只是复现单位量值的一个实物。

（3）由于没有测量机构，在一般情况下，如果不依赖其他配套的测量仪器，就不能直接测量出被测量值，如砝码要用天平、量块要配用干涉仪、光学计。因此，实物量具往往是一种被动式测量仪器。

Jb0002133009　比对实施方案应包括哪些内容？（5分）

考核知识点：比对实施方案内容

难易度：难

标准答案：

比对实施方案应包括概述、总体描述、实验室信息、传递标准或样品描述、传递路线及比对时间、传递标准或样品的运输和使用、传递标准或样品的交接、比对方法和程序、意外情况处理程序、记录格式、报告内容、参考值及处理方法、保密规定及其他注意事项等内容。

Jb0002132010　参比实验室在比对中应承担哪些职责？（5分）

考核知识点：参比实验室的职责

难易度：中

标准答案：

（1）当实验室收到比对组织者发布的比对计划时，各实验室应书面答复。

（2）参与比对实施方案的讨论并对确定的比对实施方案正确理解。

（3）按时完成比对实验，并上报测量结果和不确定度。

（4）按要求接收和发运标准或样品，确保其安全完整。

（5）对比对报告有发表意见的权利。

（6）遵守保密规定。

Jb0003132011　计量标准考核的内容和要求是什么？（5分）

考核知识点：计量标准考核的内容和要求

难易度：中

标准答案：

（1）计量标准器及配套设备齐全，计量标准器必须经法定或者计量授权的计量技术机构检定合格（没有计量检定规程的，应当通过校准、比对等方式，将量值溯源至国家计量基准或者社会公用计量标准），配套的计量设备经检定合格或者校准。

（2）具备开展量值传递的计量检定规程或者技术规范，以及完整的技术资料。

（3）具备符合计量检定规程或技术规范并确保计量标准正常工作所需要的温度、湿度、防尘、防震、防腐蚀、抗干扰等环境条件和工作场地。

（4）具备与所开展量值传递工作相适应的技术人员。开展计量检定工作，应当配备两名以上获相应项目检定资质的计量检定人员，开展其他方式量值传递工作，应当配备具有相应资质的人员。

（5）具有完善的运行、维护制度，包括实验室岗位责任制度，计量标准的保存、使用、维护制度，周期检定制度，检定记录及检定证书核验制度，事故报告制度，计量标准技术档案管理制度等。

（6）计量标准的测量重复性和稳定性符合技术要求。

Jb0003132012　计量标准考核对计量标准技术报告有何要求？（5分）

考核知识点：计量标准考核对计量标准技术报告的要求

难易度：中

标准答案：

新建计量标准，应当撰写《计量标准技术报告》，报告内容应当完整、正确；已建计量标准，如果计量标准器及主要配套设备、环境条件及设施等发生重大变化，引起计量标准主要计量特性发生变化，应当重新修订《计量标准技术报告》。

（1）建立计量标准的目的、计量标准的工作原理及其组成表述清晰。

（2）计量标准器及主要配套设备的名称、型号、测量范围，不确定度、准确度等级或最大允许误差，制造厂及出厂编号，检定或校准机构及检定周期或附校间隔等栏目填写完整、准确。

（3）计量标准的测量范围，不确定度、准确度等级或最大允许误差等主要技术指标，以及环境条件填写准确。

（4）计量标准溯源到上一级和传递到下一级计量器具的量值溯源和传递框图正确。

（5）检定或校准结果的测量不确定度评定合理。

（6）检定或校准结果的验证方法正确，验证结果符合要求。

Jb0003133013　测量中可能导致不确定度的来源一般有哪些？（5分）

考核知识点： 计量标准考核对计量标准技术报告的要求

难易度： 难

标准答案：

（1）被测量的定义不完整。

（2）复现被测量的测量方法不理想。

（3）取样的代表性不够，即被测样本不能代表所定义的被测量。

（4）对测量过程受环境影响的认识不恰如其分或对环境的测量与控制不完善。

（5）对模拟式仪器的读数存在人为偏移。

（6）测量仪器的计量性能（如灵敏度、鉴别力、分辨力、死区及稳定性等）的局限性。

（7）测量标准或标准物质的不确定度。

（8）引用的数据或其他参量的不确定度。

（9）测量方法和测量程序的近似和假设。

（10）在相同条件下被测量在重复观测中的变化。

Jb0003133014　获得B类标准不确定度的信息来源一般有哪些？（5分）

考核知识点： B类标准不确定度的信息来源

难易度： 难

标准答案：

（1）以前的观测数据。

（2）对有关技术资料和测量仪器特性的了解和经验。

（3）生产部门提供的技术说明文件。

（4）校准证书、检定证书或其他文件提供的数据、准确度的等级或级别，包括目前暂在使用的极限误差等。

（5）手册或某些资料给出的参考数据及其不确定度。

（6）规定实验方法的国家标准或类似技术文件中给出的重复性限 r 或复现性 R。

Jb0003132015　为什么要编写作业指导书？怎样编写？怎样管理？（5分）

考核知识点： 作业指导书的编写

难易度： 中

标准答案：

规程、规范、大纲、规则等文件是通用的，有的会提出几种方法以供不同情况选择，为了正确执行所依据的规程、规范、大纲、规则等，一般都需要编写专业指导书。

在编写作业指导书时，应根据本实验室的实际情况，使用的具体设备，将操作中的注意事项、选择的某种方法、仪器的操作步骤，以及在工作中积累的经验做法等编写成作业指导书。

作业指导书也是一种受控管理的技术文件，需要经过审核、批准、加受控文件的标识等。

Jb0003132016　编写检定规程有哪些基本要求？计量检定规程应包括哪些主要内容？（5分）

考核知识点： 检定规程的编写

难易度： 中

标准答案：

（1）编写检定规程的基本要求：

1）应满足法制管理要求。

2）检定规程中的各项要求应科学合理、经济可行。

3）对技术细节应做出明确规定。

4）应该优先采用国际通用的方法。

（2）计量检定规程应包含主要内容有：① 封面；② 扉页组成；③ 目录；④ 引言；⑤ 范围；⑥ 引用文献；⑦ 术语和计量单位；⑧ 概述；⑨ 计量性能要求；⑩ 通用技术要求；⑪ 计量器具控制；⑫ 附录。

Jb0003133017　计量标准考核合格后工作一直正常，可是执行的国家计量检定规程最近重新进行了修订，对于标准器的配置补充了新的要求，应当怎么办？（5分）

考核知识点： 计量标准考核

难易度： 难

标准答案：

在计量标准的有效期内，计量标准器或主要配套设备发生更换，应当按下述规定履行相关手续。

（1）更换计量标准器或主要配套设备后，如果计量标准的不确定度或准确度等级或最大允许误差发生了变化，应按新建计量标准申请考核。

（2）更换计量标准器或主要配套设备后，如果计量标准的测量范围或开展检定或校准的项目发生变化，应当申请计量标准复查考核。

（3）更换计量标准器或主要配套设备后，如果计量标准的测量范围、准确度等级或最大允许误差以及开展检定或校准的项目均无变更，则应当填写《计量标准更换申报表》一式两份，提供更换后计量标准器或主要配套设备的有效检定或校准证书复印件一份，必要时，还应提供《计量标准重复性试验记录》和《计量标准稳定性考核记录》复印件一份，报主持考核的质量技术监督部门审核批准。申请考核单位和主持考核的质量技术监督部门各保存一份《计量标准更换申报表》。

（4）如果更换的计量标准器或主要配套设备为易耗品（如标准物质等），并且更换后不改变原计量标准的测量范围、准确度等级或最大允许误差，开展的检定或校准项目也无变更的，应当在《计量标准履历书》中予以记载。

Jb0003132018　是否每一次校准都必须达到校准测量能力的要求？（5分）

考核知识点：计量标准考核

难易度：中

标准答案：

对某一种被校对象的校准测量能力的评定是依据 JJF 1059.1—2012《测量不确定度评定与表示》进行的。其不确定度来源包括所采用的方法、使用的设备以及环境条件等，同时还包括操作人员的水平和被校对象的计量性能等。每一次校准时这些影响因素与评定校准测量能力时不完全相同，特别是人员和被校准对象带来的影响，使每次所评定的不确定度与校准测量能力不一定相同，通常会低于校准测量能力。这是正常的，不必每一次校准都达到校准测量能力的要求。

Jb0003111019　校准证书上给出标称值为 10Ω 的标准电阻器的电阻 R_S 在 23℃为 R_S（23℃）=（10.000 74±0.000 13）Ω，同时说明置信水准 p=99%。求相对标准不确定度 u_{rel}（R_S）。（查 JJF 1059.1—2012《测量不确定度评定与表示》中表 2：正态分布情况下概率 P 与置信因子 k 间的关系得 k_p=2.58。）（5分）

考核知识点：不确定度的计算

难易度：易

标准答案：

解：由于 $U_{99}=0.13$mΩ，其标准不确定度为

$$u(R_S) = 0.13/2.58 = 50 \ (\mu\Omega)$$

估计方差为相应的相对标准不确定度为

$$u_{rel}(R_S) = \frac{u(R_S)}{R_S} = \frac{50 \times 10^{-6}}{10.000\ 74} = 5 \times 10^{-6}$$

答：相对标准不确定度 u_{rel}（R_S）为 5×10^{-6}。

Jb0003113020　桌子的长为 l=（100.0±0.2）cm（k=2），宽为 b=（50.0±0.2）cm（k=2）彼此独立，求其面积 S=5000cm² 的扩展不确定度 $U(S)$（k=2）。（5分）

考核知识点：不确定度的计算

难易度：难

标准答案：

解：面积 $S=lb$，灵敏系数 $c_l = \dfrac{\partial S}{\partial l} = b = 50.0$，$c_b = \dfrac{\partial S}{\partial b} = l = 100.0$

测量桌子的长 l 的标准不确定度 $u(l) = U/k = 0.2/2 = 0.1$（cm）

测量桌子的宽 b 的标准不确定度 $u(b) = U/k = 0.2/2 = 0.1$（cm）

于是面积的合成标准不确定度为

$$u_c(S) = \sqrt{c_l^2 u^2(l) + c_b^2 u^2(b)} = \sqrt{50.0^2 \times 0.1^2 + 100.0^2 \times 0.1^2} = 11 \ (\text{cm}^2)$$

面积的扩展不确定度为

$$U(S) = ku_c(S) = 2 \times 11 = 22 \ (\text{cm}^2)(k=2)$$

答：面积的扩展不确定度 $U(S)$ 为 22cm²。

Jb0003112021　输出量是由两个 100g 的砝码（彼此独立）构成的 200g 质量。第一个 100g 砝码的相对扩展不确定度为 2×10^{-4}（$k=2$），第二个 100g 砝码的相对扩展不确定度为 3×10^{-4}（$k=3$），求这 200g 质量 m 的扩展不确定度 $U(m)$（$k=2$），以及相对扩展不确定度 $U_{rel}(m)$（$k=2$）。（5 分）

考核知识点：不确定度的计算

难易度：中

标准答案：

解：200g 质量 $m = m_1 + m_2$

第一个 100g 砝码 m_1 的标准不确定度为

$$u(m_1) = m_1 \times U_{rel}(m_1) / k = 100 \times 2 \times 10^{-4} / 2 = 0.01 \text{（g）}$$

第二个 100g 砝码 m_2 的标准不确定度为

$$u(m_2) = m_2 \times U_{rel}(m_2) / k = 100 \times 3 \times 10^{-4} / 3 = 0.01 \text{（g）}$$

于是 200g 质量 m 的合成标准不确定度为

$$u_c(m) = \sqrt{u^2(m_1) + u^2(m_2)} = \sqrt{0.01^2 + 0.01^2} = 0.014 \text{（g）}$$

200g 质量 m 的扩展不确定度为

$$U(m) = k u_c(m) = 2 \times 0.014 = 0.028 \text{（g）}(k=2)$$

200g 质量 m 的相对扩展不确定度为

$$U_{rel}(m) = U(m) / k = 0.028 / 200 = 1.4 \times 10^{-4} (k=2)$$

答：扩展不确定度为 0.014g，相对扩展不确定度为 1.4×10^{-4}。

Jb0003112022　已知标称值均为 1kΩ 的 10 个电阻器，用同一个值为 R_S 的标准电阻器校准，设校准过程中的随机效应可忽略不计，检定证书给出 R_S 的不确定度 $u(R_S) = 0.10\Omega$。现将此 10 个电阻器用电阻可忽略的导线串联，构成标称值为 10kΩ 的参考电阻 $R_{ref} = f(R_i) = \sum_{i=1}^{10} R_i$。求 R_{ref} 的标准不确定度 $u_c(R_{ref})$。（5 分）

考核知识点：不确定度的计算

难易度：中

标准答案：

解：由于对电阻器来说

$$r(x_i, x_j) = r(R_i, R_j) = 1, \partial f / \partial x_i = \partial R_{ref} / \partial R_i = 1, u(x_i) = u(R_i) = u(R_S)$$

则

$$u_c^2(y) = \left[\sum_{i=1}^{N} c_i u(x_i) \right]^2 = \left[\sum_{i=1}^{N} \frac{\partial f}{\partial x_i} u(x_i) \right]^2$$

故得

$$u_c^2(y) = \left[\sum_{i=1}^{10} u(R_S) \right] = 10 \times 0.10 = 1.0 \text{（Ω）}$$

答：标准不确定度为 1.0Ω。

Jb0003113023　设 $y = f(x_1, x_2, x_3) = b X_1 X_2 X_3$，输入量 X_1，X_2，X_3 彼此独立，其估计值 x_1，x_2，x_3 是独立重复观测值的平均值，重复次数分别为 $n_1 = 10$，$n_2 = 5$，$n_3 = 15$，其相对标准不确定度分别为：

$u_{\mathrm{rel}}(x_1)=u(x_1)/x_1=0.25\%$，$u_{\mathrm{rel}}(x_2)/x_2=0.57\%$，$u_{\mathrm{rel}}(x_3)/x_3=0.82\%$。求其相对合成标准不确定度及其有效自由度。（5分）

考核知识点：不确定度和有效自由度的计算

难易度：难

标准答案：

解：$u_{\mathrm{crel}}^2(y)=[u_{\mathrm{c}}(y)/y]^2=\sum\limits_{i=1}^{3}[u_{\mathrm{rel}}(x_i)]_2=(1.03\%)^2$

则相对合成标准不确定度为

$$u_{\mathrm{crel}}(y)=1.03\%$$

有效自由度为

$$v_{\mathrm{eff}}=\frac{u_{\mathrm{crel}}^4(y)}{\sum\limits_{i=1}^{3}\dfrac{u_{\mathrm{rel}}^4(x)}{v_i}}=\frac{1.03^4}{\dfrac{0.25^4}{10-1}+\dfrac{0.57^4}{5-1}+\dfrac{0.82^4}{15-1}}=19$$

答：相对合成标准不确定度为1.03%，有效自由度为19。

Jb0003113024　同一台仪器设备测量直角三角形两条直角边，确定另外斜边。已知：两条直角边测量结果为 $a=3000\mathrm{mm}$，$b=4000\mathrm{mm}$。测量时不考虑测量重复性产生的不确定度，只考虑测量仪器本身的不确定度为 $U=10\mathrm{mm}$（$k=2$）。求直角三角形斜边的长度及其扩展不确定度。（5分）

考核知识点：不确定度的计算

难易度：难

标准答案：

解：根据已知条件：$u(\Delta)=\dfrac{U}{k}=\dfrac{10}{2}=5$（mm）

合成标准不确定度为

$$u_{\mathrm{c}}(x)=\sqrt{\frac{(a+b)^2}{a^2+b^2}\times u^2(\Delta)}=\frac{(a+b)\times u(\Delta)}{\sqrt{a^2+b^2}}=\frac{(3000+4000)\times 5}{\sqrt{3000^2+4000^2}}=7\text{（mm）}$$

确定扩展不确定度，取包含因子 $k=2$：

$$x=\sqrt{a^2+b^2}=\sqrt{3000^2+4000^2}=5000\text{（mm）}$$

则直角三角形的斜边测量结果为

$$X=x\pm U=(5000\pm 14)\text{（mm）}(k=2)$$

答：直角三角形斜边长度为（5000±14）mm，扩展不确定度为5000mm。

Jb0003112025　四个实验室进行量值比对，各实验室对同一个传递标准的测量结果分别为：$x_1=215.3$，$u_{c1}=17$，$x_2=236.0$，$u_{c2}=17$，$x_3=289.7$，$u_{c3}=29$，$x_4=216.0$，$u_{c4}=14$，计算加权算术平均值及其实验标准偏差。（5分）

考核知识点：加权算术平均值及实验标准偏差的计算

难易度：中

标准答案：

解：取 x_3 的权为1，即 $u_{c3}=u_0$，则各实验室测量结果的权为

$$W_1=\frac{u_0^2}{u_{c1}^2}=\frac{29^2}{17^2}\approx 3$$

$$W_2 = \frac{u_0^2}{u_{c2}^2} = \frac{29^2}{17^2} \approx 3$$

$$W_3 = \frac{u_0^2}{u_{c3}^2} = \frac{29^2}{29^2} = 1$$

$$W_4 = \frac{u_0^2}{u_{c4}^2} = \frac{29^2}{14^2} \approx 4$$

加权算术平均值为

$$x_W = \frac{\sum_{i=1}^{m} W_i \bar{x}_i}{\sum_{i=1}^{m} W_i} = \frac{3 \times 215.3 + 3 \times 236.0 + 1 \times 289.7 + 4 \times 216.0}{3 + 3 + 1 + 4} = 228.0$$

加权算术平均值的实验标准偏差为

$$s_W = \sqrt{\frac{\sum_{i=1}^{m} W_i (x_i - x_W)^2}{(m-1)\sum_{i=1}^{m} W_i}}$$

$$= \sqrt{\frac{3 \times (215.3 - 228.0)^2 + 3 \times (236.0 - 228.0)^2 + 1 \times (289.7 - 228.0)^2 + 4 \times (216.0 - 228.0)^2}{(4-1)(3+3+1+4)}}$$

$$= 12$$

答：加权算术平均值为 228.0，其实验的标准偏差为 12。

Jb0004131026 什么是电位？什么是电压？它们之间有什么关系？（5分）

考核知识点：电位、电压的概念及其关系

难易度：易

标准答案：

（1）电场中某点的电位，在数值上等于单位正电荷沿任意路径从该点移至无限远处的过程中电场力所做的功，其单位为 V（伏特，简称伏）；在电场中电位等于零的点叫作参考点，凡电位高于零电压的点，电位为正，凡电位低于零电压的点，电位为负。通常以大地作为参考点。

（2）电场中任意两点间的电压，等于这两点电位的差，因此电压也称电压差。

（3）电场中各点的电位，随着参考点的改变而不同，但是无论参考点如何改变，任意两点间的电位差是不变的。电压的正方向是从高电位指向低电位。

Jb0004132027 什么是相位的超前、滞后、同相和反相？（5分）

考核知识点：相位的超前、滞后、同相和反相

难易度：中

标准答案：

（1）在同一个周期内，一个正弦量比另一个正弦量早些或晚些到达零值（或最大值），前者被认为是超前，后者被认为是滞后。习惯规定，超前与滞后的角度不应超过 $180°$。

（2）如果两个同频率正弦量同时达到最大值，则这两个正弦量称为同相。

（3）如果两个同频率正弦量同时达到零值，但当一个达到正的最大值时，另一个达到负的最大值，则这两个正弦量的相位互差 $180°$，称为反相。

Jb0004112028　有一直流电路如图 Jb0004112028 所示，图中 $E_1 = 10\text{V}$，$E_2 = 8\text{V}$，支路电阻 $R_1 = 5\Omega$，$R_2 = 4\Omega$，$R = 20\Omega$。试用支路电流法求电流 I_1、I_2 和 I。（5分）

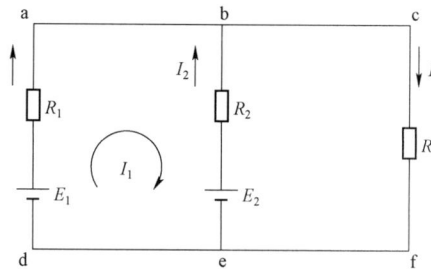

图 Jb0004112028

考核知识点： 电路分析计算

难易度： 中

标准答案：

解： 利用基尔霍夫第一定律可得

$$I_1 + I_2 - I = 0$$

根据基尔霍夫第二定律可列出两个独立的回路电压方程：

$$\begin{cases} I_1 R_1 - I_2 R_2 = E_1 - E_2 \\ I_2 R_2 + IR = E_2 \end{cases}$$

$$\begin{cases} 5I_1 - 4I_2 = 10 - 8 = 2 \\ 4I_2 + 20I = 8 \end{cases}$$

将 $I_1 + I_2 - I = 0$ 代入两式可得

$$\begin{cases} I_1 = 0.4 \text{（A）} \\ I_2 = 0 \end{cases}$$

则　　　　　　　　　　　　　　$I = I_1 + I_2 = 0.4 \text{（A）}$

答： 电流 I_1 为 0.4A，I_2 为 0，I 为 0.4A。

Jb0004112029　在如图 Jb0004112029 所示的交流电路中，施加电压 $\dot{E}_1 = 100\text{V}$，$\dot{E}_2 = \text{j}200\text{V}$。求流过各支路的电流。（5分）

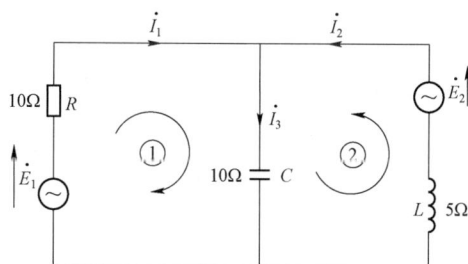

图 Jb0004112029

考核知识点： 电路分析计算

难易度： 中

标准答案：

解： 根据基尔霍夫第一定律

$$\dot{I}_1 + \dot{I}_2 - \dot{I}_3 = 0 \qquad (1)$$

根据基尔霍夫第二定律，在回路①中有

$$10\dot{I}_1 - \mathrm{j}10\dot{I}_3 = 100 \qquad (2)$$

在回路②中有

$$\mathrm{j}10\dot{I}_3 = \mathrm{j}5\dot{I}_2 = \mathrm{j}200 \qquad (3)$$

联合（1），（2），（3）式可求出

$$\dot{I}_1 = -15 - \mathrm{j}25 \,（A）$$

$$\dot{I}_2 = -10 + \mathrm{j}50 \,（A）$$

$$\dot{I}_3 = -25 + \mathrm{j}25 \,（A）$$

答：$\dot{I}_1$ 为 $-15 - \mathrm{j}25\,\mathrm{A}$，$\dot{I}_2$ 为 $-10 + \mathrm{j}50\,\mathrm{A}$，$\dot{I}_3$ 为 $-25 + \mathrm{j}25\,\mathrm{A}$。

Jb0004113030 试求如图 Jb0004113030 所示交流电桥的平衡条件。（5 分）

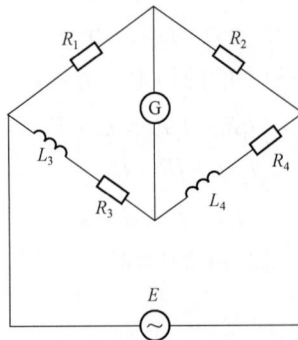

图 Jb0004113030

考核知识点： 电路分析计算

难易度： 难

标准答案：

解： 设电桥的 4 个复阻抗分别为 Z_1、Z_2、Z_3、Z_4，应用电桥平衡条件有：

$$\dot{Z}_1\dot{Z}_4 = \dot{Z}_2\dot{Z}_3$$

$$\frac{R_1}{R_2} = \frac{R_3 + \mathrm{j}\omega L_3}{R_4 + \mathrm{j}\omega L_4}$$

$$R_1 R_4 + \mathrm{j}\omega L_4 R_1 = R_2 R_3 + \mathrm{j}\omega L_3 R_2$$

在上式成立时，应有

$$R_1 R_4 = R_2 R_3$$

$$R_1 \omega L_4 = R_2 \omega L_3$$

所以应有

$$\frac{R_1}{R_2} = \frac{R_3}{R_4}, \frac{R_1}{R_2} = \frac{L_3}{L_4}$$

即电桥的平衡条件为

$$\frac{R_1}{R_2} = \frac{R_3}{R_4} = \frac{L_3}{L_4}$$

答：电桥平衡条件为 $\dfrac{R_1}{R_2}=\dfrac{R_3}{R_4}=\dfrac{L_3}{L_4}$。

Jb0005132031　产生最大需量误差的原因主要有哪些？（5分）

考核知识点：产生最大需量误差的原因

难易度：中

标准答案：

（1）电能表误差：电能表本身的误差直接影响最大需量误差，这种影响是成正比的，即电能表多大的相对误差必然引起多大的最大需量误差。

（2）需量指示器误差。

（3）需量周期误差。

（4）计算误差：这类误差是由于复费率电路的单片机运算时有效位数不够，从而引起误差。

（5）脉冲数误差：单片机在计算最大需量时通常是取的脉冲数作为该需量周期的电能值，而实际需量周期的电能值与该需量周期脉冲数表示的电能值有一定的误差。

Jb0005123032　请任意列出一种使用电容式电压比例装置的检定线路图及其检定步骤。（5分）

考核知识点：电容式电压比例装置的检定线路图及其检定步骤

难易度：难

标准答案：

使用电容式电压比例装置的检定线路，如图 Jb0005123032 所示。其中图（a）使用电位差电桥型误差测量装置，图（b）使用高压电容电桥型误差测量装置，图（c）使用导纳电桥型误差测量装置。

测量过程分为两个步骤进行：第一步是用标准电压互感器校准电容式电压比例装置，第二步是用被检电压互感器替换标准电压互感器，然后按规程要求的电压测量点进行误差测量。

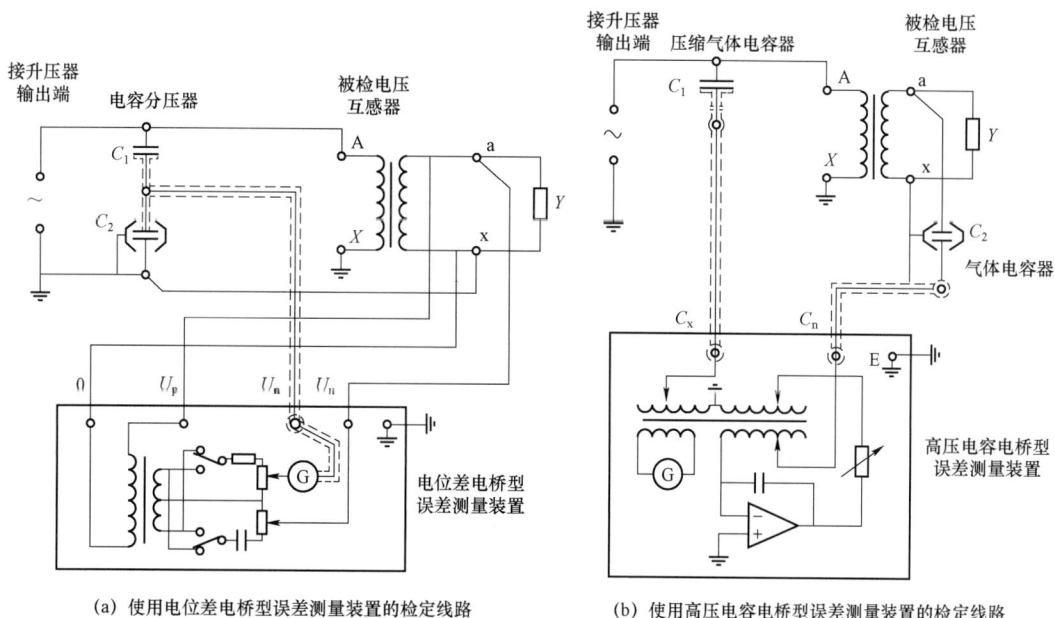

（a）使用电位差电桥型误差测量装置的检定线路　　（b）使用高压电容电桥型误差测量装置的检定线路

图 Jb0005123032（一）

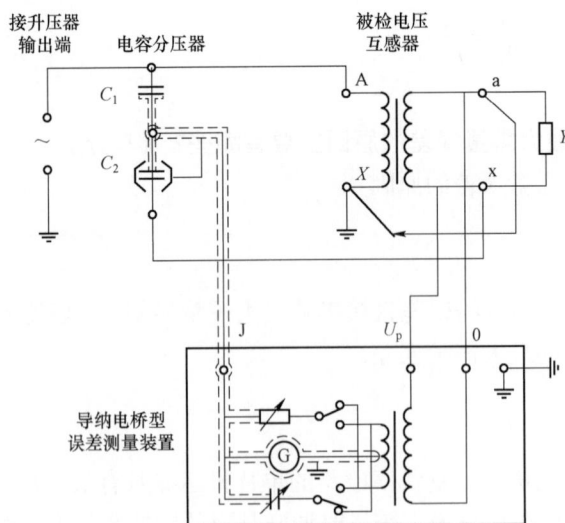

（c）导纳比较线路

图 Jb0005123032（二）

Jb0005112033 某两元件三相三线有功电能表第一组元件的相对误差为 r_1，第二组元件相对误差为 r_2，求该电能表的整组相对误差 r 公式。（5分）

考核知识点： 电能表的整组相对误差的计算

难易度： 中

标准答案：

解： 先计算该有功电能表整组绝对误差值

$$\Delta = UI[r_1\cos(30°+\varphi)+r_2\cos(30°-\varphi)]$$
$$= UI\left[\frac{\sqrt{3}}{2}\cos\varphi(r_1+r_2)+\frac{1}{2}\sin\varphi(r_2-r_1)\right]$$

再求整组相对误差 r 为

$$r = \frac{\Delta}{\sqrt{3}UI\cos\varphi} = \frac{UI\left[\frac{\sqrt{3}}{2}\cos\varphi(r_1+r_2)+\frac{1}{2}\sin\varphi(r_2-r_1)\right]}{\sqrt{3}UI\cos\varphi}$$
$$= \frac{1}{2}(r_1+r_2)+\frac{\sqrt{3}}{6}(r_2-r_1)\tan\varphi$$

答： 该电能表的整组相对误差 r 公式为 $\frac{1}{2}(r_1+r_2)+\frac{\sqrt{3}}{6}(r_2-r_1)\tan\varphi$。

Jb0005112034 用一台电能表标准装置测定一只短时稳定性较好的电能表某一负载下的相对误差，在较短的时间内，在等同条件下，独立测量5次，所得的误差数据分别为：0.23%、0.20%、0.21%、0.22%、0.23%，试计算该装置的单次测量标准偏差估计值和最大可能随机误差。（5分）

考核知识点： 标准偏差估计值的计算

难易度： 中

标准答案：

解： 平均值

$$\overline{r} = \frac{0.23 + 0.21 + 0.22 + 0.23 + 0.20}{5} \times 100\% = 0.218\%$$

残余误差

$$\Delta r_i = r_i - \overline{r}$$

$$\Delta r_1 = 0.012\%,\ \Delta r_2 = -0.018\%,\ \Delta r_3 = -0.008\%,\ \Delta r_4 = 0.002\%,\ \Delta r_5 = 0.012\%$$

标准偏差估计值

$$s = \sqrt{\frac{\sum \Delta r_i^2}{n-1}} = \sqrt{\frac{0.012^2 + (-0.018)^2 + (-0.008)^2 + 0.002^2 + 0.012^2}{5-1}} \times 100\%$$
$$= 0.013\%$$

随机误差范围为

$$s = \pm 0.013\%$$

最大可能随机误差为

$$r_{\max} = 3s = \pm 0.039\%$$

答：标准偏差估计值为 0.013%，最大可能随机误差为 ±0.039%。

Jb0005112035　确定 0.1 级电能表检定装置的输出功率稳定度，测得一量限下，$\cos\varphi = 1$ 时，功率值见表 Jb0005112035，请计算装置在该量限的输出功率稳定度。(5 分)

表 Jb0005112035

序号	功率值（W）	序号	功率值（W）	序号	功率值（W）	序号	功率值（W）
1	1100.12	21	1100.13	41	1100.11	61	1100.18
2	1100.11	22	1100.12	42	1100.13	62	1100.16
3	1100.13	23	1100.11	43	1100.17	63	1100.11
4	1100.17	24	1100.13	44	1100.18	64	1100.13
5	1100.18	25	1100.17	45	1100.12	65	1100.11
6	1100.12	26	1100.18	46	1100.14	66	1100.13
7	1100.14	27	1100.12	47	1100.15	67	1100.17
8	1100.15	28	1100.14	48	1100.16	68	1100.18
9	1100.16	29	1100.15	49	1100.18	69	1100.12
10	1100.18	30	1100.16	50	1100.19	60	1100.14
11	1100.19	31	1100.18	51	1100.21	61	1100.15
12	1100.21	32	1100.19	52	1100.26	62	1100.16
13	1100.24	33	1100.21	53	1100.22	63	1100.18
14	1100.27	34	1100.23	54	1100.25	64	1100.19
15	1100.22	35	1100.23	55	1100.19	65	1100.21
16	1100.19	36	1100.25	56	1100.17	66	1100.23
17	1100.17	37	1100.18	57	1100.11	67	1100.22
18	1100.11	38	1100.16	58	1100.14	68	1100.28
19	1100.14	39	1100.11	59	1100.23	69	1100.25
20	1100.11	40	1100.13	60	1100.25	80	1100.23

考核知识点：功率稳定度的计算

难易度：中

标准答案：

解：

$$\gamma_p(\%) = \frac{4\cos\varphi\sqrt{\dfrac{1}{n-1}\sum\limits_{i=1}^{n}(p_i - \overline{p})^2}}{\overline{p}}$$

式中：p_i——第 i 次测量的功率读数（$i = 1, 2, 3, \cdots, n$）；

$\overline{p}$——n 次功率读数的平均值；

n——测量次数。

计算出 $\gamma_p(\%) = 0.016\,47$。

化整以后功率稳定度为 0.02%。

答： 在该量限的输出功率稳定度为 0.02%。

Jb0006131036 **电能表在校验过程中，若出现整批表超差，可能的原因有哪些？（5 分）**

考核知识点： 整批表超差的原因

难易度： 易

标准答案：

电能表在校验过程中，若出现整批表超差，大多不是电能表的问题，而应考虑：

（1）检验参数是否设置正确，如被校表常数、标准表常数是否正确。

（2）可以检查标准表的接线是否有松动，标准表的高、低频输出口是否选择正确。

（3）光电采样器是否工作正常。

（4）误差计算器内部是否有零件故障。

Jb0006132037 **四象限无功的含义是什么？（5 分）**

考核知识点： 四象限无功的含义

难易度： 中

标准答案：

正、反向有功和正、反向无功电量之间关系构成四象限计量关系，如图 Jb0006132037 所示。

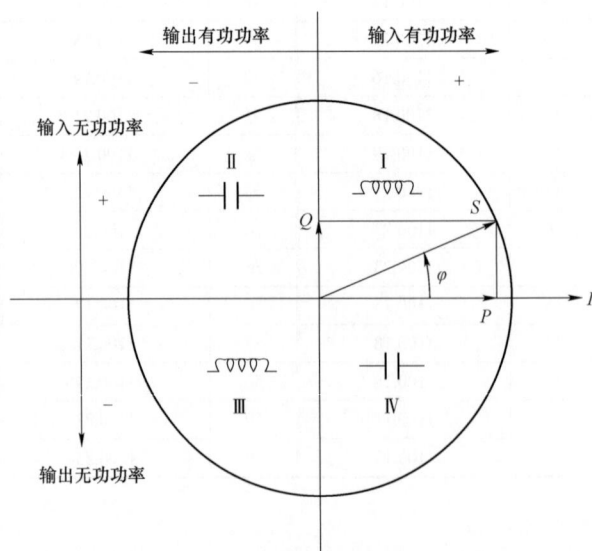

图 Jb0006132037

在这四个象限状况时，分别计量无功电量就构成了四象限无功。

Jb0006132038　对电子式电能表为什么要进行电磁兼容性试验？（5分）

考核知识点： 电磁兼容性试验的目的

难易度： 中

标准答案：

电子式电能表（包括机电式电能表）采用的电子元器件，由于其小型化、低功耗、高速度的要求，使得电能表在严酷的电磁环境下遭受损害或失效的机会大了，严重的可造成设备事故。另一方面，电能表在运行时会对周围环境电磁骚扰，可能干扰公共安全和通信设备的工作，影响百姓的文化生活。因此为了保证电能计量的准确、可靠，有必要对电子式电能表进行电磁兼容性试验。

Jb0006132039　为什么要对电子式电能表进行浪涌抗扰度试验？（5分）

考核知识点： 电子式电能表浪涌抗扰度试验的目的

难易度： 中

标准答案：

电能表在不同环境与安装条件下可能遇到雷击、供电系统开关切换、电网故障等，造成的电压和电流浪涌可能使电能表工作异常甚至损坏。浪涌抗扰度试验可评定电能表在遭受高能量脉冲干扰时的抗干扰能力。

Jb0006132040　浪涌抗扰度试验对电子式电能表会产生哪些影响？（5分）

考核知识点： 电子式电能表浪涌抗扰度试验的目的

难易度： 中

标准答案：

浪涌抗扰度试验可能会损坏电能表的电源输入部分，缩短压敏电阻的使用寿命，损坏电子线路板上的元器件，影响计量准确度，程序出错，功能不正常等。

Jb0006132041　为什么要对电子式电能表进行静电放电抗扰度试验？（5分）

考核知识点： 电子式电能表静电放电抗扰度试验的目的

难易度： 中

标准答案：

静电问题与环境条件和使用场合有关。静电电荷尤其可能在干燥与使用人造纤维的环境中产生。静电放电则发生在带静电电荷的人体或物体的接触或靠近正常工作的电子设备的过程中，使设备中的敏感元件造成误动作，严重时甚至引起损坏。对电子式电能表进行静止放电抗扰度试验可以用来模拟操作人员或物休在接触电能表时的放电及人或物体对邻近物体的放电，以评价电能表抵抗静电放电干扰的能力。

Jb0006132042　静电放电抗扰度试验对电子式电能表会产生哪些影响（产生哪些现象）？（5分）

考核知识点： 电子式电能表静电放电抗扰度试验影响

难易度： 中

标准答案：

静电放电抗扰度试验可能损坏电能表的元器件（如芯片、液晶、数码管等），出现多余电量，时钟复位、停走或走时不准，内存数据破坏，需量复位，功能不正常等。

Jb0006132043　进行静电放电抗扰度试验时为什么优先选择接触放电方式？（5分）

考核知识点： 电子式电能表静电放电抗扰度试验的方式

难易度： 中

标准答案：

空气放电由于受到放电枪头接近速度、试验距离、环境温度和试验设备结构等的影响，其可比性和再现性较差，所以应优先采用接触放电方式。空气放电一般在不能采用接触放电的场合下才使用。

Jb0006132044　为什么要对电子式电能表进行高频电磁场抗扰度试验？（5分）

考核知识点： 电子式电能表高频电磁场抗扰度试验的目的

难易度： 中

标准答案：

电磁辐射对大多数电子设备会产生影响，尤其是随着手提移动电话的普及，当使用人员离电子设备距离很近时，可产生强度达几十特斯拉的电磁场辐射，它对产品的干扰作用是很大的。为了评价电能表抵抗由无线电发送或其他设备发射连续波的辐射电磁能量的能力，有必要进行高频电磁场抗扰度试验。

Jb0006132045　为什么要对电子式电能表进行电快速瞬变脉冲群抗扰度试验？（5分）

考核知识点： 电子式电能表电快速瞬变脉冲群抗扰度试验的目的

难易度： 中

标准答案：

电子式电能表对来自继电器、接触器等电感性负载在切换和触点跳动时所产生的各种瞬时干扰较敏感。这类干扰具有上升时间快、持续时间短、重复率高和能量较低的特点，耦合到电能表的电源线、控制线、信号线和通信线路时，虽然不会造成严重损坏，但会对电能表造成骚扰，影响其正常工作，因此有必要对电子式电能表进行电快速瞬变脉冲群抗扰度试验。

Jb0006133046　试分析引起智能电能表继电器故障的原因。（5分）

考核知识点： 智能电能表故障原因分析

难易度： 难

标准答案：

智能电能表的内置继电器一般指串接在电流火线回路，可以直接通断用户用电的元器件。此类继电器目前多数采用磁保持方式，现场运行出现的继电器故障主要有以下几个方面：

（1）下发合闸指令继电器无动作，原因可能是表计继电器的控制线没有插接到位（连接线没有插入到电路板上对应的白色底座）或由于运输过程中的振动引发继电器触点断开。

（2）由于超负荷使得电流回路电流值超过继电器承受范围，继电器内部触点发热导致固定触点的塑料变形，直至烧毁继电器。另外，在大负荷运行情况下远程控制继电器强行拉闸也有可能增加继电器的接触电阻导致其发热，严重时导致继电器烧毁。

（3）当用户电费用尽时，继电器没有正确执行跳闸，用户透支用电，此类故障一般是由于电能表程序混乱造成的。

Jb0006133047　智能电能表时钟电池欠压或时钟超差由什么原因引起？造成的后果是什么？（5分）

考核知识点：智能电能表故障原因分析

难易度：难

标准答案：

时钟电池是电能表在掉电情况下为表内时钟芯片提供电源的关键元器件。随着智能电能表现场运行时间越来越长，时钟电池欠压及时钟超差的故障发生频率也越来越高。导致时钟电池欠压或时钟超差错乱的原因可能有以下几种：① 电能表在运输过程中的振动导致电池正负极连接点脱落，电池无法正常为电能表提供电源；② 电池本身的质量问题，也可能是电能表软件设计缺陷导致掉电情况下电能表无法进入低功耗状态（无法关闭部分 I/O 口），或是电路板设计不当、元器件损坏导致电池放电电流过大引起；③ 时钟电池特有的钝化现象有时也会造成电能表出现时钟电池欠压或时钟超差错乱的现象，时钟电池钝化是指电池在长期不放电或放电电流较小时，会在电极产生一层致密的钝化膜，电池内阻升高，在放电时输出电压下降。随着持续的放电，钝化现象会逐渐消除。

Jb0006133048　电能表黑屏的主要原因有什么？（5分）

考核知识点：智能电能表故障原因分析

难易度：难

标准答案：

电能表黑屏故障是指电能表在外部工作电压正常的情况下，电能表不计量、液晶无显示或轮显按键无反应，即整个电能表处于"瘫痪"状态。结合现场故障情况，电能表黑屏故障形式主要有两种，一种为上电后电能表处于不计量、不通信的非工作状态且重新上电后也不能恢复。主要是由于变压器或供电回路元器件故障导致 MCU（微控制单元）无法获得正常工作电源。另一种是电能表程序设计存在缺陷，在某种极端环境干扰下 MCU 进入死机状态，此时电能表硬件并未发生损坏，一般电能表重新上电后恢复正常工作。

Jb0006133049　智能电能表通信故障的主要原因有什么？（5分）

考核知识点：智能电能表故障原因分析

难易度：难

标准答案：

智能电能表具备多种通信方式，可以通过 RS－485、电力线载波、微功率无线等通信介质与采集终端进行通信，实现现场用电数据的采集功能。现场运行中也会遇到通信类的故障，通信类故障主要是指无法抄收电能表数据，通常此类型故障主要有以下四方面原因：

（1）通信模块或通信单元的电路由于过电压烧坏，无法正常通信。

（2）由于厂家在编写电能表程序时未能严格按照规约编写或载波信号传输错误导致无法正常通信。

（3）电能表与采集设备之间信道故障或参数设置错误。

（4）电能表现场安装时 RS－485 通信线与电能表 RS－485 的 A、B 端子接反。

Jb0006133050　智能电能表液晶故障的主要原因有什么？（5分）

考核知识点：智能电能表故障原因分析

难易度：难

标准答案：

电能表一般均具备显示窗口向用户提供电量、电费等用电信息。智能电能表为了给用户提供更多信息，采用液晶方式显示，用户可以通过轮显按键查看自己的用电情况。电能表显示故障区别于黑屏故障，是指液晶无法显示电能表的各项信息或显示出现错字、缺笔画、漏字等现象，但是电能表本身仍能够正常运行。引发液晶故障的原因主要有以下三个方面：① 液晶由于挤压、震动、敲击等外力原因导致漏液；② 由于高温、暴晒导致液晶偏振片老化，使其无法显示；③ 表内液晶驱动芯片出现故障，无法正常显示。

Jb0006133051　最大需量有哪两种计算方式？两者之间有何区别？（5分）

考核知识点：最大需量的两种计算方式

难易度：难

标准答案：

最大需量有区间式和滑差式两种计算方式，两者之间区别如下：

（1）区间式最大需量计算方式。将第（1~15）分钟的脉冲数累加后乘以脉冲的电能当量（指每个脉冲所代表的电能值），再除以15分钟，即得到需量值P_1，保存于最大需量的存储单元中；然后进行第（16~30）分钟需量区间的计算，将第二次计算值P_2与P_1比较。若$P_2>P_1$，则将P_2取代P_1存于最大需量的存储单元中，依此类推，最大需量的存储单元中始终保持15分钟平均功率的最大值。

（2）滑差式最大需量计算方式。将第（1~15）分钟的脉冲数累加后乘以脉冲的电能当量（指每个脉冲所代表的电能值），再除以15分钟，即得到需量值P_1，保存于最大需量的存储单元中；第二次计算需量值时，是从第（$1+t$）分钟到第（$15+t$）分钟内计算平均功率，其中t为滑差区间的时间。第n次计算，依此类推，即从第（$1+nt$）分钟到第（$15+nt$）分钟内计算平均功率，每次将计算值进行比较，保存最大值于最大需量的存储单元中。

Jb0007132052　根据《国家电网公司电能表质量管控办法》，如何加强运行电能表质量监督检查的管控？（5分）

考核知识点：运行电能表质量监督检查的管控

难易度：中

标准答案：

各网省公司应结合现场抄表、用电检查、轮换抽检等工作巡视检查电能表运行状态，充分利用用电信息采集系统的监控手段，及时发现处理异常问题；按公司技术标准要求，分别在电能表运行后第1年、第3年、第5年、第8年开展定期抽样检测，对有可能引起反映或有可能存在批量质量隐患的到货批次，应缩短抽检间隔，加大抽样比例。对巡检、抽检中发现的故障电能表，必须在24小时内更换，立即排查故障原因，故障原因未查清前，暂停安装同厂家、同型号、同批次电能表。

Jb0007132053　根据《国家电网公司用电信息采集系统时钟管理办法》，请简述在检验环节和运行环节，电能表时钟校时要求。（5分）

考核知识点：检验环节和运行环节电能表时钟校时要求

难易度：中

标准答案：

（1）在检验环节，用检定（测）装置时钟对电能表进行校时，校时与检测同步进行。

（2）在运行环节，对电能表采用如下校时策略：

1）使用采集主站或采集终端对时钟偏差在（1~5）分钟的电能表进行远程校时。

2）采集系统主站对时钟偏差在（1~5）分钟的GPRS电能表直接进行远程校时。

3）对时钟偏差大于5分钟的电能表，用现场维护终端对其现场校时前，应先用标准时钟源对现场维护终端校时，再对电能表校时。

4）校时时刻应避免在每日零点、整点时刻附近，避免影响电能表数据冻结。

Jb0008132054　运行中的电流互感器二次开路时，二次感应电动势大小与哪些因素有关？（5分）

考核知识点： 二次感应电动势

难易度： 中

标准答案：

（1）与开路时的一次电流值有关。一次电流越大，其二次感应电动势越高，在短路故障电流的情况下，将更严重。

（2）与电流互感器的一、二次额定电流比有关。其变比越大，二次绕组匝数也就越多，其二次感应电动势越高。

（3）与电流互感器励磁电流的大小有关。励磁电流与额定一次电流比值越小，其二次感应电动势越高。

Jb0008232055　为什么对于中性点直接接地的三相三线电路，用三相四线有功电能表测量有功电能较适宜呢？（5分）

考核知识点： 电能表的选配

难易度： 中

标准答案：

因为三相三线电能表能准确测量三相三线电路中有功电能的计量原理，是基于三相三线电路中 $i_A + i_B + i_C = 0$ 的条件下得出的，当三相三线电路的中性点直接接地时，若三相负载不平衡，则线路上将流过较大的接地电流 i_d，因而 $i_A + i_B + i_C = i_d \neq 0$，所以三相三线电能表无法准确测量线路中的有功电能，而三相四线有功电能表能准确测量该情况下的三相电路中的有功电能。因此，对于中性点直接接地的三相三线电路，用三相四线有功电能表测量有功电能比较适宜。

Jb0008232056　电流互感器运行时二次开路后如何处理？（5分）

考核知识点： 电流互感器运行时二次开路后处理

难易度： 中

标准答案：

（1）运行中的高压电流互感器，其二次出口端开路时，因二次开路电压高，限于安全距离，人不能靠近，必须停电处理。

（2）运行中的电流互感器发生二次开路，不能停电的应该设法转移负荷，在低峰负荷时做停电处理。

（3）若因二次接线端子螺栓松造成二次开路，在降低负荷电流和采取必要的安全措施（有人监护，处理时人与带电部分有足够的安全距离，使用有绝缘柄的工具）的情况下，可不停电将松动的螺栓拧紧。

Jb0008133057　运行中电流互感器二次侧开路会产生什么后果？如遇有开路的情况如何处理？（5分）

考核知识点： 运行中电流互感器二次侧开路的后果和处理方法

难易度： 难

标准答案：

运行中电流互感器二次侧开路会产生以下后果：① 产生很高的电压，对设备和运行人员有危险；② 铁芯损耗增加，严重发热，有烧坏的可能；③ 在铁芯中留下剩磁，使电流互感器误差增大。所以，电流互感器二次开路是不允许的，但在运行中或调试过程中因不慎或其他原因造成二次开路。

发现电流互感器二次开路现象处理的方法是：① 运行中的高压电流互感器，其二次出口端开路时，因二次开路电压高，限于安全距离，人不能靠近，必须停电处理；② 运行中的电流互感器发生二次开路，不能停电的应该设法转移负荷，在低峰负荷时做停电处理；③ 若因二次接线端子螺栓松造成二次开路，在降低负荷电流和采取必要的安全措施（有人监护，处理时人与带电部分有足够的安全距离，使用有绝缘柄的工具）的情况下，可不停电将松动的螺栓拧紧。

Jb0008132058 为什么电磁式电压互感器可以外推负荷误差曲线？（5分）

考核知识点： 电磁式电压互感器外推负荷误差曲线

难易度： 中

标准答案：

（1）电磁式电压互感器的误差主要由空载误差和负荷误差组成。在电压互感器一次电压不变的情况下，空载励磁电流也基本不变。

（2）在电压互感器的二次侧加上负荷后，产生了二次负荷电流，同时在一次侧感应产生一次负荷电流。两侧的负荷电流分别在一次和二次绕组上产生电阻压降和漏磁压降。产生负荷误差。

（3）由于负荷误差只和负荷电流和绕组内阻抗有关，而绕组内阻抗基本是线性的，可认为不随负荷电流改变。

（4）这样，负荷误差和负荷电流成正比，它们的关系可以用一次曲线表示，因此可以用线性公式或一次直线作图法求得结果。

Jb0008111059 某电能表因接线错误而反转，查明其错误接线属 $P'= -\sqrt{3}\,UI\cos\varphi$，电能表的误差 $r= -4.0\%$，电能表的示值由 10 020kWh 变为 9600kWh，改正接线运行到月底抄表，电能表示值为 9800kWh。试计算此表自上次计数到抄表期间实际消耗的电量 W_r（三相负载平衡，且正确接线时的功率表达式 $P=\sqrt{3}\,UI\cos\varphi$）。（5分）

考核知识点： 错误接线分析

难易度： 易

标准答案：

解：按题意求更正系数

$$K = \frac{P}{P'} = \frac{\sqrt{3}UI\cos\varphi}{-\sqrt{3}UI\cos\varphi} = -1$$

误接线期间表计电量

$$W = 9600 - 10\ 020 = -420 \ （kWh）$$

误接线期间实际消耗电量（$r= -4\%$）

$$W_0 = W \times K \times (1-r)$$
$$= (-420) \times (-1) \times (1+0.04)$$
$$= 437 \ （kWh）$$

改正接线后实际消耗电量

$$W_0' = 9800 - 9600 = 200 \ （kWh）$$

自上次计数到抄表期间实际消耗的电量

$$W_r = W_0 + W_0' = 437 + 200 = 637 \ （kWh）$$

答： W_r 为 637kWh。

Jb0008111060　某用户 TV 为 10/0.1，TA 为 200/5，电能表常数为 2500r/kWh，现场实测电压为 10kV、电流为 170A、cosφ=0.9。有功电能表在以上负荷时 5r 用 20 秒，请计算该电能表计量是否准确。（5 分）

考核知识点：电能表的计量

难易度：易

标准答案：

解：实测时瞬时负荷

$$p = \sqrt{3}UI\cos\varphi = \sqrt{3}\times10\times170\times0.9$$
$$= 2650 \text{（kW）}$$

该负荷时 5r 算定时间

$$T = \frac{5\times3600\times\dfrac{10}{0.1}\times\dfrac{200}{5}}{2500\times2650} = 10.88 \text{（秒）}$$

$$r = \frac{T-t}{t}\times100\% = \frac{10.88-20}{20}\times100\% = -45.7\%$$

答：该电能表误差达 −45.7%，计量不准确，要进行更换。

Jb0008112061　已知三相三线电能表接线错误，其接线形式为：A 相元件 $\dot{U}_{\text{UV}}$，$-\dot{I}_{\text{W}}$，C 相元件 $\dot{U}_{\text{CB}}$，$\dot{I}_{\text{A}}$，请写出两元件的功率 P_{A}、P_{C} 表达式和总功率 P' 表达式，并计算出更正系数 K（三相负载平衡，且正确接线时的功率表达式 $P=\sqrt{3}\,UI\cos\varphi$）。（5 分）

考核知识点：错误接线分析

难易度：中

标准答案：

解：按题意有

$$P_{\text{A}} = U_{\text{AB}}(-I_{\text{C}})\cos(90°+\varphi)$$
$$P_{\text{C}} = U_{\text{CB}}I_{\text{A}}\cos(90°+\varphi)$$

在三相对称电路中：$U_{\text{AB}}=U_{\text{CB}}=U$，$I_{\text{A}}=I_{\text{C}}=I$，则

$$P' = P_{\text{A}}+P_{\text{C}} = UI[\cos(90°+\varphi)+\cos(90°+\varphi)]$$
$$= -2UI\sin\psi$$

更正系数

$$K = \frac{P}{P'} = \frac{\sqrt{3}UI\cos\varphi}{-2UI\sin\varphi} = -\frac{\sqrt{3}}{2}\cot\varphi$$

答：更正系数 K 为 $-\dfrac{\sqrt{3}}{2}\cot\varphi$。

Jb0008112062　三相三线电能表接入 380/220V 三相四线制照明电路，各相负载分别为 P_{A}=4kW、P_{B}=2kW、P_{C}=4kW，该表记录了 6000kWh。推导出三相三线表接入三相四线制电路的附加误差 r 的公式，并求出 r 值及补退的电量 ΔW。（5 分）

考核知识点：误差及退补电量计算

难易度：中

标准答案：

解：计量功率为

$$P = U_{AB}I_A \cos 30° + U_{CB}I_C \cos 30°$$

$$= \sqrt{3}U_A I_A \frac{\sqrt{3}}{2} + \sqrt{3}U_C I_C \frac{\sqrt{3}}{2}$$

$$= 1.5(P_A + P_C)$$

附加误差为

$$r = \frac{1.5(P_A + P_C) - (P_A + P_B + P_C)}{P_U + P_V + P_W} \times 100\%$$

$$= \frac{1.5 \times (4+4) - (4+2+4)}{4+2+4} \times 100\%$$

$$= 20\%$$

因为多计，故应退电量

$$\Delta W = 6000 \times \left(\frac{1}{1+20\%} - 1\right) = 1000 \ （kWh）$$

答：$r = 20\%$，应退电量 ΔW 为 1000kWh。

Jb0008122063　有三台单相三绕组（一次侧一绕组，二次侧二绕组）电压互感器，画出接 Y0y0 开口三角形组别连接的接线图。（5 分）

考核知识点：Y0y0 开口三角形组别连接的接线图

难易度：中

标准答案：

答：如图 Jb0008122063 所示。

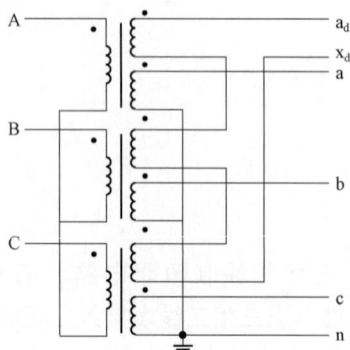

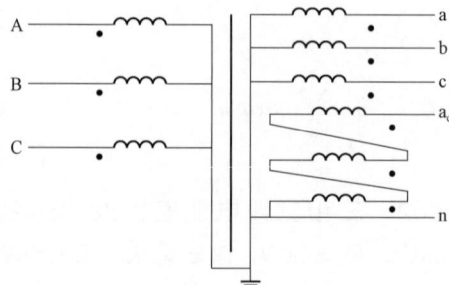

Jb0008122064　有一台三相五线柱电压互感器，按 Y0y0 开口三角形组别连接，画出其原理接线图。（5 分）

考核知识点：Y0y0 开口三角形组别原理接线图

难易度：中

标准答案：

答：如图 Jb0008122064 所示。

图 Jb0008122063　　　　　　　图 Jb0008122064

第十章 电能表修校工高级技师技能操作

Jc0003163001 评定 0.01S 级电流互感器标准装置检定 0.2S 级电流互感器测量结果的不确定度。（100分）

考核知识点： 评定 0.01S 级电流互感器标准装置检定 0.2S 级电流互感器测量结果的不确定度

难易度： 难

技能等级评价专业技能考核操作工作任务书

一、任务名称

评定 0.01S 级电流互感器标准装置检定 0.2S 级电流互感器测量结果的不确定度。

二、适用工种

电能表修校工高级技师。

三、具体任务

根据表 Jc0003163001（a）和表 Jc0003163001（b）所提供的数据，评定 0.01S 级电流互感器标准装置检定 0.2S 级电流互感器测量结果的不确定度，完成不确定度评定报告。

表 Jc0003163001（a）　　　　　　检定电流互感器测得的比差值　　　　　　　单位：%

次数	1	2	3	4	5	6	7	8	9	10
比差	−0.082	−0.100	−0.102	−0.095	−0.089	−0.108	−0.094	−0.100	−0.086	−0.092

表 Jc0003163001（b）　　　　　　检定电流互感器测得的角差值　　　　　　　单位：（′）

次数	1	2	3	4	5	6	7	8	9	10
角差	2.13	1.85	2.63	1.95	1.72	2.57	2.11	2.01	2.24	1.75

四、工作规范及要求

（1）评定 0.01S 级电流互感器标准装置检定 0.2S 级电流互感器（变比为 300A/5A）额定负载下额定电流 100%时的测量结果不确定度。

（2）测量标准：0.01S 级标准电流互感器（300A/5A）。

（3）被测对象：0.2S 级电流互感器（300A/5A）。

（4）测量依据：JJG 1021—2007《电力互感器》。

（5）评定依据：JJF 1059.1—2012《测量不确定度评定与表示》。

（6）环境条件：环境温度（−10～55）℃，相对湿度小于 95%。

（7）B 类评定主要来源：标准电流互感器误差引起的不确定度分项，正态分布；数据修约引入的不确定度分项，均匀分布。

（8）扩展不确定度取包含因子 $k = 2$。

五、现场提供材料及工器具

无。

六、考核及时间要求

本考核时间为 90 分钟，请按照任务要求完成操作和答题卡。

技能等级评价专业技能考核操作评分标准

工种		电能表修校工			评价等级	高级技师
项目模块		计量基础知识及专业实务		编号		Jc0003163001
单位			准考证号		姓名	
考试时限	90 分钟	题型		综合操作题	题分	100 分
成绩		考评员		考评组长	日期	

试题正文	评定 0.01S 级电流互感器标准装置检定 0.2S 级电流互感器测量结果的不确定度
需要说明的问题和要求	（1）要求 1 人完成。 （2）内容完整准确

序号	项目名称	质量要求	满分	扣分标准	扣分原因	得分
1	建立测量模型	比值误差、相位误差数学模型正确	10	建模时每缺一个变量，扣 5 分		
2	分析不确定度来源	分析不确定度来源正确	10	缺一个影响量，扣 2 分		
3	A 类不确定度评定采用贝塞尔公式法	分别评定测得的比值误差和相位误差重复性引起的不确定度分项	20	A 类评定结果不正确，每个扣 7 分；未正确计算自由度，每个扣 3 分		
4	B 类不确定度评定	分别评定标准电流互感器误差和数据修约引起的不确定度分项，采用 B 类评定方法	20	每项 B 类不确定度评定错误，扣 10 分		
5	确定合成不确定度和扩展不确定度	正确计算合成不确定度和扩展不确定度，并给出不确定度报告	30	合成不确定度计算错误，扣 10 分；扩展不确定度计算错误，扣 10 分；不确定度报告错误，扣 10 分		
6	量值符号的书写	正确书写量值符号和单位符号	10	量值符号和单位符号每一处不正确，扣 1 分		
	合计		100			

标准答案：

0.01S 级电流互感器标准装置检定 0.2S 级电流互感器测量结果的不确定度报告：

（1）数学模型。

1）比值差测量。

$$f_x = f_p$$

式中：f_x——被检电流互感器的比值差，%；

f_p——互感器校验仪上测得的比值差，%。

2）相位差测量。

$$\delta_x = \delta_p$$

式中：δ_x——被检电流互感器的相位差，（'）；

δ_{p}——互感器校验仪上测得的相位差，（'）。

（2）输入量的标准不确定度分量的来源。输入量 f_{p} 和 δ_{p} 的标准不确定度 $u(f_{\mathrm{p}})$ 和 $u(\delta_{\mathrm{p}})$ 主要来源有：

1）电流互感器的测量重复性引起的不确定度分项 $u_1(f_{\mathrm{p}})$ 和 $u_1(\delta_{\mathrm{p}})$，采用 A 类评定方法。

2）标准电流互感器误差引起的不确定度分项 $u_2(f_{\mathrm{p}})$ 和 $u_2(\delta_{\mathrm{p}})$，采用 B 类评定方法。

3）数据修约引入的不确定度分项 $u_3(f_{\mathrm{p}})$ 和 $u_3(\delta_{\mathrm{p}})$，采用 B 类评定方法。

（3）各输入量的标准不确定度分量的评定。

1）标准不确定度分项 $u_1(f_{\mathrm{p}})$ 和 $u_1(\delta_{\mathrm{p}})$ 的评定。

该不确定度分项可以通过连续测量得到测量列，采用 A 类方法进行评定。

根据已知条件：

$$u_1(f_{\mathrm{p}}) = S_i = \sqrt{\frac{1}{n-1}\sum_{i=1}^{n}(x_i-\overline{x})^2} = 0.007\,9\%，自由度\, \nu_1(f_{\mathrm{p}}) = 10-1 = 9。$$

$$u_1(\delta_{\mathrm{p}}) = S_i = \sqrt{\frac{1}{n-1}\sum_{i=1}^{n}\left(x_i-\overline{x}\right)^2} = 0.313'，自由度\, \nu_1(\delta_{\mathrm{p}}) = 10-1 = 9。$$

2）标准不确定度分项 $u_2(f_{\mathrm{p}})$ 和 $u_2(\delta_{\mathrm{p}})$ 的评定。该不确定度分项主要来源于标准电流互感器的最大允许误差。标准电流互感器比值差最大允许误差为 $\pm0.01\%$，相位差最大允许误差为 $\pm0.3'$，其半宽 $a_f = 0.01\%$，$a_\delta = 0.3'$，在此区间内可认为服从正态分布，包含因子 $k = 3$，则：

标准不确定度 $u_2(f_{\mathrm{p}}) = 0.01\%/3 = 0.003\,3\%$。

标准不确定度 $u_2(\delta_{\mathrm{p}}) = 0.3'/3 = 0.1'$。

3）标准不确定分量 $u_3(f_{\mathrm{p}})$ 和 $u_3(\delta_{\mathrm{p}})$ 项的评定。因为证书中给出的测量结果是化整后的测量结果，因此数据修约将产生不确定度，0.2S 级电流互感器的比值差化整间隔为 0.001%，相位差的化整间隔为 0.01'，则分散区间的半宽为 $a_f = 0.000\,5\%$，$a_\delta = 0.005'$，此区间服从均匀分布，包含因子 $k = \sqrt{3}$，则：

标准不确定度 $u_3(f_{\mathrm{p}}) = 0.000\,5\%/\sqrt{3} = 0.000\,3\%$。

标准不确定度 $u_3(\delta_{\mathrm{p}}) = 0.005'/\sqrt{3} = 0.003'$。

（4）合成标准不确定度及扩展不确定度的评定。

1）灵敏系数。

比值差的灵敏系数：

$$c = 1$$

相位差的灵敏系数：

$$c = 1$$

2）各输入量估计值彼此不相关，合成标准不确定度：

$$u_{\mathrm{c}} = \sqrt{\sum_{i=1}^{N}c_i^2 u^2(x_i)} = \sqrt{(0.007\,9\%)^2 + (0.003\,3\%)^2 + (0.000\,3\%)^2} = 0.008\,6\%$$

取包含因子 $k = 2$，则扩展不确定度：

$$U = k \times u_c = 2 \times 0.008\,6\% = 0.017\%$$

各输入量估计值彼此不相关，合成标准不确定度：

$$u_c = \sqrt{\sum_{i=1}^{N} c_i^2 u^2(x_i)} = \sqrt{0.313^2 + 0.1^2 + 0.003^2} = 0.328'$$

取包含因子 $k = 2$，则扩展不确定度：

$$U = k \times u_c = 2 \times 0.328' = 0.66'$$

（5）不确定度的报告。

0.01S 级电流互感器标准装置检定 0.2S 级电流互感器所得测量结果的扩展不确定度：

1）在 100%额定电流时比值差测量结果的扩展不确定度为：$U = 0.017\%$，$k = 2$。

2）在 100%额定电流时相位差测量结果的扩展不确定度为：$U = 0.66'$，$k = 2$。

Jc0005161002　0.2S 级三相四线经互感器接入式费控智能电能表的实验室检定。(100 分)

考核知识点：0.2S 级三相四线经互感器接入式费控智能电能表的实验室检定

难易度：易

技能等级评价专业技能考核操作工作任务书

一、任务名称

0.2S 级三相四线经互感器接入式费控智能电能表的实验室检定。

二、适用工种

电能表修校工高级技师。

三、具体任务

实验室检定 0.2S 级三相四线经互感器接入式费控智能电能表，完成方案制定、确定进行的试验项目及参数设定，完成正向有功、正向无功检定并将检定的误差值记录在给定的原始记录答题卡上。

四、工作规范及要求

（1）在提供的电能表检定装置上操作并遵守安全规定。

（2）依据相应的检定规程完成检定试验。

（3）仪表常数试验采用标准表法进行试验。

五、现场提供材料及工器具

（1）0.2S 级三相四线经互感器接入式费控智能电能表 1 只〔3×220V/380V、3×1.5（6）A、$C = 20\,000\text{imp/kWh}$〕。

（2）具备相应检定能力的人工电能表检定装置一台。

（3）不同规格螺丝刀。

（4）检定电能表所需电流、电压接线，脉冲线及 RS-485 通信线。

六、考核及时间要求

本考核时间为 90 分钟，请按照任务要求完成操作和答题卡。

答题卡：

电能表检定原始记录

1. 正向有功基本误差

⋮

平衡负载基本误差（%）									
负载电流	$\cos\varphi=1$			$\cos\varphi=0.5L$			$\cos\varphi=0.8C$		
	误差1	误差2	平均值	误差1	误差2	平均值	误差1	误差2	平均值
I_{max}									
$0.5I_{max}$									
I_n									
$0.2I_a$									
$0.1I_a$									
$0.05I_n$									
$0.02I_n$									
$0.01I_n$									

负载电流	$\cos\varphi=0.25L$			$\cos\varphi=0.5C$		
	误差1	误差2	平均值	误差1	误差2	平均值
I_{max}						
$0.2I_a$						
$0.1I_a$						

不平衡负载基本误差（%）									
负载电流	A 相			B 相			C 相		
	误差1	误差2	平均值	误差1	误差2	平均值	误差1	误差2	平均值
$\cos\theta=1$									
I_{max}									
I_n									
$0.1I_n$									
$0.05I_n$									
$\cos\theta=05L$									
I_{max}									
I_n									
$0.2I_n$									
$0.1I_n$									

负载电流 $I_n\cos\varphi/\cos\theta=1$ 不平衡负载与平衡负载时误差之差（%）					
A 相	/	B 相	/	C 相	/

⋮

2. 正向无功基本误差

平衡负载基本误差（%）									
负载电流	$\sin\theta=1$			$\sin\varphi=0.5L$			$\sin\varphi=0.5C$		
	误差1	误差2	平均值	误差1	误差2	平均值	误差1	误差2	平均值
I_{max}									
$0.5I_{max}$									
I_n									
$0.2I_n$									
$0.1I_n$									
$0.05I_n$									
$0.02I_n$									
$0.01I_n$									

第 1 页，共 2 页

续表

负载电流	$\sin\varphi=0.25L$			$\sin\varphi=0.5C$		
	误差1	误差2	平均值	误差1	误差2	平均值
I_n						
$0.2I_n$						
$0.1I_n$						
不平衡负载基本误差（%）						

负载电流	A 相			B 相			C 相		
	误差1	误差2	平均值	误差1	误差2	平均值	误差1	误差2	平均值
$\sin\theta=1$									
I_{max}									
I_n									
$0.1I_n$									
$0.05I_n$									
$\sin\theta=0.5L$									
I_{max}									
I_n									
$0.2I_n$									
$0.1I_n$									
$\sin\theta=0.5C$									
I_{max}									
I_n									
$0.2I_n$									
$0.1I_n$									

负载电流 $I_n \sin\varphi/\sin\theta=1$ 不平衡负载与平衡负载时误差之差（%）					
A 相	/	B 相	/	C 相	/

⋮

检定员：　　　　　　　　核验员：

<u>　　以下空白　　</u>

技能等级评价专业技能考核操作评分标准

工种	电能表修校工		评价等级	高级技师
项目模块	计量检定	编号	Jc0005161002	
单位		准考证号		姓名
考试时限	90分钟	题型	单项操作	题分	100分
成绩		考评员		考评组长		日期

试题正文	0.2S级三相四线经互感器接入式费控智能电能表的实验室检定
需要说明的问题和要求	（1）要求1人完成。 （2）在提供的电能表检定装置上操作并遵守安全规定。 （3）针对给定类型电能表，利用给定电能表人工检定装置进行检定，检定过程符合相关规程技术要求

序号	项目名称	质量要求	满分	扣分标准	扣分原因	得分
1	试验准备	（1）正确启动检定装置，记录实验室检定温、湿度等环境参数。 （2）正确挂接电能表。 （3）着装规范符合要求	2	未达到要求或给出说明，扣2分； 未提及或未完整叙述预热要求，扣2分； 该项最多扣2分，分数扣完为止		
2	外观检查	口述试验内容	3	未叙述正确完整，扣3分		
3	交流电压试验	口述试验内容	3	试验方法或试验要求叙述错误，每处扣1分，最多扣3分		
4	潜动试验	（1）设置的参数符合相应检定规程该项试验项目技术要求。 （2）装置操作正确。 （3）对试验结果正确判断	10	未正确设置参数，扣3分； 装置操作不正确，扣3分； 试验结果判断错误，扣4分		
5	起动试验	（1）设置的参数符合相应检定规程该项试验项目技术要求。 （2）装置操作正确。 （3）对试验结果正确判断	10	未正确设置参数，扣5分； 装置操作不正确，扣5分； 试验结果判断错误，扣5分； 该项最多扣10分，分数扣完为止		
6	基本误差	（1）设置的参数符合相应检定规程该项试验项目技术要求。 （2）装置操作正确。 （3）对试验结果正确判断。 （4）原始记录答题卡中记录完整规范	20	未正确设置参数，扣5分； 装置操作不正确，扣5分； 试验结果判断错误，扣5分； 少给或错给出一个负载点，扣5分，扣完为止； 试验点顺序不正确，每次扣5分； 少记、涂改、记录错误、伪造数据，每处扣2分； 该项最多扣20分，分数扣完为止		
7	仪表常数试验	（1）设置的参数符合相应检定规程该项试验项目技术要求。 （2）装置操作正确。 （3）对试验结果正确判断	10	未正确设置参数，扣5分； 装置操作不正确，扣5分； 试验结果判断错误，扣5分； 该项最多扣10分，分数扣完为止		
8	时钟日计时误差	（1）设置的参数符合相应检定规程该项试验项目技术要求。 （2）装置操作正确。 （3）对试验结果正确判断	10	未正确设置参数，扣5分； 装置操作不正确，扣5分； 试验结果判断错误，扣5分； 该项最多扣10分，分数扣完为止		
9	时钟示值误差	（1）设置的参数符合相应检定规程该项试验项目技术要求。 （2）装置操作正确。 （3）对试验结果正确判断	10	未正确设置参数，扣5分； 装置操作不正确，扣5分； 试验结果判断错误，扣5分； 该项最多扣10分，分数扣完为止		
10	电能表示值的组合误差	（1）设置的参数符合相应检定规程该项试验项目技术要求。 （2）装置操作正确。 （3）对试验结果正确判断	10	未正确设置参数，扣5分； 装置操作不正确，扣5分； 试验结果判断错误，扣5分； 该项最多扣10分，分数扣完为止		

续表

序号	项目名称	质量要求	满分	扣分标准	扣分原因	得分
11	需量示值误差试验	（1）设置的参数符合相应检定规程该项试验项目技术要求。 （2）装置操作正确。 （3）对试验结果正确判断	10	未正确设置参数，扣 5 分； 装置操作不正确，扣 5 分； 试验结果判断错误，扣 5 分； 该项最多扣 10 分，分数扣完为止		
12	试验结束	检定结束后，完成取表，清理打扫现场	2	未达到要求，扣 2 分		
	合计		100			

标准答案：

（1）试验准备。由给出的类型电能表，分别依据 JJG 596—2012《电子式交流电能表》、JJG 691—2014《多费率交流电能表》、JJG 569—2014《最大需量电能表》进行实验室检定。

根据相关标准确定需要进行检定的试验项目包括外观检查、交流电压试验、潜动试验、起动试验、基本误差、仪表常数试验、时钟日计时误差、时钟示值误差、电能表示值组合误差、需量示值误差。

正确记录检定条件，包括环境温度、相对湿度，在检定基本误差前进行预热等，见表 Jc0005161002（a）。

表 Jc0005161002（a） 　　　　　　**检 定 项 目 一 览 表**

检定项目	首次检定	后续检定
外观检查	+	+
交流电压试验	+	−
潜动试验	+	+
起动试验	+	+
基本误差	+	+
仪表常数试验	+	+
时钟日计时误差	+	+
时钟示值误差[①]	+	+
电能表示值组合误差	+	−
需量示值误差	+	+

注 　符号"+"表示需要检定，符号"−"表示不需要检定。

① 本表格适用于表内具有计时功能的电能表。

（2）外观检查。有下列缺陷之一的电能表判定为外观不合格：

1）标志不符合 5.1（JJG 596—2012《电子式交流电能表》中条款）的要求。

2）铭牌字迹不清楚，或经过日照后已无法辨别，影响到日后的读数或计量检定。

3）内部有杂物。

4）液晶或数码显示器缺少笔画、断码，指示灯不亮等现象。

5）表壳损坏，视窗模糊和固定不牢或破裂。

6）电能表基本功能不正常。

7）封印破坏。

（3）交流电压试验。对首次检定的电能表进行 50Hz 或 60Hz 的交流电压试验。

1）所有的电流线路和电压线路以及参比电压超过 40V 的辅助线路连接在一起为一点，另一点是地，试验电压施加于该两点间；对于互感器接入式的电能表，应增加不相连接的电压线路与电流线路间的试验［见表 Jc0005161002（b）］。

2）试验电压应在（5～10）秒由 0 升到规定值，保持 1 分钟，随后以同样速度将试验电压降到 0。试验中，电能表不应出现闪络、破坏性放电或击穿；试验后，电能表无机械性损坏，电能表能正确工作。

表 Jc0005161002（b） 交 流 电 压 试 验

试验电压（方均根）		试验电压施加点
Ⅰ类防护 电能表（kV）	Ⅱ类防护 电能表（kV）	
2	4	所有的电流线路和电压线路以及参比电压超过 40V 的辅助线路连接在一起为一点，另一点是地，试验电压施加于该两点间
2	4	在工作中不连接的线路之间

（4）潜动试验。由 JJG 596—2012《电子式交流电能表》中 6.4.3 "试验时，电流线路施加电压为参比电压的 115%，$\cos\varphi(\sin\varphi)=1$，测试输出单元所发出脉冲不应多于 1 个"。潜动试验最短试验时间 Δt 见下式。

0.2S 级表：

$$\Delta t \geqslant \frac{900\times10^6}{CmU_nI_{max}}（分钟）$$

0.5S 级、1 级表：

$$\Delta t \geqslant \frac{600\times10^6}{CmU_nI_{max}}（分钟）$$

2 级表：

$$\Delta t \geqslant \frac{480\times10^6}{CmU_nI_{max}}（分钟）$$

式中：C——电能表输出单元发出的脉冲数，imp/kWh 或 imp/kvarh；

U_n——参比电压，V；

I_{max}——参比电流，A；

m——系数，对单相电能表，$m=1$；对三相四线电能表，$m=3$；对三相四线电能表，$m=\sqrt{3}$。

由给出的 0.2S 级三相四线经互感器接入式费控智能电能表［3×220V/380V、3×1.5（6）A、$C=20\,000$imp/kWh］，$U_n=220$V，$I_{max}=6$A，$m=3$，得

$$\Delta t \geqslant \frac{900\times10^6}{CmU_nI_{max}}=\frac{900\times10^6}{20\,000\times3\times220\times6}=11.36（分钟）$$

（5）起动试验。由 JJG 596—2012《电子式交流电能表》中 6.4.4 "在电压线路加参比电压 U_n 和 $\cos\varphi(\sin\varphi)=1$ 的条件下，电流线路的电流升到规定的起动电流 $I_Q(0.001I_n)$ 后，电能表在起动时限 t_Q 应能起动并连续记录。时限按下式确定"。

$$\Delta t \leqslant 1.2\times\frac{60\times1000}{CmU_nI_Q}（分钟）$$

式中：I_Q——起动电流，A。

由给出的 0.2S 级三相四线经互感器接入式费控智能电能表［$3\times220V/380V$、3×1.5（6）A、$C=20\,000imp/kWh$］，$U_n=220V$，$m=3$。由表 3 得 $I_Q=0.001I_n=0.001\times1.5=0.001\,5$（A）。

$$\Delta t\leqslant1.2\times\frac{60\times1000}{CmU_nI_Q}=1.2\times\frac{60\times1000}{20\,000\times3\times220\times0.0015}=3.03（分钟）$$

（6）基本误差。由 JJG 596—2012《电子式交流电能表》中 6.4.5.1 "在参比频率和参比电压下，通常按照规定调定负载点。在不同功率因数下，按负载电流逐次减小的顺序测量基本误差。根据需要，允许增加误差测量点"。

由给出的 0.2S 级三相四线经互感器接入式费控智能电能表［$3\times220V/380V$、3×1.5（6）A、$C=20\,000imp/kWh$］，应检定的负载点如下。

合元正向（反向）有功：I_{max}、$\cos\varphi=$［1.0、0.5L、0.8C］；I_n、$\cos\varphi=$［1.0、0.5L、0.8C］；$0.1I_n$、$\cos\varphi=$［0.5L、0.8C］；$0.05I_n$、$\cos\varphi=1.0$；$0.02I_n$、$\cos\varphi=$［0.5L、0.8C］；$0.1I_n$、$\cos\varphi=1$；

分元 A 相正向（反向）有功：I_{max}、$\cos\varphi=$［1.0、0.5L］；I_n、$\cos\varphi=$［1.0、0.5L］；$0.1I_n$、$\cos\varphi=0.5L$；$0.05I_n$、$\cos\varphi=1.0$；

分元 B 相正向（反向）有功：I_{max}、$\cos\varphi=$［1.0、0.5L］；I_n、$\cos\varphi=$［1.0、0.5L］；$0.1I_n$、$\cos\varphi=0.5L$；$0.05I_n$、$\cos\varphi=1.0$；

分元 C 相正向（反向）有功：I_{max}、$\cos\varphi=$［1.0、0.5L］；I_n、$\cos\varphi=$［1.0、0.5L］；$0.1I_n$、$\cos\varphi=0.5L$；$0.05I_n$、$\cos\varphi=1.0$；

合元正向（反向）无功：I_{max}、$\cos\varphi=$［1.0、0.5L］；I_n、$\cos\varphi=$［1.0、0.5L］；$0.1I_n$、$\cos\varphi=0.5L$；$0.05I_n$、$\cos\varphi=$［1.0、0.5L］；$0.02I_n$、$\cos\varphi=1$；

分元 A 相正向（反向）有功：I_{max}、$\cos\varphi=$［1.0、0.5L］；I_n、$\cos\varphi=$［1.0、0.5L］；$0.1I_n$、$\cos\varphi=0.5L$；$0.05I_n$、$\cos\varphi=1.0$；

分元 B 相正向（反向）有功：I_{max}、$\cos\varphi=$［1.0、0.5L］；I_n、$\cos\varphi=$［1.0、0.5L］；$0.1I_n$、$\cos\varphi=0.5L$；$0.05I_n$、$\cos\varphi=1.0$；

分元 C 相正向（反向）有功：I_{max}、$\cos\varphi=$［1.0、0.5L］；I_n、$\cos\varphi=$［1.0、0.5L］；$0.1I_n$、$\cos\varphi=0.5L$；$0.05I_n$、$\cos\varphi=1.0$。

（7）仪表常数试验。对标志完全相同的一批被检电能表，可用一台标准电能表校核常数。将各被检表与标准表的同相电流线路串联，电压线路并联，在参比电压和最大电流及 $\cos\varphi(\sin\varphi)=1$ 的条件下，运行一段时间。停止运行后，按下式计算每个被检表的误差 γ，要求 γ 不超过基本误差限。

$$\gamma=\frac{W'-W}{W}\times100+\gamma_O（\%）$$

式中：γ_O——标准表的已定系统误差，不需修正时 $\gamma_O=0$；

W'——每台被检电能表停止运行与运行前示值之差，kWh；

W——标准电能表显示的电能值（换算位 kWh）。

在此，要使标准表与被检电能表同步运行，运行的时间要足够长，以使得被检电能表计度器末位一字（或最小分格）代表的电能值与所记的 W' 之比（\%）不大于被检电能表等级指数的 1/10。

（8）时钟日计时误差。根据 JJG 596—2012《电子式交流电能表》中 6.4.7：测定时钟日计时误差：电压线路（或辅助电源线路）施加参比电压 1 小时后，用标准时钟测试仪测电能表时基频率输出，连续测试 5 次，每次测量时间为 1 分钟，取其算数平均值，试验结果应满足该标准中 4.5 对具有计时功能的电能表，在参比条件下，其内部时钟日计时误差限为 ±0.5 秒 / d。

（9）时钟示值误差。根据 JJG 691—2014《多费率交流电能表》中 6.4.8：多费率显示日期应准确，多费率表和标准时钟测试仪同时加参比电压，记录其指示时间，按下式计算多费率表时钟示值误差 ΔT，即：

$$\Delta T = T' - T$$

式中：T——标准时钟测试仪的显示时刻，秒；

T'——被检多费率表的显示时刻，秒。

测量时钟示值误差 ΔT，试验结果应满足 JJG 691—2014《多费率交流电能表》4.8：时钟示值误差：首次检定时，在参比条件下，设定多费率表的时间后，多费率表的时间显示与国家授时中心标准时间（北京时间）指示的误差应优于 5 秒；后续检定时，在参比条件下，多费率表的时钟示值误差应优于 10 分钟。

（10）电能表示值组合误差。对首次检定的多费率表要进行电能示值的组合误差试验。

1）对多费率表费率时段有编制权限时，可采用以下方法进行试验。

将被检多费率表的各费率时段按（15～60）分钟任意交替编制，费率时段切换不少于 5 次，使该表的运行时间不少于 4 小时或其总计度器记录的电能增量不少于（200×10^{-a}）kWh（kvarh），各费率计度器记录的电能增量不少于（1×10^{-a}）kWh（kvarh）。其中，a 为总计度器的小数位数。

读取总电能和各费率计度器的电能示值（初始）。试验时，在多费率电压线路加参比电压，电流线路加负载电流 $I_b(I_n)$ 或 I_{max}，$\cos\varphi = 1.0$（无功 $\sin\varphi = 1.0$）的条件下，再次读取总电能和各费率计度器的电能示值，计算出总电能增量和各费率时段的电能增量，实验结果满足下述要求。

对于带电子计度器的电子式多费率表，也可采用 JJG 596—2012《电子式交流电能表》中附录 D 方法进行试验。

2）对多费率表不具有费率时段编制权限时，可采用以下方法进行试验。

读取总电能和各费率计度器的电能（初始）示值后，在电压线路加参比电压，电流线路加负载电流 $I_b(I_n)$ 或 I_{max} 功率因素为 1 的条件下，被检多费率表在默认费率时段和各费率时段的电能增量，实验结果满足下述要求。

根据 JJG 691—2014《多费率交流电能表》中 4.9.1 电子计度器"参比条件下，各费率时段电能示值（增量）的组合误差应符合下式的规定"：

$$\left| \Delta W_D - (\Delta W_{D1} + \Delta W_{D2} + \cdots + \Delta W_{Dn}) \right| \leqslant (n-1) \times 10^{-a}$$

式中：ΔW_D——试验时间内，总计度器电能增量，kWh 或 kvarh；

ΔW_{D1}，ΔW_{D2}，$\cdots$，ΔW_{Dn}——试验时间内，费率 1，2，$\cdots$，n 对应的各费率计度器的电能增量，kWh 或 kvarh；

n——费率数；

a——总计度器的小数位数。

（11）需量示值误差试验。试验开始前将需量表需量清零，并将需量表的需量周期设置为 15 分钟，滑差时间设置为 1 分钟。

在参比电压、参比频率、$\cos\varphi = 1$ 条件下，$0.1(I_b)0.1I_n$、$(I_b)I_n$、I_{max} 负载点分别测量需量测量准确度。

需量示值误差限应满足下式的规定：

$$\delta_P = \pm \left| X + \frac{0.05 P_n}{P} \right| \times 100\%$$

式中：δ_P——需量表的需量示值误差限，%；

X——需量表的等级；

P_n——需量表的额定功率，kW；

P——测量负载点功率，kW。

（12）试验结束。检定结束后，完成取表，清理打扫现场。

Jc0005163003 评定 0.1 级单相电能表标准检定 2 级单相电能表测量结果的不确定度。（100 分）

考核知识点： 评定安装式单相电能表测量结果的不确定度方法

难易度： 难

技能等级评价专业技能考核操作工作任务书

一、任务名称

评定 0.1 级单相电能表标准检定 2 级单相电能表测量结果的不确定度。

二、适用工种

电能表修校工高级技师。

三、具体任务

根据表 Jc0005163003（a）给出的条件分析确定 0.1 级单相电能表标准检定 2 级单相电能表测量结果的不确定度，将分析过程及结果填写在答题卡上。

表 Jc0005163003（a）　　　　　　　被检电能表测得的误差　　　　　　　单位：%

次数 被测表	1	2	3	4	5	6	7	8	9	10	S_i
$\cos\varphi=1.0$											
1	0.068 4	0.068 4	0.063 4	0.070 0	0.065 0	0.065 0	0.075 1	0.081 7	0.071 5	0.069 4	0.005 4
2	0.100 1	0.100 1	0.095 4	0.098 4	0.098 4	0.101 8	0.101 8	0.100 1	0.110 1	0.115 1	0.006 0
3	0.060 0	0.060 0	0.053 4	0.053 4	0.051 7	0.051 7	0.066 7	0.066 7	0.068 4	0.068 4	0.007 1
$\cos\varphi=0.5L$											
1	0.103 4	0.094 5	0.089 0	0.096 8	0.106 8	0.096 8	0.103 4	0.106 8	0.106 8	0.096 8	0.006 2
2	0.070 0	0.076 7	0.070 0	0.076 7	0.076 7	0.083 4	0.072 3	0.072 3	0.066 7	0.066 7	0.005 2
3	0.090 1	0.076 7	0.086 7	0.086 7	0.083 4	0.083 4	0.094 5	0.093 4	0.093 4	0.086 7	0.005 6

四、工作规范及要求

（1）评定 0.1 级单相电能表标准装置检定 2 级单相电能表的测量结果不确定度。

（2）测量标准：单相电能表标准装置。准确度为 0.1 级；电压 220V，电流（0.01～100）A，功率因数 0.5L、1.0。

（3）被测对象：对 3 只 2 级单相电能表，使用 0.1 级单相电能表标准装置，在电压 220V，电流 5A，功率因数 $\cos\varphi=1.0$ 和 $\cos\varphi=0.5L$ 下进行测试，在重复性条件下连续独立测量次数 n 为 10 次，得到 3 组测量数据。

（4）测量依据：JJG 596—2012《电子式交流电能表》。

（5）评定依据：JJF 1059.1—2012《测量不确定度评定与表示》。

（6）环境条件：环境温度为（21～25）℃，相对湿度为 35%～65%。

（7）B 类不确定度的主要来源：标准电压互感器误差引起的不确定度分项，正态分布；数据修约引入的不确定度分项，均匀分布。

（8）扩展不确定度取包含因子 $k=2$。

五、现场提供材料及工器具

无。

六、考核及时间要求

本考核时间为 90 分钟，请按照任务要求完成操作和答题卡。

技能等级评价专业技能考核操作评分标准

工种	电能表修校工		评价等级	高级技师
项目模块	计量检定	编号		Jc0005163003
单位		准考证号	姓名	
考试时限	90 分钟	题型	单项操作	题分	100 分
成绩		考评员	考评组长	日期	
试题正文	评定 0.1 级单相电能表标准检定 2 级单相电能表测量结果的不确定度			
需要说明的问题和要求	（1）要求 1 人完成。 （2）按照相关要求填写			

序号	项目名称	质量要求	满分	扣分标准	扣分原因	得分
1	建立测量模型	比值误差、相位误差数学模型正确	10	建模，每缺一个变量扣 5 分		
2	分析不确定度来源	分析不确定度来源正确	20	缺一个影响量，扣 3 分		
3	A 类不确定度评定采用贝塞尔公式法	分别评定测得的比值误差和相位误差重复性引起的不确定度分项	20	未正确计算 s 值，扣 5 分； 未正确计算自由度，扣 3 分； A 类评定结果不正确，扣 12 分		
4	B 类不确定度评定	分别评定标准电压互感器误差和数据修约引起的不确定度分项，采用 B 类评定方法	20	每项 B 类不确定度评定错误，扣 10 分		
5	确定合成不确定度和扩展不确定度	正确计算合成不确定度和扩展不确定度，并给出不确定度报告	30	合成不确定度计算错误，扣 10 分； 扩展不确定度计算错误，扣 10 分； 不确定度报告错误，扣 10 分		
	合计		100			

标准答案：

（1）建立测量模型。

$$\gamma_x = \frac{1}{2}(\gamma'_1 + \gamma'_2) = \gamma_0$$

式中：γ_x ——被检电能表的相对误差，%；

γ'_1 ——标准装置测得的第一个误差值，%；

γ'_2 ——标准装置测得的第二个误差值，%；

γ_0 ——标准装置测得的被检电能表实测误差值，%。

（2）分析不确定度来源。

1）在重复性条件下被测电能表和标准装置的测量重复性引起的不确定度分项 $u_1(\gamma_0)$，采用 A 类评定方法，并采用合并样本标准差。

2）标准装置误差引起的不确定度分项 $u_2(\gamma_0)$，采用 B 类评定方法。

3）数据修约引入的不确定度分项 $u_3(\gamma_0)$，采用 B 类评定方法。

4）标准装置的功率稳定性按规程规定的数值，在测量不确定度评定中完全可以忽略。磁场影响等引起的不确定度已经包含在重复性引起的标准不确定度分项中，故不另做分析评定。

（3）各输入量的标准不确定度分量的评定。

1）标准不确定度分项 $u_1(\gamma_0)$ 的评定。

该不确定度分项可以通过连续测量得到测量列，采用 A 类方法进行评定。

对 3 只 2 级单相电能表，使用 0.1 级单相电能表标准装置，在电压 220V，电流 5A，功率因数 $\cos\varphi = 1.0$ 和 $\cos\varphi = 0.5L$ 下进行测试，在重复性条件下连续独立测量次数 n 为 10 次，得到 3 组测量数据，实测误差见表 Jc0005163003（b）（$\cos\varphi = 1.0$）和表 Jc0005163003（c）（$\cos\varphi = 0.5L$）。合成样本标准差按 $S_p = \sqrt{\dfrac{1}{m}\sum\limits_{i=1}^{m}S_i^2}$ 计算。

表 Jc0005163003（b）　　　被检电能表测得的误差（$\cos\varphi = 1.0$）　　　单位：%

次数 被测表	1	2	3	4	5	6	7	8	9	10	S_i
1	0.068 4	0.068 4	0.063 4	0.070 0	0.065 0	0.065 0	0.075 1	0.081 7	0.071 5	0.069 4	0.005 4
2	0.100 1	0.100 1	0.095 4	0.098 4	0.098 4	0.101 8	0.101 8	0.100 1	0.110 1	0.115 1	0.006 0
3	0.060 0	0.060 0	0.053 4	0.053 4	0.051 7	0.051 7	0.066 7	0.066 7	0.068 4	0.068 4	0.007 1

$$S_p' = 0.006\ 2$$

$$u_1(\gamma') = S_p' = \sqrt{\frac{1}{m}\sum_{i=1}^{m}S_i^2} = 0.006\ 2\%，\text{自由度}$$

$$\nu_1(\gamma_0') = m(n-1) = 3\times(10-1) = 27$$

测量结果为连续两次测得值的算术平均值，因而

$$u_1(\gamma_0) = S_p'/\sqrt{n'} = 0.006\ 2\%/\sqrt{2} = 0.004\ 4\%，\text{自由度}$$

$$\nu_1(\gamma_0) = m(n-1) = 3\times(10-1) = 27$$

表 Jc0005163003（c）　　　被检电能表测得的误差（$\cos\varphi = 0.5L$）　　　单位：%

次数 样表	1	2	3	4	5	6	7	8	9	10	S_i
1	0.103 4	0.094 5	0.089 0	0.096 8	0.106 8	0.096 8	0.103 4	0.106 8	0.106 8	0.096 8	0.006 2
2	0.070 0	0.076 7	0.070 0	0.076 7	0.076 7	0.083 4	0.072 3	0.072 3	0.066 7	0.066 7	0.005 2
3	0.090 1	0.076 7	0.086 7	0.086 7	0.083 4	0.083 4	0.094 5	0.093 4	0.093 4	0.086 7	0.005 6

$$S_p' = 0.005\ 7$$

$$u_1(\gamma') = S_p' = \sqrt{\frac{1}{m}\sum_{i=1}^{m}S_i^2} = 0.005\ 7\%$$

自由度：

$$\nu_1(\gamma_0') = m(n-1) = 3\times(10-1) = 27$$

测量结果为连续两次测得值的算术平均值，因而

$$u_1(\gamma_0) = S_p'/\sqrt{n'} = 0.005\ 7\%/\sqrt{2} = 0.004\ 0\%$$

自由度：

$$\nu_1(\gamma_0) = m(n-1) = 3 \times (10-1) = 27$$

2）标准不确定度分项 $u_2(\gamma_0)$ 的评定。

该不确定度分项主要来源于电能表标准装置的最大允许误差。电能表标准装置经上级检定合格，$\cos\varphi = 1.0$ 时，最大允许误差为 $\pm 0.1\%$，其半宽 $a_f = 0.1\%$；其 $\cos\varphi = 0.5L$ 时，最大允许误差为 $\pm 0.15\%$，其半宽 $a_f = 0.15\%$，在此区间内可认为服从正态分布，包含因子 $k = 3$，则

$\cos\varphi = 1.0$ 时，标准不确定度 $u_2(\gamma_0) = 0.1\%/3 = 0.0333\%$，估计 $\Delta u_2(\gamma_0)/u_2(\gamma_0) = 0.1$，其自由度 $\nu_2(\gamma_0) = 50$。

$\cos\varphi = 0.5L$ 时，标准不确定度 $u_2(\gamma_0) = 0.15\%/3 = 0.05\%$，估计 $\Delta u_2(\gamma_0)/u_2(\gamma_0) = 0.1$，其自由度 $\nu_2(\gamma_0) = 50$。

3）不确定度分项 $u_3(\gamma_0)$ 项的评定。

因为证书中给出的测量结果是化整后的测量结果，因此数据修约将产生不确定度，2 级电能表误差化整间隔为 0.2%，则分散区间的半宽为 $a_f = 0.1\%$，此区间服从均匀分布，包含因子 $k = \sqrt{3}$，则

$\cos\varphi = 1.0$ 时，标准不确定度 $u_3(\gamma_0) = 0.1\%/\sqrt{3} = 0.0578\%$，其自由度 $\nu_3(\gamma_0) = \infty$。

$\cos\varphi = 0.5L$ 时，标准不确定度 $u_3(\gamma_0) = 0.1\%/\sqrt{3} = 0.0578\%$，其自由度 $\nu_3(\gamma_0) = \infty$。

（4）确定合成不确定度和扩展不确定度。

1）灵敏系数。误差值测量数学模型：

$$\gamma_x = \gamma_0$$

灵敏系数：

$$c = \partial\gamma_x / \partial\gamma_0 = 1$$

2）各不确定度分量汇总及计算。误差测量结果的各不确定度分量汇总见表 Jc0005163003（d）（$\cos\varphi = 1.0$）及表 Jc0005163003（e）（$\cos\varphi = 0.5L$），各输入量估计值彼此不相关，合成标准不确定度计算公式为

$$u_c = \sqrt{\sum_{i=1}^{N} c_i^2 u^2(x_t)}$$

表 Jc0005163003（d） 相对不确定度分量汇总及相对扩展不确定度计算表格（$\cos\varphi = 1.0$）

序号	不确定度来源	a_i	k_i	$u(x_i)$	c_i	$c_i u(x_i)$	ν_i
1	电能表标准装置的最大允许误差	0.1%	3	0.0333%	1	0.0333%	50
2	被检表误差化整产生的不确定度	0.1%	1.73	0.0578%	1	0.0578%	∞
3	测量结果的重复性	/	/	0.0062%	1	0.0062%	27
			$u_c = 0.0670\%$				
			$U = 0.14\%$，$k = 2$				

各输入量估计值彼此不相关，合成标准不确定度：

$$u_c = \sqrt{\sum_{i=1}^{N} c_i^2 u^2(x_t)} = \sqrt{(0.0333\%)^2 + (0.0578\%)^2 + (0.0062\%)^2} = 0.0670\%$$

取包含因子 $k = 2$，则扩展不确定度为

$$U = k \times u_c = 2 \times 0.067\,0\% = 0.14\%$$

表 Jc0005163003（e）　　　相对不确定度分量汇总及相对扩展不确定度
计算表格（$\cos\varphi = 0.5L$）

序号	不确定度来源	a_i	k_i	$u(x_i)$	c_i	$c_i u(x_i)$	v_i
1	电能表标准装置的最大允许误差	0.15%	3	0.050 0%	1	0.050 0%	50
2	被检表误差化整产生的不确定度	0.1%	1.73	0.057 8%	1	0.057 8%	∞
3	测量结果的重复性	/	/	0.005 7%	1	0.005 7%	27
				$u_c = 0.076\,6\%$			
				$U = 0.16\%$，$k = 2$			

各输入量估计值彼此不相关，合成标准不确定度：

$$u_c = \sqrt{\sum_{i=1}^{N} c_i^2 u^2(x_t)} = \sqrt{(0.050\,0\%)^2 + (0.057\,8\%)^2 + (0.005\,7\%)^2} = 0.076\,6\%$$

取包含因子 $k = 2$，则扩展不确定度为

$$U = k \times u_c = 2 \times 0.076\,6\% = 0.16\%$$

（5）不确定度的报告。0.1 级单相电能表标准装置检定 2 级电能表所得测量结果的扩展不确定度：

1）在功率因数 $\cos\varphi = 1.0$ 时，电能误差测量结果的扩展不确定度为：$U = 0.14\%$，$k = 2$；

2）在功率因数 $\cos\varphi = 0.5L$ 时，电能误差测量结果的扩展不确定度为：$U = 0.16\%$，$k = 2$。

Jc0005163004　评定 0.05 级三相电能表标准装置检定 0.2S 级三相电能表测量结果的不确定度。（100 分）

考核知识点： 评定安装式 0.2S 级三相电能表测量结果的不确定度

难易度： 难

技能等级评价专业技能考核操作工作任务书

一、任务名称

评定 0.05 级三相电能表标准装置检定 0.2S 级三相电能表测量结果的不确定度。

二、适用工种

电能表修校工高级技师。

三、具体任务

根据表 Jc0005163004（a）给出的条件分析确定 0.05 级三相电能表标准装置检定 0.2S 级三相电能表测量结果的不确定度，将分析过程及结果填写在答题卡上。

表 Jc0005163004（a）　　　　　被检电能表测得的误差　　　　　单位：%

次数 / 被测表	1	2	3	4	5	6	7	8	9	10	S_i
					$\cos\varphi = 1.0$						
1	0.016 1	0.016 1	0.017 9	0.017 9	0.016 1	0.016 1	0.017 9	0.016 1	0.016 1	0.017 3	0.000 9
2	0.003 6	0.003 6	0.003 6	0.001 8	0.001 8	0.005 4	0.003 6	0.003 6	0.003 6	0.003 6	0.001 0
3	−0.021 4	−0.021 4	−0.023 2	−0.023 2	−0.021 4	−0.021 4	−0.023 2	−0.023 2	−0.021 4	−0.021 4	0.000 9
					$\cos\varphi = 0.5L$						
1	0.041 1	0.041 1	0.042 7	0.042 7	0.042 7	0.041 1	0.041 1	0.042 7	0.042 7	0.042 7	0.000 8
2	0.032 2	0.030 4	0.030 4	0.030 4	0.028 6	0.028 6	0.028 6	0.030 4	0.030 4	0.030 4	0.001 1
3	0.007 1	0.008 9	0.007 1	0.007 1	0.007 1	0.008 9	0.008 9	0.008 9	0.007 1	0.007 1	0.000 9

四、工作规范及要求

（1）评定 0.05 级三相电能表标准装置检定 0.2S 级三相电能表测量结果的不确定度。

（2）测量标准：三相电能表标准装置。准确度为 0.05 级；电压 $3 \times (57.7 \sim 380)$ V，电流 $3 \times (0.01 \sim 100)$ A，功率因数 0.5L、1.0。

（3）被测对象：对 3 只 0.2S 级三相四线电能表，使用 0.05 级三相电能表标准装置，在电压 3×57.7V，电流 3×1.5A，功率因数 $\cos\varphi = 1.0$ 和 $\cos\varphi = 0.5$L 下进行测试，在重复性条件下连续独立测量次数 n 为 10 次，得到 3 组测量数据。

（4）测量依据：JJG 596—2012《电子式交流电能表》。

（5）评定依据：JJF 1059.1—2012《测量不确定度评定与表示》。

（6）环境条件：环境温度为（21～25）℃，相对湿度为 35%～65%。

（7）B 类不确定度的主要来源：标准电压互感器误差引起的不确定度分项，正态分布；数据修约引入的不确定度分项，均匀分布。

（8）扩展不确定度取包含因子 $k = 2$。

五、现场提供材料及工器具

无。

六、考核及时间要求

本考核完成时间为 90 分钟，请按照任务要求完成操作和答题卡。

技能等级评价专业技能考核操作评分标准

工种	电能表修校工			评价等级	高级技师
项目模块	计量检定		编号		Jc0005163004
单位		准考证号		姓名	
考试时限	90 分钟	题型	单项操作	题分	100 分
成绩		考评员		考评组长	日期
试题正文	评定 0.05 级三相电能表标准装置检定 0.2S 级三相电能表测量结果的不确定度				
需要说明的问题和要求	（1）要求 1 人完成。 （2）按照相关要求填写				

序号	项目名称	质量要求	满分	扣分标准	扣分原因	得分
1	建立测量模型	比值误差、相位误差数学模型正确	10	建模，每缺一个变量扣 5 分		
2	分析不确定度来源	分析不确定度来源正确	20	缺一个影响量，扣 3 分； 该项最多扣 20 分，分数扣完为止		
3	A 类不确定度评定采用贝塞尔公式法	分别评定测得的比值误差和相位误差重复性引起的不确定度分项	20	未正确计算 s 值，扣 5 分； 未正确计算自由度，扣 3 分； A 类评定结果不正确，扣 12 分		
4	B 类不确定度评定	分别评定标准电压互感器误差和数据修约引起的不确定度分项，采用 B 类评定方法	20	每项 B 类不确定度评定错误，扣 10 分		
5	确定合成不确定度和扩展不确定度	正确计算合成不确定度和扩展不确定度，并给出不确定度报告	30	合成不确定度计算错误，扣 10 分； 扩展不确定度计算错误，扣 10 分； 不确定度报告错误，扣 10 分		
	合计		100			

标准答案：

（1）建立测量模型。

$$\gamma_x = \frac{1}{2}(\gamma_1' + \gamma_2') = \gamma_0$$

式中：γ_x——被检电能表的相对误差，%；

　　　γ_1'——标准装置测得的第一个误差值，%；

　　　γ_2'——标准装置测得的第二个误差值，%；

　　　γ_0——标准装置测得的被检电能表实测误差值，%。

（2）分析不确定度来源。输入量的标准不确定度 $u(\gamma_0)$ 主要来源如下。

1）在重复性条件下被测电能表和标准装置的测量重复性引起的不确定度分项 $u_1(\gamma_0)$，采用 A 类评定方法，并采用合并样本标准差。

2）标准装置误差引起的不确定度分项 $u_2(\gamma_0)$，采用 B 类评定方法。

3）数据修约引入的不确定度分项 $u_3(\gamma_0)$，采用 B 类评定方法。

4）标准装置的功率稳定性按规程规定的数值，在测量不确定度评定中完全可以忽略。磁场影响等引起的不确定度已经包含在重复性引起的标准不确定度分项中，故不另做分析评定。

（3）各输入量的标准不确定度分量的评定。

1）标准不确定度分项 $u_1(\gamma_0)$ 的评定。

该不确定度分项可以通过连续测量得到测量列，采用 A 类方法进行评定。

对 3 只 0.2S 级三相四线电能表，使用 0.05 级三相电能表标准装置，在电压 $3 \times 57.7\text{V}$，电流 $3 \times 1.5\text{A}$，功率因数 $\cos\varphi = 1.0$ 和 $\cos\varphi = 0.5\text{L}$ 下进行测试，在重复性条件下连续独立测量次数 n 为 10 次，得到 3 组测量数据，实测误差见表 Jc0005163004（b）（$\cos\varphi = 1.0$）和表 Jc0005163004（c）（$\cos\varphi = 0.5\text{L}$）。

合成样本标准差按 $S_p = \sqrt{\dfrac{1}{m}\sum\limits_{i=1}^{m} S_i^2}$ 计算。

表 Jc0005163004（b）　　　　被检电能表测得的误差（$\cos\varphi = 1.0$）　　　　单位：%

次数／被测表	1	2	3	4	5	6	7	8	9	10	S_i
1	0.016 1	0.016 1	0.017 9	0.017 9	0.016 1	0.016 1	0.017 9	0.016 1	0.016 1	0.017 3	0.000 9
2	0.003 6	0.003 6	0.003 6	0.001 8	0.001 8	0.005 4	0.003 6	0.003 6	0.003 6	0.003 6	0.001 0
3	−0.021 4	−0.021 4	−0.023 2	−0.023 2	−0.021 4	−0.021 4	−0.023 2	−0.023 2	−0.021 4	−0.021 4	0.000 9

$$S_p' = 0.000\,9$$

$$u_1(\gamma') = S_p' = \sqrt{\frac{1}{m}\sum_{i=1}^{m} S_i^2} = 0.000\,9\%$$

自由度

$$v_1(\gamma_0') = m(n-1) = 3 \times (10-1) = 27$$

测量结果为连续两次测得值的算术平均值，因而

$$u_1(\gamma_0) = S_p' / \sqrt{n'} = 0.000\,9\% / \sqrt{2} = 0.000\,7\%$$

自由度

$$v_1(\gamma_0) = m(n-1) = 3 \times (10-1) = 27$$

表 Jc0005163004（c）　　　　　被检电能表测得的误差（$\cos\varphi = 0.5L$）　　　　　单位：%

次数 样表	1	2	3	4	5	6	7	8	9	10	S_i
1	0.041 1	0.041 1	0.042 7	0.042 7	0.042 7	0.041 1	0.041 1	0.042 7	0.042 7	0.042 7	0.000 8
2	0.032 2	0.030 4	0.030 4	0.030 4	0.028 6	0.028 6	0.028 6	0.030 4	0.030 4	0.030 4	0.001 1
3	0.007 1	0.008 9	0.007 1	0.007 1	0.007 1	0.008 9	0.008 9	0.008 9	0.007 1	0.007 1	0.000 9

$$S_p' = 0.001\,0$$

$$u_1(\gamma') = S_p' = \sqrt{\frac{1}{m}\sum_{i=1}^{m}S_i^2} = 0.001\,0\%$$

自由度

$$v_1(\gamma_0') = m(n-1) = 3 \times (10-1) = 27$$

测量结果为连续两次测得值的算术平均值，因而

$$u_1(\gamma_0) = S_p'/\sqrt{n'} = 0.001\,0\%/\sqrt{2} = 0.000\,7\%$$

自由度

$$v_1(\gamma_0) = m(n-1) = 3 \times (10-1) = 27$$

2）标准不确定度分项 $u_2(\gamma_0)$ 的评定。该不确定度分项主要来源于电能表标准装置的最大允许误差。电能表标准装置经上级检定合格，$\cos\varphi = 1.0$ 时，最大允许误差为 $\pm0.05\%$，其半宽 $a_f = 0.05\%$；其 $\cos\varphi = 0.5L$ 时，最大允许误差为 $\pm0.07\%$，其半宽 $a_f = 0.07\%$，在此区间内可认为服从正态分布，包含因子 $k = 3$，则

$\cos\varphi = 1.0$ 时，标准不确定度 $u_2(\gamma_0) = 0.05\%/3$，估计 $\Delta u_2(\gamma_0)/u_2(\gamma_0) = 0.1$，其自由度 $v_2(\gamma_0) = 50$。

$\cos\varphi = 0.5L$ 时，标准不确定度 $u_2(\gamma_0) = 0.07\%/3$，估计 $\Delta u_2(\gamma_0)/u_2(\gamma_0) = 0.1$，其自由度 $v_2(\gamma_0) = 50$。

3）不确定分量 $u_3(\gamma_0)$ 项的评定。因为证书中给出的测量结果是化整后的测量结果，因此数据修约将产生不确定度，0.2 级电能表误差化整间隔为 0.02%，则分散区间的半宽为 $a_f = 0.01\%$，此区间服从均匀分布，包含因子 $k = \sqrt{3}$，则

$\cos\varphi = 1.0$ 时，标准不确定度 $u_3(\gamma_0) = 0.01\%/\sqrt{3}$，其自由度 $v_3(\gamma_0) = \infty$。

$\cos\varphi = 0.5L$ 时，标准不确定度 $u_3(\gamma_0) = 0.01\%/\sqrt{3}$，其自由度 $v_3(\gamma_0) = \infty$。

（4）确定合成不确定度和扩展不确定度。

1）灵敏系数。误差值测量数学模型：

$$\gamma_x = \gamma_0$$

灵敏系数：

$$c = \partial\gamma_x/\partial\gamma_0 = 1$$

2）各不确定度分量汇总及计算。误差测量结果的各不确定度分量汇总见表 Jc0005163004（d）（$\cos\varphi = 1.0$）及表 Jc0005163004（e）（$\cos\varphi = 0.5L$），各输入量估计值彼此不相关，合成标准不确定度计算公式为

$$u_c = \sqrt{\sum_{i=1}^{N}c_i^2 u^2(x_t)}$$

表 Jc0005163004（d） 相对不确定度分量汇总及相对扩展不确定度
计算表格（$\cos\varphi=1.0$）

序号	不确定度来源	a_i	k_i	$u(x_i)$	c_i	$c_i u(x_i)$	v_i
1	电能表标准装置的最大允许误差	0.05%	3	0.016 6%	1	0.016 6%	50
2	被检表误差化整产生的不确定度	0.01%	1.73	0.005 7%	1	0.005 7%	∞
3	测量结果的重复性	/	/	0.000 7%	1	0.000 7%	27
	$u_c=0.017\ 6\%$						
	$U=0.04\%$，$k=2$						

各输入量估计值彼此不相关，合成标准不确定度：

$$u_c=\sqrt{\sum_{i=1}^{N}c_i^2u^2(x_t)}=\sqrt{0.016\ 6^2+0.005\ 7^2+0.000\ 7^2}=0.017\ 6\%$$

取包含因子 $k=2$，则扩展不确定度为

$$U=k\times u_c=2\times0.017\ 6\%=0.04\%$$

表 Jc0005163004（e） 相对不确定度分量汇总及相对扩展不确定度
计算表格（$\cos\varphi=0.5L$）

序号	不确定度来源	a_i	k_i	$u(x_i)$	c_i	$c_i u(x_i)$	v_i
1	电能表标准装置的最大允许误差	0.07%	3	0.023 3%	1	0.023 3%	50
2	被检表误差化整产生的不确定度	0.01%	1.73	0.005 7%	1	0.005 7%	∞
3	测量结果的重复性	/	/	0.000 7%	1	0.000 7%	27
	$u_c=0.024\ 1\%$						
	$U=0.05\%$，$k=2$						

各输入量估计值彼此不相关，合成标准不确定度：

$$u_c=\sqrt{\sum_{i=1}^{N}c_i^2u^2(xt)}=\sqrt{0.023\ 3^2+0.005\ 7^2+0.000\ 7^2}=0.024\ 1\%$$

取包含因子 $k=2$，则扩展不确定度为

$$U=k\times u_c=2\times0.024\ 0\%=0.05\%$$

（5）不确定度的报告。0.05 级三相电能表标准装置检定 0.2S 级电能表所得测量结果的扩展不确定度：

1）在功率因数 $\cos\varphi=1.0$ 时，电能误差测量结果的扩展不确定度为：$U=0.04\%$，$k=2$。

2）在功率因数 $\cos\varphi=0.5L$ 时，电能误差测量结果的扩展不确定度为：$U=0.05\%$，$k=2$。

Jc0005163005 分析电流互感器现场检验设备对测试结果影响。（100 分）

考核知识点：电能计量装置接线

难易度：难

技能等级评价专业技能考核操作工作任务书

一、任务名称

分析电流互感器现场检验设备对测试结果影响。

二、适用工种

电能表修校工高级技师。

三、具体任务

分析标准互感器、互感器现场校验仪、二次导线、测试电源、操作方式对检定结果的影响。

四、工作规范及要求

（1）分析问题条理清晰。

（2）书写完整规范。

五、现场提供材料及工器具

无。

六、考核及时间要求

本考核时间为60分钟，请按照任务要求完成操作和答题卡。

技能等级评价专业技能考核操作评分标准

工种	电能表修校工			评价等级	高级技师
项目模块	计量检定		编号		Jc0005163005
单位		准考证号		姓名	
考试时限	60分钟	题型	简答题	题分	100分
成绩		考评员	考评组长	日期	
试题正文	分析电流互感器现场检验设备对测试结果影响				
需要说明的问题和要求	（1）要求1人完成。 （2）备钢笔或中性笔				

序号	项目名称	质量要求	满分	扣分标准	扣分原因	得分
1	标准互感器的影响	现场测试时，一般标准电流互感器和升流器是紧靠在一起穿芯的，在升流状态下（特别是大电流情况下）升流器产生的磁场势必会对标准电流互感器产生影响，如果标准互感器屏蔽不好，会对测量结果产生影响	25	没有答对或答出，扣25分；没有答全，扣5分		
2	互感器现场校验仪的影响	（1）校验仪的误差包括自身的测量误差、零位误差、最小分度值引起的误差和线路灵敏度引起的误差等，所有这些误差过大或校验仪出现故障，都会对测量结果造成较大的影响，严重的无法正常检验。 （2）校验仪本身的测量误差由其内部的阻容元件引起，会产生幅值误差和相位误差。 （3）零位误差是因为读数零位偏离了实际零位而造成的。 （4）最小分度值引起误差和线路灵敏度引起误差的原因是：各相分量的表示值与实际值的差异和仪器各相分量与工作电流的相位差异	25	误差来源未答全，每处扣3分，最多扣10分；误差原因分析未答全，每处扣5分，最多扣15分		

续表

序号	项目名称	质量要求	满分	扣分标准	扣分原因	得分
3	二次导线对测量结果的影响	由于连接用二次导线电阻和连接仪器的内阻成了电流互感器二次临时附加负载，因而使读数误差增大	25	没有答对或答出，扣25分；没有答全，扣5分		
4	操作方式的影响	在进行电流互感器的测试时，在测试设备端钮处使用电流夹子连接与使用紧固螺栓连接相比较，测试结果可能会有所不同。 因为使用电流夹子接线，如果未充分接紧，会产生较大的接触电阻，从而使误差增大，一次导线接头处发热时会引起测试数据漂移	25	没有答对或答出，扣25分；没有答全，扣5分		
	合计		100			

Jc0005162006　实验室检定 10kV 多绕组电流互感器。（100分）

考核知识点：电能计量装置接线

难易度：中

技能等级评价专业技能考核操作工作任务书

一、任务名称

实验室检定 10kV 多绕组电流互感器。

二、适用工种

电能表修校工高级技师。

三、具体任务

依据 JJG 313—2010《测量用电流互感器》，完成检定 10kV 多绕组标准电流互感器误差试验，并填写记录。

四、工作规范及要求

（1）带电操作应遵守安全规定，制定危险点预防和控制措施。

（2）着装符合要求，穿全棉长袖工作服、绝缘鞋，戴安全帽、棉线手套。

（3）测试时出现测量回路短路或接地、伪造测试数据、仪器仪表操作不当或跌落损坏情况，该操作项目不合格。

（4）鉴定时出现设备异常报警，参考人员可以提出设备检查申请。若判断为人员误操作原因，异常处理时间列入鉴定时间；若是设备故障，异常处理时间不列入鉴定时间。需要给出《互感器检定记录》。

五、现场提供材料及工器具

（1）0.1 级电流互感器检定装置（调压器、升流器、标准互感器、负载箱、互感器校验仪）。

（2）10kV 0.5S 级电流互感器。

（3）一次导线、二次导线、接地线、扳手、螺丝刀若干。

（4）放电器、万用表、安全围栏。

六、考核及时间要求

本考核时间为 90 分钟，请按照任务要求完成操作和答题卡。

答题卡：

互 感 器 检 定 记 录

被检设备				
型号		出厂编号		
额定一次电流		额定二次电流		
制造厂名		额定功率因数		
额定负荷		额定电压		
用途		准确度等级		

检定时使用的标准器			
名称	出厂编号	不确定度/准确度等级/最大允许误差	有效期

检定时的环境条件			
温度		相对湿度	

基本误差数据

项目		额定电流百分数					最大变差	二次负荷	
		1%	5%	20%	100%	120%		VA	$\cos\varphi$
f（%）	上升								
	下降								
	平均								
	修约								
δ（′）	上升								
	下降								
	平均								
	修约								
f（%）	上升								
	下降								
	平均								
	修约								
δ（′）	上升								
	下降								
	平均								
	修约								
结论									

技能等级评价专业技能考核操作评分标准

工种	电能表修校工				评价等级	高级技师
项目模块	计量检定			编号		Jc0005162006
单位			准考证号		姓名	
考试时限	90分钟		题型	单项操作题	题分	100分
成绩		考评员		考评组长		日期	

试题正文	实验室检定10kV多绕组电流互感器
需要说明的问题和要求	(1) 要求1人完成。 (2) 操作时应注意安全，按照标准化作业指导书的技术安全说明做好安全措施。 (3) 考评员应注意人员、设备情况，必要时制止违规行为

序号	项目名称	质量要求	满分	扣分标准	扣分原因	得分
1	准备工作					
1.1	着装	穿工作服、绝缘鞋，戴安全帽、棉线手套	2	工作服、绝缘鞋、安全帽穿戴不符合要求，每项扣1分； 带电作业时未戴棉线手套，扣2分； 该项最多扣2分，分数扣完为止		
1.2	仪器工具选用	(1) 电磁式电流互感器检定装置。 (2) 不同规格螺丝刀。 (3) 高压放电器	3	由于未检查设备状况和功能而更换设备，扣3分； 借用工器具，每件扣1分，最多扣2分； 未检查放电器试验有效期，扣2分； 该项最多扣3分，分数扣完为止		
2	操作过程					
2.1	安全准备工作	(1) 工作前先将放电器接地线一端牢固地接到接地端子。 (2) 使用放电器对标准、被检电流互感器、试验变压器的一次侧接触放电。 (3) 设置安全围栏，警示语朝外	5	放电器接地线一端未接到接地端子，扣2分； 未对一次侧接触放电，扣3分； 未规范装设安全围栏，扣3分； 该项最多扣5分，分数扣完为止		
2.2	口述首次检定项目	口述首次检定项目包括： (1) 外观检查。 (2) 绝缘电阻的测定。 (3) 工频电压试验。 (4) 绕组极性的检查。 (5) 退磁。 (6) 基本误差的测量	6	少回答一项，扣1分		
2.3	设置负载箱	调整负载箱挡位	6	上下限调整负载箱参数不正确，每处扣3分		
2.4	试验接线	按照规程检定电磁式电流互感器接线原理图，逐一将相关设备一次、二次接线牢固连接	18	选配调压器不正确，扣3分； 一次、二次接线不正确，每处扣5分； 接地每少一处，扣2分，最多扣10分； 一次、二次接线不牢固，每处扣3分； 调压器的接线不正确，扣2分； 二次端子，除计量端子外接线未短接，升流后进入否决项； 该项最多扣18分，分数扣完为止		
2.5	口述闭路退磁法	口述闭路退磁法：在电流互感器二次加(10~20)倍负载，将一次电流从0升120%，然后均匀地降到0	6	负载不正确或电流不正确，每处扣3分		
2.6	绕组极性检查	升压至额定值的5%以下试测，确定接线极性是否正确（口头汇报极性检查结果）	5	未进行极性检查，扣3分； 试验方法不对，扣3分； 口头未汇报，扣3分； 该项最多扣5分，分数扣完为止		

续表

序号	项目名称	质量要求	满分	扣分标准	扣分原因	得分
2.7	测定误差	（1）电流的上升和下降应平稳而缓慢地进行。 （2）按检测情况填写《互感器检定记录》	18	未平稳而缓慢地升降电流，扣3分； 未升到规定的额定电流百分数（偏差±0.05%）就抄数据，每处扣4分，最多扣10分； 测量完毕后调压器粗调、微调旋钮未回零，扣5分； 该项最多扣18分，分数扣完为止		
2.8	拆除检验仪接线	（1）关闭检验仪电源，切断试验电源。 （2）放电操作。 （3）拆除一次、二次接线	5	未及时关闭检验仪电源、切断试验电源，扣2分； 未实施放电，扣3分； 拆除一次、二次接线方法不对，扣3分； 该项最多扣5分，分数扣完为止		
2.9	清理现场	（1）拆除临时电源，检查现场是否有遗留物品。 （2）清点设备和工具，并清理现场，做到工完料净场地清	2	以检定人员报告工作完毕作为现场清理结束依据； 现场未清理，扣2分； 现场清理不彻底，扣1分		
2.10	动作失误	拿稳轻放，不得损坏仪器仪表、工器具	/	检验仪等设备有摔跌，扣20分； 工具、封线钳等有摔跌，扣10分		
3	质量评价					
3.1	测量数据	（1）规范填写被检品参数和标准器参数。 （2）规范填写温、湿度。 （3）规范填写至少两次基本误差，上限都做，下限做5%、100%。 （4）误差要修约	20	被检品参数每少写一个，扣0.5分，最多扣3分； 标准器参数型号每错一处，扣1分，最多扣3分； 温、湿度写错，每个扣1分； 基本误差、最大变差填写，每个扣1分； 下限都做，扣2分，最多扣5分； 修约化整错误，一次扣1分，最多扣5分； 结论写错，扣2分； 该项最多扣20分，分数扣完为止		
3.2	卷面	误差数据字迹清楚，涂改要用"/"划掉，并在旁边写上正确数据，并填上自己的名字；空着的用"/"划掉	4	有涂改但涂改不规范，扣2分； 空着的没用"/"划掉，扣2分		
3.3	否决项	测试时不应出现测量回路开路、伪造测试数据、仪器仪表操作不当或跌落损坏情况	/	判该操作项目不合格		
	合计		100			

Jc0005162007 实验室检定35kV多绕组电压互感器。（100分）

考核知识点： 电能计量装置接线

难易度： 中

技能等级评价专业技能考核操作工作任务书

一、任务名称

实验室检定35kV多绕组电压互感器。

二、适用工种

电能表修校工高级技师。

三、具体任务

依据JJG 313—2010《测量用电流互感器》，完成检定35kV多绕组0.2级电压互感器误差试验，并填写记录。

四、工作规范及要求

（1）带电操作应遵守安全规定，制定危险点预防和控制措施。

（2）着装符合要求，穿全棉长袖工作服、绝缘鞋，戴安全帽、棉线手套。

（3）测试时出现测量回路短路或接地、伪造测试数据、仪器仪表操作不当或跌落损坏情况，该操作项目不合格。

（4）鉴定时出现设备异常报警，参考人员可以提出设备检查申请。若判断为人员误操作原因，异常处理时间列入鉴定时间；若是设备故障，异常处理时间不列入鉴定时间。需要给出《互感器检定记录》。

五、现场提供材料及工器具

（1）0.2 级电压互感器检定装置（调压器、升压器、标准互感器、负载箱、互感器校验仪）。

（2）35kV 0.2 级电磁式电压互感器。

（3）一次导线、二次导线、接地线、扳手、螺丝刀若干。

（4）放电器、万用表、安全围栏。

六、考核及时间要求

本考核时间为 90 分钟，请按照任务要求完成操作和答题卡。

答题卡：

互 感 器 检 定 记 录

被检设备							
名称				出厂编号			
型号				额定一次电压			
额定二次电压				制造厂名			
额定功率因数				额定负荷			
用途				准确度等级			

检定时使用的标准器							
名称	出厂编号		不确定度/准确度等级/最大允许误差			有效期	

检定时的环境条件							
温度				相对湿度			

基本误差数据								
项目		额定电压百分数					最大变差	二次负荷
		20%	50%	80%	100%	120%		VA	$\cos\varphi$
$f(\%)$	上升								
	下降								
	平均								
	修约								
$\delta('')$	上升								
	下降								
	平均								
	修约								
$f(\%)$	上升								
	下降								
	平均								
	修约								
$\delta('')$	上升								
	下降								
	平均								
	修约								
结论								

技能等级评价专业技能考核操作评分标准

工种	电能表修校工		评价等级	高级技师
项目模块	计量检定	编号		Jc0005162007
单位		准考证号	姓名	
考试时限	90分钟	题型	单项操作题	题分	100分
成绩		考评员	考评组长		日期

试题正文	实验室检定35kV多绕组电压互感器
需要说明的问题和要求	（1）要求1人完成。 （2）操作时应注意安全，按照标准化作业指导书的技术安全说明做好安全措施。 （3）考评员应注意人员、设备情况，必要时制止违规行为

序号	项目名称	质量要求	满分	扣分标准	扣分原因	得分
1	准备工作					
1.1	着装	穿工作服、绝缘鞋，戴安全帽、棉线手套	2	工作服、绝缘鞋、安全帽穿戴不符合要求，每项扣1分； 带电作业时未戴棉线手套，扣2分； 该项最多扣2分，分数扣完为止		
1.2	仪器工具选用	（1）电磁式电流互感器检定装置。 （2）不同规格螺丝刀。 （3）高压放电器	3	由于未检查设备状况和功能而更换设备，扣3分； 借用工器具，每件扣1分，最多扣2分； 未检查放电器试验有效期，扣2分； 该项最多扣3分，分数扣完为止		
2	操作过程					
2.1	安全准备工作	（1）工作前先将放电器接地线一端牢固地接到接地端子。 （2）使用放电器对标准、被检电压互感器、试验变压器的一次侧接触放电。 （3）设置安全围栏，警示语朝外	10	放电器接地线一端未接到接地端子，扣3分； 未对一次侧接触放电，扣5分； 未规范装设安全围栏，扣2分		
2.2	口述首次检定项目	（1）外观检查。 （2）绝缘电阻的测量。 （3）绝缘强度试验。 （4）绕组极性检查。 （5）基本误差测量	10	少回答一项，扣2分		
2.3	设置负载箱	调整负载箱挡位	6	上下限调整负载箱参数不正确，每处扣3分		
2.4	试验接线	按照规程检定电压互感器接线原理图，逐一将相关设备一次、二次接线牢固连接	18	选配调压器不正确，扣3分； 一次、二次接线不正确，每处扣5分，接地每少一处，扣2分，最多扣10分； 一次、二次接线不牢固，每处扣3分； 调压器的接线不正确，扣2分； 该项最多扣18分，分数扣完为止		
2.5	绕组极性检查	升压至额定值的5%以下试测，确定接线极性是否正确（口头汇报极性检查结果）	5	未进行极性检查，扣3分； 试验方法不对，扣3分； 口头未汇报，扣3分； 该项最多扣5分，分数扣完为止		

续表

序号	项目名称	质量要求	满分	扣分标准	扣分原因	得分
2.6	测定误差	按检测情况填写《互感器检定记录》	15	未升到规定的额定电压百分数（偏差±0.05%）就抄数据，每处扣4分，最多扣10分； 测量完毕后调压器粗调、微调旋钮未回零，扣5分		
2.7	拆除检验仪接线	（1）关闭检验仪电源，切断试验电源。 （2）放电操作。 （3）拆除一次、二次接线	5	未及时关闭检验仪电源、切断试验电源，扣2分； 未实施放电，扣3分； 拆除一次、二次接线方法不对，扣3分； 该项最多扣5分，分数扣完为止		
2.8	清理现场	（1）拆除临时电源，检查现场是否有遗留物品。 （2）清点设备和工具，并清理现场，做到工完料净场地清	2	以检定人员报告工作完毕作为现场清理结束依据。 现场未清理，扣2分； 现场清理不彻底，扣1分		
2.9	动作失误	拿稳轻放，不得损坏仪器仪表、工器具	/	检验仪等设备有摔跌，扣20分； 工具、封线钳等有摔跌，扣10分		
3	质量评价					
3.1	测量数据	（1）规范填写被检品参数和标准器参数。 （2）规范填写温、湿度。 （3）规范填写至少两次基本误差，上限都做，下限做20%、100%的点，且120%这个点只做上升，不做下降。 （4）误差要修约	20	被检品参数每少写一个，扣0.5分，最多扣3分； 标准器参数型号每错一处，扣1分，最多扣3分； 温、湿度写错，每个扣1分； 基本误差填错，每个扣1分，最多扣2分，下限都做扣3分； 修约化整错，一次扣1分，最多扣5分； 结论写错，扣2分； 该项最多扣20分，分数扣完为止		
3.2	卷面	误差数据字迹清楚，涂改要用"/"划掉，并在旁边写上正确数据，并填上自己的名字，空着的用"/"划掉	4	有涂改但涂改不规范，扣2分； 空着的没用"/"划掉，扣2分		
3.3	否决项	测试时不应出现测量回路短路、伪造测试数据、仪器仪表操作不当或跌落损坏情况	/	判该操作项目不合格		
	合计		100			

Jc0008162008　现场检定35kV电磁式电压互感器。（100分）

考核知识点： 电能计量装置接线

难易度： 中

技能等级评价专业技能考核操作工作任务书

一、任务名称

现场检定35kV电磁式电压互感器。

二、适用工种

电能表修校工高级技师。

三、具体任务

现场检定 35kV 电磁式电压互感器的误差，将相关数据填入"互感器检定记录"中，并画出检定低端测差法检定电磁式电压互感器接线原理图（不需要画电源和升流部分，被试互感器有两个绕组）。

四、工作规范及要求

（1）带电操作应遵守安全规定，制定危险点预防和控制措施。

（2）要求考生穿工作服、绝缘鞋，戴安全帽、棉线手套。

（3）测试时出现测量回路短路或接地、伪造测试数据、仪器仪表操作不当或跌落损坏情况，该操作项目不合格。

（4）其他要求：鉴定时出现设备异常报警，参考人员可以提出设备检查申请。若判断为人员误操作原因，异常处理时间列入鉴定时间；若是设备故障，异常处理时间不列入鉴定时间；升压前应通知考评员检查接线，得到允许后方可升压。需要给出"互感器检定记录"。

五、现场提供材料及工器具

（1）0.1 级电压互感器检定装置（调压器、升压器、标准互感器、负载箱、互感器校验仪）。

（2）35kV 0.5 级电磁式电压互感器。

（3）一次导线、二次导线、接地线、扳手、螺丝刀若干。

（4）放电器、万用表、验电笔、安全围栏。

六、考核及时间要求

本考核时间为 90 分钟，请按照任务要求完成操作和答题卡。

答题卡：

互 感 器 检 定 记 录

一、标准设备信息			
名称	出厂编号	不确定度/准确度等级/最大允许误差	有效期

二、被检互感器信息					
名称			型号		
出厂编号			额定一次电压		
额定二次电压			额定功率因数		
制造厂名			第一绕组额定负荷		
第一绕组额定负荷			准确度等级		
测试量	$80\%U_n$	$100\%U_n$	$110\%U_n$	$115\%U_n$	负载 1a—1n	负载 2a—2n
f（%）						
δ（′）						
f（%）						
δ（′）						
测试环境	温度（℃）		相对湿度（%）		检定结论	

技能等级评价专业技能考核操作评分标准

工种	电能表修校工				评价等级	高级技师
项目模块	现场检验			编号	Jc0008162008	
单位			准考证号		姓名	
考试时限	90分钟	题型		综合操作题	题分	100分
成绩		考评员		考评组长	日期	
试题正文	现场检定35kV电磁式电压互感器					
需要说明的问题和要求	(1)要求1人完成。 (2)操作时应注意安全,按照标准化作业指导书的技术安全说明做好安全措施。 (3)考评员应注意人员、设备情况,必要时制止违规行为					

序号	项目名称	质量要求	满分	扣分标准	扣分原因	得分
1	准备工作					
1.1	着装	穿工作服、绝缘鞋、戴安全帽、棉线手套	2	工作服、绝缘鞋、安全帽穿戴不符合要求,每项扣1分; 带电作业时未戴棉线手套,扣2分; 该项最多扣2分,分数扣完为止		
1.2	仪器工具选用	(1)电磁式电压互感器检定装置、相关一次及二次导线。 (2)不同规格螺丝刀。 (3)放电器	3	由于未检查设备状况和功能而更换设备,扣3分; 借用工器具,每件扣1分,最多扣2分; 未检查放电器,扣2分; 未正确选择一次及二次导线,每处扣1分; 该项最多扣3分,分数扣完为止		
2	操作过程					
2.1	安全准备工作	(1)工作前先将放电器接地线一端牢固地接到接地端子。 (2)使用放电器对标准、被检电压互感器、升压器的一次侧接触放电。 (3)设置安全围栏,警示语朝外。 (4)检查调压器在零位	5	放电器接地线一端未接到接地端子,扣2分; 放电时未对一次侧接触放电,扣3分; 未规范装设安全围栏,扣3分; 未检验调压器零位,扣3分; 该项最多扣5分,分数扣完为止		
2.2	设置负载箱挡位	设置合适挡位	5	上下限未设置合适挡位,设置不正确,每处扣2.5分		
2.3	现场接线	按照规程检定电磁式电压互感器接线原理图,逐一将相关设备一次、二次接线牢固连接	15	选配调压器不正确,扣5分; 一次、二次接线不正确,每处扣5分; 接地每少一处,扣3分; 一次、二次接线不牢固,每处扣3分; 调压器的接线不正确,扣5分; 该项最多扣15分,分数扣完为止		

续表

序号	项目名称	质量要求	满分	扣分标准	扣分原因	得分
2.4	绕组极性检查	升压至额定值的5%以下试测,确定接线极性是否正确(口头汇报极性检查结果)	3	未进行极性检查,扣3分; 试验方法不对,扣3分; 口头未汇报,扣3分; 该项最多扣3分,分数扣完为止		
2.5	测定误差	按检测情况填写《互感器检定记录》	15	未升到规定的额定电压百分数(偏差±0.05%)就抄数据,每处扣4分,最多扣10分; 测量完毕后调压器粗调、微调旋钮未回零,扣5分		
2.6	拆除检验仪接线	(1)关闭检验仪电源,切断试验电源。 (2)放电操作。 (3)拆除一次、二次接线	10	未及时关闭检验仪电源、切断试验电源,扣5分; 未实施放电,扣5分; 拆除一次、二次接线方法不对,扣3分; 该项最多扣10分,分数扣完为止		
2.7	清理现场	(1)拆除临时电源,检查现场是否有遗留物品。 (2)清点设备和工具,并清理现场,做到工完料净场地清	2	以检定人员报告工作完毕作为现场清理结束依据: 现场未清理,扣2分; 现场清理不彻底,扣1分		
3	质量评价					
3.1	画出试验接线图	试验接线图正确	10	错误,扣10分; 不规范,扣(1～3)分		
3.2	测量数据	(1)规范填写被检品参数。 (2)规范填写温、湿度。 (3)规范填写现场校验仪等设备型号、出厂编号等。 (4)规范填写至少两次基本误差。 (5)数据选择115%U_n,且其卜限个做	20	被检设备信息,每少写一个,扣0.5分,最多扣5分; 温、湿度写错,每个扣2分; 标准设备信息每错一处,扣0.5分,最多扣3分; 基本误差填错,每个扣1分,最多扣4分; 填写115%U_n下限扣4分,数据选择110%U_n扣4分,最多扣4分; 少保留小数点位数,扣5分; 多保留小数点位数,扣5分; 该项最多扣20分,分数扣完为止		
3.3	检验结论	判断是否合格	5	判断不准确,扣5分		
3.4	卷面	字迹清楚,涂改要用"/"划掉,并在旁边写上正确数据,填上自己的名字,不做的点要用"/"划掉	5	涂改不规范,扣2分; 不做的点没划掉,扣2分; 字迹不清,扣1分		
	合计		100			

标准答案:

试验接线如图 Jc0008162008 所示。

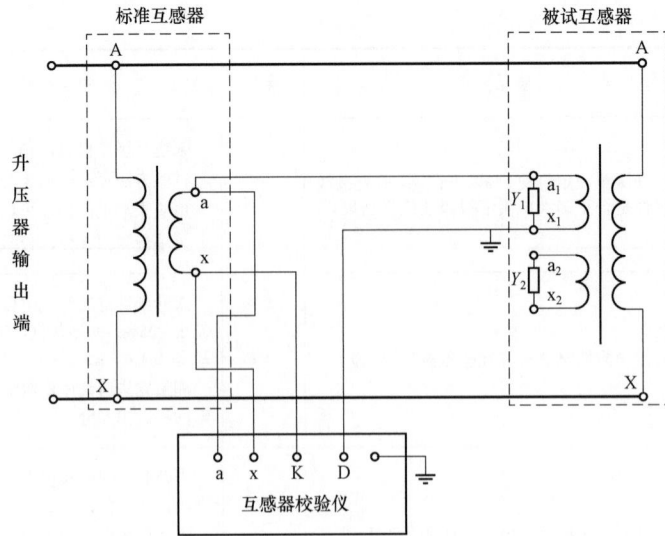

图 Jc0008162008

Jc0008162009　用低端测差法现场检定 110kV 电容式电压互感器。（100 分）

考核知识点： 电能计量装置接线

难易度： 中

技能等级评价专业技能考核操作工作任务书

一、任务名称

用低端测差法现场检定 110kV 电容式电压互感器。

二、适用工种

电能表修校工高级技师。

三、具体任务

用低端测差法现场检定 110kV 电容式电压互感器的误差，将相关数据填入互感器检定记录中，并画出低端测差法检定电容式电压互感器接线原理图（不需要画电源和升流部分，被试互感器有两个绕组）。

四、工作规范及要求

（1）带电操作应遵守安全规定，制定危险点预防和控制措施。

（2）要求考生穿工作服、绝缘鞋，戴安全帽、棉线手套。

（3）测试时出现测量回路短路或接地、伪造测试数据、仪器仪表操作不当或跌落损坏情况，该操作项目不合格。

（4）其他要求：鉴定时出现设备异常报警，参考人员可以提出设备检查申请。若判断为人员误操作原因，异常处理时间列入鉴定时间；若是设备故障，异常处理时间不列入鉴定时间；升压前应通知考评员检查接线，得到允许后方可升压。需要给出"互感器检定记录"。

五、现场提供材料及工器具

（1）0.05 级电压互感器检定装置（调压器、升压器、标准互感器、负载箱、互感器校验仪）。

（2）110kV 0.2 级电容式电压互感器。

（3）一次导线、二次导线、接地线、扳手、螺丝刀若干。

（4）放电器、万用表、验电笔、安全围栏。

六、考核及时间要求

本考核时间为 90 分钟，请按照任务要求完成操作和答题卡。

答题卡：

互 感 器 检 定 记 录

一、标准设备信息			
名称	出厂编号	不确定度/准确度等级/最大允许误差	有效期

二、被检互感器信息					
名称			型号		
出厂编号			额定一次电压		
额定二次电压			额定功率因数		
制造厂名			第一绕组额定负荷		
第一绕组额定负荷			准确度等级		
测试量	$80\%U_n$	$100\%U_n$	$110\%U_n$	$115\%U_n$	负载 1a—1n	负载 2a—2n
f（%）						
δ（′）						
f（%）						
δ（′）						
测试环境	温度（℃）		相对湿度（%）		检定结论	

技能等级评价专业技能考核操作评分标准

工种	电能表修校工			评价等级	高级技师
项目模块	现场检验		编号		Jc0008162009
单位		准考证号		姓名	
考试时限	90 分钟	题型	综合操作题	题分	100 分
成绩		考评员		考评组长	日期
试题正文	用低端测差法现场检定 110kV 电容式电压互感器				
需要说明的问题和要求	（1）要求 1 人完成。 （2）操作时应注意安全，按照标准化作业指导书的技术安全说明做好安全措施。 （3）考评员应注意人员、设备情况，必要时制止违规行为				

序号	项目名称	质量要求	满分	扣分标准	扣分原因	得分
1	准备工作					
1.1	着装	穿工作服、绝缘鞋，戴安全帽、棉线手套	2	工作服、绝缘鞋、安全帽穿戴不符合要求，每项扣 1 分； 带电作业时未戴棉线手套，扣 2 分； 该项最多扣 2 分，分数扣完为止		

续表

序号	项目名称	质量要求	满分	扣分标准	扣分原因	得分
1.2	仪器工具选用	（1）电磁式电压互感器检定装置、相关一次及二次导线。 （2）不同规格螺丝刀。 （3）放电器	3	由于未检查设备状况和功能而更换设备，扣3分； 借用工器具，每件扣1分，最多扣2分； 未检查放电器，扣2分； 未正确选择一次及二次导线，每处扣1分； 该项最多扣3分，分数扣完为止		
2	操作过程					
2.1	安全准备工作	（1）工作前先将放电器接地线一端牢固地接到接地端子。 （2）使用放电器对标准、被检电压互感器、升压器的一次侧接触放电。 （3）设置安全围栏，警示语朝外。 （4）检查调压器在零位	5	放电器接地线一端未接到接地端子，扣2分； 放电时未对一次侧接触放电，扣3分； 未规范装设安全围栏，扣3分； 未检验调压器零位，扣3分； 该项最多扣5分，分数扣完为止		
2.2	设置负载箱挡位	设置合适挡位	5	上下限未设置合适挡位，设置不正确，每处扣2.5分		
2.3	现场接线	按照规程检定电磁式电压互感器接线原理图，逐一将相关设备一次、二次接线牢固连接	15	选配调压器不正确，扣5分； 一次、二次接线不正确，每处扣5分； 接地每少一处，扣3分； 一次、二次接线不牢固，每处扣3分； 调压器的接线不正确，扣5分； 该项最多扣15分，分数扣完为止		
2.4	绕组极性检查	升压至额定值的5%以下试测，确定接线极性是否正确（口头汇报极性检查结果）	3	未进行极性检查，扣3分； 试验方法不对，扣3分； 口头未汇报，扣3分； 该项最多扣3分，分数扣完为止		
2.5	测定误差	按检测情况填写《互感器检定记录》	15	未升到规定的额定电压百分数（偏差±0.05%）就抄数据，每处扣4分，最多扣10分； 测量完毕后调压器粗调、微调旋钮未回零，扣5分		
2.6	拆除检验仪接线	（1）关闭检验仪电源，切断试验电源。 （2）放电操作。 （3）拆除一次、二次接线	10	未及时关闭检验仪电源、切断试验电源，扣5分； 未实施放电，扣5分； 拆除一次、二次接线方法不对，扣3分； 该项最多扣10分，分数扣完为止		
2.7	清理现场	（1）拆除临时电源，检查现场是否有遗留物品。 （2）清点设备和工具，并清理现场，做到工完料净场地清	2	以检定人员报告工作完毕作为现场清理结束依据： 现场未清理，扣2分； 现场清理不彻底，扣1分		
3	质量评价					
3.1	画出试验接线图	试验接线图正确，画出补偿电抗	10	错误，扣5分； 不规范，扣（1～3）分； 未画出补偿电抗，扣4分； 该项最多扣10分，分数扣完为止		

序号	项目名称	质量要求	满分	扣分标准	扣分原因	得分
3.2	测量数据	(1) 规范填写被检品参数。 (2) 规范填写温、湿度。 (3) 规范填写现场校验仪等设备型号、出厂编号等。 (4) 规范填写至少两次基本误差。 (5) 数据选择 115%U_n，且其下限不做	20	被检设备信息，每少写一个，扣 0.5 分，最多扣 5 分； 温、湿度写错，每个扣 2 分； 标准设备信息每错一处，扣 0.5 分，最多扣 3 分； 基本误差填错，每个扣 1 分，最多扣 4 分； 填写 115%U_n 下限，扣 4 分，数据选择 110%U_n，扣 4 分，最多扣 4 分； 少保留小数点位数，扣 5 分； 多保留小数点位数，扣 5 分； 该项最多扣 20 分，分数扣完为止		
3.3	检验结论	判断是否合格	5	判断不准确，扣 5 分		
3.4	卷面	字迹清楚，涂改要用"/"划掉，并在旁边写上正确数据，填上自己的名字，不做的点要用"/"划掉	5	涂改不规范，扣 2 分； 不做的点没划掉，扣 2 分； 字迹不清，扣 1 分		
	合计		100			

标准答案：

试验接线如图 Jc0008162009 所示。

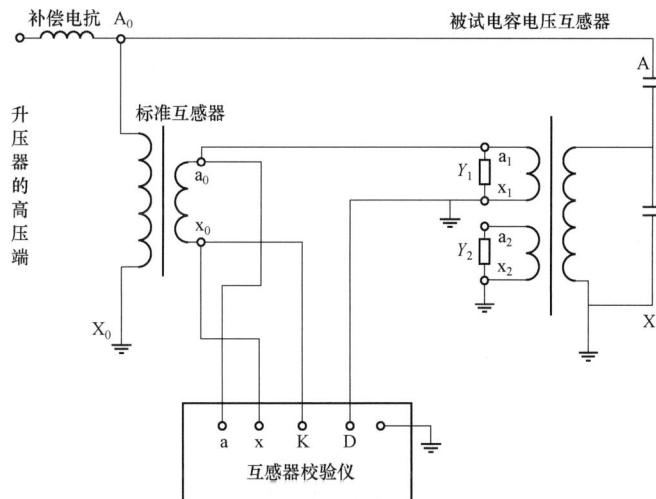

图 Jc0008162009

Jc0008162010 现场检定 10kV 电磁式电流互感器。（100 分）

考核知识点： 电能计量装置接线

难易度： 中

技能等级评价专业技能考核操作工作任务书

一、任务名称

现场检定 10kV 电磁式电流互感器。

二、适用工种

电能表修校工高级技师。

三、具体任务

现场检定 10kV 电磁式电流互感器的误差，将相关数据填入互感器检定记录中，并画出检定电流互感器接线原理图（不需要画电源和升流部分，被试互感器有 4 个绕组）。

答题卡：

互感器检定记录

一、标准设备信息			
名称	出厂编号	不确定度/准确度等级/最大允许误差	有效期

二、被检互感器信息				
名称			型号	
出厂编号			额定一次电流	
额定二次电流			额定功率因数	
制造厂名			额定负荷	
额定电压			准确度等级	

测试量	$1\%I_n$	$5\%I_n$	$20\%I_n$	$100\%I_n$	$120\%I_n$	负载
f（%）						
δ（′）						
f（%）						
δ（′）						

测试环境	温度（℃）		相对湿度（%）		检定结论	

四、工作规范及要求

（1）带电操作应遵守安全规定，制定危险点预防和控制措施。

（2）着装符合要求，穿全棉长袖工作服、绝缘鞋，戴安全帽、棉线手套。

（3）测试时出现测量回路短路或接地、伪造测试数据、仪器仪表操作不当或跌落损坏情况，该操作项目不合格。

（4）其他要求：鉴定时出现设备异常报警，参考人员可以提出设备检查申请。若判断为人员误操作原因，异常处理时间列入鉴定时间；若是设备故障，异常处理时间不列入鉴定时间；升压前应通知考评员检查接线，得到允许后方可升流。需要给出"互感器检定记录"。

五、现场提供材料及工器具

（1）0.1 级电流互感器检定装置（调压器、升流器、标准互感器、负载箱、互感器校验仪）。

（2）10kV 0.5S 级电流互感器。

（3）一次导线、二次导线、接地线、扳手、螺丝刀若干。

（4）放电器、万用表、验电笔、安全围栏。

六、考核及时间要求

本考核时间为 90 分钟，请按照任务要求完成操作和答题卡。

技能等级评价专业技能考核操作评分标准

工种		电能表修校工			评价等级		高级技师
项目模块		现场检验		编号			Jc0008162010
单位			准考证号			姓名	
考试时限	90 分钟		题型		综合操作题	题分	100 分
成绩		考评员		考评组长		日期	

试题正文	现场检定 10kV 电磁式电流互感器
需要说明的问题和要求	（1）要求 1 人完成。 （2）操作时应注意安全，按照标准化作业指导书的技术安全说明做好安全措施。 （3）考评员应注意人员、设备情况，必要时制止违规行为

序号	项目名称	质量要求	满分	扣分标准	扣分原因	得分
1	准备工作					
1.1	着装	穿工作服、绝缘鞋，戴安全帽、棉线手套	2	工作服、绝缘鞋、安全帽穿戴不符合要求，每项扣 1 分； 带电作业时未戴棉线手套，扣 2 分； 该项最多扣 2 分，分数扣完为止		
1.2	仪器工具选用	（1）电流互感器检定装置、相关一次及二次导线。 （2）不同规格螺丝刀。 （3）放电器	3	由于未检查设备状况和功能而更换设备，扣 3 分； 借用工器具，每件扣 1 分，最多扣 2 分； 未检查放电器试验有效期，扣 2 分； 未正确选择一次及二次导线，每处扣 1 分； 该项最多扣 3 分，分数扣完为止		
2	操作过程					
2.1	安全准备工作	（1）工作前先将放电器接地线一端牢固地接到接地端子。 （2）使用放电器对标准、被检电流互感器、试验变压器的一次侧接触放电。 （3）设置安全围栏，警示语朝外。 （4）检查调压器在零位	5	放电器接地线一端未接到接地端子，扣 2 分； 未对一次侧接触放电，扣 5 分； 未规范装设安全围栏，扣 3 分； 未检验调压器零位，扣 3 分； 该项最多扣 5 分，分数扣完为止		
2.2	设置负载箱挡位	设置合适挡位	5	上下限未设置合适挡位，设置不正确，每处扣 2.5 分		
2.3	现场接线	按照规程检定电磁式电流互感器接线原理图，逐一将相关设备一次、二次接线牢固连接	15	选配调压器不正确，扣 5 分； 一次、二次接线不正确，每处扣 5 分； 接地每少一处，扣 3 分； 一次、二次接线不牢固，每处扣 3 分； 调压器的接线不正确，扣 5 分； 该项最多扣 15 分，分数扣完为止		
2.4	绕组极性检查	升压至额定值的 5% 以下试测，确定接线极性是否正确（口头汇报极性检查结果）	3	未进行极性检查，扣 3 分； 试验方法不对，扣 3 分； 口头未汇报，扣 3 分； 该项最多扣 3 分，分数扣完为止		
2.5	测定误差	按检测情况填写《互感器检定记录》	15	未升到规定的额定电流百分数（偏差 ±0.05%）就抄数据，每处扣 4 分，最多扣 10 分； 测量完毕后调压器粗调、微调旋钮未回零，扣 5 分		

续表

序号	项目名称	质量要求	满分	扣分标准	扣分原因	得分
2.6	拆除检验仪接线	（1）关闭检验仪电源，切断试验电源。 （2）放电操作。 （3）拆除一次、二次接线	10	未及时关闭检验仪电源、切断试验电源，扣5分； 未实施放电，扣5分； 拆除一次、二次接线方法不对，扣3分； 该项最多扣10分，分数扣完为止		
2.7	清理现场	（1）拆除临时电源，检查现场是否有遗留物品。 （2）清点设备和工具，并清理现场，做到工完料净场地清	2	以检定人员报告工作完毕作为现场清理结束依据： 现场未清理，扣2分； 现场清理不彻底，扣1分		
3	质量评价					
3.1	画出试验接线图	试验接线图正确	10	错误，扣10分； 不规范，扣（1～3）分； 少接点，扣2分； 该项最多扣10分，分数扣完为止		
3.2	测量数据	（1）规范填写被检品参数。 （2）规范填写温、湿度。 （3）规范填写现场校验仪等设备型号、出厂编号等。 （4）规范填写至少两次基本误差。 （5）数据不填120%I_n下限	20	被检设备信息，每少写一个，扣0.5分，最多扣5分； 温、湿度写错，每个扣2分； 标准设备信息每错一处，扣0.5分，最多扣3分； 基本误差填错，每个扣1分，最多扣4分； 填写120%I_n下限，扣4分； 少保留小数点位数，扣5分； 多保留小数点位数，扣5分； 该项最多扣20分，分数扣完为止		
3.3	检验结论	判断是否合格	5	判断不准确，扣5分		
3.4	卷面	字迹清楚，涂改要用"/"划掉，并在旁边写上正确数据，并填上自己的名字，不做的点要用"/"划掉	5	涂改不规范，扣2分； 不做的没划掉，扣2分； 字迹不清，扣1分		
	合计		100			

标准答案：

试验接线如图 Jc0008162010 所示。

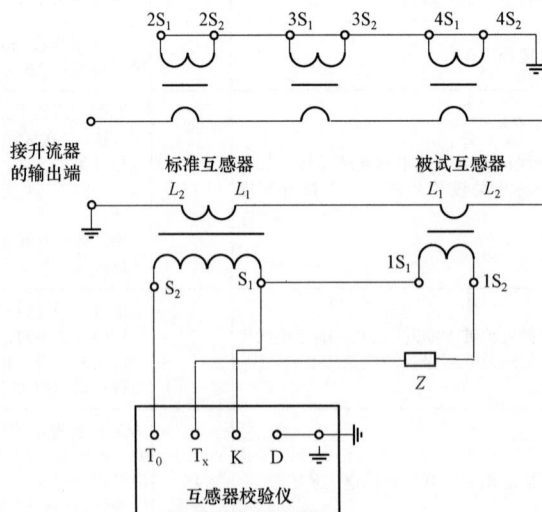

图 Jc0008162010

Jc0008142011-1 经互感器高压三相三线制电能计量装置接线分析。（100分）

考核知识点：经互感器高压三相三线制电能计量装置接线分析

难易度：中

技能等级评价专业技能考核操作工作任务书

一、任务名称

经互感器高压三相三线制电能计量装置接线分析。

二、适用工种

电能表修校工高级技师。

三、具体任务

使用相位伏安表完成指定经互感器高压三相三线制电能计量装置相关参数的测量并分析接线形式。

四、工作规范及要求

（1）着装符合要求，穿全棉长袖工作服、绝缘鞋，戴安全帽、棉线手套。

（2）携带自备工具（钢笔或中性笔、计算器、三角尺）进入现场，待考评员宣布许可工作命令后开始工作并计时。

（3）打开计量柜（箱）门之前必须对柜（箱）体验电，现场操作严格执行《国家电网有限公司营销现场作业安全工作规程（试行）》。

（4）正确使用相位伏安表。

（5）工作结束清理现场，并向监考员报告。

五、现场提供材料及工器具

验电笔、相位伏安表、螺丝刀、电能计量模拟装置（装置设置为：① 相电压、相电流分别为100.0V、1.5A；② 表尾电压接线为 cab，电流接线为 ac，第二元件表尾电流进出反接，功率因数角为15°）。

六、考核及时间要求

本考核时间为60分钟，请按照任务要求完成操作和答题卡。

答题卡：

三相三线制电能计量装置检查项目

一、电能表基本信息（有功）					
型号		准确度等级		出厂编号	
规格	V；A		制造厂家		

二、实测数据				
线电压	$U_{12}=$	$U_{32}=$	$U_{31}=$	电压相序：
对地电压	$U_{1n}=$	$U_{2n}=$	$U_{3n}=$	四、错误接线形式（下标用 a、b、c 表示） 第一元件： 第二元件：
电流	$I_1=$		$I_3=$	
相位差	$\dot{U}_{12} \wedge \dot{U}_{32}=$	$\dot{U}_{12} \wedge \dot{I}_1=$	$\dot{U}_{32} \wedge \dot{I}_3=$	

三、错误接线相量图	五、错误接线示意图

六、写出错误接线的功率表达式：

$P_1=P_2=$

$P_3=P_总=$

七、计算更正系数：

八、计算退补电量（错误期间电能表走字 50kWh，综合倍率 100）

技能等级评价专业技能考核操作评分标准

工种	电能表修校工			评价等级	高级技师
项目模块	现场检验		编号		Jc0008142011-1
单位		准考证号		姓名	
考试时限	60 分钟	题型	单项操作	题分	100 分
成绩		考评员	考评组长	日期	
试题正文	经互感器高压三相三线制电能计量装置接线分析				
需要说明的 问题和要求	（1）要求 1 人操作。 （2）操作应注意安全，按照标准化作业书的技术安全说明做好安全措施				

续表

序号	项目名称	质量要求	满分	扣分标准	扣分原因	得分
1	工具使用及安全措施					
1.1	相关安全措施的准备	安全帽、工作服、绝缘鞋、棉线手套、验电笔	5	准备不齐全或着装不规范，每项扣1分		
1.2	各种工器具正确使用	正确使用验电笔。熟练、正确使用相位伏安表	5	未验电，扣2分； 验电方法不当，扣1分； 工器具掉落，每次扣1分； 相位伏安表使用不当，每次扣1分； 测量过程摘手套，扣2分； 带电测量时相位伏安表挡位错误，每次扣2分； 测量完毕后再次申请测量，扣5分； 该项最多扣5分，分数扣完为止		
2	相关参数测量					
2.1	数据测量	正确填写电能表基本信息	5	电能表基本信息填写不正确，每处扣1分； 测量数据不正确，每项扣1分； 无单位，每处扣0.5分，最多扣2分； 相序判断不正确，扣2分； 该项最多扣10分，分数扣完为止		
		正确记录实测数据并判断电压相序	5			
3	绘制错误接线图及相量图					
3.1	错误接线相量图	正确绘制错误接线相量图	15	电压、电流相量标记错误，每项扣2分； 无相量符号，扣1分； 相量角度偏差超过15°，每项扣2分； 未标记功率因数角，每项扣2分； 该项最多扣15分，分数扣完为止		
3.2	错误接线形式	正确判断错误接线形式	10	错误接线形式判断不正确，每项扣2分； 该项最多扣10分，分数扣完为止		
3.3	错误接线示意图	正确绘制错误接线示意图	15	电压、电流回路接线不正确，每处扣2分； 零线接线不正确，扣2分； 未标注同名端，扣2分； 该项最多扣15分，分数扣完为止		
4	计算功率表达式					
4.1	各元件的功率表达式	正确书写各元件的功率表达式	6	元件的功率表达式不正确，每个扣2分； 该项最多扣6分，分数扣完为止		
4.2	计算总功率	正确计算总功率	4	元件的功率表达式不正确，每个扣4分； 未化简，扣2分； 该项最多扣2分，分数扣完为止		
5	计算更正系数	正确计算更正系数	10	更正系数表达式不正确，扣10分； 未化简，扣5分； 结果不正确，扣5分； 该项最多扣10分，分数扣完为止		
6	计算退补电量	正确计算退补电量	10	退补电量结果不正确，扣10分		
7	现场恢复	恢复现场	10	未进行现场恢复，扣10分		
8	作业时限			60分钟内完成，不扣分； 60分钟~65分钟内完成，扣2分； 65分钟~70分钟内完成，扣5分； 超过70分钟，结束操作，收取记录表，扣10分		
	合计		100			

标准答案：

答题卡见表 Jc0008142011-1。

表 Jc0008142011-1   **三相三线制电能计量装置检查项目**

一、电能表基本信息（有功）					
型号		准确度等级		出厂编号	
规格		V；A	制造厂家		

二、实测数据				
线电压	$U_{12}=100.0\text{V}$	$U_{32}=100.0\text{V}$	$U_{31}=100.0\text{V}$	电压相序：cab
对地电压	$U_{1n}=99.5\text{V}$	$U_{2n}=99.6\text{V}$	$U_{3n}=0.3\text{V}$	四、错误接线形式（下标用 a、b、c 表示）
电流	$I_1=1.5\text{A}$		$I_3=1.5\text{A}$	第一元件：$\dot{U}_{ca}$，$\dot{I}_a$
相位差	$\dot{U}_{12}\mathbin{\widehat{}}\dot{U}_{32}=300°$	$\dot{U}_{12}\mathbin{\widehat{}}\dot{I}_1=165°$	$\dot{U}_{32}\mathbin{\widehat{}}\dot{I}_3=285°$	第二元件：$\dot{U}_{ba}$，$-\dot{I}_c$

三、错误接线相量图	五、错误接线示意图
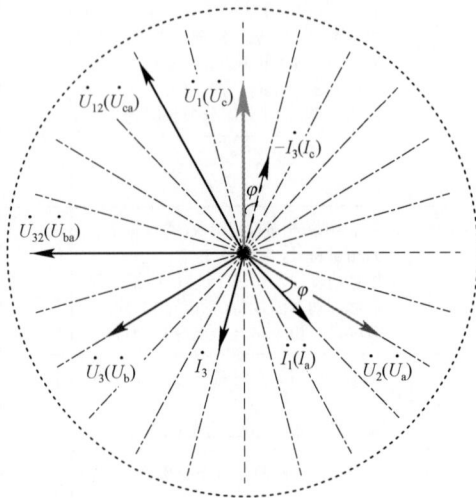	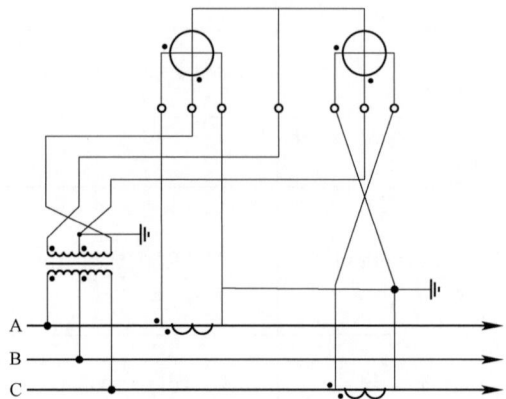

六、写出错误接线的功率表达式

$$P_1=U_{12}I_1\cos(150°+\varphi)=U_{ca}I_a\cos(150°+\varphi) \qquad P_2=U_{32}I_3\cos(90°-\varphi)=U_{ba}I_c\cos(90°-\varphi)$$

$$P=P_1+P_2=-\frac{\sqrt{3}}{2}UI(\cos\varphi+\sqrt{3}\sin\varphi)$$

七、计算更正系数

$$k=\frac{P_0}{P}=\frac{\sqrt{3}UI\cos\varphi}{-\dfrac{\sqrt{3}}{2}UI(\cos\varphi+\sqrt{3}\sin\varphi)}=\frac{-2}{1+\sqrt{3}\tan\varphi}=-1.4$$

八、计算退补电量（错误期间电能表走字 50kWh，综合倍率 100）

$$W_{退}=(k-1)\times W=(-1.4-1)\times50\times100=-12\,000\text{（kWh）}$$

Jc0008142011-2   经互感器高压三相三线制电能计量装置接线分析。（100 分）

考核知识点： 经互感器高压三相三线制电能计量装置接线分析

难易度： 中

技能等级评价专业技能考核操作工作任务书

一、任务名称

经互感器高压三相三线制电能计量装置接线分析。

二、适用工种

电能表修校工高级技师。

三、具体任务

使用相位伏安表完成指定经互感器高压三相三线制电能计量装置相关参数的测量并分析接线形式。

四、工作规范及要求

（1）着装符合要求，穿全棉长袖工作服、绝缘鞋，戴安全帽、棉线手套。

（2）携带自备工具（钢笔或中性笔、计算器、三角尺）进入现场，待考评员宣布许可工作命令后开始工作并计时。

（3）打开计量柜（箱）门之前必须对柜（箱）体验电，现场操作严格执行《国家电网有限公司营销现场作业安全工作规程（试行）》。

（4）正确使用相位伏安表。

（5）工作结束清理现场，并向监考员报告。

五、现场提供材料及工器具

验电笔、相位伏安表、螺丝刀、电能计量模拟装置（装置设置为：① 相电压、相电流分别为100.0V、1.5A；② 表尾电压接线为acb，电流接线为ca，第一、二元件表尾电流进出反接，功率因数角为15°）。

六、考核及时间要求

本考核时间为60分钟，请按照任务要求完成操作和答题卡。

答题卡：

三相三线制电能计量装置检查项目

一、电能表基本信息（有功）

型号		准确度等级		出厂编号	
规格		V；A	制造厂家		

二、实测数据

线电压	$U_{12}=$	$U_{32}=$	$U_{31}=$	电压相序：
对地电压	$U_{1n}=$	$U_{2n}=$	$U_{3n}=$	四、错误接线形式（下标用 a、b、c 表示）
电流	$I_1=$		$I_3=$	第一元件：
相位差	$\dot{U}_{12}\hat{}\,\dot{U}_{32}=$	$\dot{U}_{12}\hat{}\,\dot{I}_1=$	$\dot{U}_{32}\hat{}\,\dot{I}_3=$	第二元件：

三、错误接线相量图　　　　　　　　　　　五、错误接线示意图

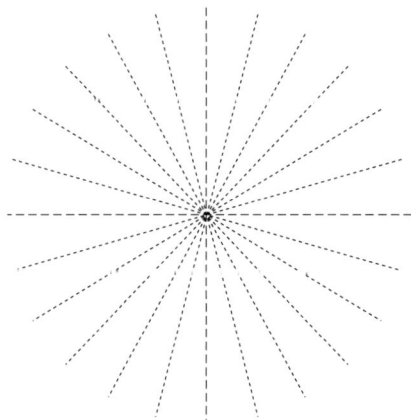

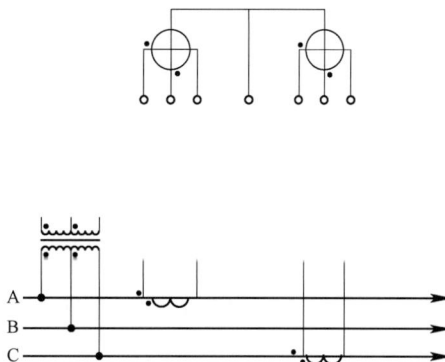

六、写出错误接线的功率表达式

$P_1=P_2=$

$P_3=P_总=$

七、计算更正系数：

八、计算退补电量（错误期间电能表走字 50kWh，综合倍率 100）

技能等级评价专业技能考核操作评分标准

工种	电能表修校工			评价等级	高级技师
项目模块	现场检验		编号		Jc0008142011-2
单位		准考证号		姓名	
考试时限	60分钟	题型	单项操作	题分	100分
成绩		考评员	考评组长	日期	

试题正文	经互感器高压三相三线制电能计量装置接线分析
需要说明的问题和要求	（1）要求1人操作。 （2）操作应注意安全，按照标准化作业书的技术安全说明做好安全措施

序号	项目名称	质量要求	满分	扣分标准	扣分原因	得分
1	工具使用及安全措施					
1.1	相关安全措施的准备	安全帽、工作服、绝缘鞋、棉线手套、验电笔	5	准备不齐全或着装不规范，每项扣1分		
1.2	各种工器具正确使用	正确使用验电笔。熟练、正确使用相位伏安表	5	未验电，扣2分； 验电方法不当，扣1分； 工器具掉落，每次扣1分； 相位伏安表使用不当，每次扣1分； 测量过程摘手套，扣2分； 带电测量时相位伏安表挡位错误，每次扣2分； 测量完毕后再次申请测量，扣5分； 该项最多扣5分，分数扣完为止		
2	相关参数测量					
2.1	数据测量	正确填写电能表基本信息	5	电能表基本信息填写不正确，每处扣1分； 测量数据不正确，每项扣1分； 无单位，每处扣0.5分，最多扣2分； 相序判断不正确，扣2分； 该项最多扣10分，分数扣完为止		
		正确记录实测数据并判断电压相序	5			
3	绘制错误接线图及相量图					
3.1	错误接线相量图	正确绘制错误接线相量图	15	电压、电流相量标记错误，每项扣2分； 无相量符号，扣1分； 相量角度偏差超过15°，每项扣2分； 未标记功率因数角，每项扣2分； 该项最多扣15分，分数扣完为止		
3.2	错误接线形式	正确判断错误接线形式	10	错误接线形式判断不正确，每项扣2分； 该项最多扣10分，分数扣完为止		
3.3	错误接线示意图	正确绘制错误接线示意图	15	电压、电流回路接线不正确，每处扣2分； 零线接线不正确，扣2分； 未标注同名端，扣2分； 该项最多扣15分，分数扣完为止		
4	计算功率表达式					
4.1	各元件的功率表达式	正确书写各元件的功率表达式	6	每个元件的功率表达式不正确，扣2分； 该项最多扣6分，分数扣完为止		
4.2	计算总功率	正确计算总功率	4	每个元件的功率表达式不正确，扣4分； 未化简，扣2分； 该项最多扣4分，分数扣完为止		
5	计算更正系数	正确计算更正系数	10	更正系数表达式不正确，扣10分； 未化简，扣5分； 结果不正确，扣5分； 该项最多扣10分，分数扣完为止		
6	计算退补电量	正确计算退补电量	10	退补电量结果不正确，扣10分		

续表

序号	项目名称	质量要求	满分	扣分标准	扣分原因	得分
7	现场恢复	恢复现场	10	未进行现场恢复，扣 10 分		
8	作业时限			60 分钟内完成，不扣分； 60 分钟~65 分钟内完成，扣 2 分； 65 分钟~70 分钟内完成，扣 5 分； 超过 70 分钟，结束操作，收取记录表，扣 10 分		
	合计		100			

标准答案：

答题卡见表 Jc0008142011−2。

表 Jc0008142011−2　　三相三线制电能计量装置检查项目

一、电能表基本信息（有功）

型号		准确度等级		出厂编号	
规格		V；A	制造厂家		

二、实测数据

线电压	$U_{12}=100.0\text{V}$	$U_{32}=100.0\text{V}$	$U_{31}=100.0\text{V}$	电压相序：acb
对地电压	$U_{1n}=99.7\text{V}$	$U_{2n}=99.5\text{V}$	$U_{3n}=0.3\text{V}$	四、错误接线形式（下标用 a、b、c 表示）
电流	$I_1=1.5\text{A}$		$I_3=1.5\text{A}$	第一元件：$\dot{U}_{ac}，-\dot{I}_{c}$
相位差	$\dot{U}_{12}\overset{\wedge}{}\dot{U}_{32}=60°$	$\dot{U}_{12}\overset{\wedge}{}\dot{I}_1=45°$	$\dot{U}_{32}\overset{\wedge}{}\dot{I}_3=105°$	第二元件：$\dot{U}_{bc}，-\dot{I}_{a}$

三、错误接线相量图

五、错误接线示意图

六、写出错误接线的功率表达式

$$P_1=U_{12}I_1\cos(30°+\varphi)=U_{ac}I_c\cos(30°+\varphi) \qquad P_2=U_{32}I_3\cos(90°+\varphi)=U_{bc}I_a\cos(90°+\varphi)$$

$$P=P_1+P_2=-\frac{\sqrt{3}}{2}UI(\cos\varphi-\sqrt{3}\sin\varphi)$$

七、计算更正系数

$$k=\frac{P_0}{P}=\frac{\sqrt{3}UI\cos\varphi}{-\frac{\sqrt{3}}{2}UI(\cos\varphi-\sqrt{3}\sin\varphi)}=\frac{2}{1-\sqrt{3}\tan\varphi}=3.7$$

八、计算退补电量（错误期间电能表走字 50kWh，综合倍率 100）

$$W_{退}=(k-1)\times W=(3.7-1)\times50\times100=-13\,500（\text{kWh}）$$